Die Elixiere des Teufels.

Nachgelassene Papiere des Bruders Medardus, eines Capuziners.

Herausgegeben von dem Verfasser der Phantasiestücke in Callots Manier.

Zwei Theile.

Mit Federzeichnungen von Theodor Hosemann.

Berlin.
Druck und Verlag von Georg Reimer.
1872.

E. T. A. Hoffmann's

gesammelte Schriften.

Sechster Band.

Mit Federzeichnungen von Theodor Hosemann.

Berlin.
Druck und Verlag von Georg Reimer.
1872.

Die Elixiere des Teufels.

Nachgelassene Papiere des Bruders Medardus,
eines Capuziners.

Herausgegeben von dem Verfasser der Phantasiestücke
in Callots Manier.

Erster Theil.

Vorwort

des Herausgebers.

Gern möchte ich Dich, günstiger Leser! unter jene dunklen Platanen führen, wo ich die seltsame Geschichte des Bruders Medardus zum erstenmale las. Du würdest Dich mit mir auf dieselbe, in duftige Stauden und bunt glühende Blumen halb versteckte, steinerne Bank setzen; Du würdest, so wie ich, recht sehnsüchtig nach den blauen Bergen schauen, die sich in wunderlichen Gebilden hinter dem sonnigten Thal aufthürmen, das am Ende des Laubganges sich vor uns ausbreitet. Aber nun wendest Du Dich um, und erblickest kaum zwanzig Schritte hinter uns ein gothisches Gebäude, dessen Portal reich mit Statüen verziert ist. — Durch die dunklen Zweige der Platanen schauen Dich Heiligenbilder recht mit klaren lebendigen Augen an; es sind die frischen Freskogemälde, die auf der breiten Mauer prangen. — Die Sonne steht gluthroth auf dem Gebirge, der Abendwind erhebt sich, überall Leben und Bewegung. Flüsternd und rauschend gehen wunderbare Stimmen durch Baum und Gebüsch: als würden sie steigend und steigend zu Gesang und Orgelklang, so tönt es von ferne herüber. Ernste Männer, in weit gefalteten Gewändern, wandeln, den frommen Blick emporgerichtet, schweigend, durch die Laubgänge des Gartens. Sind denn die Heiligenbilder lebendig worden, und herabgestiegen von den hohen Simsen? — Dich umwehen die geheimnißvollen Schauer der wunderbaren Sagen und Legenden, die dort abgebildet, Dir ist, als geschähe Alles vor Deinen Augen, und willig magst Du daran glauben. In dieser Stimmung liesest Du die Geschichte des Medardus, und wohl magst Du auch dann die sonderbaren Visionen des Mönchs für mehr halten, als für das regellose Spiel der erhitzten Einbildungskraft. —

Da Du, günstiger Leser! so eben Heiligenbilder, ein Kloster und Mönche geschaut hast, so darf ich kaum hinzufügen, daß es der herrliche Garten des Capuzinerklosters in B. war, in den ich Dich geführt hatte.

Als ich mich einst in diesem Kloster einige Tage aufhielt, zeigte mir der ehrwürdige Prior die von dem Bruder Medardus nachgelassenen, im Archiv aufbewahrten Papiere, als eine Merkwürdigkeit, und nur mit Mühe überwand ich des Priors Bedenken, sie mir mitzutheilen. Eigentlich, meinte der Alte, hätten diese Papiere verbrannt werden sollen. — Nicht ohne Furcht, Du werdest des Priors Meinung seyn, gebe ich Dir, günstiger Leser! nun das aus jenen Papieren geformte Buch in die Hände. Entschließest Du Dich aber, mit dem Medardus, als seist Du sein treuer Gefährte, durch finstre Kreuzgänge und Zellen — durch die bunte — bunteste Welt zu ziehen, und mit ihm das Schauerliche, Entsetzliche, Tolle, Possenhafte seines Lebens zu ertragen, so wirst Du Dich vielleicht an den mannigfachen Bildern der Camera obscura, die sich Dir aufgethan, ergötzen. — Es kann auch kommen, daß das gestaltlos scheinende, so wie Du schärfer es ins Auge fassest, sich Dir bald deutlich und rund darstellt. Du erkennst den verborgenen Keim, den ein dunkles Verhängniß gebar, und der, zur üppigen Pflanze emporgeschossen, fort und fort wuchert in tausend Ranken, bis eine Blüthe, zur Frucht reifend, allen Lebenssaft an sich zieht, und den Keim selbst tödtet. —

Nachdem ich die Papiere des Capuziners Medardus recht ämsig durchgelesen, welches mir schwer genug wurde, da der Selige eine sehr kleine, unleserliche mönchische Handschrift geschrieben, war es mir auch, als könne das, was wir insgemein Traum und Einbildung nennen, wohl die symbolische Erkenntniß des geheimen Fadens seyn, der sich durch unser Leben zieht, es festknüpfend in allen seinen Bedingungen, als sey der aber für verloren zu achten, der mit jener Erkenntniß die Kraft gewonnen glaubt, jenen Faden gewaltsam zu zerreißen, und es aufzunehmen mit der dunklen Macht, die über uns gebietet.

Vielleicht geht es Dir, günstiger Leser! wie mir, und das wünschte ich denn, aus erheblichen Gründen, recht herzlich.

Erster Abschnitt.

Die Jahre der Kindheit und das Klosterleben.

Nie hat mir meine Mutter gesagt, in welchen Verhältnissen mein Vater in der Welt lebte; rufe ich mir aber alles das in's Gedächtniß zurück, was sie mir schon in meiner frühesten Jugend von ihm erzählte, so muß ich wohl glauben, daß es ein mit tiefen Kenntnissen begabter lebenskluger Mann war. Eben aus diesen Erzählungen und einzelnen Aeußerungen meiner Mutter über ihr früheres Leben, die mir erst später verständlich worden, weiß ich, daß meine Eltern von einem bequemen Leben, welches sie im Besitz vieles Reichthums führten, herab sanken in die drückendste bitterste Armuth, und daß mein Vater, einst durch den Satan verlockt zum verruchten Frevel, eine Todsünde beging, die er, als ihn in späten Jahren die Gnade Gottes erleuchtete, abbüßen wollte, auf einer Pilgerreise nach der heiligen Linde im weit entfernten kalten Preußen. — Auf der beschwerlichen Wanderung dahin, fühlte meine Mutter nach mehreren Jahren der Ehe zum erstenmal, daß diese nicht unfruchtbar bleiben würde, wie mein Vater befürchtet, und seiner Dürftigkeit unerachtet war er hoch erfreut, weil nun eine Vision in Erfüllung gehen sollte, in welcher ihm der heilige Bernardus Trost und Vergebung der Sünde durch die Geburt eines Sohnes zugesichert hatte. In der heiligen Linde erkrankte mein Vater, und je weniger er die vorgeschriebenen beschwerlichen Andachtsübungen seiner Schwäche unerachtet aussetzen wollte, desto mehr nahm das Uebel überhand; er starb entsündigt und getröstet in demselben Augenblick, als ich geboren wurde. — Mit dem ersten Bewußtsein dämmern in mir die lieblichen Bilder von dem Kloster, und von der herrlichen Kirche in der heiligen Linde, auf. Mich umrauscht noch der dunkle Wald — mich umduften noch die üppig aufgekeimten Gräser, die bunten Blumen, die meine Wiege waren. Kein giftiges Thier, kein schädliches Insekt nistet in dem Heiligthum der Gebenedeiten; nicht das Sumsen einer Fliege, nicht das Zirpen des Heimchens unterbricht die heilige Stille, in der nur die frommen Gesänge der Priester erhallen, die, mit den Pilgern goldne Rauchfässer schwingend, aus denen der Duft des Weihrauchopfers emporsteigt, in langen Zügen daherziehen. Noch sehe ich, mitten in der Kirche, den mit Silber überzogenen Stamm der Linde, auf welche die Engel das wunderthätige Bild der heiligen Jungfrau niedersetzten. Noch lächeln mich die bunten Gestalten der Engel — der Heiligen — von den Wänden, von der Decke der Kirche an! — Die Erzählungen meiner Mutter von dem wundervollen Kloster, wo ihrem tiefsten Schmerz gnadenreicher Trost zu Theil wurde, sind so in mein Innres gedrungen, daß ich Alles selbst gesehen, selbst erfahren zu haben glaube, unerachtet es unmöglich ist, daß meine Erinnerung so weit hinausreicht, da meine Mutter nach anderthalb Jahren die heilige Stätte verließ. — So ist es mir, als hätte ich selbst einmal in der öden Kirche die wunderbare Gestalt eines ernsten Mannes gesehen, und es sey eben der fremde Maler gewesen, der in uralter Zeit, als eben die Kirche gebaut, erschien, dessen Sprache niemand verstehen konnte und der mit kunstgeübter Hand in gar kurzer Zeit die Kirche auf das herrlichste ausmalte, dann aber, als er fertig worden, wieder verschwand. — So gedenke ich ferner noch eines alten fremdartig gekleideten Pilgers mit langem grauen Barte, der mich oft auf den Armen umhertrug, im Walde allerlei bunte Moose und Steine suchte, und mit mir spielte, unerachtet ich gewiß glaube, daß nur aus der Beschreibung meiner Mutter sich im Innern sein lebhaftes Bild erzeugt hat. Er brachte einmal einen fremden wunderschönen Knaben mit, der mit mir von gleichem Alter war. Uns herzend und küßend saßen wir im Grase, ich schenkte ihm alle meine bunten Steine und er wußte damit allerlei Figuren auf dem Erdboden zu ordnen, aber immer bildete sich daraus zuletzt die Gestalt des Kreuzes. Meine Mutter saß neben uns auf einer steinernen Bank, und der Alte schaute, hinter ihr stehend, mit mildem Ernst unsern kindischen Spielen zu. Da traten einige Jünglinge aus dem Gebüsch, die, nach ihrer Kleidung und nach ihrem ganzen Wesen zu urtheilen, wohl nur aus

Neugierde und Schaulust nach der heiligen Linde gekommen waren. Einer von ihnen rief, indem er uns gewahr wurde, lachend: Sieh da! eine heilige Familie, das ist etwas für meine Mappe! — Er zog wirklich Papier und Crayon hervor und schickte sich an uns zu zeichnen, da erhob der alte Pilger sein Haupt und rief zornig: Elender Spötter, du willst ein Künstler seyn und in deinem Innern brannte nie die Flamme des Glaubens und der Liebe; aber deine Werke werden todt und starr bleiben wie du selbst, und du wirst wie ein Verstoßener in einsamer Leere verzweifeln und untergehen in deiner eignen Armseligkeit. — Die Jünglinge eilten bestürzt von dannen. — Der alte Pilger sagte zu meiner Mutter: ich habe euch heute ein wunderbares Kind gebracht, damit es in euerm Sohn den Funken der Liebe entzünde, aber ich muß es wieder von euch nehmen und ihr werdet es wohl, so wie mich selbst, nicht mehr schauen. Euer Sohn ist mit vielen Gaben herrlich ausgestattet, aber die Sünde des Vaters kocht und gährt in seinem Blute, er kann jedoch sich zum wackern Kämpen für den Glauben aufschwingen, lasset ihn geistlich werden! — Meine Mutter konnte nicht genug sagen, welchen tiefen unauslöschlichen Eindruck die Worte des Pilgers auf sie gemacht hatten; sie beschloß aber demunerachtet meiner Neigung durchaus keinen Zwang anzuthun, sondern ruhig abzuwarten, was das Geschick über mich verhängen und wozu es mich leiten würde, da sie an irgend eine andere höhere Erziehung, als die sie selbst mir zu geben im Stande war, nicht denken konnte. — Meine Erinnerungen aus deutlicher selbst gemachter Erfahrung leben von dem Zeitpunkt an, als meine Mutter auf der Heimreise in das Cisterzienser Nonnenkloster gekommen war, dessen gefürstete Aebtissin, die meinen Vater gekannt hatte, sie freundlich aufnahm. Die Zeit von jener Begebenheit mit dem alten Pilger, welche ich in der That aus eigner Anschauung weiß, so daß sie meine Mutter nur Rücksichts der Reden des Malers und des alten Pilgers ergänzt hat, bis zu dem Moment, als mich meine Mutter zum erstenmal zur Aebtissin brachte, macht eine völlige Lücke: nicht die leiseste Ahnung ist mir davon übrig geblieben. Ich finde mich erst wieder, als die Mutter meinen Anzug, so viel es ihr nur möglich war, besserte und ordnete. Sie hatte neue Bänder in der Stadt gekauft, sie verschnitt mein wildverwachs'nes Haar, sie putzte mich mit aller Mühe und schärfte mir dabei ein, mich ja recht fromm und artig bei der Frau Aebtissin zu betragen. Endlich stieg ich, an der Hand meiner Mutter, die breiten steinernen Treppen herauf und trat in das hohe, gewölbte, mit heiligen Bildern ausgeschmückte Gemach, in dem wir die Fürstin fanden. Es war eine große majestätische schöne Frau, der die Ordenstracht eine Ehrfurcht einflößende Würde gab. Sie sah mich mit einem ernsten bis ins Innerste dringenden Blick an, und frug: ist das euer Sohn? — Ihre Stimme, ihr ganzes Ansehn — selbst die fremde Umgebung, das hohe Gemach, die Bilder, alles wirkte so auf mich, daß ich, von dem Gefühl eines inneren Grauens ergriffen, bitterlich zu weinen anfing. Da sprach die Fürstin, indem sie mich milder und gütiger anblickte: was ist dir Kleiner, fürchtest du dich vor mir? — Wie heißt euer Sohn, liebe Frau? — „Franz," erwiederte meine Mutter; da rief die Fürstin mit der tiefsten Wehmuth: Franziskus! und hob mich auf und drückte mich heftig an sich, aber in dem Augenblick preßte mir ein jäher Schmerz, den ich am Halse fühlte, einen starken Schrei aus, so daß die Fürstin erschrocken mich losließ, und die durch mein Betragen ganz bestürzt gewordene Mutter auf mich zusprang, um nur gleich mich fortzuführen. Die Fürstin ließ das nicht zu; es fand sich, daß das diamantne Kreuz, welches die Fürstin auf der Brust trug, mich, indem sie heftig mich an sich drückte, am Halse so stark beschädigt hatte, daß die Stelle ganz roth und mit Blut unterlaufen war. „Armer Franz, sprach die Fürstin, ich habe dir weh gethan, aber wir wollen doch noch gute Freunde werden." — Eine Schwester brachte Zuckerwerk und süßen Wein, ich ließ mich, jetzt schon dreister geworden, nicht lange nöthigen, sondern naschte tapfer von den Süßigkeiten, die mir die holde Frau, welche sich gesetzt und mich auf den Schooß genommen hatte, selbst in den Mund steckte. Als ich einige Tropfen des süßen Getränks, das mir bis jetzt ganz unbekannt gewesen, gekostet, kehrte mein munterer Sinn, die besondere Lebendigkeit, die, nach meiner Mutter Zeugniß, von meiner frühsten Jugend mir eigen war, zurück. Ich lachte und schwazte zum größten Vergnügen der Aebtissin und der Schwester, die im Zimmer geblieben. Noch ist es mir unerklärlich, wie meine Mutter darauf verfiel, mich aufzufordern, der Fürstin von den schönen herrlichen Dingen meines Geburtsortes zu erzählen, und ich, wie von einer höheren Macht inspirirt, ihr die schönen Bilder des fremden unbekannten Malers so lebendig, als habe ich sie im tiefsten Geiste aufgefaßt, beschreiben konnte. Dabei ging ich ganz ein in die herrlichen Geschichten der Heiligen, als sei ich mit allen Schriften der Kirche schon bekannt und vertraut geworden. Die Fürstin, selbst meine Mutter, blickten mich voll Erstaunen an, aber jemehr ich sprach, desto höher stieg meine Begeisterung, und als mich endlich die Fürstin frug: Sage mir liebes Kind, woher weißt du denn das alles? — da antwortete ich, ohne mich einen Augenblick zu besinnen, daß der schöne wunderbare Knabe, den einst ein fremder Pilgersmann mitgebracht hätte, mir alle Bilder in der Kirche erklärt, ja selbst noch manches Bild mit bunten Steinen gemalt und mir nicht allein den Sinn davon gelöset, sondern auch noch viele andere heilige Geschichten erzählt hätte. —

Man läutete zur Vesper, die Schwester hatte eine Menge Zuckerwerk in eine Düte gepackt, die sie mir gab, und die ich voller Vergnügen einsteckte. Die Aebtissin stand auf und sagte zu meiner Mutter: ich sehe euern Sohn als meinen Zögling an, liebe Frau! und will von nun an für ihn sorgen. Meine Mutter konnte vor Wehmuth nicht sprechen, sie küßte, heiße Thränen vergießend, die Hände der Fürstin. Schon wollten wir zur Thüre hinaustreten, als die Fürstin uns nachkam, mich nochmals aufhob, sorgfältig das Kreuz bei Seite schiebend, mich an sich drückte, und heftig weinend, so daß die heißen Tropfen auf meine Stirne fielen, ausrief: Franziskus! — Bleibe fromm und gut! — Ich war im Innersten bewegt und mußte auch weinen, ohne eigentlich zu wissen warum. —

Durch die Unterstützung der Aebtissin gewann der kleine Haushalt meiner Mutter, die unfern dem Kloster in einer kleinen Meierei wohnte, bald ein besseres Ansehen. Die Noth hatte ein Ende, ich ging besser gekleidet und genoß den Unterricht des Pfarrers, dem ich zugleich, wenn er in der Klosterkirche das Amt hielt, als Chorknabe diente. —

Wie umfängt mich noch wie ein seliger Traum die Erinnerung an jene glückliche Jugendzeit! — Ach wie ein fernes herrliches Land, wo die Freude wohnt, und die ungetrübte Heiterkeit des kindlichen unbefangenen Sinns, liegt die Heimat weit, weit hinter mir, aber wenn ich zurückblicke, da gähnt mir die Kluft entgegen, die mich auf ewig von ihr geschieden. Von heißer Sehnsucht ergriffen, trachte ich immer mehr und mehr die Geliebten zu erkennen, die ich drüben, wie im Purpurschimmer des Frühroths wandelnd, erblicke, ich wähne ihre holden Stimmen zu vernehmen. Ach! — giebt es denn eine Kluft, über die die Liebe mit starkem Fittig sich nicht hinwegschwingen könnte. Was ist für die Liebe der Raum, die Zeit! — Lebt sie nicht im Gedanken und kennt der denn ein Maaß? — Aber finstre Gestalten steigen auf, und immer dichter und dichter sich zusammendrängend, immer enger und enger mich einschließend, versperren sie die Aussicht und befangen meinen Sinn mit den Drangsalen der Gegenwart, daß selbst die Sehnsucht, welche mich mit namenlosem wonnevollem Schmerz erfüllte, nun zu tödtender heilloser Qual wird! —

Der Pfarrer war die Güte selbst, er wußte meinen lebhaften Geist zu fesseln, er wußte seinen Unterricht so nach meiner Sinnesart zu formen, daß ich Freude daran fand, und schnelle Fortschritte machte. — Meine Mutter liebte ich über Alles, aber die Fürstin verehrte ich wie eine Heilige, und es war ein feierlicher Tag für mich, wenn ich sie sehen durfte. Jedesmal nahm ich mir vor, mit den neuerworbenen Kenntnissen recht vor ihr zu leuchten, aber wenn sie kam, wenn sie freundlich mich anredete, da konnte ich kaum ein Wort herausbringen, ich mochte nur sie anschauen, nur sie hören. Jedes ihrer Worte blieb tief in meiner Seele zurück, noch den ganzen Tag über, wenn ich sie gesprochen, befand ich mich in wunderbarer feierlicher Stimmung und ihre Gestalt begleitete mich auf den Spaziergängen, die ich dann besuchte. — Welches namenlose Gefühl durchbebte mich, wenn ich, das Rauchfaß schwingend, am Hochaltare stand, und nun die Töne der Orgel von dem Chore herabströmten und, wie zur brausenden Fluth anschwellend, mich fortrissen — wenn ich dann in dem Hymnus ihre Stimme erkannte, die, wie ein leuchtender Strahl, zu mir herabdrang, und mein Inneres mit den Ahnungen des Höchsten — des Heiligsten erfüllte. Aber der herrlichste Tag, auf den ich mich wochenlang freute, ja, an den ich niemals ohne inneres Entzücken denken konnte, war das Fest des heiligen Bernardus, welches, da er der Heilige der Cisterzienser ist, im Kloster durch einen großen Ablaß auf das Feierlichste begangen wurde. Schon den Tag vorher strömten aus der benachbarten Stadt, so wie aus der ganzen umliegenden Gegend, eine Menge Menschen herbei und lagerten sich auf der großen blumigten Wiese, die sich an das Kloster schloß, so daß das frohe Getümmel Tag und Nacht nicht aufhörte. Ich erinnere mich nicht, daß die Witterung in der günstigsten Jahreszeit (der Bernardustag fällt in den August) dem Feste jemals ungünstig gewesen seyn sollte. In bunter Mischung sah man hier andächtige Pilger, Hymnen singend, daher wandeln, dort Bauernbursche sich mit den geputzten Dirnen jubelnd umhertummeln — Geistliche, die in frommer Betrachtung, die Hände andächtig gefaltet, in die Wolken schauen — Bürgerfamilien im Grase gelagert, die die hochgefüllten Speisekörbe auspacken und ihr Mahl verzehren. Lustiger Gesang, fromme Lieder, die inbrünstigen Seufzer der Büßenden, das Gelächter der Fröhlichen, Klagen, Jauchzen, Jubel, Scherze, Gebet erfüllen wie in wunderbarem betäubendem Conzert die Lüfte! — Aber, so wie die Glocke des Klosters anschlägt, verhallt das Getöse plötzlich — so weit das Auge nur reicht, ist alles in dichte Reihen gedrängt auf die Knie gesunken, und nur das dumpfe Murmeln des Gebets unterbricht die heilige Stille. Der letzte Schlag der Glocke tönt aus, die bunte Menge strömt wieder durch einander, und aufs neue erschallt der nur Minuten lang unterbrochene Jubel. — Der Bischof selbst, welcher in der benachbarten Stadt residirt, hielt an dem Bernardustage in der Kirche des Klosters, bedient von der untern Geistlichkeit des Hochstifts, das feierliche Hochamt, und seine Kapelle führte auf einer Tribüne, die man zur Seite des Hochaltars errichtet, und mit reicher, seltener Hautelisse behängt hatte, die Musik aus. — Noch jetzt sind die Empfindungen, die damals meine Brust durchbebten, nicht erstorben, sie leben auf, in jugendlicher Frische, wenn ich mein Gemüth ganz zuwende jener seligen Zeit, die nur zu schnell verschwunden. Ich gedenke lebhaft eines Gloria, welches mehrmals ausgeführt wurde, da die Fürstin eben diese Composition vor allen andern liebte. — Wenn der Bischof das Gloria intonirt hatte, und nun die mächtigen Töne des Chors daher brausten: Gloria in excelsis deo! — war es nicht, als öffne sich die Wolkenglorie über dem Hochaltar? — ja, als erglühten durch ein göttliches Wunder die gemalten Cherubim und Seraphim zum Leben, und regten und bewegten die starken Fittige, und schwebten auf und nieder, Gott lobpreisend mit Gesang und wunderbarem Saitenspiel? — Ich versank in das hinbrütende Staunen der begeisterten Andacht, die mich durch glänzende Wolken in das ferne bekannte heimathliche Land trug, und in dem duftenden Walde ertönten die holden Engelsstimmen, und der wunderbare Knabe trat wie aus hohen Lilienbüschen mir entgegen, und frug mich lächelnd: wo warst du denn so lange, Franciscus? — ich habe viele schöne bunte Blumen, die will ich dir alle schenken, wenn du bei mir bleibst, und mich liebst immerdar. —

Nach dem Hochamt hielten die Nonnen, unter dem Vortritt der Aebtissin, die mit der Inful geschmückt war, und den silbernen Hirtenstab trug, eine feierliche Prozession durch die Gänge des Klosters und durch die Kirche. Welche Heiligkeit, welche Würde, welche überirdische Größe strahlte aus jedem Blick der herrlichen Frau, leitete jede ihrer Bewegungen! Es war die triumphirende Kirche selbst, die dem frommen gläubigen Volke Gnade und Segen verhieß. Ich hätte mich vor ihr in den Staub werfen mögen, wenn ihr Blick zufällig auf mich fiel. — Nach beendigtem Gottesdienst wurde die Geistlichkeit, so wie die Kapelle des Bischofs, in einem großen Saal des Klosters bewirthet. Mehrere Freunde des Klosters, Offizianten, Kaufleute aus der Stadt, nahmen an dem Mahle Theil, und ich durfte, weil mich der Conzertmeister des Bischofs lieb genommen, und gern sich mit mir zu schaffen machte, auch dabei seyn. Hatte sich erst mein Inneres, von heiliger Andacht durchglüht, ganz dem Ueberirdischen zugewendet, so trat jetzt das frohe Leben auf mich ein, und umfing mich mit seinen bunten Bildern. Allerlei lustige Erzählungen, Späße und Schwänke wechselten unter dem lauten Gelächter der Gäste, wobei die Flaschen fleißig geleert wurden, bis der Abend hereinbrach, und die Wagen zur Heimfahrt bereit standen.

Sechszehn Jahre war ich alt geworden, als der Pfarrer erklärte, daß ich nun vorbereitet genug sey, die höheren theologischen Studien in dem Seminar der benachbarten Stadt zu beginnen: ich hatte mich nämlich ganz für den geistlichen Stand entschieden, und dies erfüllte meine Mutter mit der innigsten Freude, da sie hierdurch die geheimnißvollen Andeutungen des Pilgers, die in gewisser Art mit der merkwürdigen, mir unbekannten Vision meines Vaters in Verbindung stehen sollten, erklärt und erfüllt sah. Durch meinen Entschluß glaubte sie erst die Seele meines Vaters entsühnt, und von der Qual ewiger Verdammniß errettet. Auch die Fürstin, die ich jetzt nur im Sprachzimmer sehen konnte, billigte höchlich mein Vorhaben, und wiederholte ihr Versprechen, mich bis zur Erlangung einer geistlichen Würde mit allem Nöthigen zu unterstützen. Unerachtet die Stadt so nahe lag, daß man von dem Kloster aus die Thürme sehen konnte, und nur irgend rüstige Fußgänger von dort her, die heitre anmuthige Gegend des Klosters zu ihren Spaziergängen wählten, so wurde mir doch der Abschied von meiner guten Mutter, von der herrlichen Frau, die ich so tief im Gemüthe verehrte, so wie von meinem guten Lehrer, recht schwer. Es ist ja auch gewiß, daß dem Schmerz der Trennung jede Spanne außerhalb dem Kreise der Lieben, der weitesten Entfernung gleich dünkt! — Die Fürstin war auf besondere Weise bewegt, ihre Stimme zitterte vor Wehmuth, als sie noch salbungsvolle Worte der Ermahnung sprach. Sie schenkte mir einen zierlichen Rosenkranz, und ein kleines Gebetbuch mit sauber illuminirten Bildern. Dann gab sie mir noch ein Empfehlungsschreiben an den Prior des Capuzinerklosters in der Stadt, den sie mir empfahl gleich aufzusuchen, da er mir in Allem mit Rath und That eifrigst beistehen werde.

Gewiß giebt es nicht so leicht eine anmuthigere Gegend, als diejenige ist, in welcher das Capuzinerkloster dicht vor der Stadt liegt. Der herrliche Klostergarten mit der Aussicht in die Gebirge hinein, schien mir jedesmal, wenn ich in den langen Alleen wandelte, und bald bei dieser, bald bei jener üppigen Baumgruppe stehen blieb, in neuer Schönheit zu erglänzen. — Gerade in diesem Garten traf ich den Prior Leonardus, als ich zum erstenmal das Kloster besuchte, um mein Empfehlungsschreiben von der Aebtissin abzugeben. Die dem Prior eigne Freundlichkeit wurde noch erhöht, als er den Brief las, und er wußte so viel Anziehendes von der herrlichen Frau, die er schon in frühen Jahren in Rom kennen gelernt, zu sagen, daß er schon dadurch im ersten Augenblick mich ganz an sich zog. Er war von den Brüdern umgeben, und man durchblickte bald das ganze Verhältniß des Priors mit den Mönchen, die ganze klösterliche Einrichtung und Lebensweise: die Ruhe und Heiterkeit des Geistes, welche sich in dem Aeußerlichen des Priors deutlich aussprach, verbreitete sich über alle Brüder. Man sah nirgends eine Spur des Mißmuths oder jener feindlichen in's Innere zehrenden Verschlossenheit, die man sonst wohl auf den Gesichtern der Mönche wahrnimmt. Unerachtet der strengen Ordensregel, waren die Andachtsübungen dem Prior Leonardus mehr Bedürfniß des dem Himmlischen zugewandten Geistes, als ascetische Buße für die der menschlichen Natur anklebende Sünde, und er wußte diesen Sinn der Andacht so in den Brüdern zu entzünden, daß sich über Alles, was sie thun mußten um der Regel zu genügen, eine Heiterkeit und Gemüthlichkeit ergoß, die in der That ein höheres Sein in der irdischen Beengtheit erzeugte. — Selbst eine gewisse schickliche Verbindung mit der Welt, wußte der Prior Leonardus herzustellen, die für die Brüder nicht anders als heilsam seyn konnte. Reichliche Spenden, die von allen Seiten dem allgemein hochgeachteten Kloster dargebracht wurden, machten es möglich, an gewissen Tagen die Freunde und Beschützer des Klosters in dem Refektorium zu bewirthen. Dann wurde in der Mitte des Speisesaals eine lange Tafel gedeckt, an deren oberem Ende der Prior Leonardus bei den Gästen saß. Die Brüder blieben an der schmalen, der Wand entlang stehenden Tafel, und bedienten sich ihres einfachen Geschirres, der Regel gemäß, während an der Gasttafel alles sauber und zierlich mit Porzellan und Glas besetzt war. Der Koch des Klosters wußte vorzüglich auf eine leckere Art Fastenspeisen zuzubereiten, die den Gästen gar wohl schmeckten. Die Gäste sorgten für den Wein, und so waren die Mahle im Capuzinerkloster ein freundliches gemüthliches Zusammentreten des Profanen mit dem Geistlichen, welches in wechselseitiger Rückwirkung für das Leben nicht ohne Nutzen seyn konnte. Denn, indem die im weltlichen Treiben Befangenen hinaustraten, und eingingen in die Mauern, wo alles das ihrem Thun schnurstracks entgegengesetzte Leben der Geistlichen verkündet, mußten sie, von manchem Funken, der in ihre Seele fiel, aufgeregt, eingestehen, daß auch wohl auf anderem Wege, als auf dem, den sie eingeschlagen, Ruhe und Glück zu finden sey, ja, daß vielleicht der Geist, je mehr er sich über das Irdische erhebe, dem Menschen schon hienieden ein höheres Sein bereiten könne. Dagegen gewannen die Mönche an Lebensumsicht und Weisheit, da die Kunde, welche sie von dem Thun und Treiben der bunten Welt außerhalb ihrer Mauern erhielten, in ihnen Betrachtungen mancherlei Art erweckte. Ohne dem Irdischen einen falschen Werth zu verleihen, mußten sie in der verschiedenen, aus dem Innern bestimmten Lebensweise der Menschen, die Nothwendigkeit einer solchen Strahlenbrechung des geistigen Prinzips, ohne welche alles farb- und glanzlos geblieben wäre, anerkennen. Ueber Alle hocherhaben, Rücksichts der geistigen und wissenschaftlichen Ausbildung, stand von je her der Prior Leonardus. Außerdem, daß er allgemein für einen wackern Gelehrten in der Theologie galt, so, daß er mit Leichtigkeit und Tiefe die schwierigsten Materien abzuhandeln wußte, und sich die Professoren des Seminars oft bei ihm Rath und Belehrung holten, war er auch mehr, als man es wohl einem Klostergeistlichen zutrauen kann, für die Welt ausgebildet. Er sprach mit Fertigkeit und Eleganz das Italienische und Französische, und seiner besonderen Gewandtheit wegen, hatte man ihn in früherer Zeit zu wichtigen Missionen gebraucht. Schon damals, als ich ihn kennen lernte, war er hochbejahrt, aber indem sein weißes Haar von seinem Alter zeugte, blitzte aus den Augen noch jugendliches Feuer, und das anmuthige Lächeln, welches um seine Lippen schwebte, erhöhte den Ausdruck der innern Behaglichkeit und Gemüthsruhe. Dieselbe Grazie, welche seine Rede schmückte, herrschte in seinen Bewegungen, und selbst die unbehülfliche Ordenstracht schmiegte sich wundersam den wohlgebauten Formen seines Körpers an. Es befand sich kein Einziger unter den Brüdern, den nicht eigne freie Wahl, den nicht sogar das von der inneren geistigen Stimmung erzeugte Bedürfniß in das Kloster gebracht hätte; aber auch den Unglücklichen, der im Kloster den Port gesucht hätte, um der Vernichtung zu entgehen, hätte Leonardus bald getröstet; seine Buße wäre der kurze Uebergang zur Ruhe geworden, und, mit der Welt versöhnt, ohne ihren Tand zu achten, hätte er, im Irdischen lebend, doch sich bald über das Irdische erhoben. Diese ungewöhnlichen Tendenzen des Klosterlebens hatte Leonardus in Italien aufgefaßt, wo der Kultus und mit ihm die ganze Ansicht des religiösen Lebens heitrer ist, als in dem katholischen Deutschland. So wie bei dem Bau der Kirchen noch die antiken Formen sich erhielten, so scheint auch ein Strahl aus jener heitern lebendigen Zeit des Alterthums in das mystische Dunkel des Christianism gedrungen zu seyn, und es mit dem wunderbaren Glanze erhellt zu haben, der sonst die Götter und Helden umstrahlte.

Leonardus gewann mich lieb, er unterrichtete mich im Italienischen und Französischen, vorzüglich waren es aber die mannigfachen Bücher, welche er mir in die Hände gab, so wie seine Gespräche, die meinen Geist auf besondere Weise ausbildeten. Beinahe die ganze Zeit, welche meine Studien im Seminar mir übrig ließen, brachte ich im Capuzinerkloster zu, und ich spürte, wie immer mehr meine Neigung zunahm, mich einkleiden zu lassen. Ich eröffnete dem Prior meinen Wunsch; ohne mich indessen gerade davon abbringen zu wollen, rieth er mir, wenigstens noch ein Paar Jahre zu warten, und unter der Zeit mich mehr, als bisher, in der Welt umzusehen. So wenig es mir indessen an anderer Bekanntschaft fehlte, die ich mir vorzüglich durch den bischöflichen Concertmeister, welcher mich in der Musik unterrichtete, erworben, so fühlte ich mich doch in jeder Gesellschaft, und vorzüglich wenn Frauenzimmer zugegen waren, auf unangenehme Weise befangen, und dies, so wie überhaupt der Hang zum contemplativen Leben, schien meinen innern Beruf zum Kloster zu entscheiden. —

Einst hatte der Prior viel Merkwürdiges mit mir gesprochen, über das profane Leben; er war eingedrungen in die schlüpfrigsten Materien, die er aber mit seiner gewöhnlichen Leichtigkeit und Anmuth des Ausdrucks zu behandeln wußte, so daß er, alles nur im mindesten Anstößige vermeidend, doch immer auf den rechten Fleck traf. Er nahm endlich meine Hand, sah mir scharf in's Auge, und frug, ob ich noch unschuldig sey? — Ich fühlte mich erglühen, denn indem Leonardus mich so verfänglich frug, sprang ein Bild in den lebendigsten Farben hervor, welches so lange ganz von mir gewichen. — Der Concertmeister hatte eine Schwester, welche gerade nicht schön genannt zu werden verdiente, aber doch in der höchsten Blüthe stehend, ein überaus reizendes Mädchen war. Vorzüglich zeichnete sie ein im reinsten Ebenmaaß geformter Wuchs aus; sie hatte die schönsten Arme, den schönsten Busen in Form und Colorit, den man nur sehen kann. — Eines Morgens als ich zum Concertmeister gehen wollte, meines Unterrichts halber, überraschte ich die Schwester im leichten Morgenanzuge, mit beinahe ganz entblößter Brust; schnell warf sie zwar das Tuch über, aber doch schon zu viel hatten meine gierigen Blicke erhascht, ich konnte kein Wort sprechen, nie gekannte Gefühle regten sich stürmisch in mir, und trieben das glühende Blut durch die Adern, daß hörbar meine Pulse schlugen. Meine Brust war krampfhaft zusammengepreßt, und wollte zerspringen, ein leiser Seufzer machte mir endlich Luft. Dadurch, daß das Mädchen ganz unbefangen auf mich zukam, mich bei der Hand faßte, und frug, was mir denn wäre, wurde das Uebel wieder ärger, und es war ein Glück, daß der Concertmeister in die Stube trat, und mich von der Qual erlöste. Nie hatte ich indessen solche falsche Akkorde gegriffen, nie so im Gesange detonirt, als dasmal. Fromm genug war ich, um später das Ganze für eine böse Anfechtung des Teufels zu halten, und ich pries mich nach kurzer Zeit recht glücklich, den bösen Feind durch die aszetischen Uebungen, die ich unternahm, aus dem Felde geschlagen zu haben. Jetzt bei der verfänglichen Frage des Priors, sah ich des Concertmeisters Schwester mit entblößtem Busen vor mir stehen, ich fühlte den warmen Hauch ihres Athems, den Druck ihrer Hand — meine innere Angst stieg mit jedem Momente. Leonardus sah mich mit einem gewissen ironischen Lächeln an, vor dem ich erbebte. Ich konnte seinen Blick nicht ertragen, ich schlug die Augen nieder, da klopfte mich der Prior auf die glühenden Wangen und sprach: „Ich sehe, mein Sohn, daß Sie mich gefaßt haben, und daß es noch gut mit Ihnen steht, der Herr bewahre Sie vor der Verführung der Welt, die Genüsse, die sie Ihnen darbietet, sind von kurzer Dauer, und man kann wohl behaupten, daß ein Fluch darauf ruhe, da in dem unbeschreiblichen Ekel, in der vollkommenen Erschlaffung, in der Stumpfheit für alles Höhere, die sie hervorbringen, das bessere geistige Prinzip des Menschen untergeht." — So sehr ich mich mühte, die Frage des Priors, und das Bild, welches dadurch hervorgerufen wurde, zu vergessen, so wollte es mir doch durchaus nicht gelingen, und war es mir erst geglückt, in Gegenwart jenes Mädchens unbefangen zu seyn, so scheute ich doch wieder jetzt mehr als jemals ihren Anblick, da mich schon bei dem Gedanken an sie eine Beklommenheit, eine innere Unruhe überfiel, die mir um so gefährlicher schien, als zugleich eine unbekannte wundervolle Sehnsucht, und mit ihr eine Lüsternheit sich regte, die wohl sündlich seyn mochte. Ein Abend sollte diesen zweifelhaften Zustand entscheiden. Der Concertmeister hatte mich, wie er manchmal zu thun pflegte, zu einer musikalischen Unterhaltung, die er mit einigen Freunden veranstaltet, eingeladen. Außer seiner Schwester, waren noch mehrere Frauenzimmer zugegen, und dieses steigerte die Befangenheit, die mir schon bei der Schwester allein den Athem versetzte. Sie war sehr reizend gekleidet, sie kam mir schöner als je vor, es war, als zöge mich eine unsichtbare unwiderstehliche Gewalt zu ihr hin, und so kam es denn, daß ich, ohne selbst zu wissen wie, mich immer ihr nahe befand, jeden ihrer Blicke, jedes ihrer Worte begierig aufhaschte, ja mich so an sie drängte, daß wenigstens ihr Kleid im Vorbeistreifen mich berühren mußte, welches mich mit innerer, nie gefühlter Lust erfüllte. Sie schien es zu bemerken, und Wohlgefallen daran zu finden; zuweilen war es mir, als müßte ich sie wie in toller Liebeswuth an mich reißen, und inbrünstig an mich drücken! — Sie hatte lange neben dem Flügel gesessen, endlich stand sie auf, und ließ auf dem Stuhl einen ihrer Handschuhe liegen, den ergriff ich, und drückte ihn im Wahnsinn heftig an den Mund! — Das sah eins von den Frauenzimmern, die ging zu des Concertmeisters Schwester, und flüsterte ihr etwas ins Ohr, nun schauten sie beide auf mich, und kicherten und lachten höhnisch! — Ich war wie vernichtet, ein Eisstrom goß sich durch mein Inneres — besinnungslos stürzte ich fort ins Collegium — in meine Zelle. Ich warf mich, wie in toller Verzweiflung auf den Fußboden — glühende Thränen quollen mir aus den Augen, ich verwünschte — ich verfluchte das Mädchen — mich selbst — dann betete ich wieder und lachte dazwischen wie ein Wahnsinniger! Ueberall erklangen um mich Stimmen, die mich verspotteten, verhöhnten; ich war im Begriff, mich durch das Fenster zu stürzen, zum Glück verhinderten mich die Eisenstäbe daran, mein Zustand war in der That entsetzlich. Erst als der Morgen anbrach, wurde ich ruhiger, aber fest war ich entschlossen, sie niemals mehr zu sehen, und überhaupt der Welt zu entsagen. Klarer als jemals stand der Beruf zum eingezogenen Klosterleben, von dem mich keine Versuchung mehr ablenken sollte, vor meiner Seele. So wie ich nur von den gewöhnlichen Studien loskommen konnte, eilte ich zu dem Prior in das Capuziner-Kloster, und eröffnete ihm, wie ich nun entschlossen sey, mein Noviziat anzutreten, und auch schon meiner Mutter, so wie der Fürstin, Nachricht davon gegeben habe. Leonardus schien über meinen plötzlichen Eifer verwundert, ohne in mich zu dringen, suchte er doch auf diese und jene Weise zu erforschen, was mich wohl darauf gebracht haben könne, nun mit einem Mal auf meine Einweihung zum Klosterleben zu bestehen, denn er ahnete wohl, daß ein besonderes Ereigniß mir den Impuls dazu gegeben haben müsse. Eine innere Scham, die ich nicht zu überwinden vermochte, hielt mich zurück, ihm die Wahrheit zu sagen, dagegen erzählte ich ihm mit dem Feuer der Exaltation, das noch in mir glühte, die wunderbaren Begebenheiten meiner Kinderjahre, welche alle auf meine Bestimmung zum Klosterleben hindeuteten. Leonardus hörte mich ruhig an, und ohne gerade gegen meine Visionen Zweifel vorzubringen, schien er doch sie nicht sonderlich zu beachten, er äußerte vielmehr, wie das

Alles noch sehr wenig für Aechtheit meines Berufs spräche, da eben hier eine Illusion sehr möglich sey. Ueberhaupt pflegte Leonardus nicht gern von den Visionen der Heiligen, ja selbst von den Wundern der ersten Verkündiger des Christenthums zu sprechen, und es gab Augenblicke, in denen ich in Versuchung gerieth, ihn für einen heimlichen Zweifler zu halten. Einst erdreistete ich mich, um ihn zu irgend einer bestimmten Aeußerung zu nöthigen, von den Verächtern des katholischen Glaubens zu sprechen, und vorzüglich auf diejenigen zu schmählen, die im kindischen Uebermuthe alles Uebersinnliche mit dem heillosen Schimpfworte des Aberglaubens abfertigten. Leonardus sprach sanft lächelnd: Mein Sohn, der Unglaube ist der ärgste Aberglaube, und fing ein anderes Gespräch von fremden gleichgültigen Dingen an. Erst später durfte ich eingehen in seine herrlichen Gedanken über den mystischen Theil unserer Religion, der die geheimnißvolle Verbindung unsers geistigen Prinzips mit höheren Wesen in sich schließt, und mußte mir denn wohl gestehen, daß Leonardus die Mittheilung alles des sublimen, das aus seinem Innersten sich ergoß, mit Recht nur für die höchste Weihe seiner Schüler aufsparte. —

Meine Mutter schrieb mir, wie sie es längst geahnet, daß der weltgeistliche Stand mir nicht genügen, sondern, daß ich das Klosterleben erwählen werde. Am Medardustage sey ihr der alte Pilgersmann aus der heiligen Linde erschienen, und habe mich im Ordenskleide der Capuziner an der Hand geführt. Auch die Fürstin war mit meinem Vorhaben ganz einverstanden. Beide sah ich noch einmal vor meiner Einkleidung, welche, da mir, meinem innigsten Wunsche gemäß, die Hälfte des Noviziats erlassen wurde, sehr bald erfolgte. Ich nahm auf Veranlassung der Vision meiner Mutter den Klosternamen Medardus an. —

Das Verhältniß der Brüder unter einander, die innere Einrichtung Rücksichts der Andachtsübungen und der ganzen Lebensweise im Kloster, bewährten sich ganz in der Art, wie sie mir bei dem ersten Blick erschienen. Die gemüthliche Ruhe, die in Allem herrschte, goß den himmlischen Frieden in meine Seele, wie er mich, gleich einem seligen Traum aus der ersten Zeit meiner frühsten Kinderjahre, im Kloster der heiligen Linde umschwebte. Während des feierlichen Akts meiner Einkleidung, erblickte ich unter den Zuschauern des Concertmeisters Schwester; sie sah ganz schwermüthig aus, und ich glaubte,

Thränen in ihren Augen zu erblicken, aber vorüber war die Zeit der Versuchung, und vielleicht war es frevelnder Stolz auf den so leicht erfochtenen Sieg, der mir das Lächeln abnöthigte, welches der an meiner Seite wandelnde Bruder Cyrillus bemerkte. „Worüber erfreuest du dich so, mein Bruder?“ frug Cyrillus. Soll ich denn nicht froh seyn, wenn ich der schnöden Welt und ihrem Tand entsage? antwortete ich, aber nicht zu läugnen ist es, daß indem ich diese Worte sprach, ein unheimliches Gefühl, plötzlich das Innerste durchbebend, mich Lügen strafte. — Doch dies war die letzte Anwandlung irdischer Selbstsucht, nach der jene Ruhe des Geistes eintrat. Wäre sie nimmer von mir gewichen, aber die Macht des Feindes ist groß! — Wer mag der Stärke seiner Waffen, wer mag seiner Wachsamkeit vertrauen, wenn die unterirdischen Mächte lauern. —

Schon fünf Jahre war ich im Kloster, als nach der Verordnung des Priors mir der Bruder Cyrillus, der alt und schwach worden, die Aufsicht über die reiche Reliquienkammer des Klosters übergeben sollte. Da befanden sich allerlei Knochen von Heiligen, Späne aus dem Kreuze des Erlösers und andere Heiligthümer, die in saubern Glasschränken aufbewahrt, und an gewissen Tagen dem Volk zur Erbauung ausgestellt wurden. Der Bruder Cyrillus machte mich mit jedem Stücke, so wie mit den Dokumenten, die über ihre Aechtheit und über die Wunder, welche sie bewirkt, vorhanden, bekannt. Er stand Rücksichts der geistigen Ausbildung unserm Prior an der Seite, und um so weniger trug ich Bedenken, das zu äußern, was sich gewaltsam aus meinem Innern hervordrängte. „Sollten denn, lieber Bruder Cyrillus, sagte ich, alle diese Dinge gewiß und wahrhaftig das seyn, wofür man sie ausgiebt? — Sollte auch hier nicht die betrügerische Habsucht Manches untergeschoben haben, was nun als wahre Reliquie dieses oder jenes Heiligen gilt? So z. B. besitzt irgend ein Kloster das ganze Kreuz unsers Erlösers, und doch zeigt man überall wieder so viel Späne davon, daß, wie jemand von uns selbst, freilich in freveligem Spott, behauptete, unser Kloster ein ganzes Jahr hindurch damit geheizt werden könnte.“ — „Es geziemt uns wohl eigentlich nicht, erwiderte der Bruder Cyrillus, diese Dinge einer solchen Untersuchung zu unterziehen, allein offenherzig gestanden, bin ich der Meinung, daß, der darüber sprechenden Dokumente unerachtet, wohl wenige dieser Dinge das seyn dürften, wofür man sie ausgiebt. Allein es scheint mir auch gar nicht darauf anzukommen. Merke wohl auf, lieber Bruder Medardus! wie ich und unser Prior darüber denken, und du wirst unsere Religion in neuer Glorie erblicken. Ist es nicht herrlich, lieber Bruder Medardus, daß unsere Kirche darnach trachtet, jene geheimnißvollen Fäden zu erfassen, die das Sinnliche mit dem Uebersinnlichen verknüpfen, ja unseren zum irdischen Leben und Seyn gediehenen Organism so anzuregen, daß sein Ursprung aus dem höhern geistigen Prinzip, ja seine innige Verwandtschaft mit dem wunderbaren Wesen, dessen Kraft wie ein glühender Hauch die ganze Natur durchdringt, klar hervortritt, und uns die Ahnung eines höheren Lebens, dessen Keim wir in uns tragen, wie mit Seraphsfittigen umweht. — Was ist jenes Stückchen Holz — jenes Knöchlein, jenes Läppchen — man sagt aus dem Kreuz Christi sey es gehauen, dem Körper — dem Gewande eines Heiligen entnommen; aber den Gläubigen, der ohne zu grübeln, sein ganzes Gemüth darauf richtet, erfüllt bald jene überirdische Begeisterung, die ihm das Reich der Seeligkeit erschließt, das er hienieden nur geahnet; und so wird der geistige Einfluß des Heiligen, dessen auch nur angebliche Reliquie den Impuls gab, erweckt, und der Mensch vermag Stärke und Kraft im Glauben von dem höheren Geiste zu empfangen, den er im Innersten des Gemüths um Trost und Beistand anrief. Ja, diese in ihm erweckte höhere geistige Kraft wird selbst Leiden des Körpers zu überwinden vermögen, und daher kommt es, daß diese Reliquien jene Mirakel bewirken, die, da sie so oft vor den Augen des versammelten Volks geschehen, wohl nicht geleugnet werden können." — Ich erinnerte mich augenblicklich gewisser Andeutungen des Priors, die ganz mit den Worten des Bruders Cyrillus übereinstimmten, und betrachtete nun die Reliquien, die mir sonst nur als religiöse Spielerei erschienen, mit wahrer innerer Ehrfurcht und Andacht. Dem Bruder Cyrillus entging diese Wirkung seiner Rede nicht, und er fuhr nun fort, mit größerem Eifer und mit recht zum Gemüthe sprechender Innigkeit, mir die Sammlung Stück vor Stück zu erklären. Endlich nahm er aus einem wohlverschlossenen Schranke ein Kistchen heraus und sagte: „hierinnen, lieber Bruder Medardus! ist die geheimnißvollste wunderbarste Reliquie enthalten, die unser Kloster besitzt. So lange ich im Kloster bin, hat dieses Kistchen niemand in der Hand gehabt, als der Prior und ich; selbst die andern

Brüder, viel weniger Fremde, wissen etwas von dem Daseyn dieser Reliquie. Ich kann die Kiste nicht ohne inneren Schauer anrühren, es ist als sey darin ein böser Zauber verschlossen, der, gelänge es ihm, den Bann, der ihn umschließt und wirkungslos macht, zu zersprengen, Verderben und heillosen Untergang jedem bereiten könnte, den er ereilt. — Das was darinnen enthalten, stammt unmittelbar von dem Widersacher her, aus jener Zeit, als er noch sichtlich gegen das Heil der Menschen zu kämpfen vermochte." — Ich sah den Bruder Cyrillus im höchsten Erstaunen an; ohne mir Zeit zu lassen etwas zu erwidern, fuhr er fort: „Ich will mich, lieber Bruder Medardus, gänzlich enthalten, in dieser höchst mystischen Sache nur irgend eine Meinung zu äußern, oder wohl gar diese — jene — Hypothese aufzutischen, die mir durch den Kopf gefahren, sondern lieber getreulich dir das erzählen, was die, über jene Reliquie vorhandenen Dokumente davon sagen. — Du findest diese Dokumente in jenem Schrank und kannst sie selbst nachlesen. — Dir ist das Leben des heiligen Antonius zur Genüge bekannt, du weißt, daß er, um sich von allem Irdischen zu entfernen, um seine Seele ganz dem Göttlichen zuzuwenden, in die Wüste zog, und da sein Leben den strengsten Buß- und Andachtsübungen weihte. Der Widersacher verfolgte ihn und trat ihm oft sichtlich in den Weg, um ihn in seinen frommen Betrachtungen zu stören. So kam es denn, daß der h. Antonius einmal in der Abenddämmerung eine finstere Gestalt wahrnahm, die auf ihn zuschritt. In der Nähe erblickte er zu seinem Erstaunen, daß aus den Löchern des zerrissenen Mantels, den die Gestalt trug, Flaschenhälse hervorguckten. Es war der Widersacher, der in diesem seltsamen Aufzuge ihn höhnisch anlächelte und frug, ob er nicht von den Elixieren, die er in den Flaschen bei sich trüge, zu kosten begehre? Der heilige Antonius, den diese Zumuthung nicht einmal verdrießen konnte, weil der Widersacher, ohnmächtig und kraftlos geworden, nicht mehr im Stande war, sich auf irgend einen Kampf einzulassen, und sich daher auf höhnende Reden beschränken mußte, frug ihn: warum er denn so viele Flaschen und auf solche besondere Weise bei sich trüge? Da antwortete der Widersacher: Siehe, wenn mir ein Mensch begegnet, so schaut er mich verwundert an und kann es nicht lassen nach meinen Getränken zu fragen, und zu kosten aus Lüsternheit. Unter so vielen Elixieren findet er ja wohl eins, was ihm recht mundet und er säuft die ganze Flasche aus, und ergiebt sich mir und meinem Reiche. — So weit steht das in allen Legenden; nach dem besonderen Dokument, das wir über diese Vision des heiligen Antonius besitzen, heißt es aber weiter, daß der Widersacher, als er sich von dannen hub, einige seiner Flaschen auf einem Rasen stehen ließ, die der h. Antonius schnell in seine Höhle mitnahm und verbarg, aus Furcht, selbst in der Einöde könnte ein Verirrter, ja wohl gar einer seiner Schüler, von dem entsetzlichen Getränke kosten und ins ewige Verderben gerathen. — Zufällig, erzählt das Dokument weiter, habe der heilige Antonius einmal eine dieser Flaschen geöffnet, da sey ein seltsamer betäubender Dampf herausgefahren und allerlei scheußliche sinneverwirrende Bilder der Hölle hätten den Heiligen umschwebt, ja ihn mit verführerischen Gaukeleien zu verlocken gesucht, bis er sie durch strenges Fasten und anhaltendes Gebet wieder vertrieben. — In diesem Kistchen befindet sich nun aus dem Nachlaß des h. Antonius eben eine solche Flasche mit einem Teufels-Elixier und die Dokumente sind so authentisch und genau, daß wenigstens daran, daß die Flasche wirklich nach dem Tode des h. Antonius unter seinen nachgebliebenen Sachen gefunden wurde, kaum zu zweifeln ist. Uebrigens kann ich versichern, lieber Bruder Medardus! daß, so oft ich die Flasche, ja nur dieses Kistchen, worin sie verschlossen, berühre, mich ein unerklärliches inneres Grauen anwandelt, ja daß ich wähne, etwas von einem ganz seltsamen Duft zu spüren, der mich betäubt und zugleich eine innere Unruhe des Geistes hervorbringt, die mich selbst bei den Andachtsübungen zerstreut. Indessen überwinde ich diese böse Stimmung, welche offenbar von dem Einfluß irgend einer feindlichen Macht herrührt, sollte ich auch an die unmittelbare Einwirkung des Widersachers nicht glauben, durch standhaftes Gebet. Dir, lieber Bruder Medardus, der du noch so jung bist, der du noch Alles, was dir deine von fremder Kraft aufgeregte Phantasie vorbringen mag, in glänzenderen lebhafteren Farben erblickst, der du noch, wie ein tapferer aber unerfahrner Krieger, zwar rüstig im Kampfe, aber vielleicht zu kühn, das Unmögliche wagend, deiner Stärke zu sehr vertraust, rathe ich, das Kistchen niemals, oder wenigstens erst nach Jahren zu öffnen, und damit dich deine Neugierde nicht in Versuchung führe, es dir weit weg aus den Augen zu stellen." —

Der Bruder Cyrillus verschloß die geheimnißvolle Kiste wieder in den Schrank, wo sie gestanden, und übergab mir den Schlüsselbund, an dem auch der Schlüssel jenes Schranks hing; die ganze Erzählung hatte auf mich einen eignen Eindruck gemacht, aber je mehr ich eine innere Lüsternheit emporkeimen fühlte, die wunderbare Reliquie zu sehen, desto mehr war ich, der Warnung des Bruders Cyrillus gedenkend, bemüht, auf jede Art mir es zu erschweren. Als Cyrillus mich verlassen, übersah ich noch einmal die mir anvertrauten Heiligthümer, dann löste ich aber das Schlüsselchen, welches den gefährlichen Schrank schloß, vom Bunde ab, und versteckte es tief unter meine Skripturen im Schreibpulte. —

Unter den Professoren im Seminar gab es einen vortrefflichen Redner, jedesmal, wenn er predigte, war die Kirche überfüllt; der Feuerstrom seiner Worte riß alles unwiderstehlich fort, die inbrünstigste Andacht im Innern entzündend. Auch mir drangen seine herrlichen begeisterten Reden ins Innerste, aber indem ich den Hochbegabten glücklich pries, war es mir, als rege sich eine innere Kraft, die mich mächtig antrieb, es ihm gleich zu thun. Hatte ich ihn gehört, so predigte ich auf meiner einsamen Stube, mich ganz der Begeisterung des Moments überlassend, bis es mir gelang, meine Ideen, meine Worte festzuhalten und aufzuschreiben. — Der Bruder, welcher im Kloster zu predigen pflegte, wurde zusehends schwächer, seine Reden schlichen wie ein halbversiegter Bach mühsam und tonlos dahin, und die ungewöhnlich gedehnte Sprache, welche der Mangel an Ideen und Worten erzeugte, da er ohne Conzept sprach, machte seine Reden so unausstehlich lang, daß vor dem Amen schon der größte Theil der Gemeinde, wie bei dem bedeutungslosen eintönigen Geklapper einer Mühle, sanft eingeschlummert war, und nur durch den Klang der Orgel wieder erweckt werden konnte. Der Prior Leonardus war zwar ein ganz vorzüglicher Redner, indessen trug er Scheu zu predigen, weil es ihn bei den schon erreichten hohen Jahren zu stark angriff, und sonst gab es im Kloster keinen, der die Stelle jenes schwächlichen Bruders hätte ersetzen können. Leonardus sprach mit mir über diesen Uebelstand, der der Kirche den Besuch mancher Frommen entzog; ich faßte mir ein Herz und sagte ihm, wie ich schon im Seminar einen innern Beruf zum Predigen gespürt und manche geistliche Rede aufgeschrieben habe. Er verlangte, sie zu sehen, und war so höchlich damit zufrieden, daß er in mich drang, schon am nächsten heiligen Tage den Versuch mit einer Predigt zu machen, der um so weniger mißlingen werde, als mich die Natur mit Allem ausgestattet habe, was zum guten Kanzelredner gehöre, nehmlich mit einer einnehmenden Gestalt, einem ausdrucksvollen Gesicht und einer kräftigen tonreichen Stimme. Rücksichts des äußern Anstandes, der richtigen Gestikulation unternahm Leonardus selbst mich zu unterrichten. Der Heiligentag kam heran, die Kirche war besetzter als gewöhnlich, und ich bestieg nicht ohne inneres Erbeben die Kanzel. — Im Anfange blieb ich meiner Handschrift getreu, und Leonardus sagte mir nachher, daß ich mit zitternder Stimme gesprochen, welches aber gerade den andächtigen wehmuthsvollen Betrachtungen, womit die Rede begann, zugesagt, und bei den mehrsten für eine besondere wirkungsvolle Kunst des Redners gegolten habe. Bald aber war es, als strahle der glühende Funke himmlischer Begeisterung durch mein Inneres — ich dachte nicht mehr an die Handschrift, sondern überließ mich ganz den Eingebungen des Moments. Ich fühlte, wie das Blut in allen Pulsen glühte und sprühte — ich hörte meine Stimme durch das Gewölbe donnern — ich sah mein erhobenes Haupt, meine ausgebreiteten Arme, wie vom Strahlenglanz der Begeisterung umflossen. — Mit einer Sentenz, in der ich alles Heilige und Herrliche, das ich verkündet, nochmals wie in einem flammenden Fokus zusammenfaßte, schloß ich meine Rede, deren Eindruck ganz ungewöhnlich, ganz unerhört war. Heftiges Weinen — unwillkührlich den Lippen entfliehende Ausrufe der andachtvollsten Wonne — lautes Gebet, hallten meinen Worten nach. Die Brüder zollten mir ihre höchste Bewunderung, Leonardus umarmte mich, er nannte mich den Stolz des Klosters. Mein Ruf verbreitete sich schnell, und um den Bruder Medardus zu hören, drängte sich der vornehmste, der gebildetste Theil der Stadtbewohner, schon eine Stunde vor dem Läuten, in die nicht allzu große Klosterkirche. Mit der Bewunderung stieg mein Eifer und meine Sorge, den Reden im stärksten Feuer Ründe und Gewandtheit zu geben. Immer mehr gelang es mir, die Zuhörer zu fesseln, und, immer steigend und steigend, glich bald die Verehrung, die sich überall, wo ich ging und stand, in den stärksten Zügen an den Tag legte, beinahe der Vergötterung eines Heiligen. Ein religiöser Wahn hatte die Stadt ergriffen, alles strömte bei irgend einem Anlaß, auch an gewöhnlichen Wochentagen, nach dem Kloster, um den Bruder Medardus zu sehen, zu sprechen. — Da keimte in mir der Gedanke auf, ich sey ein besonders Erkorner des Himmels; die geheimnißvollen Umstände bei meiner Geburt, am heiligen Orte zur Entsündigung des verbrecherischen Vaters, die wunderbaren Begebenheiten in meinen ersten Kinderjahren, alles deutete dahin, daß mein Geist, in unmittelbarer Berührung mit dem Himmlischen, sich schon hienieden über das Irdische erhebe, und ich nicht der Welt, den Menschen angehöre, denen Heil und Trost zu geben, ich hier auf Erden wandle. Es war mir nun gewiß, daß der alte Pilgrim in der heiligen Linde der heilige Joseph, der wunderbare Knabe aber das Jesuskind selbst gewesen, das in mir den Heiligen, der auf Erden zu wandeln bestimmt, begrüßt habe. Aber so wie dies Alles immer lebendiger vor meiner Seele stand, wurde mir auch meine Umgebung immer lästiger und drückender. Jene Ruhe und Heiterkeit des Geistes, die mich sonst umfing, war aus meiner Seele entschwunden — ja alle gemüthliche Aeußerungen der Brüder, die Freundlichkeit des Priors, erweckten in mir einen feindseligen Zorn. Den Heiligen, den hoch über sie erhabenen, sollten sie in mir erkennen, sich niederwerfen in den Staub, und die Fürbitte erflehen vor dem Throne Gottes. So aber hielt ich sie für befangen in verderblicher Verstocktheit. Selbst in meine Reden flocht ich gewisse Anspielungen ein, die darauf hindeuteten, wie nun eine wundervolle Zeit, gleich der in schimmernden Strahlen leuchtenden Morgenröthe, angebrochen, in der Trost und Heil bringend der gläubigen Gemeinde ein Auserwählter Gottes auf Erden wandle. Meine eingebildete Sendung kleidete ich in mystische Bilder ein, die um so mehr wie ein fremdartiger Zauber auf die Menge wirkten, je weniger sie verstanden wurden. Leonardus wurde sichtlich kälter gegen mich, er vermied, mit mir ohne Zeugen zu sprechen, aber endlich, als wir einst zufällig von allen Brüdern verlassen, in der Allee des Klostergartens einhergingen, brach er los: „Nicht verhehlen kann ich es dir, lieber Bruder Medardus, daß du seit einiger Zeit durch dein ganzes Betragen mir Mißfallen erregst. — Es ist etwas in deine Seele gekommen, das dich dem Leben in frommer Einfalt abwendig macht. In deinen Reden herrscht ein feindliches Dunkel, aus dem nur noch manches hervorzutreten sich scheut, was dich wenigstens mit mir auf immer entzweien würde. — Laß mich offenherzig seyn! — Du trägst in diesem Augenblick die Schuld unseres sündigen Ursprungs, die jedem mächtigen Emporstreben unserer geistigen Kraft die Schranken des Verderbnisses öffnet, wohin wir uns in unbedachtem Fluge nur zu leicht verirren! — Der Beifall, ja die abgöttische Bewunderung, die dir die leichtsinnige, nach jeder Anreizung lüsterne Welt gezollt, hat dich geblendet, und du siehst dich selbst in einer Gestalt, die nicht dein eigen, sondern ein Trugbild ist, welches dich in den verderblichen Abgrund lockt. Gehe in dich, Medardus! — entsage dem Wahn der dich bethört — ich glaube ihn zu kennen! — schon jetzt ist dir die Ruhe des Gemüths, ohne welche kein Heil hienieden zu finden, entflohen. — Laß dich warnen, weiche aus dem Feinde, der dir nachstellt. — Sey wieder der gutmüthige Jüngling, den ich mit ganzer Seele liebte.“ — Thränen quollen aus den Augen des Priors, als er dies sprach; er hatte meine Hand ergriffen, sie loslassend entfernte er sich schnell, ohne meine Antwort abzuwarten. — Aber nur feindselig waren seine Worte in mein Innres gedrungen; er hatte des Beifalls, ja der höchsten Bewunderung erwähnt, die ich mir durch meine außerordentlichen Gaben erworben, und es war mir deutlich, daß nur kleinlicher Neid jenes Mißbehagen an mir erzeugt habe, das er so unverholen äußerte. Stumm und in mich gekehrt blieb ich, vom innern Groll ergriffen, bei den Zusammenkünften der Mönche, und ganz erfüllt von dem neuen Wesen, das mir aufgegangen, sann ich den Tag über, und in den schlaflosen Nächten, wie ich alles in mir Aufgekeimte in prächtige Worte fassen und dem Volke verkünden wollte. Je mehr ich mich nun von Leonardus und den Brüdern entfernte, mit desto stärkeren Banden wußte ich die Menge an mich zu ziehen. —

Am Tage des heiligen Antonius war die Kirche so gedrängt voll, daß man die Thüren weit öffnen mußte, um dem zuströmenden Volke zu vergönnen, mich auch noch vor der Kirche zu hören. Nie hatte ich kräftiger, feuriger, eindringender gesprochen. Ich erzählte, wie es gewöhnlich, Manches aus dem Leben des Heiligen, und knüpfte daran fromme, tief ins Leben eindringende Betrachtungen. Von den Verführungen des Teufels, dem der Sündenfall die Macht gegeben, die Menschen zu verlocken, sprach ich, und unwillkürlich führte mich der Strom der Rede hinein in die Legende von den Elixieren, die ich wie eine sinnreiche Allegorie darstellen wollte. Da fiel mein in der Kirche umherschweifender Blick auf einen langen hageren Mann, der mir schräg über auf eine Bank gestiegen, sich an einen Eckpfeiler lehnte. Er hatte auf seltsame fremde Weise einen dunkelvioletten Mantel umgeworfen, und die übereinander geschlagenen Arme darein gewickelt. Sein Gesicht war leichenblaß, aber der Blick der großen schwarzen stieren Augen fuhr wie ein glühender Dolchstich durch meine Brust. Mich durchbebte ein unheimliches grauenhaftes Gefühl, schnell wandte ich mein Auge ab und sprach, alle meine Kraft zusammennehmend, weiter. Aber wie von einer fremden zauberischen Gewalt getrieben, mußte ich immer wieder hinschauen, und immer starr und bewegungslos stand der Mann da, den gespenstischen Blick auf mich gerichtet. So wie bittrer Hohn — verachtender Haß, lag es auf der hohen gefurchten Stirn, in dem herabgezogenen Munde. Die ganze Gestalt hatte etwas Furchtbares — Entsetzliches! — Ja! — es war der unbekannte Maler aus der heiligen Linde. Ich fühlte mich wie von eiskalten grausigen Fäusten gepackt — Tropfen des Angstschweißes standen auf meiner Stirn — meine Perioden stockten — immer verwirrter und verwirrter wurden meine Reden — es entstand ein Flüstern — ein Gemurmel in der Kirche — aber starr und unbeweglich lehnte der fürchterliche Fremde am Pfeiler, den stieren Blick auf mich gerichtet. Da schrie ich auf in der Höllenangst wahnsinniger Verzweiflung: „Ha Verruchter! hebe dich weg! — hebe dich weg — denn ich bin es selbst! — ich bin der heilige Antonius!" — Als ich aus dem bewußtlosen Zustand, in den ich mit jenen Worten versunken, wieder erwachte, befand ich mich auf meinem Lager, und der Bruder Cyrillus saß neben mir, mich pflegend und tröstend. Das schreckliche Bild des Unbekannten stand mir noch lebhaft vor Augen, aber je mehr der Bruder Cyrillus, dem ich alles erzählte, mich zu überzeugen suchte, daß dieses nur ein Gaukelbild meiner durch das eifrige und starke Reden erhitzten Phantasie gewesen, desto tiefer fühlte ich bittre Reue und Scham über mein Betragen auf der Kanzel. Die Zuhörer dachten, wie ich nachher erfuhr, es habe mich ein plötzlicher Wahnsinn überfallen, wozu ihnen vorzüglich mein letzter Ausruf gerechten Anlaß gab. Ich war zerknirscht — zerrüttet im Geiste; eingeschlossen in meine Zelle, unterwarf ich mich den strengsten Bußübungen, und stärkte mich durch inbrünstige Gebete zum Kampfe mit dem Versucher, der mir selbst an heiliger Stätte erschienen, nur in frechem

Hohn die Gestalt borgend von dem frommen Maler in der heiligen Linde. Niemand wollte übrigens den Mann im violetten Mantel erblickt haben, und der Prior Leonardus verbreitete nach seiner anerkannten Gutmüthigkeit auf das Eifrigste überall, wie es nur der Anfall einer hitzigen Krankheit gewesen, welcher mich in der Predigt auf solche entsetzliche Weise mitgenommen, und meine verwirrten Reden veranlaßt habe: wirklich war ich auch noch siech und krank, als ich nach mehreren Wochen wieder in das gewöhnliche klösterliche Leben eintrat. Dennoch unternahm ich es wieder die Kanzel zu besteigen, aber, von innerer Angst gefoltert, verfolgt von der entsetzlichen bleichen Gestalt vermochte ich kaum zusammenhängend zu sprechen, viel weniger mich, wie sonst, dem Feuer der Beredsamkeit zu überlassen. Meine Predigten waren gewöhnlich — steif — zerstückelt. — Die Zuhörer bedauerten den Verlust meiner Rednergabe, verloren sich nach und nach, und der alte Bruder, der sonst gepredigt und nun noch offenbar besser redete, als ich, ersetzte wieder meine Stelle. —

Nach einiger Zeit begab es sich, daß ein junger Graf, von seinem Hofmeister, mit dem er auf Reisen begriffen, begleitet, unser Kloster besuchte, und die vielfachen Merkwürdigkeiten desselben zu sehen begehrte. Ich mußte die Reliquienkammer aufschließen und wir traten hinein, als der Prior, der mit uns durch Chor und Kirche gegangen, abgerufen wurde, so daß ich mit den Fremden allein blieb. Jedes Stück hatte ich gezeigt und erklärt, da fiel dem Grafen der, mit zierlichem altteutschen Schnitzwerk geschmückte, Schrank ins Auge, in dem sich das Kistchen mit dem Teufels-Elixier befand. Unerachtet ich nun nicht gleich mit der Sprache heraus wollte, was in dem Schrank verschlossen, so drangen beide, der Graf und der Hofmeister, doch so lange in mich, bis ich die Legende vom h. Antonius und dem arglistigen Teufel erzählte, und mich über die, als Reliquie aufbewahrte Flasche ganz getreu nach den Worten des Bruder Cyrillus ausließ, ja sogar die Warnung hinzufügte, die er mir Rücksichts der Gefahr des Oeffnens der Kiste und des Vorzeigens der Flasche gegeben. Unerachtet der Graf unserer Religion zugethan war, schien er doch eben so wenig, als der Hofmeister auf die Wahrscheinlichkeit der heiligen Legenden viel zu bauen. Sie ergossen sich beide in allerlei witzigen Anmerkungen und Einfällen über den komischen Teufel, der die Verführungsflaschen im zerrissenen Mantel trage, endlich nahm aber der Hofmeister eine ernsthafte Miene an und sprach: „Haben Sie an uns leichtsinnigen Weltmenschen kein Aergerniß, ehrwürdiger Herr! — Seyen Sie überzeugt, daß wir beide, ich und mein Graf, die Heiligen als herrliche von der Religion hoch begeisterte Menschen verehren, die dem Heil ihrer Seele, so wie dem Heil der Menschen, alle Freuden des Lebens, ja, das Leben selbst opferten, was aber solche Geschichten betrifft, wie die so eben von Ihnen erzählte, so glaube ich, daß nur eine geistreiche, von dem Heiligen ersonnene Allegorie durch Mißverstand, als wirklich geschehen, ins Leben gezogen wurde." —

Unter diesen Worten hatte der Hofmeister den Schieber des Kistchens schnell aufgeschoben und die schwarze, sonderbar geformte Flasche herausgenommen. Es verbreitete sich wirklich, wie der Bruder Cyrillus es mir gesagt, ein starker Duft, der indessen nichts weniger, als betäubend, sondern vielmehr angenehm und wohlthätig wirkte. „Ei, rief der Graf: ich wette, daß das Elixier des Teufels weiter nichts ist, als herrlicher ächter Syrakuser." — „Ganz gewiß, erwiderte der Hofmeister: und stammt die Flasche wirklich aus dem Nachlaß des h. Antonius, so geht es Ihnen, ehrwürdiger Herr! beinahe besser, wie dem Könige von Neapel, den die Unart der Römer, den Wein nicht zu pfropfen, sondern nur durch darauf getröpfeltes Oel zu bewahren, um das Vergnügen brachte, altrömischen Wein zu kosten. Ist dieser Wein auch lange nicht so alt, als jener gewesen wäre, so ist es doch fürwahr der älteste, den es wohl geben mag, und darum thäten Sie wohl, die Reliquie in Ihrem Nutzen zu verwenden und getrost auszunippen." — „Gewiß, fiel der Graf ein: dieser uralte Syrakuser würde neue Kraft in Ihre Adern gießen und die Kränklichkeit verscheuchen, von der Sie, ehrwürdiger Herr! heimgesucht scheinen." Der Hofmeister holte einen stählernen Korkzieher aus der Tasche und öffnete, meiner Protestationen unerachtet, die Flasche. — Es war mir als zucke mit dem Herausfliegen des Korks ein blaues Flämmchen empor, das gleich wieder verschwand. — Stärker stieg der Duft aus der Flasche und wallte durch das Zimmer. Der Hofmeister kostete zuerst und rief begeistert: „herrlicher — herrlicher Syrakuser! In der That, der Weinkeller des heiligen Antonius war nicht übel, und machte der Teufel seinen Kellermeister, so meinte er es mit dem heiligen Mann nicht so böse, als man glaubt — kosten Sie

Graf!" — Der Graf that es, und bestätigte das, was der Hofmeister gesprochen. Beide scherzten noch mehr über die Reliquie, die offenbar die schönste in der ganzen Sammlung sey — sie wünschten sich einen ganzen Keller voll solcher Reliquien u. s. w. Ich hörte Alles schweigend mit niedergesenktem Haupte, mit zur Erde starrendem Blick an; der Frohsinn der Fremden hatte für mich, in meiner düsteren Stimmung, etwas Quälendes; vergebens drangen sie in mich, auch von dem Wein des heiligen Antonius zu kosten, ich verweigerte es standhaft und verschloß die Flasche, wohl zugepfropft, wieder in ihr Behältniß. —

Die Fremden verließen das Kloster, aber als ich einsam in meiner Zelle saß, konnte ich mir selbst ein gewisses inneres Wohlbehagen, eine rege Heiterkeit des Geistes nicht abläugnen. Es war offenbar, daß der geistige Duft des Weins mich gestärkt hatte. Keine Spur der üblen Wirkung, von der Cyrillus gesprochen, empfand ich, und nur der entgegengesetzte wohlthätige Einfluß zeigte sich auf auffallende Weise: je mehr ich über die Legende des heiligen Antonius nachdachte, je lebhafter die Worte des Hofmeisters in meinem Innern wiederklangen, desto gewisser wurde es mir, daß die Erklärung des Hofmeisters die richtige sey, und nun erst durchfuhr mich, wie ein leuchtender Blitz, der Gedanke: daß an jenem unglücklichen Tage, als eine feindselige Vision mich in der Predigt auf so verstörende Weise unterbrach, ich ja selbst im Begriff gewesen, die Legende auf dieselbe Weise, als eine geistreiche belehrende Allegorie des heiligen Mannes vorzutragen. Diesem Gedanken knüpfte sich ein anderer an, welcher bald mich so ganz und gar erfüllte, daß alles Uebrige in ihm unterging. — Wie, dachte ich, wenn das wunderbare Getränk mit geistiger Kraft dein Inneres stärkte, ja die erloschene Flamme entzünden könnte, daß sie in neuem Leben emporstrahlte? — Wenn schon dadurch eine geheimnißvolle Verwandtschaft deines Geistes mit den in jenem Wein verschlossenen Naturkräften sich offenbaret hätte, daß derselbe Duft, der den schwächlichen Cyrillus betäubte, auf dich nur wohlthätig wirkte? — Aber, war ich auch schon entschlossen, dem Rathe der Fremden zu folgen, wollte ich schon zur That schreiten, so hielt mich immer wieder ein inneres, mir selbst unerklärliches Widerstreben davon zurück. Ja, im Begriff, den Schrank aufzuschließen, schien es mir, als erblicke ich in dem Schnitzwerk das entsetzliche Gesicht des Malers, mit den mich durchbohrenden lebendigtodtstarren Augen; und von gespenstischem Grauen gewaltsam ergriffen, floh ich aus der Reliquienkammer, um an heiliger Stätte meinen Vorwitz zu bereuen. Aber immer und immer verfolgte mich der Gedanke, daß nur durch den Genuß des wunderbaren Weins mein Geist sich erlaben und stärken könne. — Das Betragen des Priors — der Mönche — die mich, wie einen geistig Erkrankten, mit gutgemeinter, aber niederbeugender Schonung behandelten, brachte mich zur Verzweiflung, und als Leonardus nun gar mich von den gewöhnlichen Andachtsübungen dispensirte, damit ich meine Kräfte ganz sammeln solle, da beschloß ich, in schlafloser Nacht von tiefem Gram gefoltert, auf den Tod alles zu wagen, um die verlorne geistige Kraft wieder zu gewinnen, oder unterzugehen.

Ich stand vom Lager auf, und schlich wie ein Gespenst, mit der Lampe, die ich bei dem Marienbilde auf dem Gange des Klosters angezündet, durch die Kirche nach der Reliquienkammer. Von dem flackernden Scheine der Lampe beleuchtet, schienen die heiligen Bilder in der Kirche sich zu regen, es war, als blickten sie mitleidsvoll auf mich herab, es war, als höre ich in dem dumpfen Brausen des Sturms, der durch die zerschlagenen Fenster ins Chor hineinfuhr, klägliche warnende Stimmen, ja, als riefe mir meine Mutter zu aus weiter Ferne: Sohn Medardus, was beginnst du, laß ab von dem gefährlichen Unternehmen! — Als ich in die Reliquienkammer getreten, war alles still und ruhig, ich schloß den Schrank auf, ich ergriff das Kistchen, die Flasche, bald hatte ich einen kräftigen Zug gethan! — Gluth strömte durch meine Adern und erfüllte mich mit dem Gefühl unbeschreiblichen Wohlseyns — ich trank noch einmal, und die Lust eines neuen herrlichen Lebens ging mir auf! — Schnell verschloß ich das leere Kistchen in den Schrank, eilte rasch mit der wohlthätigen Flasche nach meiner Zelle, und stellte sie in mein Schreibpult. — Da fiel mir der kleine Schlüssel in die Hände, den ich damals, um jeder Versuchung zu entgehen, vom Bunde löste, und doch hatte ich ohne ihn, sowohl damals, als die Fremden zugegen waren, als jetzt, den Schrank aufgeschlossen? — Ich untersuchte meinen Schlüsselbund, und siehe, ein unbekannter Schlüssel, mit dem ich damals und jetzt den Schrank geöffnet, ohne in der Zerstreuung darauf zu merken, hatte sich zu den übrigen gefunden. — Ich erbebte unwillkürlich, aber

VI. pag. 36.

ein buntes Bild jagte das andere bei dem, wie aus tiefem Schlaf aufgerüttelten Geiste vorüber. Ich hatte nicht Ruhe, nicht Rast, bis der Morgen heiter anbrach, und ich hinabeilen konnte in den Klostergarten, um mich in den Strahlen der Sonne, die feurig und glühend hinter den Bergen emporstieg, zu baden. Leonardus, die Brüder, bemerkten meine Veränderung; statt daß ich sonst in mich verschlossen, kein Wort sprach, war ich heiter und lebendig. Als rede ich vor versammelter Gemeinde, sprach ich mit dem Feuer der Beredsamkeit, wie es sonst mir eigen. Da ich mit Leonardus allein geblieben, sah er mich lange an, als wollte er mein Innerstes durchdringen; dann sprach er aber, indem ein leises ironisches Lächeln über sein Gesicht flog: hat der Bruder Medardus vielleicht in einer Vision neue Kraft und verjüngtes Leben von oben herab erhalten? — Ich fühlte mich vor Scham erglühen, denn in dem Augenblick kam mir meine Exaltation, durch einen Schluck alten Weins erzeugt, nichtswürdig und armselig vor. Mit niedergeschlagenen Augen und gesenktem Haupte stand ich da, Leonardus überließ mich meinen Betrachtungen. Nur zu sehr hatte ich gefürchtet, daß die Spannung, in die mich der genossene Wein versetzt, nicht lange anhalten, sondern vielleicht zu meinem Gram noch größere Ohnmacht nach sich ziehn würde; es war aber dem nicht so, vielmehr fühlte ich, wie, mit der wiedererlangten Kraft, auch jugendlicher Muth, und jenes rastlose Streben nach dem höchsten Wirkungskreise, den mir das Kloster darbot, zurückkehrte. Ich bestand darauf, am nächsten heiligen Tage wieder zu predigen, und es wurde mir vergönnt. Kurz vorher ehe ich die Kanzel bestieg, genoß ich von dem wunderbaren Weine; nie hatte ich darauf feuriger, salbungsreicher, eindringender gesprochen. Schnell verbreitete sich der Ruf meiner gänzlichen Wiederherstellung, und so wie sonst füllte sich wieder die Kirche, aber je mehr ich den Beifall der Menge erwarb, desto ernster und zurückhaltender wurde Leonardus, und ich fing an, ihn von ganzer Seele zu hassen, da ich ihn von kleinlichem Neide und mönchischem Stolz befangen glaubte. —

Der Bernardustag kam heran, und ich war voll brennender Begierde, vor der Fürstin recht mein Licht leuchten zu lassen, weshalb ich den Prior bat, es zu veranstalten, daß mir es vergönnt werde, an dem Tage im Cisterzienser Kloster zu predigen. — Den Leonardus schien meine Bitte auf besondere Weise zu überraschen, er gestand mir unverholen, daß er gerade dieſesmal im Sinn gehabt habe, ſelbſt zu predigen, und daß deshalb ſchon das Nöthige angeordnet ſey, deſto leichter ſey indeſſen die Erfüllung meiner Bitte, da er ſich mit Krankheit entſchuldigen und mich ſtatt ſeiner herausſchicken werde. —

Das geſchah wirklich! — Ich ſah meine Mutter, ſo wie die Fürſtin, den Abend vorher; mein Inneres war aber ſo ganz von meiner Rede erfüllt, die den höchſten Gipfel der Beredſamkeit erreichen ſollte, daß ihr Wiederſehen nur einen geringen Eindruck auf mich machte. Es war in der Stadt verbreitet, daß ich ſtatt des erkrankten Leonardus predigen würde, und dies hatte vielleicht noch einen größeren Theil des gebildeten Publikums herbeigezogen. Ohne das Mindeſte aufzuſchreiben, nur in Gedanken die Rede in ihren Theilen ordnend, rechnete ich auf die hohe Begeiſterung, die das feierliche Hochamt, das verſammelte andächtige Volk, ja ſelbſt die herrliche hochgewölbte Kirche in mir erwecken würde, und hatte mich in der That nicht geirrt. — Wie ein Feuerſtrom floſſen meine Worte, die mit der Erinnerung an den heiligen Bernhard die ſinnreichſten Bilder, die frömmſten Betrachtungen enthielten, dahin, und in allen auf mich gerichteten Blicken las ich Staunen und Bewunderung. Wie war ich darauf geſpannt, was die Fürſtin wohl ſagen werde, wie erwartete ich den höchſten Ausbruch ihres innigſten Wohlgefallens, ja es war mir, als müſſe ſie den, der ſie ſchon als Kind in Erſtaunen geſetzt, jetzt die ihm inwohnende höhere Macht deutlicher ahnend, mit unwillkürlicher Ehrfurcht empfangen. Als ich ſie ſprechen wollte, ließ ſie mir ſagen, daß ſie, plötzlich von einer Kränklichkeit überfallen, niemanden, auch mich nicht ſprechen könne. — Dies war mir um ſo verdrießlicher, als nach meinem ſtolzen Wahn die Aebtiſſin in der höchſten Begeiſterung das Bedürfniß hätte fühlen ſollen, noch ſalbungsreiche Worte von mir zu vernehmen. Meine Mutter ſchien einen heimlichen Gram in ſich zu tragen, nach deſſen Urſache ich mich nicht unterſtand zu forſchen, weil ein geheimes Gefühl mir ſelbſt die Schuld davon aufbürdete, ohne daß ich mir dies hätte deutlicher enträthſeln können. Sie gab mir ein kleines Billet von der Fürſtin, das ich erſt im Kloſter öffnen ſollte: kaum war ich in meiner Zelle, als ich zu meinem Erſtaunen folgendes las:

„Du haſt mich mein lieber Sohn, (denn noch will ich Dich ſo nennen), durch die Rede, die Du in der Kirche unſeres Kloſters hieltest, in die tiefste Betrübniß gesetzt. Deine Worte kommen nicht aus dem andächtigen ganz dem himmlischen zugewandten Gemüthe, Deine Begeisterung war nicht diejenige, welche den Frommen auf Seraphsfittigen emporträgt, daß er in heiliger Verzückung das himmlische Reich zu schauen vermag. Ach! — der stolze Prunk Deiner Rede, Deine sichtliche Anstrengung, nur recht viel Auffallendes, Glänzendes zu sagen, hat mir bewiesen, daß Du, statt die Gemeinde zu belehren und zu frommen Betrachtungen zu entzünden, nur nach dem Beifall, nach der werthlosen Bewunderung der weltlich gesinnten Menge trachtest. Du hast Gefühle geheuchelt, die nicht in Deinem Innern waren, ja Du hast selbst gewisse sichtlich studierte Mienen und Bewegungen erkünstelt, wie ein eitler Schauspieler, Alles nur des schnöden Beifalls wegen. Der Geist des Truges ist in Dich gefahren, und wird Dich verderben, wenn Du nicht in Dich gehst und der Sünde entsagest. Denn Sünde, große Sünde, ist Dein Thun und Treiben, um so mehr, als Du Dich zum frömmsten Wandel, zur Entsagung aller irdischen Thorheit im Kloster, dem Himmel verpflichtet. Der heilige Bernardus, den Du durch Deine trügerische Rede so schnöde beleidigt, möge Dir nach seiner himmlischen Langmuth verzeihen, ja Dich erleuchten, daß Du den rechten Pfad, von dem Du durch den Bösen verlockt abgewichen, wieder findest, und er fürbitten könne für das Heil Deiner Seele. Gehab Dich wohl!"

Wie hundert Blitze durchfuhren mich die Worte der Aebtissin, und ich erglühte vor innerm Zorn, denn nichts war mir gewisser, als daß Leonardus, dessen mannigfache Andeutungen über meine Predigten eben dahin gewiesen hatten, die Andächtelei der Fürstin benutzt, und sie gegen mich und mein Redner-Talent aufgewiegelt habe. Kaum konnte ich ihn mehr anschauen, ohne vor innerlicher Wuth zu erbeben, ja es kamen mir oft Gedanken, ihn zu verderben, in den Sinn, vor denen ich selbst erschrak. Um so unerträglicher waren mir die Vorwürfe der Aebtissin und des Priors, als ich in der tiefsten Tiefe meiner Seele wohl die Wahrheit derselben fühlte; aber immer fester und fester beharrend in meinem Thun, mich stärkend durch Tropfen Weins aus der geheimnißvollen Flasche, fuhr ich fort, meine Predigten mit allen Künsten der Rhetorik auszuschmücken und mein Mienenspiel, meine Gestikulationen sorgfältig zu studieren, und so gewann ich des Beifalls, der Bewunderung immer mehr und mehr.

Das Morgenlicht brach in farbigten Strahlen durch die bunten Fenster der Klosterkirche; einsam, und in tiefe Gedanken versunken, saß ich im Beichtstuhl; nur die Tritte des dienenden Layenbruders, der die Kirche reinigte, hallten durch das Gewölbe. Da rauschte es in meiner Nähe, und ich erblickte ein großes schlankes Frauenzimmer, auf fremdartige Weise gekleidet, einen Schleier über das Gesicht gehängt, die durch die Seitenpforte hereingetreten, sich mir nahte, um zu beichten. Sie bewegte sich mit unbeschreiblicher Anmuth, sie kniete nieder, ein tiefer Seufzer entfloh ihrer Brust, ich fühlte ihren glühenden Athem, es war als umstricke mich ein betäubender Zauber, noch ehe sie sprach! — Wie vermag ich den ganz eignen, ins Innerste dringenden Ton ihrer Stimme zu beschreiben! — Jedes ihrer Worte griff in meine Brust, als sie bekannte, wie sie eine verbotene Liebe hege, die sie schon seit langer Zeit vergebens bekämpfe, und daß diese Liebe um so sündlicher sey, als den Geliebten heilige Bande auf ewig fesselten; aber im Wahnsinn hoffnungsloser Verzweiflung, habe sie diesen Banden schon geflucht. — Sie stockte — mit einem Thränenstrom, der die Worte beinahe erstickte, brach sie los: „Du selbst — Du selbst, Medardus, bist es, den ich so unaussprechlich liebe!" — Wie im tödtenden Krampf zuckten alle meine Nerven, ich war außer mir selbst, ein nie gekanntes Gefühl zerriß meine Brust, sie sehen, sie an mich drücken — vergehen vor Wonne und Qual, eine Minute dieser Seligkeit für ewige Marter der Hölle! — Sie schwieg, aber ich hörte sie tief athmen. — In einer Art wilder Verzweiflung raffte ich mich gewaltsam zusammen, was ich gesprochen, weiß ich nicht mehr, aber ich nahm wahr, daß sie schweigend aufstand und sich entfernte, während ich das Tuch fest vor die Augen drückte, und wie erstarrt, bewußtlos im Beichtstuhl sitzen blieb. —

Zum Glück kam niemand mehr in die Kirche, ich konnte daher unbemerkt in meine Zelle entweichen. Wie so ganz anders erschien mir jetzt Alles, wie thörigt, wie schaal mein ganzes Streben. — Ich hatte das Gesicht der Unbekannten nicht gesehen und doch lebte sie in meinem Innern und blickte mich an mit holdseligen dunkelblauen Augen, in denen Thränen perlten, die wie mit verzehrender Gluth in meine Seele fielen, und die Flamme entzündeten, die kein Gebet, keine Bußübung mehr dämpfte. Denn diese unternahm ich, mich züchtigend bis aufs Blut mit dem Knotenstrick, um der ewigen Verdammniß zu entgehen, die mir drohte, da oft jenes Feuer, das das fremde Weib in mich geworfen, die sündlichsten Begierden, welche sonst mir unbekannt geblieben, erregte, so daß ich mich nicht zu retten wußte, vor wollüstiger Qual.

Ein Altar in unserer Kirche war der heiligen Rosalia geweiht, und ihr herrliches Bild in dem Moment gemalt, als sie den Märtyrer Tod erleidet. — Es war meine Geliebte, ich erkannte sie, ja sogar ihre Kleidung war dem seltsamen Anzug der Unbekannten völlig gleich. Da lag ich stundenlang, wie von verderblichem Wahnsinn befangen, niedergeworfen auf den Stufen des Altars und stieß heulende entsetzliche Töne der Verzweiflung aus, daß die Mönche sich entsetzten und scheu von mir wichen. — In ruhigeren Augenblicken lief ich im Klostergarten auf und ab, in duftiger Ferne sah ich sie wandeln, sie trat aus den Gebüschen, sie stieg empor aus den Quellen, sie schwebte auf blumigter Wiese, überall nur sie, nur sie! — Da verwünschte ich mein Gelübde, mein Daseyn! — Hinaus in die Welt wollte ich, und nicht rasten, bis ich sie gefunden, sie erkaufen mit dem Heil meiner Seele. Es gelang mir endlich wenigstens, mich in den Ausbrüchen meines den Brüdern und dem Prior unerklärlichen Wahnsinns zu mäßigen, ich konnte ruhiger scheinen, aber immer tiefer ins Innere hinein zehrte die verderbliche Flamme. Kein Schlaf! — Keine Ruhe! — Von ihrem Bilde verfolgt, wälzte ich mich auf dem harten Lager und rief die Heiligen, nicht, mich zu retten von dem verführerischen Gaukelbilde, das mich umschwebte, nicht, meine Seele zu bewahren vor ewiger Verdammniß, nein! — mir das Weib zu geben, meinen Schwur zu lösen, mir Freiheit zu schenken zum sündigen Abfall! —

Endlich stand es fest in meiner Seele, meiner Qual durch die Flucht aus dem Kloster ein Ende zu machen. Denn nur die Befreiung von den Klostergelübden schien mir nöthig zu seyn, um das Weib in meinen Armen zu sehen und die Begierde zu stillen, die in mir brannte. Ich beschloß, unkenntlich geworden durch das Abscheeren meines Barts und weltliche Kleidung, so lange in der Stadt umherzuschweifen, bis ich sie gefunden, und dachte nicht daran, wie schwer, ja wie unmöglich dies vielleicht seyn werde, ja, wie ich vielleicht, von allem Gelde entblößt, nicht einen einzigen Tag außerhalb der Mauern würde leben können.

Der letzte Tag, den ich noch im Kloster zubringen wollte, war endlich herangekommen, durch einen günstigen Zufall hatte ich anständige bürgerliche Kleider erhalten; in der nächsten Nacht wollte ich das Kloster verlassen, um nie wieder zurückzukehren. Schon war es Abend geworden, als der Prior mich ganz unerwartet zu sich rufen ließ; ich erbebte, denn nichts glaubte ich gewisser, als daß er von meinem heimlichen Anschlage etwas bemerkt habe. Leonardus empfing mich mit ungewöhnlichem Ernst, ja mit einer imponirenden Würde, vor der ich unwillkürlich erzittern mußte. „Bruder Medardus, fing er an: Dein unsinniges Betragen, das ich nur für den stärkeren Ausbruch jener geistigen Exaltation halte, die Du seit längerer Zeit vielleicht nicht aus den reinsten Absichten herbeigeführt hast, zerreißt unser ruhiges Beisammenseyn, ja es wirkt zerstörend auf die Heiterkeit und Gemüthlichkeit, die ich als das Erzeugniß eines stillen frommen Lebens bis jetzt unter den Brüdern zu erhalten strebte. — Vielleicht ist aber auch irgend ein feindliches Ereigniß, das Dich betroffen, daran Schuld. Du hättest bei mir, deinem väterlichen Freunde, dem du sicher Alles vertrauen konntest, Trost gefunden, doch Du schwiegst, und ich mag um so weniger in Dich dringen, als mich jetzt Dein Geheimniß um einen Theil meiner Ruhe bringen könnte, die ich im heitern Alter über alles schätze. — Du hast oftmals, vorzüglich bei dem Altar der heiligen Rosalia, durch anstößige entsetzliche Reden, die Dir wie im Wahnsinn zu entfahren schienen, nicht nur den Brüdern, sondern auch Fremden, die sich zufällig in der Kirche befanden, ein heilloses Aergerniß gegeben; ich könnte Dich daher nach der Klosterzucht hart strafen, doch will ich dies nicht thun, da vielleicht irgend eine böse Macht — der Widersacher selbst, dem Du nicht genugsam widerstanden, an Deiner Verirrung Schuld ist, und gebe Dir nur auf, rüstig zu seyn in Buße und Gebet. — Ich schaue tief in Deine Seele! — Du willst ins Freie!" —

Durchdringend schaute Leonardus mich an, ich konnte seinen Blick nicht ertragen, schluchzend stürzte ich nieder in den Staub, mir bewußt des bösen Vorhabens. „Ich verstehe Dich, fuhr Leonardus fort, und glaube selbst, daß besser, als die Einsamkeit des Klosters, die Welt, wenn Du sie in Frömmigkeit durchziehst, Dich von Deiner

Verirrung heilen wird. Eine Angelegenheit unseres Klosters erfordert die Sendung eines Bruders nach Rom. Ich habe Dich dazu gewählt, und schon morgen kannst Du, mit den nöthigen Vollmachten und Instruktionen versehen, deine Reise antreten. Um so mehr eignest Du Dich zur Ausführung dieses Auftrages, als Du noch jung, rüstig, gewandt in Geschäften, und der italiänischen Sprache vollkommen mächtig bist. — Begieb Dich jetzt in deine Zelle; bete mit Inbrunst um das Heil deiner Seele, ich will ein Gleiches thun, doch unterlasse alle Kasteiungen, die Dich nur schwächen und zur Reise untauglich machen würden. Mit dem Anbruch des Tages erwarte ich Dich hier im Zimmer." —

Wie ein Strahl des Himmels erleuchteten mich die Worte des ehrwürdigen Leonardus, ich hatte ihn gehaßt, aber jetzt durchdrang mich wie ein wonnevoller Schmerz die Liebe, welche mich sonst an ihn gefesselt hatte. Ich vergoß heiße Thränen, ich drückte seine Hände an die Lippen. Er umarmte mich, und es war mir, als wisse er nun meine geheimsten Gedanken, und ertheile mir die Freiheit, dem Verhängniß nachzugeben, das, über mich waltend, nach Minuten langer Seligkeit mich vielleicht in ewiges Verderben stürzen konnte.

Nun war die Flucht unnöthig geworden, ich konnte das Kloster verlassen, und ihr, ihr, ohne die nun keine Ruhe, kein Heil für mich hienieden zu finden, rastlos folgen, bis ich sie gefunden. Die Reise nach Rom, die Aufträge dahin, schienen mir nur von Leonardus ersonnen, um mich auf schickliche Weise aus dem Kloster zu entlassen.

Die Nacht brachte ich betend, und mich bereitend zur Reise, zu, den Rest des geheimnißvollen Weins füllte ich in eine Korbflasche, um ihn als bewährtes Wirkungsmittel zu gebrauchen, und setzte die Flasche, welche sonst das Elixier enthielt, wieder in die Kiste.

Nicht wenig verwundert war ich, als ich aus den weitläuftigen Instruktionen des Priors wahrnahm, daß es mit meiner Sendung nach Rom nun wohl seine Richtigkeit hatte, und daß die Angelegenheit, welche dort die Gegenwart eines bevollmächtigten Bruders verlangte, gar viel bedeutete und in sich trug. Es fiel mir schwer aufs Herz, daß ich gesonnen, mit dem ersten Schritt aus dem Kloster, ohne alle Rücksicht mich meiner Freiheit zu überlassen; doch der Gedanke an sie ermuthigte mich, und ich beschloß, meinem Plane treu zu bleiben.

Die Brüder versammelten sich, und der Abschied von ihnen, vorzüglich von dem Vater Leonardus, erfüllte mich mit der tiefsten Wehmuth. — Endlich schloß sich die Klosterpforte hinter mir, und ich war, gerüstet zur weiten Reise, im Freien.

Zweiter Abschnitt.

Der Eintritt in die Welt.

In blauen Duft gehüllt, lag das Kloster unter mir im Thale; der frische Morgenwind rührte sich und trug, die Lüfte durchstreichend, die frommen Gesänge der Brüder zu mir herauf. Unwillkürlich stimmte ich ein. Die Sonne trat in flammender Gluth hinter der Stadt hervor, ihr funkelndes Gold erglänzte in den Bäumen und in freudigem Rauschen fielen die Thautropfen wie glühende Diamanten herab auf tausend bunte Insektlein, die sich schwirrend und sumsend erhoben. Die Vögel erwachten und flatterten, singend und jubilirend und sich in froher Lust liebkosend, durch den Wald! — Ein Zug von Bauerburschen und festlich geschmückten Dirnen kam den Berg herauf. „Gelobt sey Jesus Christus!“ riefen sie, bei mir vorüberwandelnd. In Ewigkeit! antwortete ich, und es war mir, als trete ein neues Leben, voll Lust und Freiheit, mit tausend holdseligen Erscheinungen auf mich ein! — Nie war mir so zu Muthe gewesen, ich schien mir selbst ein andrer, und, wie von neuerweckter Kraft beseelt und begeistert, schritt ich rasch fort durch den Wald, den Berg herab. Den Bauer, der mir jetzt in den Weg kam, frug ich nach dem Orte, den meine Reiseroute als den ersten bezeichnete, wo ich übernachten sollte: und er beschrieb mir genau einen nähern, von der Heerstraße abweichenden, Richtsteig mitten durch's Gebirge. Schon war ich eine ziemliche Strecke einsam fortgewandelt, als mir erst der Gedanke an die Unbekannte und an den phantastischen Plan sie aufzusuchen wiederkam. Aber ihr Bild war wie von fremder unbekannter Macht verwischt, so daß ich nur mit Mühe die bleichen entstellten Züge wieder erkennen konnte; je mehr ich trachtete, die Erscheinung im Geiste festzuhalten, desto mehr zerrann sie in Nebel. Nur mein ausgelassenes Betragen im

Kloster, nach jener geheimnißvollen Begebenheit, stand mir noch klar vor Augen. Es war mir jetzt selbst unbegreiflich, mit welcher Langmuth der Prior das alles ertragen, und mich statt der wohlverdienten Strafe in die Welt geschickt hatte. Bald war ich überzeugt, daß jene Erscheinung des unbekannten Weibes nur eine Vision gewesen, die Folge gar zu großer Anstrengung, und statt, wie ich sonst gethan haben würde, das verführerische verderbliche Trugbild der steten Verfolgung des Widersachers zuzuschreiben, rechnete ich es nur der Täuschung der eignen aufgeregten Sinne zu, da der Umstand, daß die Fremde ganz wie die heilige Rosalia gekleidet gewesen, mir zu beweisen schien, daß das lebhafte Bild jener Heiligen, welches ich wirklich, wiewohl in beträchtlicher Ferne und in schiefer Richtung aus dem Beichtstuhl sehen konnte, großen Antheil daran gehabt habe. Tief bewunderte ich die Weisheit des Priors, der das richtige Mittel zu meiner Heilung wählte, denn, in den Klostermauern eingeschlossen, immer von denselben Gegenständen umgeben, immer brütend und hineinzehrend in das Innere, hätte mich jene Vision, der die Einsamkeit glühendere, keckere Farben lieh, zum Wahnsinn gebracht. Immer vertrauter werdend mit der Idee nur geträumt zu haben, konnte ich mich kaum des Lachens über mich selbst erwehren, ja mit einer Frivolität, die mir sonst nicht eigen, scherzte ich im Innern über den Gedanken, eine Heilige in mich verliebt zu wähnen, wobei ich zugleich daran dachte, daß ich ja selbst schon einmal der heilige Antonius gewesen. —

Schon mehrere Tage war ich durch das Gebirge gewandelt, zwischen kühn emporgethürmten schauerlichen Felsenmassen, über schmale Stege, unter denen reißende Waldbäche brausten; immer öder, immer beschwerlicher wurde der Weg. Es war hoher Mittag, die Sonne brannte auf mein unbedecktes Haupt, ich lechzte vor Durst, aber keine Quelle war in der Nähe, und noch immer konnte ich nicht das Dorf erreichen, auf das ich stoßen sollte. Ganz entkräftet setzte ich mich auf ein Felsstück, und konnte nicht widerstehen, einen Zug aus der Korbflasche zu thun, unerachtet ich das seltsame Getränk so viel nur möglich, aufsparen wollte. Neue Kraft durchglühte meine Adern, und erfrischt und gestärkt schritt ich weiter, um mein Ziel, das nicht mehr fern seyn konnte, zu erreichen. Immer dichter und dichter wurde der Tannenwald, im tiefsten Dickicht rauschte es, und bald darauf wieherte laut ein Pferd, das dort angebunden. Ich trat einige Schritte weiter und erstarrte beinahe vor Schreck, als ich dicht an einem jähen entsetzlichen Abgrunde stand, in den sich, zwischen schroffen spitzen Felsen, ein Waldbach zischend und brausend hinabstürzte, dessen donnerndes Getöse ich schon in der Ferne vernommen. Dicht, dicht an dem Sturz, saß auf einem über die Tiefe hervorragenden Felsenstück, ein junger Mann in Uniform, der Hut mit dem hohen Federbusch, der Degen, ein Portefeuille lagen neben ihm. Mit dem ganzen Körper über den Abgrund hängend, schien er eingeschlafen und immer mehr und mehr herüber zu sinken. — Sein Sturz war unvermeidlich. Ich wagte mich heran; indem ich ihn mit der Hand ergreifen und zurückhalten wollte, schrie ich laut: um Jesuswillen! Herr! — erwacht! — Um Jesuswillen. — So wie ich ihn berührte, fuhr er auf aus tiefem Schlafe, aber in demselben Augenblick stürzte er, das Gleichgewicht verlierend, hinab in den Abgrund, daß, von Felsenspitze zu Felsenspitze geworfen, die zerschmetterten Glieder zusammenkrachten; sein schneidendes Jammergeschrei verhallte in der unermeßlichen Tiefe, aus der nur ein dumpfes Gewimmer heraustönte, das endlich auch erstarb. Leblos vor Schreck und Entsetzen stand ich da, endlich ergriff ich den Hut, den Degen, das Portefeuille, und wollte mich schnell von dem Unglücksorte entfernen, da trat mir ein junger Mensch aus dem Tannenwalde entgegen, wie ein Jäger gekleidet, schaute mir erst starr ins Gesicht, und fing dann an, ganz übermäßig zu lachen, so daß ein eiskalter Schauer mich durchbebte.

„Nun, gnädiger Herr Graf, sprach endlich der junge Mensch, die Maskerade ist in der That vollständig und herrlich, und wäre die gnädige Frau nicht schon vorher davon unterrichtet, wahrhaftig, sie würde den Herzensgeliebten nicht wieder erkennen. Wo haben Sie aber die Uniform hingethan, gnädiger Herr?" — Die schleuderte ich hinab in den Abgrund, antwortete es aus mir hohl und dumpf, denn ich war es nicht, der diese Worte sprach, unwillkürlich entflohen sie meinen Lippen. In mich gekehrt, immer in den Abgrund starrend, ob der blutige Leichnam des Grafen sich nicht mir drohend erheben werde, stand ich da. — Es war mir, als habe ich ihn ermordet, noch immer hielt ich den Degen, Hut und Portefeuille krampfhaft fest. Da fuhr der junge Mensch fort: „Nun gnädiger Herr, reite ich den Fahrweg herab nach dem Städtchen, wo ich mich in dem Hause dicht vor dem Thor linker Hand verborgen halten will, Sie werden wohl gleich herab nach dem Schlosse wandeln, man wird Sie wohl schon erwarten, Hut und Degen nehme ich mit mir." — Ich reichte ihm beides hin. „Nun leben Sie wohl, Herr Graf! recht viel Glück im Schlosse," rief der junge Mensch und verschwand singend und pfeifend in dem Dickicht. Ich hörte, daß er das Pferd, das dort angebunden, losmachte, und mit sich fortführte. Als ich mich von meiner Betäubung erholt und die ganze Begebenheit überdachte, mußte ich mir wohl eingestehen, daß ich bloß dem Spiel des Zufalls, der mich mit einem Ruck in das sonderbarste Verhältniß geworfen, nachgegeben. Es war mir klar, daß eine große Aehnlichkeit meiner Gesichtszüge und meiner Gestalt mit der des unglücklichen Grafen, den Jäger getäuscht, und der Graf gerade die Verkleidung als Capuziner gewählt haben müsse, um irgend ein Abentheuer in dem nahen Schlosse zu bestehen. Der Tod hatte ihn ereilt, und ein wunderbares Verhängniß mich in demselben Augenblick an seine Stelle geschoben. Der innere unwiderstehliche Drang in mir, wie es jenes Verhängniß zu wollen schien, die Rolle des Grafen fortzuspielen, überwog jeden Zweifel und übertäubte die innere Stimme, welche mich des Mordes und des frechen Frevels bezieh. Ich eröffnete das Portefeuille, welches ich behalten; Briefe, beträchtliche Wechsel fielen mir in die Hand. Ich wollte die Papiere einzeln durchgehen, ich wollte die Briefe lesen um mich von den Verhältnissen des Grafen zu unterrichten, aber die innere Unruhe, der Flug von tausend und tausend Ideen, die durch meinen Kopf brausten, ließ es nicht zu.

Ich stand nach einigen Schritten wieder still, ich setzte mich auf ein Felsstück, ich wollte eine ruhigere Stimmung erzwingen, ich sah die Gefahr, so ganz unvorbereitet mich in den Kreis mir fremder Erscheinungen zu wagen; da tönten lustige Hörner durch den Wald, und mehrere Stimmen jauchzten und jubelten immer näher und näher. Das Herz pochte mir in gewaltigen Schlägen, mein Athem stockte, nun sollte sich mir eine neue Welt, ein neues Leben erschließen! — Ich bog in einen schmalen Fußsteig ein, der mich einen jähen Abhang hinabführte; als ich aus dem Gebüsch trat, lag ein großes schön gebautes Schloß vor mir im Thalgrunde. — Das war der Ort des Abentheuers, welches der Graf zu bestehen im Sinn gehabt, und ich ging ihm muthig entgegen. Bald befand ich mich in den Gängen des Parks, welcher das Schloß umgab; in einer dunklen Seiten-Allee sah ich zwei Männer wandeln, von denen der eine wie ein Weltgeistlicher gekleidet war. Sie kamen mir näher, aber ohne mich gewahr zu werden gingen sie in tiefem Gespräch bei mir vorüber. Der Weltgeistliche war ein Jüngling, auf dessen schönem Gesichte die Todtenblässe eines tief nagenden Kummers lag, der andere schlicht aber anständig gekleidet, schien ein schon bejahrter Mann. Sie setzten sich, mir den Rücken zuwendend, auf eine steinerne Bank, ich konnte jedes Wort verstehen, was sie sprachen. „Hermogen! sagte der Alte: Sie bringen durch Ihr starrsinniges Schweigen Ihre Familie zur Verzweiflung, Ihre düstre Schwermuth steigt mit jedem Tage, Ihre jugendliche Kraft ist gebrochen, die Blüthe verwelkt, Ihr Entschluß, den geistlichen Stand zu wählen, zerstört alle Hoffnungen, alle Wünsche Ihres Vaters! — Aber willig würde er diese Hoffnung aufgeben, wenn ein wahrer innerer Beruf, ein unwiderstehlicher Hang zur Einsamkeit von Jugend auf den Entschluß in Ihnen erzeugt hätte, er würde dann nicht dem zu widerstreben wagen, was das Schicksal einmal über ihn verhängt. Die plötzliche Aenderung Ihres ganzen Wesens hat indessen nur zu deutlich gezeigt, daß irgend ein Ereigniß, das Sie uns hartnäckig verschweigen, Ihr Inneres auf furchtbare Weise erschüttert hat, und nun zerstörend fortarbeitet. — Sie waren sonst ein froher unbefangener lebenslustiger Jüngling! — Was konnte Sie denn dem Menschlichen so entfremden, daß Sie daran verzweifeln, in eines Menschen Brust könne Trost für Ihre kranke Seele zu finden seyn? Sie schweigen? Sie starren vor sich hin? — Sie seufzen? Hermogen! Sie liebten sonst Ihren Vater mit seltener Innigkeit, ist es Ihnen aber jetzt unmöglich worden, ihm Ihr Herz zu erschließen, so quälen Sie ihn wenigstens nicht durch den Anblick Ihres Rocks, der auf den für ihn entsetzlichen Entschluß hindeutet. Ich beschwöre Sie, Hermogen! werfen Sie diese verhaßte Kleidung ab. Glauben Sie mir, es liegt eine geheimnißvolle Kraft in diesen äußerlichen Dingen; es kann Ihnen nicht mißfallen, denn ich glaube von Ihnen ganz verstanden zu werden, wenn ich in diesem Augenblick freilich auf fremdartig scheinende Weise der Schauspieler gedenke, die oft, wenn sie sich in das Costume geworfen, wie von einem fremden Geist sich angeregt fühlen, und leichter in den darzustellenden Charakter eingehen. Lassen Sie mich, meiner Natur gemäß, heitrer von der Sache sprechen, als sich sonst wohl ziemen würde. — Meinen Sie denn nicht, daß wenn dieses lange Kleid nicht mehr Ihren Gang zur düstern Gravität einhemmen würde, Sie wieder rasch und froh dahin schreiten, ja laufen, springen würden, wie sonst? Der blinkende Schein der Epaulettes, die sonst auf Ihren Schultern prangten, würde wieder jugendliche Gluth auf diese blassen Wangen werfen, und die klirrenden Sporen würden, wie liebliche Musik, dem muntern Rosse ertönen, das Ihnen entgegen wieherte, vor Lust tanzend, und den Nacken beugend dem geliebten Herrn. Auf, Baron! — Herunter mit dem schwarzen Gewande, das Ihnen nicht ansteht! — Soll Friedrich Ihre Uniform hervorsuchen?"

Der Alte stand auf und wollte fortgehen, der Jüngling fiel ihm in die Arme. „Ach, Sie quälen mich, guter Reinhold! rief er mit matter Stimme: Sie quälen mich unaussprechlich! — Ach, je mehr Sie sich bemühen, die Saiten in meinem Innern anzuschlagen, die sonst harmonisch erklangen, desto mehr fühle ich, wie des Schicksals eherne Faust mich ergriffen, mich erdrückt hat, so daß, wie in einer zerbrochenen Laute, nur Mißtöne in mir wohnen!" — So scheint es Ihnen, lieber Baron, fiel der Alte ein: Sie sprechen von einem ungeheuern Schicksal, das Sie ergriffen, worinn das bestanden, verschweigen Sie, dem sey aber, wie ihm wolle, ein Jüngling, so wie Sie, mit innerer Kraft, mit jugendlichem Feuermuthe ausgerüstet, muß vermögen sich gegen des Schicksals eherne Faust zu wappnen, ja er muß, wie durchstrahlt von einer göttlichen Natur, sich über sein Geschick erheben, und so dies höhere Seyn in sich selbst erweckend und entzündend sich emporschwingen über die Qual dieses armseligen Lebens! Ich wüßte nicht, Baron, welch' ein Geschick denn im Stande seyn sollte, dies kräftige innere Wollen zu zerstören. — Hermogen trat einen Schritt zurück, und den Alten mit einem düsteren, wie im verhaltenen Zorn glühenden Blicke, der etwas Entsetzliches hatte, anstarrend, rief er mit dumpfer, hohler Stimme: so wisse denn, daß ich selbst das Schicksal bin, das mich vernichtet, daß ein ungeheures Verbrechen auf mir lastet, ein schändlicher Frevel, den ich abbüße in Elend und Verzweiflung. — Darum sey barmherzig und flehe den Vater an, daß er mich fort lasse in die Mauern! — „Baron, fiel der Alte ein: Sie sind in einer Stimmung, die nur dem gänzlich zerrütteten Gemüthe eigen, Sie sollen nicht fort, Sie dürfen durchaus nicht fort. In diesen Tagen kommt die Baronesse mit Aurelien, die müssen Sie sehen." Da lachte der Jüngling, wie in furchtbarem Hohn, und rief mit einer Stimme, die durch mein Innres dröhnte: „Muß ich? — muß ich bleiben? — Ja, wahrhaftig, Alter, Du hast Recht, ich muß bleiben, und meine Buße wird hier schrecklicher seyn, als in den dumpfen Mauern." — Damit sprang er fort durch das Gebüsch, und ließ den Alten stehen, der, das gesenkte Haupt in die Hand gestützt, sich ganz dem Schmerz zu überlassen schien. „Gelobt sey Jesus Christus!" sprach ich, zu ihm hinantretend. — Er fuhr auf, er sah mich ganz verwundert an, doch schien er sich bald auf meine Erscheinung, wie auf etwas ihm schon Bekanntes zu besinnen, indem er sprach: „Ach gewiß sind Sie es, ehrwürdiger Herr! dessen Ankunft uns die Frau Baronesse, zum Trost der in Trauer versunkenen Familie, schon vor einiger Zeit ankündigte?" — Ich bejahte das, Reinhold ging bald ganz in die Heiterkeit über, die ihm eigenthümlich zu seyn schien, wir durchwanderten den schönen Park, und kamen endlich in ein dem Schlosse ganz nahgelegenes Boskett, vor dem sich eine herrliche Aussicht ins Gebirge öffnete. Auf seinen Ruf eilte der Bediente, der eben aus dem Portal des Schlosses trat, herbei, und bald wurde uns ein gar stattliches Frühstück aufgetragen. Während daß wir die gefüllten Gläser anstießen, schien es mir, als betrachte mich Reinhold immer aufmerksamer, ja, als suche er mit Mühe eine halb erloschene Erinnerung aufzufrischen. Endlich brach er los: „mein Gott, ehrwürdiger Herr! Alles müßte mich trügen, wenn Sie nicht der Pater Medardus aus dem Capuziner Kloster in . . r — wären, aber wie sollte das möglich seyn? — und doch! Sie sind es — Sie sind es gewiß — sprechen Sie doch nur!" — Als hätte ein Blitz aus heitrer Luft mich getroffen, bebte es bei Reinholds Worten mir durch alle Glieder. Ich sah mich entlarvt, entdeckt, des Mordes beschuldigt, die Verzweiflung gab mir Stärke, es ging nun auf Tod und Leben. „Ich bin allerdings der Pater Medardus aus dem Capuziner Kloster in . . r — und mit Auftrag und Vollmacht des Klosters auf einer Reise nach Rom begriffen." — Dies sprach ich mit all' der Ruhe und Gelassenheit, die ich nur zu erkünsteln vermochte. „So ist es denn vielleicht nur Zufall, sagte Reinhold: daß Sie auf der Reise, vielleicht von der Heerstraße verirrt, hier eintrafen, oder wie kam es, daß die Frau Baronesse mit Ihnen bekannt wurde und

4*

Sie herschickte?" — Ohne mich zu besinnen, blindlings das nachsprechend, was mir eine fremde Stimme im Innern zuzuflüstern schien, sagte ich: auf der Reise machte ich die Bekanntschaft des Beichtvaters der Baronesse, und dieser empfahl mich, den Auftrag hier im Hause zu vollbringen. „Es ist wahr, fiel Reinhold ein: so schrieb es ja die Frau Baronesse. Nun, dem Himmel sey es gedankt, der Sie zum Heil des Hauses diesen Weg führte, und daß Sie, als ein frommer wackrer Mann, es sich gefallen lassen, mit Ihrer Reise zu zögern, um hier Gutes zu stiften. Ich war zufällig vor einigen Jahren in..r und hörte Ihre salbungsvollen Reden, die Sie in wahrhaft himmlischer Begeisterung von der Kanzel herab hielten. Ihrer Frömmigkeit, Ihrem wahren Beruf, das Heil verlorner Seelen zu erkämpfen mit glühendem Eifer, Ihrer herrlichen aus innerer Begeisterung hervorströmenden Rednergabe, traue ich zu, daß Sie das vollbringen werden, was wir Alle nicht vermochten. Es ist mir lieb, daß ich Sie traf, ehe Sie den Baron gesprochen, ich will dies dazu benutzen, Sie mit den Verhältnissen der Familie bekannt zu machen, und so aufrichtig seyn, als ich es Ihnen, ehrwürdiger Herr, als einem heiligen Manne, den uns der Himmel selbst zum Trost zu schicken scheint, wohl schuldig bin. Sie müssen auch ohnedem, um Ihren Bemühungen die richtige Tendenz und gehörige Wirkung zu geben, über Manches wenigstens Andeutungen erhalten, worüber ich gern schweigen möchte. — Alles ist übrigens mit nicht gar zu viel Worten abgethan. — Mit dem Baron bin ich aufgewachsen, die gleiche Stimmung unsrer Seelen machte uns zu Brüdern, und vernichtete die Scheidewand, die sonst unsere Geburt zwischen uns gezogen hätte. Ich trennte mich nie von ihm, und wurde in demselben Augenblick, als wir unsere akademischen Studien vollendet, und er die Güter seines verstorbenen Vaters hier im Gebirge in Besitz nahm, Intendant dieser Güter. — Ich blieb sein innigster Freund und Bruder, und als solcher eingeweiht in die geheimsten Angelegenheiten seines Hauses. Sein Vater hatte seine Verbindung mit einer ihm befreundeten Familie durch eine Heirath gewünscht, und um so freudiger erfüllte er diesen Willen, als er in der ihm bestimmten Braut ein herrliches, von der Natur reich ausgestattetes Wesen fand, zu dem er sich unwiderstehlich hingezogen fühlte. Selten kam wohl der Wille der Väter so vollkommen mit dem Geschick überein, das die Kinder in allen nur möglichen

Beziehungen für einander bestimmt zu haben schien. Hermogen und Aurelie waren die Frucht der glücklichen Ehe. Mehrentheils brachten wir den Winter in der benachbarten Hauptstadt zu, als aber bald nach Aureliens Geburt die Baronesse zu kränkeln anfing, blieben wir auch den Sommer über in der Stadt, da sie unausgesetzt des Beistandes geschickter Aerzte bedurfte. Sie starb, als eben im herannahenden Frühling ihre scheinbare Besserung den Baron mit den frohsten Hoffnungen erfüllte. Wir flohen auf das Land, und nur die Zeit vermochte den tiefen zerstörenden Gram zu mildern, der den Baron ergriffen hatte. Hermogen wuchs zum herrlichen Jüngling heran, Aurelie wurde immer mehr das Ebenbild ihrer Mutter, die sorgfältige Erziehung der Kinder war unser Tagewerk und unsere Freude. Hermogen zeigte entschiedenen Hang zum Militair, und dies zwang den Baron, ihn nach der Hauptstadt zu schicken, um dort unter den Augen seines alten Freundes, des Gouverneurs, die Laufbahn zu beginnen. — Erst vor drei Jahren brachte der Baron mit Aurelien und mit mir wieder, wie vor alter Zeit, zum erstenmal den ganzen Winter in der Residenz zu, theils seinen Sohn wenigstens einige Zeit hindurch in der Nähe zu haben, theils seine Freunde, die ihn unaufhörlich dazu aufgefordert, wieder zu sehen. Allgemeines Aufsehen in der Hauptstadt erregte damals die Nichte des Gouverneurs, welche aus der Residenz dahin gekommen. Sie war elternlos und hatte sich unter den Schutz des Oheims begeben, wiewohl sie, einen besonderen Flügel des Pallastes bewohnend, ein eignes Haus machte, und die schöne Welt um sich zu versammeln pflegte. Ohne Euphemien näher zu beschreiben, welches um so unnöthiger, da Sie, ehrwürdiger Herr! sie bald selbst sehen werden, begnüge ich mich zu sagen, daß alles, was sie that, was sie sprach, von einer unbeschreiblichen Anmuth belebt, und so der Reiz ihrer ausgezeichneten körperlichen Schönheit bis zum Unwiderstehlichen erhöht wurde. — Ueberall, wo sie erschien, ging ein neues herrliches Leben auf, und man huldigte ihr mit dem glühendsten Enthusiasmus; den Unbedeutendsten, Leblosesten wußte sie selbst in sein eignes Inneres hinein zu entzünden, daß er, wie inspirirt, sich über die eigne Dürftigkeit erhob, und entzückt in den Genüssen eines höheren Lebens schwelgte, die ihm unbekannt gewesen. Es fehlte natürlicherweise nicht an Anbetern, die täglich zu der Gottheit mit Inbrunst flehten; man konnte indessen nie mit Bestimmtheit sagen, daß sie diesen oder jenen besonders auszeichne, vielmehr wußte sie mit schalkhafter Ironie, die, ohne zu beleidigen, nur wie starkes brennendes Gewürz anregte und reitzte, Alle mit einem unauflöslichen Bande zu umschlingen, daß sie sich, festgezaubert in dem magischen Kreise, froh und lustig bewegten. Auf den Baron hatte diese Cirze einen wunderbaren Eindruck gemacht. Sie bewies ihm gleich bei seinem Erscheinen eine Aufmerksamkeit, die von kindlicher Ehrfurcht erzeugt zu seyn schien; in jedem Gespräch mit ihm zeigte sie den gebildetsten Verstand und tiefes Gefühl, wie er es kaum noch bei Weibern gefunden. Mit unbeschreiblicher Zartheit suchte und fand sie Aureliens Freundschaft, und nahm sich ihrer mit so vieler Wärme an, daß sie sogar es nicht verschmähte für die kleinsten Bedürfnisse ihres Anzuges und sonst wie eine Mutter zu sorgen. Sie wußte dem blöden unerfahrnen Mädchen in glänzender Gesellschaft auf eine so feine Art beizustehen, daß dieser Beistand, statt bemerkt zu werden, nur dazu diente, Aureliens natürlichen Verstand und tiefes richtiges Gefühl so herauszuheben, daß man sie bald mit der höchsten Achtung auszeichnete. Der Baron ergoß sich bei jeder Gelegenheit in Euphemiens Lob, und hier traf es sich vielleicht zum erstenmal in unserm Leben, daß wir so ganz verschiedener Meinung waren. Gewöhnlich machte ich in jeder Gesellschaft mehr den stillen aufmerksamen Beobachter, als daß ich hätte unmittelbar eingehen sollen in lebendige Mittheilung und Unterhaltung. So hatte ich auch Euphemien, die nur dann und wann, nach ihrer Gewohnheit Niemanden zu übersehen, ein paar freundliche Worte mit mir gewechselt, als eine höchst interessante Erscheinung recht genau beobachtet. Ich mußte eingestehen, daß sie das schönste, herrlichste Weib von allen war, daß aus Allem, was sie sprach, Verstand und Gefühl hervorleuchtete; und doch wurde ich auf ganz unerklärliche Weise von ihr zurückgestoßen, ja ich konnte ein gewisses unheimliches Gefühl nicht unterdrücken, das sich augenblicklich meiner bemächtigte, sobald ihr Blick mich traf, oder sie mit mir zu sprechen anfing. In ihren Augen brannte oft eine ganz eigne Gluth, aus der, wenn sie sich unbemerkt glaubte, funkelnde Blitze schossen, und es schien ein inneres verderbliches Feuer, das nur mühsam überbaut, gewaltsam hervorzustrahlen. Nächst dem schwebte oft um ihren sonst weich geformten Mund eine gehässige Ironie, die mich, da es oft der grellste Ausdruck des hämischen Hohns war, im Innersten erbeben machte. Daß sie oft den Hermogen, der sich wenig oder gar nicht um sie bemühte, in dieser Art anblickte, machte es mir gewiß, daß Manches hinter der schönen Maske verborgen, was wohl Niemand ahne. Ich konnte dem ungemessenen Lob des Barons freilich nichts entgegensetzen, als meine physiognomischen Bemerkungen, die er nicht im mindesten gelten ließ, vielmehr in meinem innerlichen Abscheu gegen Euphemien nur eine höchst merkwürdige Idiosynkrasie fand. Er vertraute mir, daß Euphemie wahrscheinlich in die Familie treten werde, da er alles anwenden wolle, sie künftig mit Hermogen zu verbinden. Dieser trat, als wir so eben recht ernstlich über die Angelegenheit sprachen, und ich alle nur mögliche Gründe hervorsuchte, meine Meinung über Euphemien zu rechtfertigen, ins Zimmer, und der Baron, gewohnt in Allem schnell und offen zu handeln, machte ihn augenblicklich mit seinen Plänen und Wünschen Rücksichts Euphemiens bekannt. Hermogen hörte alles ruhig an, was der Baron darüber und zum Lobe Euphemiens mit dem größten Enthusiasmus sprach. Als die Lobrede geendet, antwortete er, wie er sich auch nicht im mindesten von Euphemien angezogen fühle, sie niemals lieben könne, und daher recht herzlich bitte, den Plan jeder näheren Verbindung mit ihr aufzugeben. Der Baron war nicht wenig bestürzt, seinen Lieblingsplan so beim ersten Schritt zertrümmert zu sehen, indessen war er um so weniger bemüht, noch mehr in Hermogen zu dringen, als er nicht einmal Euphemiens Gesinnungen hierüber wußte. Mit der ihm eignen Heiterkeit und Gemüthlichkeit scherzte er bald über sein unglückliches Bemühen, und meinte, daß Hermogen mit mir vielleicht die Idiosynkrasie theile, obgleich er nicht begreife, wie in einem schönen interessanten Weibe solch ein zurückschreckendes Prinzip wohnen könne. Sein Verhältniß mit Euphemien blieb natürlicherweise dasselbe; er hatte sich so an sie gewöhnt, daß er keinen Tag zubringen konnte, ohne sie zu sehen. So kam es denn, daß er einmal, in ganz heitrer gemüthlicher Laune, ihr scherzend sagte: wie es nur einen einzigen Menschen in ihrem Zirkel gebe, der nicht in sie verliebt sey, nämlich Hermogen. — Er habe die Verbindung mit ihr, die er, der Baron, doch so herzlich gewünscht, hartnäckig ausgeschlagen.

Euphemie meinte, daß es auch wohl noch darauf angekommen seyn würde, was sie zu der Verbindung gesagt, und daß ihr zwar jedes nähere Verhältniß mit dem Baron wünschenswerth sey, aber nicht durch Hermogen, der ihr viel zu ernst und launisch wäre. Von der Zeit, als dieses Gespräch, das mir der Baron gleich wieder erzählte, stattgefunden, verdoppelte Euphemie ihre Aufmerksamkeit für den Baron und Aurelien; ja in manchen leisen Andeutungen führte sie den Baron darauf, daß eine Verbindung mit ihm selbst dem Ideal, das sie sich nun einmal von einer glücklichen Ehe mache, ganz entspreche. Alles, was man Rücksichts des Unterschieds der Jahre, oder sonst entgegensetzen konnte, wußte sie auf die eindringendste Weise zu widerlegen, und mit dem Allen ging sie so leise, so fein, so geschickt Schritt vor Schritt vorwärts, daß der Baron glauben mußte, alle die Ideen, alle die Wünsche, die Euphemie gleichsam nur in sein Inneres hauchte, wären eben in seinem Innern emporgekeimt. Kräftiger, lebensvoller Natur, wie er war, fühlte er sich bald von der glühenden Leidenschaft des Jünglings ergriffen. Ich konnte den wilden Flug nicht mehr aufhalten, es war zu spät. Nicht lange dauerte es, so war Euphemie, zum Erstaunen der Hauptstadt, des Barons Gattin. Es war mir, als sey nun das bedrohliche grauenhafte Wesen, das mich in der Ferne geängstigt, recht in mein Leben getreten, und als müße ich wachen und auf sorglicher Hut seyn für meinen Freund und für mich selbst. — Hermogen nahm die Verheirathung seines Vaters mit kalter Gleichgültigkeit auf. Aurelie, das liebe ahnungsvolle Kind, zerfloß in Thränen."

„Bald nach der Verbindung sehnte sich Euphemie ins Gebirge; sie kam her, und ich muß gestehen, daß ihr Betragen in hoher Liebenswürdigkeit sich so ganz gleich blieb, daß sie mir unwillkürliche Bewunderung abnöthigte. So verflossen zwei Jahre in ruhigem ungestörten Lebensgenuß. Die beiden Winter brachten wir in der Hauptstadt zu, aber auch hier bewies die Baronesse dem Gemahl so viel unbegränzte Ehrfurcht, so viel Aufmerksamkeit für seine leisesten Wünsche, daß der giftige Neid verstummen mußte, und keiner der jungen Herren, die sich schon freien Spielraum für ihre Galanterie bei der Baronesse geträumt hatten, sich auch die kleinste Glosse erlaubte. Im letzten Winter mochte ich auch wieder der Einzige seyn, der, ergriffen von der alten kaum verwundenen Idiosynkrasie, wieder arges Mißtrauen zu hegen anfing."

„Vor der Verbindung mit dem Baron war der Graf Viktorin,

ein junger schöner Mann, Major bei der Ehrengarde, und nur abwechselnd in der Hauptstadt, einer der eifrigsten Verehrer Euphemiens, und der Einzige, den sie oft wie unwillkürlich, hingerissen von dem Eindruck des Moments, vor den Andern auszeichnete. Man sprach sogar schon einmal davon, daß wohl ein näheres Verhältniß zwischen ihm und Euphemien statt finden möge, als man es nach dem äußern Anschein vermuthen solle, aber das Gerücht verscholl eben so dumpf als es entstanden. Graf Viktorin war eben den Winter wieder in der Hauptstadt, und natürlicherweise in Euphemiens Zirkeln, er schien sich aber nicht im mindesten um sie zu bemühen, sondern vielmehr sie absichtlich zu vermeiden. Demunerachtet war es mir oft, als begegneten sich, wenn sie nicht bemerkt zu werden glaubten, ihre Blicke, in denen inbrünstige Sehnsucht, lüsternes, glühendes Verlangen wie verzehrendes Feuer brannte. Bei dem Gouverneur war eines Abends eine glänzende Gesellschaft versammelt, ich stand in ein Fenster gedrückt, so daß mich die herabfallende Draperie des reichen Vorhangs halb versteckte, nur zwei bis drei Schritte vor mir stand Graf Viktorin. Da streifte Euphemie, reizender gekleidet als je, und in voller Schönheit strahlend, an ihm vorüber; er faßte, so daß es niemand, als gerade ich, bemerken konnte, mit leidenschaftlicher Heftigkeit ihren Arm, — sie erbebte sichtlich; ihr ganz unbeschreiblicher Blick — es war die glutvollste Liebe, die nach Genuß dürstende Wollust selbst — fiel auf ihn. Sie lispelten einige Worte, die ich nicht verstand. Euphemie mochte mich erblicken; sie wandte sich schnell um, aber ich vernahm deutlich die Worte: wir werden bemerkt!"

„Ich erstarrte vor Erstaunen, Schrecken und Schmerz! — Ach, wie soll ich Ihnen, ehrwürdiger Herr! denn mein Gefühl beschreiben! — Denken Sie an meine Liebe, an meine treue Anhänglichkeit, mit der ich dem Baron ergeben war — an meine bösen Ahnungen, die nun erfüllt wurden; denn die wenigen Worte hatten es mir ja ganz erschlossen, daß ein geheimes Verhältniß zwischen der Baronesse und dem Grafen statt fand. Ich mußte wohl vor der Hand schweigen, aber die Baronesse wollte ich bewachen mit Argusaugen, und dann, bei erlangter Gewißheit ihres Verbrechens, die schändlichen Bande lösen, mit denen sie meinen unglücklichen Freund umstrickt hatte. Doch wer vermag teuflischer Arglist zu begegnen; umsonst, ganz umsonst waren meine Bemühungen, und es wäre lächerlich gewesen, dem

Baron das mitzutheilen, was ich gesehen und gehört, da die Schlaue Auswege genug gefunden haben würde, mich als einen abgeschmackten, thörichten Geisterseher darzustellen.“ —

„Der Schnee lag noch auf den Bergen, als wir im vergangenen Frühling hier einzogen, demuneractet machte ich manchen Spaziergang in die Berge hinein; im nächsten Dorfe begegne ich einem Bauer, der in Gang und Haltung etwas fremdartiges hat, als er den Kopf umwendet, erkenne ich den Grafen Viktorin, aber in demselben Augenblick verschwindet er hinter den Häusern und ist nicht mehr zu finden. — Was konnte ihn anders zu der Verkleidung vermocht haben, als das Verständniß mit der Baronesse! — Eben jetzt weiß ich gewiß, daß er sich wieder hier befindet, ich habe seinen Jäger vorüber reiten gesehn, unerachtet es mir unbegreiflich ist, daß er die Baronesse nicht in der Stadt aufgesucht haben sollte! — Vor drei Monaten begab es sich, daß der Gouverneur heftig erkrankte und Euphemien zu sehen wünschte, sie reiste mit Aurelien augenblicklich dahin, und nur eine Unpäßlichkeit hielt den Baron ab, sie zu begleiten. Nun brach aber das Unglück und die Trauer ein in unser Haus, denn bald schrieb Euphemie dem Baron, wie Hermogen plötzlich von einer oft in wahnsinnige Wuth ausbrechenden Melancholie befallen, wie er einsam umherirre, sich und sein Geschick verwünsche und wie alle Bemühungen der Freunde und der Aerzte bis jetzt umsonst gewesen. Sie können denken, ehrwürdiger Herr, welch einen Eindruck diese Nachricht auf den Baron machte. Der Anblick seines Sohnes würde ihn zu sehr erschüttert haben, ich reiste daher allein nach der Stadt. Hermogen war durch starke Mittel, die man angewandt, wenigstens von den wilden Ausbrüchen des wüthenden Wahnsinns befreit, aber eine stille Melancholie war eingetreten, die den Aerzten unheilbar schien. Als er mich sah, war er tief bewegt — er sagte mir, wie ihn ein unglückliches Verhängniß treibe, dem Stande, in welchem er sich jetzt befinde, auf immer zu entsagen, und nur als Klostergeistlicher könne er seine Seele erretten von ewiger Verdammniß. Ich fand ihn schon in der Tracht, wie Sie, ehrwürdiger Herr, ihn vorhin gesehen, und es gelang mir seines Widerstrebens unerachtet endlich ihn hieher zu bringen. Er ist ruhig, aber läßt nicht ab von der einmal gefaßten Idee, und alle Bemühungen das Ereigniß zu erforschen, das ihn in diesen Zustand versetzt, bleiben fruchtlos, unerachtet die Entdeckung dieses Geheimnisses vielleicht am ersten auf wirksame Mittel führen könnte, ihn zu heilen.“

„Vor einiger Zeit schrieb die Baronesse, wie sie auf Anrathen ihres Beichtvaters einen Ordensgeistlichen hersenden werde, dessen Umgang und tröstender Zuspruch, vielleicht besser als alles andere, auf Hermogen wirken könne, da sein Wahnsinn augenscheinlich eine ganz religiöse Tendenz genommen. — Es freut mich recht innig, daß die Wahl Sie, ehrwürdiger Herr! den ein glücklicher Zufall in die Hauptstadt führte, traf. Sie können einer gebeugten Familie die verlorne Ruhe wieder geben, wenn Sie Ihre Bemühungen, die der Herr segnen möge, auf einen doppelten Zweck richten. Erforschen Sie Hermogens entsetzliches Geheimniß, seine Brust wird erleichtert seyn, wenn er sich, sey es auch in heiliger Beichte, entdeckt hat, und die Kirche wird ihn dem frohen Leben in der Welt, der er angehört, wieder geben, statt ihn in den Mauern zu begraben. — Aber treten Sie auch der Baronesse näher. — Sie wissen Alles — Sie stimmen mir bei, daß meine Bemerkungen von der Art sind, daß, so wenig sich darauf eine Anklage gegen die Baronesse bauen läßt, doch eine Täuschung, ein ungerechter Verdacht kaum möglich ist. Ganz meiner Meinung werden Sie seyn, wenn Sie Euphemien sehen und kennen lernen. Euphemie ist religiös schon aus Temperament, vielleicht gelingt es Ihrer besonderen Rednergabe, tief in ihr Herz zu dringen, sie zu erschüttern und zu bessern, daß sie den Verrath am Freunde, der sie um die ewige Seligkeit bringt, unterläßt. Noch muß ich sagen, ehrwürdiger Herr! daß es mir in manchen Augenblicken scheint, als trage der Baron einen Gram in der Seele, dessen Ursache er mir verschweigt, denn außer der Bekümmerniß um Hermogen kämpft er sichtlich mit einem Gedanken, der ihn beständig verfolgt. Es ist mir in den Sinn gekommen, daß vielleicht ein böser Zufall noch deutlicher ihm die Spur von dem verbrecherischen Umgange der Baronesse mit dem fluchwürdigen Grafen zeigte, als mir. — Auch meinen Herzensfreund, den Baron, empfehle ich, ehrwürdiger Herr! Ihrer geistlichen Sorge.“ —

Mit diesen Worten schloß Reinhold seine Erzählung, die mich auf mannigfache Weise gefoltert hatte, indem die seltsamsten Widersprüche in meinem Innern sich durchkreuzten. Mein eignes Ich, zum grausamen Spiel eines launenhaften Zufalls geworden, und in fremdartige Gestalten zerfließend, schwamm ohne Halt wie in einem Meer all' der Ereignisse, die wie tobende Wellen auf mich hineinbrausten. — Ich konnte mich selbst nicht wieder finden! Offenbar wurde Viktorin durch den Zufall, der meine Hand, nicht meinen Willen leitete, in den Abgrund gestürzt! — ich trete an seine Stelle, aber Reinhold kennt den Pater Medardus, den Prediger im Capuziner Kloster in ..r, und so bin ich ihm das wirklich, was ich bin! — Aber das Verhältniß mit der Baronesse, welches Viktorin unterhält, kommt auf mein Haupt, denn ich bin selbst Viktorin. Ich bin das, was ich scheine, und scheine das nicht, was ich bin, mir selbst ein unerklärlich Räthsel, bin ich entzweit mit meinem Ich!

Des Sturms in meinem Innern unerachtet, gelang es mir die dem Priester ziemliche Ruhe zu erheucheln, und so trat ich vor den Baron. Ich fand in ihm einen bejahrten Mann, aber in den erloschenen Zügen lagen noch die Andeutungen seltner Fülle und Kraft. Nicht das Alter, sondern der Gram hatte die tiefen Furchen auf seiner breiten offenen Stirn gezogen, und die Locken weiß gefärbt. Unerachtet dessen herrschte noch in Allem, was er sprach, in seinem ganzen Benehmen, eine Heiterkeit und Gemüthlichkeit, die Jeden unwiderstehlich zu ihm hinziehen mußte. Als Reinhold mich als den vorstellte, dessen Ankunft die Baronesse angekündigt, sah er mich an mit durchdringendem Blick, der immer freundlicher wurde, als Reinhold erzählte, wie er mich schon vor mehreren Jahren im Capuziner Kloster zu ..r predigen gehört, und sich von meiner seltnen Rednergabe überzeugt hätte. Der Baron reichte mir treuherzig die Hand und sprach, sich zu Reinhold wendend: „Ich weiß nicht, lieber Reinhold! wie so sonderbar mich die Gesichtszüge des ehrwürdigen Herrn bei dem ersten Anblick ansprachen; sie weckten eine Erinnerung, die vergebens strebte, deutlich und lebendig hervorzugehen.“

Es war mir als würde er gleich herausbrechen: es ist ja Graf Viktorin, denn auf wunderbare Weise glaubte ich nun wirklich Viktorin zu seyn, und ich fühlte mein Blut heftiger wallen und aufsteigend meine Wangen höher färben. — Ich baute auf Reinhold, der mich ja als den Pater Medardus kannte, unerachtet mir das eine Lüge zu seyn schien: nichts konnte meinen verworrenen Zustand lösen.

Nach dem Willen des Barons sollte ich sogleich Hermogens Bekanntschaft machen, er war aber nirgends zu finden; man hatte ihn nach dem Gebirge wandeln gesehen und war deshalb nicht besorgt um ihn, weil er schon mehrmals Tagelang auf diese Weise entfernt gewesen. Den ganzen Tag über blieb ich in Reinholds und des Barons Gesellschaft, und nach und nach faßte ich mich so im Innern, daß ich mich am Abend voll Muth und Kraft fühlte, keck all' den wunderlichen Ereignissen entgegen zu treten, die meiner zu harren schienen. In der einsamen Nacht öffnete ich das Portefeuille, und überzeugte mich ganz davon, daß es eben Graf Viktorin war, der zerschmettert im Abgrunde lag, doch waren übrigens die an ihn gerichteten Briefe gleichgültigen Inhalts, und kein einziger führte mich auch nur mit einer Sylbe ein in seine näheren Lebensverhältnisse. Ohne mich darum weiter zu kümmern, beschloß ich dem mich ganz zu fügen, was der Zufall über mich verhängt haben würde, wenn die Baronesse angekommen und mich gesehen. — Schon den andern Morgen traf die Baronesse mit Aurelien ganz unerwartet ein. Ich sah beide aus dem Wagen steigen und, von dem Baron und Reinhold empfangen, in das Portal des Schlosses gehen. Unruhig schritt ich im Zimmer auf und ab von seltsamen Ahnungen bestürmt, nicht lange dauerte es, so wurde ich hinabgerufen. — Die Baronesse trat mir entgegen — ein schönes, herrliches Weib, noch in voller Blüthe. — Als sie mich erblickte, schien sie auf besondere Weise bewegt, ihre Stimme zitterte, sie vermochte kaum Worte zu finden. Ihre sichtliche Verlegenheit gab mir Muth, ich schaute ihr keck ins Auge, und gab ihr nach Klostersitte den Segen — sie erbleichte, sie mußte sich niederlassen. Reinhold sah mich an, ganz froh und zufrieden lächelnd. In dem Augenblick öffnete sich die Thüre und der Baron trat mit Aurelien herein. —

So wie ich Aurelien erblickte, fuhr ein Strahl in meine Brust, und entzündete all' die geheimsten Regungen, die wonnevollste Sehnsucht, das Entzücken der inbrünstigen Liebe, alles was sonst nur gleich einer Ahnung aus weiter Ferne im Innern erklungen, zum regen Leben; ja das Leben selbst ging mir nun erst auf farbigt und glänzend, denn alles vorher lag kalt und erstorben in öder Nacht hinter mir. — Sie war es selbst, sie die ich in jener wundervollen Vision im Beichtstuhl geschaut. Der schwermüthige kindlich fromme Blick des dunkelblauen Auges, die weichgeformten Lippen, der wie in betender Andacht sanft vorgebeugte Nacken, die hohe schlanke Gestalt, nicht Aurelie, die heilige Rosalie selbst war es. — Sogar der Azurblaue Shawl, den Aurelie über das dunkelrothe Kleid geschlagen, war im phantastischen Faltenwurf ganz dem Gewande ähnlich, wie es die Heilige auf jenem Gemälde, und eben die Unbekannte in jener Vision trug. — Was war der Baronesse üppige Schönheit gegen Aureliens himmlischen Liebreiz. Nur sie sah ich, indem alles um mich verschwunden. Meine innere Bewegung konnte den Umstehenden nicht entgehen. „Was ist Ihnen, ehrwürdiger Herr! fing der Baron an; Sie scheinen auf ganz besondere Weise bewegt?" — Diese Worte brachten mich zu mir selbst, ja ich fühlte in dem Augenblick eine übermenschliche Kraft in mir emporkeimen, einen nie gefühlten Muth alles zu bestehen, denn Sie mußte der Preis des Kampfes werden.

„Wünschen Sie sich Glück, Herr Baron! rief ich, wie von hoher Begeisterung plötzlich ergriffen: wünschen Sie sich Glück! — eine Heilige wandelt unter uns in diesen Mauern, und bald öffnet sich in segensreicher Klarheit der Himmel, und sie selbst, die heilige Rosalia, von den heiligen Engeln umgeben, spendet Trost und Seligkeit den Gebeugten, die fromm und gläubig sie anflehten. — Ich höre die Hymnen verklärter Geister, die sich sehnen nach der Heiligen, und sie im Gesange rufend, aus glänzenden Wolken herabschweben. Ich sehe ihr Haupt strahlend in der Glorie himmlischer Verklärung, emporgehoben nach dem Chor der Heiligen, der ihrem Auge sichtlich! — Sancta Rosalia, ora pro nobis!"

Ich sank mit in die Höhe gerichteten Augen auf die Kniee, die Hände faltend zum Gebet, und Alles folgte meinem Beispiel. Niemand frug mich weiter, man schrieb den plötzlichen Ausbruch meiner Begeisterung irgend einer Inspiration zu, so daß der Baron beschloß, wirklich am Altar der heiligen Rosalia, in der Hauptkirche der Stadt, Messen lesen zu lassen. Herrlich hatte ich mich auf diese Weise aus der Verlegenheit gerettet, und immer mehr war ich bereit, Alles zu wagen, denn es galt Aureliens Besitz, um den mir selbst mein Leben feil war. — Die Baronesse schien in ganz besonderer Stimmung, ihre Blicke verfolgten mich, aber so wie ich sie unbefangen anschaute, irrten ihre Augen unstät umher. Die Familie war in ein anderes Zimmer getreten, ich eilte in den Garten hinab und schweifte durch die Gänge, mit tausend Entschlüssen, Ideen, Plänen für mein künftiges Leben im Schlosse arbeitend und kämpfend. Schon war es

Abend worden, da erschien Reinhold und sagte mir, daß die Baronesse, durchdrungen von meiner frommen Begeisterung, mich auf ihrem Zimmer zu sprechen wünsche. —

Als ich in das Zimmer der Baronesse trat, kam sie mir einige Schritte entgegen, mich bei beiden Armen fassend, sah sie mir starr ins Auge, und rief: „ist es möglich — ist es möglich! — Bist Du Medardus, der Capuziner Mönch? — Aber die Stimme, die Gestalt, Deine Augen, Dein Haar! sprich oder ich vergehe in Angst und Zweifel." — Viktorinus! lispelte ich leise, da umschlang sie mich mit dem wilden Ungestüm unbezähmbarer Wollust, — ein Gluthstrom brauste durch meine Adern, das Blut siedete, die Sinne vergingen mir in namenloser Wonne, in wahnsinniger Verzückung; aber sündigend war mein ganzes Gemüth nur Aurelien zugewendet und Ihr nur opferte ich in dem Augenblick, durch den Bruch des Gelübdes, das Heil meiner Seele.

Ja! Nur Aurelie lebte in mir, mein ganzer Sinn war von ihr erfüllt, und doch ergriff mich ein innerer Schauer, wenn ich daran dachte, sie wieder zu sehen, was doch schon an der Abendtafel geschehen sollte. Es war mir, als würde mich ihr frommer Blick heilloser Sünde zeihen, und als würde ich, entlarvt und vernichtet, in Schmach und Verderben sinken. Eben so konnte ich mich nicht entschließen, die Baronesse gleich nach jenen Momenten wieder zu sehen, und alles dieses bestimmte mich, eine Andachtsübung vorschützend, in meinem Zimmer zu bleiben, als man mich zur Tafel einlud. Nur weniger Tage bedurfte es indessen, um alle Scheu, alle Befangenheit zu überwinden; die Baronesse war die Liebenswürdigkeit selbst, und je enger sich unser Bündniß schloß, je reicher an frevelhaften Genüssen es wurde, desto mehr verdoppelte sich ihre Aufmerksamkeit für den Baron. Sie gestand mir, daß nur meine Tonsur, mein natürlicher Bart, so wie mein ächt klösterlicher Gang, den ich aber jetzt nicht mehr so strenge, als Anfangs beibehalte, sie in tausend Aengsten gesetzt habe. Ja bei meiner plötzlichen begeisterten Anrufung der heiligen Rosalia, sey sie beinahe überzeugt worden, irgend ein Irrthum, irgend ein feindlicher Zufall habe ihren mit Viktorin so schlau entworfenen Plan vereitelt und einen verdammten wirklichen Capuziner an die Stelle geschoben. Sie bewunderte meine Vorsicht, mich wirklich tonsuriren und mir den Bart wachsen zu lassen, ja mich in Gang und Stellung so ganz in meine Rolle einzustudiren, daß sie oft selbst mir recht ins Auge blicken müsse, um nicht in abenteuerliche Zweifel zu gerathen.

Zuweilen ließ sich Viktorins Jäger, als Bauer verkleidet, am Ende des Parks sehen, und ich versäumte nicht, insgeheim mit ihm zu sprechen, und ihn zu ermahnen, sich bereit zu halten, um mit mir fliehen zu können, wenn vielleicht ein böser Zufall mich in Gefahr bringen sollte. Der Baron und Reinhold schienen höchlich mit mir zufrieden, und drangen in mich, ja des tiefsinnigen Hermogen mich mit aller Kraft, die mir zu Gebote stehe, anzunehmen. Noch war es mir aber nicht möglich geworden, auch nur ein einziges Wort mit ihm zu sprechen, denn sichtlich wich er jeder Gelegenheit aus, mit mir allein zu seyn, und traf er mich in der Gesellschaft des Barons oder Reinholds, so blickte er mich auf so sonderbare Weise an, daß ich in der That Mühe hatte, nicht in augenscheinliche Verlegenheit zu gerathen. Er schien tief in meine Seele zu dringen und meine geheimsten Gedanken zu erspähen. Ein unbezwinglicher tiefer Mißmuth, ein unterdrückter Groll, ein nur mit Mühe bezähmter Zorn lag auf seinem bleichen Gesichte, so bald er mich ansichtig wurde. — Es begab sich, daß er mir einmal, als ich eben im Park lustwandelte, ganz unerwartet entgegen trat; ich hielt dies für den schicklichen Moment, endlich das drückende Verhältniß mit ihm aufzuklären, daher faßte ich ihn schnell bei der Hand, als er mir ausweichen wollte, und mein Rednertalent machte es mir möglich, so eindringend, so salbungsvoll zu sprechen, daß er wirklich aufmerksam zu werden schien, und eine innere Rührung nicht unterdrücken konnte. Wir hatten uns auf eine steinerne Bank am Ende eines Ganges, der nach dem Schloß führte, niedergelassen. Im Reden stieg meine Begeisterung, ich sprach davon, daß es sündlich sey, wenn der Mensch, im innern Gram sich verzehrend, den Trost, die Hülfe der Kirche, die den Gebeugten aufrichte, verschmähe, und so den Zwecken des Lebens, wie die höhere Macht sie ihm gestellt, feindlich entgegen strebe. Ja daß selbst der Verbrecher nicht zweifeln solle an der Gnade des Himmels, da dieser Zweifel ihn eben um die Seligkeit bringe, die er, entsündigt durch Buße und Frömmigkeit, erwerben könne. Ich forderte ihn endlich auf, gleich jetzt mir zu beichten, und so sein Inneres wie vor Gott auszuschütten, indem ich ihm von jeder Sünde, die er begangen, Absolution zusage: da stand er auf, seine Augenbrauen zogen sich zusammen, die Augen brannten, eine glühende Röthe überflog sein leichenblasses Gesicht, und mit seltsam gellender Stimme rief er: „Bist Du denn rein von der Sünde, daß Du es wagst, wie der Reinste, ja wie Gott selbst, den Du verhöhnest, in meine Brust schauen zu wollen, daß Du es wagst, mir Vergebung der Sünde zuzusagen, Du, der Du selbst vergeblich ringen wirst nach der Entsündigung, nach der Seligkeit des Himmels, die sich Dir auf ewig verschloß? Elender Heuchler, bald kommt die Stunde der Vergeltung, und in den Staub getreten, wie ein giftiger Wurm, zuckst Du im schmachvollen Tode vergebens nach Hülfe, nach Erlösung von unnennbarer Qual ächzend, bis Du verdirbst in Wahnsinn und Verzweiflung!" — Er schritt rasch von dannen, ich war zerschmettert, vernichtet, all' meine Fassung, mein Muth, war dahin. Ich sah Euphemien aus dem Schlosse kommen mit Hut und Shawl, wie zum Spaziergange gekleidet; bei ihr nur war Trost und Hülfe zu finden, ich warf mich ihr entgegen, sie erschrak über mein zerstörtes Wesen, sie frug nach der Ursache, und ich erzählte ihr getreulich den ganzen Auftritt, den ich eben mit dem wahnsinnigen Hermogen gehabt, indem ich noch meine Angst, meine Besorgniß, daß Hermogen vielleicht durch einen unerklärlichen Zufall unser Geheimniß errathen, hinzusetzte. Euphemie schien über Alles nicht einmal betroffen, sie lächelte auf so ganz seltsame Weise, daß mich ein Schauer ergriff, und sagte: gehen wir tiefer in den Park, denn hier werden wir zu sehr beobachtet, und es könnte auffallen, daß der ehrwürdige Pater Medardus so heftig mit mir spricht. Wir waren in ein ganz entlegenes Boskett getreten, da umschlang mich Euphemie mit leidenschaftlicher Heftigkeit; ihre heißen glühenden Küsse brannten auf meinen Lippen. „Ruhig, Viktorin, sprach Euphemie, ruhig kannst Du seyn über das Alles, was Dich so in Angst und Zweifel gestürzt hat; es ist mir sogar lieb, daß es so mit Hermogen gekommen, denn nun darf und muß ich mit Dir über Manches sprechen, wovon ich so lange schwieg. — Du mußt eingestehen, daß ich mir eine seltene geistige Herrschaft über Alles, was mich im Leben umgiebt, zu erringen gewußt, und ich glaube, daß dies dem Weibe leichter ist, als Euch. Freilich gehört nichts Geringeres dazu, als daß außer jenem unnennbaren unwiderstehlichen Reiz der äußern Gestalt, den die Natur dem Weibe zu spenden vermag, dasjenige höhere Prinzip in ihr wohne, welches eben jenen Reiz mit dem geistigen Vermögen in Eins verschmilzt, und nun nach Willkür beherrscht. Es ist das eigne wunderbare Heraustreten aus sich selbst, das die Anschauung des eignen Ich vom andern Standpunkte gestattet, welches dann als ein sich dem höheren Willen schmiegendes Mittel erscheint, dem Zweck zu dienen, den er sich als den höchsten, im Leben zu erringenden, gesetzt. — Giebt es etwas Höheres als das Leben im Leben zu beherrschen, alle seine Erscheinungen, seine reichen Genüsse wie im mächtigen Zauber zu bannen, nach der Willkür, die dem Herrscher verstattet? — Du, Viktorin, gehörtest von je her zu den wenigen, die mich ganz verstanden, auch Du hattest Dir den Standpunkt über dein Selbst gestellt, und ich verschmähte es daher nicht, Dich wie den königlichen Gemahl auf meinen Thron im höheren Reiche zu erheben. Das Geheimniß erhöhte den Reiz dieses Bundes, und unsere scheinbare Trennung diente nur dazu, unserer phantastischen Laune Raum zu geben, die wie zu unserer Ergötzlichkeit mit den untergeordneten Verhältnissen des gemeinen Alltagslebens spielte. Ist nicht unser jetziges Beisammenseyn das kühnste Wagstück, das, im höheren Geiste gedacht, der Ohnmacht konventioneller Beschränktheit spottet? Selbst bei Deinem so ganz fremdartigen Wesen, das nicht allein die Kleidung erzeugt, ist es mir als unterwerfe sich das Geistige dem herrschenden, es bedingenden Prinzip, und wirke so mit wunderbarer Kraft nach außen, selbst das Körperliche anders formend und gestaltend, so daß es ganz der vorgesetzten Bestimmung gemäß erscheint. — Wie herzlich ich nun bei dieser tief aus meinem Wesen entspringenden Ansicht der Dinge alle konventionelle Beschränktheit verachte, indem ich mit ihr spiele, weißt Du. — Der Baron ist mir eine bis zum höchsten Ueberdruß ekelhaft gewordene Maschine, die zu meinem Zweck verbraucht todt da liegt, wie ein abgelaufenes Räderwerk. — Reinhold ist zu beschränkt, um von mir beachtet zu werden, Aurelie ein gutes Kind, wir haben es nur mit Hermogen zu thun. — Ich gestand Dir schon, daß Hermogen, als ich ihn zum erstenmale sah, einen wunderbaren Eindruck auf mich machte. — Ich hielt ihn für fähig, einzugehen in das höhere Leben, das ich ihm erschließen wollte, und irrte mich zum ersten Mal. — Es war etwas mir Feindliches in ihm, was in stetem regen Widerspruch sich gegen mich auflehnte, ja der Zauber, womit ich die Andern unwillkürlich zu umstricken wußte, stieß ihn zurück. Er blieb kalt, düster verschloßen, und reizte, indem er mit eigner wunderbarer Kraft mir widerstrebte, meine Empfindlichkeit, meine Lust den Kampf zu beginnen, in dem er unterliegen sollte. — Diesen Kampf hatte ich beschlossen, als der Baron mir sagte, wie er Hermogen eine Verbindung mit mir vorgeschlagen, dieser sie aber unter jeder Bedingung abgelehnt habe. — Wie ein göttlicher Funke durchstrahlte mich, in demselben Moment, der Gedanke, mich mit dem Baron selbst zu vermählen, und so mit einem Mal all' die kleinen konventionellen Rücksichten, die mich oft einzwängten auf widrige Weise, aus dem Wege zu räumen: doch ich habe ja selbst mit Dir, Viktorin, oft genug über jene Vermählung gesprochen, ich widerlegte Deine Zweifel mit der That, denn es gelang mir, den Alten in wenigen Tagen zum albernen zärtlichen Liebhaber zu machen und er mußte das, was ich gewollt, als die Erfüllung seines innigsten Wunsches, den er laut werden zu lassen kaum gewagt, ansehen. Aber tief im Hintergrunde lag noch in mir der Gedanke der Rache an Hermogen, die mir nun leichter und befriedigender werden sollte. Der Schlag wurde verschoben, um richtiger, tödtender zu treffen. — Kennte ich weniger Dein Inneres, wüßte ich nicht, daß Du Dich zu der Höhe meiner Ansichten zu erheben vermagst, ich würde Bedenken tragen, Dir mehr von der Sache zu sagen, die nun einmal geschehen. Ich ließ es mir angelegen seyn, Hermogen recht in seinem Innern aufzufassen, ich erschien in der Hauptstadt, düster, in mich gekehrt, und bildete so den Contrast mit Hermogen, der in den lebendigen Beschäftigungen des Kriegsdienstes sich heiter und lustig bewegte. Die Krankheit des Oheims verbot alle glänzende Zirkel, und selbst den Besuchen meiner nächsten Umgebung wußte ich auszuweichen. — Hermogen kam zu mir, vielleicht nur um die Pflicht, die er der Mutter schuldig, zu erfüllen, er fand mich in düstres Nachdenken versunken, und als er, befremdet von meiner auffallenden Aenderung, dringend nach der Ursache frug, gestand ich ihm unter Thränen, wie des Barons mißliche Gesundheitsumstände, die er nur mühsam verheimliche, mich befürchten ließen, ihn bald zu verlieren, und wie dieser Gedanke mir schrecklich, ja unerträglich sey. Er war erschüttert, und als ich nun mit dem Ausdruck des tiefsten Gefühls das Glück meiner Ehe mit dem Baron schilderte, als ich zart und lebendig in die kleinsten Einzelnheiten unseres Lebens auf dem Lande einging, als ich immer mehr des Barons herrliches Gemüth, sein ganzes Ich in vollem Glanz darstellte, so daß es immer lichter hervortrat, wie gränzenlos ich ihn verehre, ja wie ich so ganz in ihm lebe, da schien immer mehr seine Verwunderung, sein Erstaunen zu steigen. — Er kämpfte sichtlich mit sich selbst, aber die Macht, die jetzt wie mein Ich selbst in sein Inneres gedrungen, siegte über das feindliche Prinzip, das sonst mir widerstrebte; mein Triumph war mir gewiß, als er schon am andern Abend wieder kam."

„Er fand mich einsam, noch düstrer, noch aufgeregter als gestern, ich sprach von dem Baron und von meiner unaussprechlichen Sehnsucht, ihn wieder zu sehen. Hermogen war bald nicht mehr derselbe, er hing an meinen Blicken, und ihr gefährliches Feuer fiel zündend in sein Inneres. Wenn meine Hand in der seinigen ruhte, zuckte diese oft krampfhaft, tiefe Seufzer entflohen seiner Brust. Ich hatte die höchste Spitze dieser bewußtlosen Exaltation richtig berechnet. Den Abend als er fallen sollte, verschmähte ich selbst jene Künste nicht, die so verbraucht sind, und immer wieder so wirkungsvoll erneuert werden. Es gelang! — Die Folgen waren entsetzlicher, als ich sie mir gedacht, und doch erhöhten sie meinen Triumph, indem sie meine Macht auf glänzende Weise bewährten. — Die Gewalt, mit der ich das feindliche Prinzip bekämpfte, das wie in seltsamen Ahnungen in ihm sich sonst aussprach, hatte seinen Geist gebrochen, er verfiel in Wahnsinn, wie Du weißt, ohne daß Du jedoch bis jetzt die eigentliche Ursache gekannt haben solltest. — Es ist etwas Eignes, daß Wahnsinnige oft, als ständen sie in näherer Beziehung mit dem Geiste, und gleichsam in ihrem eignen Innern leichter, wie wohl bewußtlos angeregt vom fremden geistigen Prinzip, oft das in Uns Verborgene durchschauen, und in seltsamen Anklängen aussprechen, so daß uns oft die grauenvolle Stimme eines zweiten Ichs mit unheimlichem Schauer befängt. Es mag daher wohl seyn, daß, zumal in der eignen Beziehung, in der Du, Hermogen und ich stehen, er auf geheimnißvolle Weise Dich durchschaut, und so Dir feindlich ist, allein Gefahr für Uns ist deshalb nicht im mindesten vorhanden. Bedenke, selbst wenn er mit seiner Feindschaft gegen Dich offen ins Feld rückte, wenn er es ausspräche: traut nicht dem verkappten Priester, wer würde das für was anderes halten, als für eine Idee, die der Wahnsinn erzeugte, zumal, da Reinhold so gut gewesen ist, in Dir den

Pater Medardus wieder zu erkennen? — Indessen bleibt es gewiß, daß Du nicht mehr, wie ich gewollt und gedacht hatte, auf Hermogen wirken kannst. Meine Rache ist erfüllt und Hermogen mir nun wie ein weggeworfenes Spielzeug unbrauchbar, und um so überlästiger als er es wahrscheinlich für eine Bußübung hält, mich zu sehen, und daher mit seinen stieren lebendigtodten Blicken mich verfolgt. Er muß fort, und ich glaubte Dich dazu benutzen zu können, ihn in der Idee ins Kloster zu gehen zu bestärken, und den Baron, so wie den rathgebenden Freund Reinhold, zu gleicher Zeit durch die dringendsten Vorstellungen, wie Hermogens Seelenheil nun einmal das Kloster begehre, geschmeidiger zu machen, daß sie in sein Vorhaben willigten. — Hermogen ist mir in der That höchst zuwider, sein Anblick erschüttert mich oft, er muß fort! — Die einzige Person, der er ganz anders erscheint, ist Aurelie, das fromme kindische Kind; durch sie allein kannst Du auf Hermogen wirken, und ich will dafür sorgen, daß Du in nähere Beziehung mit ihr trittst. Findest Du einen schicklichen Zusammenhang der äußern Umstände, so kannst Du auch Reinholden, oder dem Baron entdecken, wie Dir Hermogen ein schweres Verbrechen gebeichtet, das Du natürlicherweise, Deiner Pflicht gemäß, verschweigen müßtest. — Doch davon künftig mehr! — Nun weißt Du alles, Viktorin, handle und bleibe mein. Herrsche mit mir über die läppische Puppenwelt, wie sie sich um uns dreht. Das Leben muß uns seine herrlichsten Genüsse spenden, ohne uns in seine Beengtheit einzuzwängen." — Wir sahen den Baron in der Entfernung, und gingen ihm, wie im frommen Gespräch begriffen, entgegen. —

Es bedurfte vielleicht nur Euphemiens Erklärung über die Tendenz ihres Lebens, um mich selbst die überwiegende Macht fühlen zu lassen, die wie der Ausfluß höherer Prinzipe mein Inneres beseelte. Es war etwas Uebermenschliches in mein Wesen getreten, das mich plötzlich auf einen Standpunkt erhob, von dem mir alles in anderm Verhältniß, in anderer Farbe als sonst erschien. Die Geistesstärke, die Macht über das Leben, womit Euphemie prahlte, war mir des bittersten Hohns würdig. In dem Augenblick, daß die Elende ihr loses unbedachtes Spiel mit den gefährlichsten Verknüpfungen des Lebens zu treiben wähnte, war sie hingegeben dem Zufall oder dem bösen Verhängniß, das meine Hand leitete. Es war nur meine Kraft, entflammt von geheimnißvollen Mächten, die sie zwingen konnte im Wahn, den für den Freund und Bundesbruder zu halten, der, nur ihr zum Verderben die äußere zufällige Bildung jenes Freundes tragend, sie wie die feindliche Macht selbst umkrallte, so daß keine Freiheit mehr möglich. Euphemie wurde mir in ihrem eitlen selbstsüchtigen Wahn verächtlich, und das Verhältniß mit ihr um so widriger, als Aurelie in meinem Innern lebte, und nur sie die Schuld meiner begangenen Sünden trug, wenn ich das, was mir jetzt die höchste Spitze alles irdischen Genusses zu seyn schien, noch für Sünde gehalten hätte. Ich beschloß von der mir inwohnenden Macht den vollsten Gebrauch zu machen, und so selbst den Zauberstab zu ergreifen, um die Kreise zu beschreiben, in denen sich all' die Erscheinungen um mich her mir zur Lust bewegen sollten. Der Baron und Reinhold wetteiferten mit einander, mir das Leben im Schlosse recht angenehm zu machen; nicht die leiseste Ahnung von meinem Verhältniß mit Euphemien stieg in ihnen auf, vielmehr äußerte der Baron oft, wie in unwillkürlicher Herzensergießung, daß erst durch mich ihm Euphemie ganz wiedergegeben sey, und dies schien mir die Richtigkeit der Vermuthung Reinholds, daß irgend ein Zufall dem Baron wohl die Spur von Euphemiens verbotenen Wegen entdeckt haben könne, klar anzudeuten. Den Hermogen sah ich selten, er vermied mich mit sichtlicher Angst und Beklemmung, welches der Baron und Reinhold der Scheu vor meinem heiligen frommen Wesen, und vor meiner geistigen Kraft, die das zerrüttete Gemüth durchschaute, zuschrieben. Auch Aurelie schien sich absichtlich meinem Blick zu entziehen, sie wich mir aus, und wenn ich mit ihr sprach, war auch sie ängstlich und beklommen, wie Hermogen. Es war mir beinahe gewiß, daß der wahnsinnige Hermogen gegen Aurelie jene schrecklichen Ahnungen, die mich durchbebten, ausgesprochen, indessen schien mir der böse Eindruck zu bekämpfen möglich. — Wahrscheinlich auf Veranlassung der Baronesse, die mich in näheren Rapport mit Aurelien setzen wollte, um durch sie auf Hermogen zu wirken, bat mich der Baron, Aurelien in den höheren Geheimnissen der Religion zu unterrichten. So verschaffte mir Euphemie selbst die Mittel, das herrlichste zu erreichen, was mir meine glühende Einbildungskraft in tausend üppigen Bildern vorgemalt. Was war jene Vision in der Kirche anderes, als das Versprechen der höheren auf mich einwirkenden Macht, mir die zu geben, von deren Besitz allein die Besänftigung des Sturms zu hoffen, der in mir rasend, mich wie auf tobenden Wellen umherwarf. — Aureliens Anblick, ihre Nähe, ja die Berührung ihres Kleides, setzte mich in Flammen. Des Blutes Gluthstrom stieg fühlbar auf in die geheimnißvolle Werkstatt der Gedanken, und so sprach ich von den wundervollen Geheimnissen der Religion in feurigen Bildern, deren tiefere Bedeutung die wollüstige Raserei der glühendsten verlangenden Liebe war. So sollte diese Gluth meiner Rede, wie in elektrischen Schlägen, Aureliens Inneres durchdringen, und sie sich vergebens dagegen wappnen. — Ihr unbewußt sollten die in ihre Seele geworfenen Bilder sich wunderbar entfalten, und glänzender, flammender in der tieferen Bedeutung hervorgehen, und diese ihre Brust dann mit den Ahnungen des unbekannten Genusses erfüllen, bis sie sich, von unnennbarer Sehnsucht gefoltert und zerrissen, selbst in meine Arme würfe. Ich bereitete mich auf die sogenannten Lehrstunden bei Aurelien sorgsam vor, ich wußte den Ausdruck meiner Rede zu steigern; andächtig, mit gefaltenen Händen, mit niedergeschlagenen Augen hörte mir das fromme Kind zu, aber nicht eine Bewegung, nicht ein leiser Seufzer verriethen irgend eine tiefere Wirkung meiner Worte. — Meine Bemühungen brachten mich nicht weiter; statt in Aurelien das verderbliche Feuer zu entzünden, das sie der Verführung Preis geben sollte, wurde nur qualvoller und verzehrender die Gluth, die in meinem Innern brannte. — Rasend vor Schmerz und Wollust, brütete ich über Pläne zu Aureliens Verderben und indem ich Euphemien Wonne und Entzücken heuchelte, keimte ein glühender Haß in meiner Seele empor, der, im seltsamen Widerspruch, meinem Betragen bei der Baronesse etwas Wildes, Entsetzliches gab, vor dem sie selbst erbebte. — Fern von ihr war jede Spur des Geheimnisses, das in meiner Brust verborgen, und unwillkürlich mußte sie der Herrschaft Raum geben, die ich immer mehr und mehr über sie mir anzumaßen anfing. — Oft kam es mir in den Sinn, durch einen wohlberechneten Gewaltstreich, dem Aurelie erliegen sollte, meine Qual zu enden, aber so wie ich Aurelien erblickte, war es mir, als stehe ein Engel neben ihr, sie schirmend und schützend und Trotz bietend der Macht des Feindes. Ein Schauer bebte dann durch meine Glieder, in dem mein böser Vorsatz erkaltete. Endlich fiel ich darauf, mit ihr zu beten: denn im Gebet strömt feuriger die Gluth der Andacht, und die geheimsten Regungen werden wach, und erheben sich wie auf brausenden Wellen, und strecken ihre Polypenarme aus, um das Unbekannte zu fahen, das die unnennbare Sehnsucht stillen soll, von der die Brust zerrissen. Dann mag das Irdische, sich wie Himmlisches verkündend, keck dem aufgeregten Gemüth entgegen treten, und im höchsten Genuß schon hienieden die Erfüllung des Ueberschwenglichen verheißen; die bewußtlose Leidenschaft wird getäuscht, und das Streben nach dem Heiligen, Ueberirdischen wird gebrochen in dem namenlosen nie gekannten Entzücken irdischer Begierde. — Selbst darin, daß sie von mir verfaßte Gebete nachsprechen sollte, glaubte ich Vortheile für meine verrätherischen Absichten zu finden. — Es war dem so! — Denn neben mir knieend, mit zum Himmel gewandtem Blick meine Gebete nachsprechend, färbten höher sich ihre Wangen, und ihr Busen wallte auf und nieder. — Da nahm ich wie im Eifer des Gebets ihre Hände, und drückte sie an meine Brust, ich war ihr so nahe, daß ich die Wärme ihres Körpers fühlte, ihre losgelösten Locken hingen über meine Schulter; ich war außer mir vor rasender Begierde, ich umschlang sie mit wildem Verlangen, schon brannten meine Küße auf ihrem Munde, auf ihrem Busen, da wand sie sich mit einem durchdringenden Schrei aus meinen Armen; ich hatte nicht Kraft sie zu halten, es war als strahle ein Blitz herab, mich zerschmetternd! — Sie entfloh rasch in das Nebenzimmer; die Thüre öffnete sich, und Hermogen zeigte sich in derselben, er blieb stehen, mich mit dem furchtbaren entsetzlichen Blick des wilden Wahnsinns anstarrend. Da raffte ich alle meine Kraft zusammen, ich trat keck auf ihn zu, und rief mit trotziger gebietender Stimme: „was willst Du hier? Hebe Dich weg Wahnsinniger!“ Aber Hermogen streckte mir die rechte Hand entgegen, und sprach dumpf und schaurig: „ich wollte mit Dir kämpfen, aber ich habe kein Schwert, und Du bist der Mord, denn Blutstropfen quillen aus Deinen Augen und kleben in Deinem Barte!“ —

Er verschwand, die Thüre heftig zuschlagend, und ließ mich allein, knirschend vor Wuth über mich selbst, der ich mich hatte hinreissen lassen von der Gewalt des Moments, so daß nun der Verrath mir Verderben drohte. Niemand ließ sich sehen, ich hatte Zeit genug, mich ganz zu ermannen, und der mir inwohnende Geist gab mir bald die Anschläge ein, jeder üblen Folge des bösen Beginnens auszuweichen.

Sobald es thunlich war, eilte ich zu Euphemien, und mit keckem Uebermuth erzählte ich ihr die ganze Begebenheit mit Aurelien.

Euphemie schien die Sache nicht so leicht zu nehmen, als ich es gewünscht hatte, und es war mir begreiflich, daß, ihrer gerühmten Geistesstärke, ihrer hohen Ansicht der Dinge unerachtet, wohl kleinliche Eifersucht in ihr wohnen, sie aber überdem noch befürchten könne, daß Aurelie über mich klagen, so der Nimbus meiner Heiligkeit verlöschen, und unser Geheimniß in Gefahr gerathen werde: aus einer mir selbst unerklärlichen Scheu, verschwieg ich Hermogens Hinzutreten und seine entsetzlichen mich durchbohrenden Worte.

Euphemie hatte einige Minuten geschwiegen, und schien, mich seltsamlich anstarrend, in tiefes Nachdenken versunken. —

„Solltest Du nicht, Viktorin! sprach sie endlich, errathen, welche herrliche Gedanken meines Geistes würdig mich durchströmen? — Aber Du kannst es nicht, doch rüttle frisch die Schwingen, um dem kühnen Fluge zu folgen, den ich zu beginnen bereit bin. Daß Du, der Du mit voller Herrschaft über alle Erscheinungen des Lebens schweben solltest, nicht neben einem leidlich schönen Mädchen knien kannst, ohne sie zu umarmen und zu küssen, nimmt mich Wunder, so wenig ich Dir das Verlangen verarge, das in Dir aufstieg. So wie ich Aurelien kenne, wird sie voller Schaam über die Begebenheit schweigen, und sich höchstens nur unter irgend einem Vorwande Deinem zu leidenschaftlichen Unterrichte entziehen. Ich befürchte daher nicht im mindesten die verdrießlichen Folgen, die dein Leichtsinn, deine ungezähmte Begierde hätte herbeiführen können. — Ich hasse sie nicht, diese Aurelie, aber ihre Anspruchlosigkeit, ihr stilles Frommthun, hinter dem sich ein unleidlicher Stolz versteckt, ärgert mich. Nie habe ich, unerachtet ich es nicht verschmähte mit ihr zu spielen, ihr Zutrauen gewinnen können, sie blieb scheu und verschlossen. Diese Abgeneigtheit sich mir zu schmiegen, ja diese stolze Art mir auszuweichen, erregt in mir die widrigsten Gefühle. — Es ist ein sublimer Gedanke, die Blume, die auf den Prunk ihrer glänzenden Farben so stolz thut, gebrochen und dahin welken zu sehen! ich gönne es Dir, diesen sublimen Gedanken auszuführen, und es soll nicht an Mitteln fehlen, den Zweck leicht und sicher zu erreichen. — Auf Hermogens Haupt soll die Schuld fallen und ihn vernichten!" — Euphemie sprach noch mehr über ihren Plan und wurde mir mit jedem Worte verhaßter, denn nur das gemeine verbrecherische Weib sah ich in ihr, und so sehr ich nach Aureliens Verderben dürstete, da ich nur dadurch Befreiung von der grenzenlosen Qual wahnsinniger Liebe, die meine Brust zerfleischte hoffen konnte, so war mir doch Euphemiens Mitwirkung verächtlich. Ich wies daher zu ihrem nicht geringen Erstaunen ihren Anschlag von der Hand, indem ich im Innern fest entschlossen war, das durch eigne Macht zu vollführen, wozu Euphemie mir ihre Beihülfe aufdringen wollte.

So wie die Baronesse es vermuthet, blieb Aurelie in ihrem Zimmer, sich mit einer Unpäßlichkeit entschuldigend, und so sich meinem Unterricht für die nächsten Tage entziehend. Hermogen war wider seine Gewohnheit jetzt viel in der Gesellschaft Reinholds und des Barons, er schien weniger in sich gekehrt, aber wilder, zorniger. Man hörte ihn oft laut und nachdrücklich sprechen, und ich bemerkte, daß er mich mit Blicken des verhaltenen Grimms ansah, so oft der Zufall mich ihm in den Weg führte: das Betragen des Barons und Reinholds veränderte sich in einigen Tagen auf ganz seltsame Weise. Ohne im Aeußerlichen im mindesten von der Aufmerksamkeit und Hochachtung, die sie mir sonst bezeigt, nachzulassen, schien es, als wenn sie, gedrückt von einem wunderbaren ahnenden Gefühl, nicht jenen gemüthlichen Ton finden konnten, der sonst unsre Unterhaltung belebte. Alles, was sie mit mir sprachen, war so gezwungen, so frostig, daß ich mich ernstlich mühen mußte, von allerlei Vermuthungen ergriffen, wenigstens unbefangen zu scheinen. —

Euphemiens Blicke, die ich immer richtig zu deuten wußte, sagten mir, daß irgend Etwas vorgegangen, wovon sie sich besonders aufgeregt fühlte, doch war es den ganzen Tag unmöglich, uns unbemerkt zu sprechen. —

In tiefer Nacht, als Alles im Schlosse längst schlief, öffnete sich eine Tapetenthür in meinem Zimmer, die ich selbst noch nicht bemerkt, und Euphemie trat herein, mit einem zerstörten Wesen, wie ich sie noch niemals gesehen. „Viktorin, sprach sie: es droht uns Verrath, Hermogen, der wahnsinnige Hermogen ist es, der, durch seltsame Ahnungen auf die Spur geleitet, unser Geheimniß entdeckt hat. In allerlei Andeutungen, die gleich schauerlichen entsetzlichen Sprüchen einer dunklen Macht, die über uns waltet, lauten, hat er dem Baron einen Verdacht eingeflößt, der ohne deutlich ausgesprochen zu seyn, mich doch auf quälende Weise verfolgt. — Wer Du bist, daß unter diesem heiligen Kleide Graf Viktorin verborgen, das scheint Hermogen durchaus verschlossen geblieben; dagegen behauptet er, aller Verrath, alle Arglist, alles Verderben, das über uns einbrechen werde, ruhe in Dir, ja wie der Widersacher selbst, sey der Mönch in das Haus getreten, der von teuflischer Macht beseelt, verdammten Verrath brüte. — Es kann so nicht bleiben, ich bin es müde, diesen Zwang zu tragen, den mir der kindische Alte auferlegt, der nun mit kränkelnder Eifersucht, wie es scheint, ängstlich meine Schritte bewachen wird. Ich will dies Spielzeug, das mir langweilig worden, wegwerfen, und Du, Viktorin, wirst Dich um so williger meinem Begehren fügen, als Du auf einmal selbst der Gefahr entgehst, endlich ertappt zu werden, und so das geniale Verhältniß, das unser Geist ausbrütete, in eine gemeine verbrauchte Mummerei, in eine abgeschmackte Ehestandsgeschichte herabsinken zu sehen! Der lästige Alte muß fort, und wie das am besten ins Werk zu richten ist, darüber laß uns zu Rathe gehen, höre aber erst meine Meinung. Du weißt, daß der Baron jeden Morgen, wenn Reinhold beschäftigt, allein hinausgeht in das Gebirge, um sich an den Gegenden nach seiner Art zu erlaben. — Schleiche Dich früher hinaus, und suche ihm am Ausgange des Parks zu begegnen. Nicht weit von hier giebt es eine wilde schauerliche Felsengruppe; wenn man sie erstiegen, gähnt dem Wandrer auf der einen Seite ein schwarzer bodenloser Abgrund entgegen, dort ist, oben über den Abgrund herüberragend, der sogenannte Teufelssitz. Man fabelt, daß giftige Dünste aus dem Abgrunde steigen, die den, der vermessen hinabschaut, um zu erforschen, was drunten verborgen, betäuben und rettungslos in den Tod hinabziehen. Der Baron, dieses Mährchen verlachend, stand schon oft auf jenem Felsstück über dem Abgrund, um die Aussicht, die sich dort öffnet, zu genießen. Es wird leicht seyn, ihn selbst darauf zu bringen, daß er Dich an die gefährliche Stelle führt; steht er nun dort, und starrt in die Gegend hinein, so erlöst uns ein kräftiger Stoß Deiner Faust auf immer von dem ohnmächtigen Narren." — „Nein, nimmermehr, schrie ich heftig: ich kenne den entsetzlichen Abgrund, ich kenne den Sitz des Teufels, nimmermehr! fort mit Dir und dem Frevel, den Du mir zumuthest!" Da sprang Euphemie auf, wilde Gluth entflammte ihren Blick, ihr Gesicht war verzerrt von der wüthenden Leidenschaft, die in ihr tobte. „Elender Schwächling, rief sie: Du wagst es in dumpfer Feigheit dem zu widerstreben, was ich beschloß? Du willst Dich lieber dem schmachvollen Joche schmiegen, als mit mir herrschen? Aber Du bist in meiner Hand, vergebens entwindest Du Dich der Macht, die Dich gefesselt hält zu meinen Füßen! — Du vollziehst meinen Auftrag, morgen darf der, dessen Anblick mich peinigt, nicht mehr leben!" —

Indem Euphemie die Worte sprach, durchdrang mich die tiefste Verachtung ihrer armseligen Prahlerei, und im bittern Hohn lachte ich ihr gellend entgegen, daß sie erbebte, und die Todtenblässe der Angst und des tiefen Grauens ihr Gesicht überflog. — „Wahnsinnige, rief ich: die Du glaubst über das Leben zu herrschen, die Du glaubst mit seinen Erscheinungen zu spielen, habe Acht, daß dies Spielzeug nicht in Deiner Hand zur schneidenden Waffe wird, die Dich tödtet! Wisse Elende, daß ich, den Du in Deinem ohnmächtigen Wahn zu beherrschen glaubst, Dich wie das Verhängniß selbst in meiner Macht festgekettet halte, Dein frevelhaftes Spiel ist nur das krampfhafte Winden des gefesselten Raubthiers im Käfig! — Wisse, Elende, daß Dein Buhle zerschmettert in jenem Abgrunde liegt, und daß Du statt seiner den Geist der Rache selbst umarmtest! — Geh und verzweifle!"

Euphemie wankte; im convulsivischen Erbeben war sie im Begriff zu Boden zu sinken, ich faßte sie und drückte sie durch die Tapetenthüre den Gang hinab. — Der Gedanke stieg mir auf, sie zu tödten, ich unterließ es ohne mich dessen bewußt zu seyn, denn im ersten Augenblick, als ich die Tapetenthüre schloß, glaubte ich die That vollbracht zu haben! — Ich hörte einen durchdringenden Schrei und Thüren zuschlagen.

Jetzt hatte ich mich selbst auf einen Standpunkt gestellt, der mich dem gewöhnlichen menschlichen Thun ganz entrückte; jetzt mußte Schlag auf Schlag folgen, und mich selbst als den bösen Geist der Rache verkündend, mußte ich das Ungeheuere vollbringen. — Euphemiens Untergang war beschlossen, und der glühendste Haß sollte, mit der höchsten Inbrunst der Liebe sich vermählend, mir den Genuß gewähren, der nun noch dem übermenschlichen mir inwohnenden Geiste würdig. — In dem Augenblick, daß Euphemie untergegangen, sollte Aurelie mein werden.

Ich erstaunte über Euphemiens innere Kraft, die es ihr möglich machte, den andern Tag unbefangen und heiter zu scheinen. Sie sprach selbst darüber, daß sie vorige Nacht in eine Art Somnambulismus gerathen, und dann heftig an Krämpfen gelitten, der Baron schien sehr theilnehmend, Reinholds Blicke waren zweifelhaft und mißtrauisch. Aurelie blieb auf ihrem Zimmer, und je weniger es mir gelang, sie zu sehen, desto rasender tobte die Wuth in meinem Innern. Euphemie lud mich ein, auf bekanntem Wege in ihr Zimmer zu schleichen, wenn Alles im Schlosse ruhig geworden. — Mit Entzücken vernahm ich das, denn der Augenblick der Erfüllung ihres bösen Verhängnisses war gekommen. — Ein kleines spitzes Messer, das ich schon von Jugend auf bei mir trug, und mit dem ich geschickt in Holz zu schneiden wußte, verbarg ich in meiner Kutte, und so zum Morde entschlossen, ging ich zu ihr. „Ich glaube, fing sie an: wir haben beide gestern schwere ängstliche Träume gehabt, es kam viel von Abgründen darin vor, doch das ist nun vorbei!" — Sie gab sich darauf, wie gewöhnlich, meinen frevelnden Liebkosungen hin, ich war erfüllt von entsetzlichem teuflischem Hohn, indem ich nur die Lust empfand, die mir der Mißbrauch ihrer eignen Schändlichkeit erregte. Als sie in meinen Armen lag, entfiel mir das Messer, sie schauerte zusammen, wie von Todesangst ergriffen, ich hob das Messer rasch auf, den Mord noch verschiebend, der mir selbst andere Waffen in die Hände gab. — Euphemie hatte italienischen Wein und eingemachte Früchte auf den Tisch stellen lassen. — Wie so ganz plump und verbraucht, dachte ich, verwechselte geschickt die Gläser, und genoß nur scheinbar die mir dargebotenen Früchte, die ich in meinen weiten Aermel fallen ließ. Ich hatte zwei, drei Gläser von dem Wein, aber aus dem Glase, das Euphemie für sich hingestellt, getrunken, als sie vorgab, Geräusch im Schlosse zu hören, und mich bat sie schnell zu verlassen. — Nach ihrer Absicht sollte ich auf meinem Zimmer enden! Ich schlich durch die langen schwach erhellten Corridore, ich kam bei Aureliens Zimmer vorüber, wie festgebannt blieb ich stehen. — Ich sah sie, es war als schwebe sie daher, mich voll Liebe anblickend, wie in jener Vision, und mir winkend, daß ich ihr folgen sollte. — Die Thüre wich durch den Druck meiner Hand, ich stand im Zimmer, nur angelehnt war die Thüre des Kabinetts, eine schwüle Luft wallte mir entgegen, meine Liebesgluth stärker entzündend, mich betäubend; kaum konnte ich athmen. — Aus dem Kabinett quollen die tiefen angstvollen Seufzer der vielleicht von Verrath und Mord Träumenden, ich hörte sie im Schlafe beten! — „Zur That, zur That, was zauderst Du, der Augenblick entflieht," so trieb mich die unbekannte Macht in meinem Innern. — Schon hatte ich einen Schritt ins Kabinett gethan, da schrie es hinter mir: „Verruchter, Mordbruder! nun gehörst Du mein!" und ich fühlte mich mit Riesenkraft von hinten festgepackt. — Es war Hermogen, ich wand mich, alle meine Stärke aufbietend, endlich von ihm los und wollte mich fortdrängen, aber von Neuem packte er mich hinterwärts und zerfleischte meinen Nacken mit wüthenden Bissen! — Vergebens rang ich, unsinnig vor Schmerz und Wuth, lange mit ihm, endlich zwang ihn ein kräftiger Stoß, von mir abzulassen, und als er von Neuem über mich herfiel, da zog ich mein Messer; zwei Stiche, und er sank röchelnd zu Boden, daß es dumpf im Corridor wiederhallte. — Bis heraus aus dem Zimmer hatten wir uns gedrängt im Kampfe der Verzweiflung! —

So wie Hermogen gefallen, rannte ich in wilder Wuth die Treppe herab, da riefen gellende Stimmen durch das ganze Schloß: Mord! Mord! — Lichter schweiften hin und her, und die Tritte der Herbeieilenden schallten durch die langen Gänge, die Angst verwirrte mich, ich war auf entlegene Seitentreppen gerathen. — Immer lauter, immer heller wurde es im Schlosse, immer näher und näher erscholl es gräßlich: Mord, Mord! Ich unterschied die Stimme des Barons und Reinholds, welche heftig mit den Bedienten sprachen. — Wohin fliehen, wohin mich verbergen? — Noch vor wenig Augenblicken, als ich Euphemien mit demselben Messer ermorden wollte, mit dem ich den wahnsinnigen Hermogen tödtete, war es mir, als könne ich, mit dem blutigen Mordinstrument in der Hand, vertrauend auf meine Macht, keck hinaustreten, da keiner, von scheuer Furcht ergriffen, es wagen würde, mich aufzuhalten; jetzt war ich selbst von tödtlicher Angst befangen. Endlich, endlich war ich auf der Haupttreppe, der Tumult hatte sich nach den Zimmern der Baronesse gezogen, es wurde ruhiger, in drei gewaltigen Sprüngen war ich hinab, nur noch wenige Schritte vom Portal entfernt. Da gellte ein durchdringender Schrei durch die Gänge, dem ähnlich, den ich in voriger Nacht gehört. — Sie ist todt, gemordet durch das Gift, das sie mir bereitet, sprach ich dumpf in mich hinein. Aber nun strömte es wieder hell aus Euphemiens Zimmern. Aurelie schrie angstvoll um Hülfe. Aufs Neue erscholl es gräßlich: Mord, Mord! — Sie brachten Hermogens Leichnam! — „Eilt nach dem Mörder," hört' ich Reinhold rufen. Da lachte ich grimmig auf, daß es durch den Saal, durch die Gänge dröhnte, und rief mit schrecklicher Stimme: „Wahnwitzige, wollt ihr das Verhängniß sahen, das die frevelnden Sünder gerichtet? — Sie horchten auf, der Zug blieb wie festgebannt auf der Treppe stehen. — Nicht fliehen wollt' ich mehr, — ja ihnen entgegen schreiten, die Rache Gottes an den Frevlern in donnernden Worten verkündend. Aber — des gräßlichen Anblicks! — vor mir — vor mir stand Viktorins blutige Gestalt, nicht ich, er hatte die Worte gesprochen. — Das Entsetzen sträubte mein Haar, ich stürzte in wahnsinniger Angst hinaus, durch den Park! — Bald war ich im Freien, da hörte ich Pferdegetrappel hinter mir, und indem ich meine letzte Kraft zusammennahm, um der Verfolgung zu entgehen, fiel ich über eine Baumwurzel strauchelnd zu Boden. Bald standen die Pferde bei mir. Es war Viktorins Jäger. „Um Jesuswillen, gnädiger Herr, fing er an: was ist im Schlosse vorgefallen, man schreit Mord! Schon ist das Dorf im Aufruhr. — Nun, was es auch seyn mag, ein guter Geist hat es mir eingegeben aufzupacken, und aus dem Städtchen hieher zu reiten; es ist alles im Felleisen auf Ihrem Pferde, gnädiger Herr, denn wir werden uns doch wohl trennen müssen vor der Hand, es ist gewiß recht was Gefährliches geschehen, nicht wahr?" — Ich raffte mich auf, und mich aufs Pferd schwingend, bedeutete ich den Jäger, in das Städtchen zurückzureiten, und dort meine Befehle zu erwarten. Sobald er sich in der Finsterniß entfernt hatte, stieg ich wieder vom Pferde und leitete es behutsam in den dicken Tannenwald hinein, der sich vor mir ausbreitete.

Dritter Abschnitt.

Die Abentheuer der Reise.

Als die ersten Strahlen der Sonne durch den finstern Tannenwald brachen, befand ich mich an einem frisch und hell über glatte Kieselsteine dahin strömenden Bach. Das Pferd, welches ich mühsam durch das Dickigt geleitet, stand ruhig neben mir, und ich hatte nichts Angelegentlicheres zu thun, als das Felleisen, womit es bepackt war, zu untersuchen. — Wäsche, Kleidungsstücke, ein mit Gold wohl gefüllter Beutel, fielen mir in die Hände. — Ich beschloß, mich sogleich umzukleiden; mit Hülfe der kleinen Scheere und des Kamms, den ich in einem Besteck gefunden, verschnitt ich den Bart, und brachte die Haare, so gut es gehen wollte, in Ordnung. Ich warf die Kutte ab, in welcher ich noch das kleine verhängnißvolle Messer, Viktorins Portefeuille, so wie die Korbflasche mit dem Rest des Teufels-Elixiers vorfand, und bald stand ich da, in weltlicher Kleidung mit der Reisemütze auf dem Kopf, so daß ich mich selbst, als mir der Bach mein Bild heraufspiegelte, kaum wieder erkannte. Bald war ich am Ausgange des Waldes, und der in der Ferne aufsteigende Dampf, so wie das helle Glockengeläute, das zu mir herübertönte, ließen mich ein Dorf in der Nähe vermuthen. Kaum hatte ich die Anhöhe vor mir erreicht, als ein freundliches schönes Thal sich öffnete, in dem ein großes Dorf lag. Ich schlug den breiten Weg ein, der sich hinabschlängelte, und sobald der Abhang weniger steil wurde, schwang ich mich aufs Pferd, um so viel möglich mich an das mir ganz fremde Reiten zu gewöhnen. — Die Kutte hatte ich in einen hohlen Baum verborgen, und mit ihr all' die feindseligen Erscheinungen auf dem Schlosse in den finstern Wald gebannt; denn ich fühlte mich froh und muthig, und es war mir, als habe nur meine überreizte Phantasie mir Viktorins blutige gräßliche Gestalt gezeigt, und als wären die letzten Worte, die ich den mich Verfolgenden entgegen rief, wie in hoher Begeisterung, unbewußt, aus meinem Innern hervorgegangen, und hätten die wahre geheime Beziehung des Zufalls, der mich auf das Schloß brachte, und das, was ich dort begann, herbeiführte, deutlich ausgesprochen. — Wie das waltende Verhängniß selbst trat ich ein, den boshaften Frevel strafend, und den Sünder in dem ihm bereiteten Untergange entsündigend. Nur Aureliens holdes Bild lebte noch wie sonst in mir, und ich konnte nicht an sie denken, ohne meine Brust beengt, ja physisch einen nagenden Schmerz in meinem Innern zu fühlen. — Doch war es mir, als müsse ich sie vielleicht in fernen Landen wieder sehen, ja, als müsse sie, wie von unwiderstehlichem Drange hingerissen, von unauflöslichen Banden an mich gekettet, mein werden. —

Ich bemerkte, daß die Leute, welche mir begegneten, still standen und mir verwundert nachsahen, ja daß der Wirth im Dorfe vor Erstaunen über meinen Anblick kaum Worte finden konnte, welches mich nicht wenig ängstigte. Während daß ich mein Frühstück verzehrte, und mein Pferd gefüttert wurde, versammelten sich mehrere Bauern in der Wirthsstube, die, mit scheuen Blicken mich anschielend, mit einander flüsterten. — Immer mehr drängte sich das Volk zu, und mich dicht umringend, gafften sie mich an mit dummen Erstaunen. Ich bemühte mich, ruhig und unbefangen zu bleiben, und rief mit lauter Stimme den Wirth, dem ich befahl mein Pferd satteln, und das Felleisen aufpacken zu lassen. Er ging zweideutig lächelnd hinaus, und kam bald darauf mit einem langen Mann zurück, der mit finstrer Amtsmiene und komischer Gravität auf mich zuschritt. Er faßte mich scharf ins Auge, ich erwiederte den Blick, indem ich aufstand und mich dicht vor ihn stellte. Das schien ihn etwas außer Fassung zu setzen, indem er sich scheu nach den versammelten Bauern umsah. „Nun was ist es, rief ich: Ihr scheint mir etwas sagen zu wollen.“ Da räusperte sich der ernsthafte Mann, und sprach, indem er sich bemühte, in den Ton seiner Stimme recht viel Gewichtiges zu legen: „Herr! Ihr kommt nicht eher von hinnen, bis Ihr Uns, dem Richter hier am Orte, umständlich gesagt, wer Ihr seid, mit allen Qualitäten, was Geburt, Stand und Würde anbelangt, auch woher Ihr gekommen, und wohin Ihr zu reisen gedenkt, nach allen Qualitäten, der Lage des Orts, des Namens, Provinz und Stadt, und was weiter zu bemerken, und über das Alles müßt Ihr Uns, dem Richter, einen Paß vorzeigen, geschrieben und unterschrieben, untersiegelt nach allen Qualitäten, wie es recht ist und gebräuchlich!" — Ich hatte noch gar nicht daran gedacht, daß es nöthig sey, irgend einen Namen anzunehmen, und noch weniger war mir eingefallen, daß das Sonderbare, Fremde meines Aeußern — welches durch die Kleidung, der sich mein mönchischer Anstand nicht fügen wollte, so wie durch die Spuren des übelverschnittenen Bartes erzeugt wurde — mich jeden Augenblick in die Verlegenheit setzen würde, über meine Person ausgeforscht zu werden. Die Frage des Dorfrichters kam mir daher so unerwartet, daß ich vergebens sann, ihm irgend eine befriedigende Antwort zu geben. Ich entschloß mich zu versuchen, was entschiedene Keckheit bewirken würde, und sagte mit fester Stimme: „wer ich bin, habe ich Ursache zu verschweigen, und deshalb trachtet Ihr vergeblich meinen Paß zu sehen, übrigens hütet Euch, eine Person von Stande mit Euren läppischen Weitläuftigkeiten nur einen Augenblick aufzuhalten." „Hoho! rief der Dorfrichter, indem er eine große Dose hervorzog, in die, als er schnupfte, fünf Hände der hinter ihm stehenden Gerichtsschöppen hineingriffen, gewaltige Prisen herausholend: hoho, nur nicht so barsch, gnädigster Herr! — Ihre Excellenz wird sich gefallen lassen müssen, Uns dem Richter Rede zu stehen, und den Paß zu zeigen, denn, nun gerade heraus gesagt, hier im Gebirge giebt es seit einiger Zeit allerlei verdächtige Gestalten, die dann und wann aus dem Walde kucken, und wieder verschwinden, wie der Gott sey bei uns selbst, aber es ist verfluchtes Diebs- und Raubgesindel, die den Reisenden auflauern und allerlei Schaden anrichten durch Mord und Brand, und Ihr, mein gnädigster Herr, seht in der That so absonderlich aus, daß Ihr ganz dem Bilde ähnlich seyd, das die hochlöbliche Landesregierung von einem großen Räuber und Hauptspitzbuben, geschrieben und beschrieben nach allen Qualitäten, an uns den Richter geschickt hat. Also nur ohne alle weitere Umstände und ceremonische Worte, den Paß oder in den Thurm!" — Ich sah, daß mit dem Mann so nichts auszurichten war, ich schickte mich daher an zu einem andern Versuch. „Gestrenger Herr Richter, sprach ich, wenn Ihr mir die Gnade erzeigen wolltet, daß ich mit Euch allein sprechen dürfte, so wollte ich alle Eure Zweifel leicht aufklären, und im Vertrauen auf Eure Klugheit Euch das Geheimniß offenbaren, das mich in dem Aufzuge, der Euch so auffallend dünkt, herführt." — „Ha ha! Geheimnisse offenbaren, sprach der Richter: ich merke schon, was das seyn wird; nun, geht nur hinaus, ihr Leute, bewacht die Thüre und die Fenster, und laßt Niemanden hinein und heraus!" — Als wir allein waren, fing ich an: „Ihr seht in mir, Herr Richter, einen unglücklichen Flüchtling, dem es endlich durch seine Freunde glückte, einem schmachvollen Gefängniß, und der Gefahr, auf ewig ins Kloster gesperrt zu werden, zu entgehen. Erlaßt mir die näheren Umstände meiner Geschichte, die das Gewebe von Ränken und Bosheiten einer rachsüchtigen Familie ist. Die Liebe zu einem Mädchen niedern Standes war die Ursache meiner Leiden. In dem langen Gefängniß war mir der Bart gewachsen, und man hatte mir schon die Tonsur geben lassen, wie Ihrs bemerken könnet, so wie ich auch in dem Gefängnisse, in dem ich schmachtete, in eine Mönchskutte gekleidet gehen mußte. Erst nach meiner Flucht, hier im Walde, durfte ich mich umkleiden, weil man mich sonst ereilt haben würde. Ihr merkt nun selbst, woher das Auffallende in meinem Aeußern rührt, das mich bei Euch in solch bösen Verdacht gebracht hat. Einen Paß kann ich Euch, wie Ihr seht, nun nicht vorzeigen, aber für die Wahrheit meiner Behauptungen habe ich gewisse Gründe, die Ihr wohl für richtig anerkennen werdet." — Mit diesen Worten zog ich den Geldbeutel hervor, legte drei blanke Dukaten auf den Tisch, und der gravitätische Ernst des Herrn Richters verzog sich zum schmunzelnden Lächeln. „Eure Gründe, mein Herr, sagte er, sind gewiß einleuchtend genug, aber nehmt es nicht übel, mein Herr! es fehlt ihnen noch eine gewisse überzeugende Gleichheit nach allen Qualitäten! Wenn Ihr wollt, daß ich das Ungerade für gerade nehmen soll, so müssen Eure Gründe auch so beschaffen seyn." — Ich verstand den Schelm, und legte noch einen Dukaten hinzu. „Nun sehe ich, sprach der Richter, daß ich Euch mit meinem Verdacht Unrecht gethan habe; reiset nur weiter, aber schlagt, wie Ihr es wohl gewohnt seyn möget, hübsch die Nebenwege ein, haltet Euch von der Heerstraße ab, bis Ihr Euch des verdächtigen Aeußeren ganz entledigt." — Er öffnete die Thüre nun weit, und rief laut der versammelten Menge entgegen: „der Herr da drinnen ist ein vornehmer Herr, nach allen Qualitäten, er hat sich Uns, dem

6*

Richter, in einer geheimen Audienz entdeckt, er reiset Inkognito, das heißt, unbekannterweise, und daß Ihr alle davon nichts zu wissen und zu vernehmen braucht, ihr Schlingel! — Nun, glückliche Reise, gnäd'ger Herr!" Die Bauern zogen, ehrfurchtsvoll schweigend, die Mützen ab, als ich mich auf das Pferd schwang. Rasch wollte ich durch das Thor sprengen, aber das Pferd fing an sich zu bäumen, meine Unwissenheit, meine Ungeschicklichkeit im Reiten versagte mir jedes Mittel, es von der Stelle zu bringen, im Kreise drehte es sich mit mir herum, und warf mich endlich, unter dem schallenden Gelächter der Bauern, dem herbeieilenden Richter und dem Wirthe in die Arme. „Das ist ein böses Pferd!" sagte der Richter mit unterdrücktem Lachen. — „Ein böses Pferd!" wiederholte ich, mir den Staub abklopfend. Sie halfen mir wieder herauf, aber von Neuem bäumte sich schnaubend und pruhstend das Pferd, durchaus war es nicht durch das Thor zu bringen. Da rief ein alter Bauer: „Ey seht doch, da sitzt ja das Zeterweib, die alte Liese, an dem Thor und läßt den gnädigen Herrn nicht fort, aus Schabernak, weil er ihr keinen Groschen gegeben." — Nun erst fiel mir ein altes zerlumptes Bettelweib ins Auge, die dicht am Thorwege niedergekauert saß und mich mit wahnsinnigen Blicken anlachte. „Will die Zeterhexe gleich aus dem Wege!" schrie der Richter, aber die Alte kreischte: „der Blutbruder hat mir keinen Groschen gegeben, seht ihr nicht den todten Menschen vor mir liegen? über den kann der Blutbruder nicht wegspringen, der todte Mensch richtet sich auf, aber ich drücke ihn nieder, wenn mir der Blutbruder einen Groschen giebt." Der Richter hatte das Pferd bei dem Zügel ergriffen und wollte es, ohne auf das wahnwitzige Geschrei der Alten zu achten, durch das Thor ziehen, vergeblich war indessen alle Anstrengung, und die Alte schrie gräßlich dazwischen: „Blutbruder, Blutbruder, gieb mir Groschen, gieb mir Groschen!" Da griff ich in die Tasche und warf ihr Geld in den Schooß, und jubelnd und jauchzend sprang die Alte auf in die Lüfte, und schrie: „seht die schönen Groschen, die mir der Blutbruder gegeben, seht die schönen Groschen!" Aber mein Pferd wieherte laut, und kourbettirte, von dem Richter losgelassen, durch das Thor. „Nun geht es gar schön und herrlich mit dem Reiten, gnädiger Herr, nach allen Qualitäten," sagte der Richter, und die Bauern, die mir bis vors Thor nachgelaufen, lachten noch einmal über die Maaßen, als sie mich unter den Sprüngen des muntern Pferdes so auf und nieder fliegen sahen, und riefen; „seht doch, seht doch, der reitet wie ein Capuziner!“ —

Der ganze Vorfall im Dorfe, vorzüglich die verhängnißvollen Worte des wahnsinnigen Weibes, hatten mich nicht wenig aufgeregt. Die vornehmsten Maaßregeln, die ich jetzt zu ergreifen hatte, schienen mir, bei der ersten Gelegenheit alles Auffallende aus meinem Aeußern zu verbannen, und mir irgend einen Namen zu geben, mit dem ich mich ganz unbemerkt in die Masse der Menschen eindrängen könne. — Das Leben lag vor mir, wie ein finstres undurchschauliches Verhängniß, was konnte ich anders thun, als mich in meiner Verbannung ganz den Wellen des Stroms überlassen, der mich unaufhaltsam dahin riß. Alle Faden, die mich sonst an bestimmte Lebensverhältnisse banden, waren zerschnitten, und daher kein Halt für mich zu finden. Immer lebendiger und lebendiger wurde die Heerstraße, und Alles kündigte schon in der Ferne die reiche lebhafte Handelsstadt an, der ich mich jetzt näherte. In wenigen Tagen lag sie mir vor Augen; ohne gefragt, ja ohne einmal eben genau betrachtet zu werden, ritt ich in die Vorstadt hinein. Ein großes Haus mit hellen Spiegelfenstern, über dessen Thüre ein goldner geflügelter Löwe prangte, fiel mir in die Augen. Eine Menge Menschen wogte hinein und heraus, Wagen kamen und fuhren ab, aus den untern Zimmern schallte mir Gelächter und Gläserklang entgegen. Kaum hielt ich an der Thüre, als geschäftig der Hausknecht herbeisprang, mein Pferd bei dem Zügel ergriff, und es, als ich abgestiegen, hineinführte. Der zierlich gekleidete Kellner kam mit dem klappernden Schlüsselbunde, und schritt mir voran die Treppe hinauf; als wir uns im zweiten Stock befanden, sah er mich noch einmal flüchtig an, und führte mich dann noch eine Treppe höher, wo er mir ein mäßiges Zimmer öffnete, und mich dann höflich frug, was ich vor der Hand befehle, um zwei Uhr würde gespeiset im Saal No. 10. erster Stock u. s. w. „Bringen Sie mir eine Flasche Wein!“ Das war in der That das erste Wort, das ich der dienstfertigen Geschäftigkeit dieser Leute einschieben konnte.

Kaum war ich allein, als es klopfte, und ein Gesicht zur Thüre hereinsah, das einer komischen Maske glich, wie ich sie wohl ehemals gesehen. Eine spitze rothe Nase, ein paar kleine funkelnde Augen, ein langes Kinn und dazu ein aufgethürmtes gepudertes Toupee, das, wie ich nachher wahrnahm, ganz unvermutheter Weise hinten in einen Titus ausging, ein großes Jabot, ein brennend rothes Gilet, unter dem zwei starke Uhrketten hervorhingen, Pantalons, ein Frack, der manchmal zu enge, dann aber auch wieder zu weit war, kurz mit Consequenz überall nicht paßte! — So schritt die Figur in der Krümmung des Bücklings, der in der Thür begonnen, herein, Hut, Scheere und Kamm in der Hand, sprechend: „Ich bin der Friseur des Hauses, und biete meine Dienste, meine unmaßgeblichen Dienste gehorsamst an.“ — Die kleine winddürre Figur hatte so etwas Possierliches, daß ich das Lachen kaum unterdrücken konnte. Doch war mir der Mann willkommen, und ich stand nicht an, ihn zu fragen, ob er sich getraue, meine durch die lange Reise, und noch dazu durch übles Verschneiden ganz in Verwirrung gerathenen Haare in Ordnung zu bringen. Er sah meinen Kopf mit kunstrichterlichen Augen an, und sprach, indem er die rechte Hand, graziös gekrümmt, mit ausgespreitzten Fingern auf die rechte Brust legte: „In Ordnung bringen? — O Gott! Pietro Belcampo, Du, den die schnöden Neider schlechtweg Peter Schönfeld nennen, wie den göttlichen Regimentspfeifer und Hornisten Giacomo Punto, Jakob Stich, Du wirst verkannt. Aber stellst Du nicht selbst Dein Licht unter den Scheffel, statt es leuchten zu lassen vor der Welt? Sollte der Bau dieser Hand, sollte der Funke des Genies, der aus diesem Auge strahlt, und wie ein lieblich Morgenroth die Nase färbt im Vorbeistreifen, sollte Dein ganzes Wesen nicht dem ersten Blick des Kenners verrathen, daß der Geist Dir inwohnt, der nach dem Ideal strebt? — In Ordnung bringen! — ein kaltes Wort, mein Herr!“ —

Ich bat den wunderlichen kleinen Mann, sich nicht so zu ereifern, indem ich seiner Geschicklichkeit alles zutraue. „Geschicklichkeit? fuhr er in seinem Eifer fort, was ist Geschicklichkeit? — Wer war geschickt? — Jener der das Maaß nahm nach fünf Augenlängen und dann springend dreißig Ellen weit in den Graben stürzte? — Jener der ein Linsenkorn auf zwanzig Schritte weit durch ein Nähnadelöhr schleuderte? — Jener der fünf Centner an den Degen hing, und so ihn an der Nasenspitze balanzirte sechs Stunden, sechs Minuten, sechs Sekunden und einen Augenblick? — Ha was ist Geschicklichkeit! Sie ist fremd dem Pietro Belcampo, den die Kunst, die heilige, durchdringt. — Die Kunst, mein Herr, die Kunst! — Meine Phantasie irrt in dem wunderbaren Lockenbau, in dem künstlichen Gefüge, das der Zephyrhauch in Wellenzirkeln baut und zerstört. — Da schafft sie und wirkt und arbeitet. — Ha es ist was Göttliches um die Kunst, denn die Kunst, mein Herr, ist eigentlich nicht sowohl die Kunst, von der man so viel spricht, sondern sie entsteht vielmehr erst aus dem Allen, was man die Kunst heißt! — Sie verstehen mich, mein Herr, denn Sie scheinen mir ein denkender Kopf, wie ich aus dem Löckchen schließe, das sich rechter Hand über Dero verehrte Stirn gelegt." — Ich versicherte, daß ich ihn vollkommen verstände, und indem mich die ganz originelle Narrheit des Kleinen höchlich ergötzte, beschloß ich, seine gerühmte Kunst in Anspruch nehmend, seinen Eifer, seinen Pathos nicht im mindesten zu unterbrechen. „Was gedenken Sie denn, sagte ich, aus meinen verworrenen Haaren herauszubringen?" — „Alles was Sie wollen, erwiderte der Kleine: soll Pietro Belcampo des Künstlers Rath aber etwas vermögen, so lassen Sie mich erst in den gehörigen Weiten, Breiten und Längen, Ihr werthes Haupt, Ihre ganze Gestalt, Ihren Gang, Ihre Mienen, Ihr Gebehrdenspiel betrachten, dann werde ich sagen, ob Sie sich mehr zum Antiken oder zum Romantischen, zum Heroischen, Großen, Erhabenen, zum Naiven, zum Idyllischen, zum Spöttischen, zum Humoristischen hinneigen; dann werde ich die Geister des Caracalla, des Titus, Carls des Großen, Heinrich des Vierten, Gustav Adolphs, oder Virgils, Tasso's, Boccaccio's, heraufbeschwören. — Von ihnen beseelt zucken die Muskeln meiner Finger, und unter der sonoren zwitschernden Scheere geht das Meisterstück hervor. Ich werde es seyn, mein Herr, der Ihre Charakteristik, wie sie sich aussprechen soll im Leben, vollendet. Aber jetzt bitte ich, die Stube einigemal auf und abzuschreiten, ich will beobachten, bemerken, anschauen, ich bitte!"

Dem wunderlichen Mann mußte ich mich wohl fügen, ich schritt daher, wie er gewollt, die Stube auf und ab, indem ich mir alle Mühe gab, den gewissen mönchischen Anstand, den keiner ganz abzulegen vermag, ist es auch noch so lange her, daß er das Kloster verlassen, zu verbergen. Der Kleine betrachtete mich aufmerksam, dann aber fing er an, um mich her zu trippeln, er seufzte und ächzte, er zog sein Schnupftuch hervor und wischte sich die Schweißtropfen von der Stirne. Endlich stand er still, und ich frug ihn, ob er nun mit sich einig worden, wie er mein Haar behandeln müsse. Da seufzte er und sprach: „Ach, mein Herr! was ist denn das? — Sie haben sich nicht Ihrem natürlichen Wesen überlassen, es war ein Zwang in dieser Bewegung, ein Kampf streitender Naturen. Noch ein paar Schritte, mein Herr!“ — Ich schlug es ihm rund ab, mich noch einmal zur Schau zu stellen, indem ich erklärte, daß wenn er nun sich nicht entschließen könne, mein Haar zu verschneiden, ich darauf verzichten müsse, seine Kunst in Anspruch zu nehmen. „Begrabe Dich, Pietro, rief der Kleine in vollem Eifer: denn Du wirst verkannt in dieser Welt, wo keine Treue, keine Aufrichtigkeit mehr zu finden. Aber Sie sollen doch meinen Blick, der in die Tiefe schaut, bewundern, ja den Genius in mir verehren, mein Herr! Vergebens suchte ich lange all' das Widersprechende, was in Ihrem ganzen Wesen, in Ihren Bewegungen liegt, zusammen zu fügen. Es liegt in Ihrem Gange etwas, das auf einen Geistlichen hindeutet. Ex profundis clamavi ad te Domine — Oremus — Et in omnia saecula saeculorum Amen?“ — Diese Worte sang der Kleine mit heis'rer quäckender Stimme, indem er mit treuster Wahrheit, Stellung und Gebehrde der Mönche nachahmte. Er drehte sich wie vor dem Altar, er kniete und stand wieder auf, aber nun nahm er einen stolzen trotzigen Anstand an, er runzelte die Stirn, er riß die Augen auf und sprach: „mein ist die Welt! — Ich bin reicher, klüger, verständiger, als ihr Alle, ihr Maulwürfe; beugt Euch vor mir! Sehen Sie, mein Herr, sagte der Kleine, das sind die Hauptingredienzien Ihres äußern Anstandes, und wenn Sie es wünschen, so will ich, Ihre Züge, Ihre Gestalt, Ihre Sinnesart beachtend, etwas Caracalla, Abälard und Boccaz zusammengießen, und so in der Gluth, Form und Gestalt bildend, den wunderbaren antik-romantischen Bau ätherischer Locken und Löckchen beginnen.“ — Es lag so viel Wahres in der Bemerkung des Kleinen, daß ich es für gerathen hielt, ihm zu gestehen, wie ich in der That geistlich gewesen, und schon die Tonsur erhalten, die ich jetzt so viel möglich zu verstecken wünsche.

Unter seltsamen Sprüngen, Grimassen und wunderlichen Reden, bearbeitete der Kleine mein Haar. Bald sah er finster und mürrisch aus, bald lächelte er, bald stand er in athletischer Stellung, bald erhob er sich auf den Fußspitzen, kurz es war mir kaum möglich, nicht noch mehr zu lachen, als schon wider meinen Willen geschah. — Endlich war er fertig, und ich bat ihn, noch ehe er in die Worte ausbrechen konnte, die ihm schon auf der Zunge schwebten, mir Jemanden heraufzuschicken, der sich, eben so wie Er des Haupthaars, meines verwirrten Barts annehmen könnte. Da lächelte er ganz seltsam, schlich auf den Zehen zur Stubenthür und verschloß sie. Dann trippelte er leise bis mitten ins Zimmer, und sprach: „goldne Zeit, als noch Bart und Haupthaar in Einer Lockenfülle sich zum Schmuck des Mannes ergoß, und die süße Sorge eines Künstlers war. — Aber du bist dahin! — der Mann hat seine schönste Zierde verworfen, und eine schändliche Klasse hat sich hingegeben, den Bart mit entsetzlichen Instrumenten bis auf die Haut zu vertilgen. O, ihr schnöden schmählichen Bartkratzer und Bartputzer, wetzt nur Eure Messer auf schwarzen, mit übelriechendem Oel getränkten Riemen zum Hohn der Kunst, schwingt Eure betroddelten Beutel, klappert mit Euern Becken und schaumt die Seife, heißes, gefährliches Wasser umherspritzend, fragt im frechen Frevel Euere Patienten, ob sie über den Daumen oder über den Löffel rasirt seyn wollen. — Es giebt Pietro's, die Euerm schnöden Gewerbe entgegenarbeiten und, sich erniedrigend zu Euerm schmachvollen Treiben, die Bärte auszurotten, noch das zu retten suchen, was sich über die Wellen der Zeit erhebt. Was sind die tausendmal variirten Backenbärte in lieblichen Windungen und Krümmungen, bald sich sanft schmiegend der Linie des sanften Ovals, bald traurig niedersinkend in des Halses Vertiefung, bald keck emporstrebend über die Mundwinkel heraus, bald bescheiden sich einengend in schmaler Linie, bald sich auseinanderbreitend in kühnem Lockenschwunge — was sind sie anders, als die Erfindung unserer Kunst, in der sich das hohe Streben nach dem Schönen, nach dem Heiligen entfaltet? Ha, Pietro! zeige, welcher Geist dir inwohnt, ja, was du für die Kunst zu unternehmen bereit bist, indem du herabsteigst zum unleidlichen Geschäft der Bartkratzer." — Unter diesen Worten hatte der Kleine ein vollständiges Barbierzeug hervorgezogen und fing an, mich mit leichter geübter Hand von meinem Barte zu befreien. Wirklich ging ich aus seinen Händen ganz anders gestaltet hervor, und es bedurfte nur noch anderer, weniger ins Auge fallender Kleidungsstücke, um mich der Gefahr zu entziehen, wenigstens durch mein Aeußeres eine mir gefährliche Aufmerksamkeit zu erregen. Der Kleine stand, in inniger Zufriedenheit mich anlächelnd, da. Ich sagte ihm, daß ich ganz unbekannt in der Stadt wäre, und daß es mir angenehm seyn würde, mich bald nach der Sitte des Orts kleiden zu können. Ich drückte ihm für seine Bemühung, und um ihn aufzumuntern, meinen Commissionair zu machen, einen Dukaten in die Hand. Er war wie verklärt, er beäugelte den Dukaten in der flachen Hand. „Werthester Gönner und Mäzen, fing er an: ich habe mich nicht in Ihnen betrogen, der Geist leitete meine Hand, und im Adlerflug des Backenbarts sind Ihre hohen Gesinnungen rein ausgesprochen. Ich habe einen Freund, einen Damon, einen Orest, der das am Körper vollendet, was ich am Haupt begonnen, mit demselben tiefen Sinn, mit demselben Genie. Sie merken, mein Herr, daß es ein Kostümkünstler ist, denn so nenne ich ihn, statt des gewöhnlichen trivialen Ausdrucks Schneider. — Er verliert sich gern in das Ideelle, und so hat er, Formen und Gestalten in der Phantasie bildend, ein Magazin der verschiedensten Kleidungsstücke angelegt. Sie erblicken den modernen Elegant in allen möglichen Nüancen, wie er, bald keck und kühn alles überleuchtend, bald in sich versunken nichts beachtend, bald naiv tändelnd, bald ironisch, witzig, übellaunigt, schwermüthig, bizarr, ausgelassen, zierlich, burschikos erscheinen will. Der Jüngling, der sich zum erstenmal einen Rock machen lassen, ohne einengenden Rath der Mama, oder des Hofmeisters; der Vierziger, der sich pudern muß, des weißen Haars wegen; der lebenslustige Alte, der Gelehrte, wie er sich in der Welt bewegt, der reiche Kaufmann, der wohlhabende Bürger: alles hängt in meines Damons Laden vor Ihren Augen; in wenigen Augenblicken sollen sich die Meisterstücke meines Freundes Ihrem Blick entfalten.“ — Er hüpfte schnell von dannen, und erschien bald mit einem großen, starken, anständig gekleideten Manne wieder, der gerade den Gegensatz des Kleinen machte, sowohl im Aeußern, als in seinem ganzen Wesen, und den er mir doch eben als seinen Damon vorstellte. — Damon maß mich mit den Augen, und suchte dann selbst aus dem Paket, das ihm ein Bursche nachgetragen, Kleidungsstücke heraus, die den Wünschen, welche ich ihm eröffnet, ganz entsprachen. Ja erst in der Folge habe ich den feinen Tackt des Kostümkünstlers, wie ihn der Kleine preziös nannte, eingesehen, der in dem Sinn durchaus nicht aufzufallen, sondern unbemerkt und doch beim Bemerktwerden geachtet, ohne Neugierde über Stand, Gewerbe u. s. w. zu erregen, zu wandeln, so richtig wählte. Es ist in der That schwer, sich so zu kleiden, daß der gewisse allgemeinere Charakter des Anzuges irgend eine Vermuthung, man treibe dies oder jenes Gewerbe, nicht aufkommen läßt, ja daß Niemand daran denkt, darauf zu sinnen. Das Kostüm des Weltbürgers wird wohl nur durch das Negative bedingt, und läuft ungefähr darauf hinaus, was man das gebildete Benehmen heißt, das auch mehr im Unterlassen, als im Thun liegt. — Der Kleine ergoß sich noch in allerlei sonderbaren grotesken Redensarten, ja da ihm vielleicht wenige so williges Ohr verliehen als ich, schien er überglücklich, sein Licht recht leuchten lassen zu können. — Damon, ein ernster, und wie mir schien verständiger Mann, schnitt ihm aber plötzlich die Rede ab, indem er ihn bei der Schulter faßte und sprach: „Schönfeld! Du bist heute wieder einmal recht im Zuge tolles Zeug zu schwatzen; ich wette, daß dem Herrn schon die Ohren wehe thun, von all' dem Unsinn, den Du vorbringst." — Belcampo ließ traurig sein Haupt sinken, aber dann ergriff er schnell den bestaubten Hut, und rief laut, indem er zur Thüre hinaussprang: „so werd' ich prostituirt von meinen besten Freunden!" — Damon sagte, indem er sich mir empfahl: „Es ist ein Hasenfuß ganz eigner Art, dieser Schönfeld! — das viele Lesen hat ihn halb verrückt gemacht, aber sonst ein gutmüthiger Mensch und in seinem Metier geschickt, weshalb ich ihn leiden mag, denn leistet man recht viel wenigstens in einer Sache, so kann man sonst wohl etwas weniges über die Schnur hauen." — Als ich allein war, fing ich vor dem großen Spiegel, der im Zimmer aufgehängt war, eine förmliche Uebung im Gehen an. Der kleine Friseur hatte mir einen richtigen Fingerzeig gegeben. Den Mönchen ist eine gewisse schwerfällige ungelenke Geschwindigkeit im Gehen eigen, die durch die lange Kleidung, welche die Schritte hemmt und durch das Streben, sich schnell zu bewegen, wie es der Cultus erfordert, hervorgebracht wird. Eben so liegt in dem zurückgebeugten Körper und in dem Tragen der Arme, die niemals herunterhängen dürfen, da der Mönch die Hände, wenn er sie nicht faltet, in die weiten Aermel der Kutte steckt, etwas so Charakteristisches, das dem Aufmerksamen nicht leicht entgeht. Ich versuchte dies Alles abzulegen, um jede Spur meines Standes zu verwischen. Nur darin fand ich Trost für mein Gemüth, daß ich mein ganzes Leben, als ausgelebt möcht' ich sagen, als überstanden ansah, und nun in ein neues Seyn so eintrat, als belebe ein geistiges Prinzip die neue Gestalt, von der überbaut selbst die Erinnerung ehemaliger Existenz immer schwächer und schwächer werdend, endlich ganz unterginge. Das Gewühl der Menschen, der fortdauernde Lärm des Gewerbes, das sich auf den Straßen rührte, alles war mir neu und ganz dazu geeignet, die heitre Stimmung zu erhalten, in die mich der komische Kleine versetzt. In meiner neuen anständigen Kleidung wagte ich mich hinab an die zahlreiche Wirthstafel, und jede Scheu verschwand, als ich wahrnahm, daß mich niemand bemerkte, ja daß mein nächster Nachbar sich nicht einmal die Mühe gab mich anzuschauen, als ich mich neben ihn setzte. In der Fremdenliste hatte ich, meiner Befreiung durch den Prior gedenkend, mich Leonhard genannt, und für einen Privatmann ausgegeben, der zu seinem Vergnügen reise. Dergleichen Reisende mochte es in der Stadt gar viele geben, und um so weniger veranlaßte ich weitere Nachfrage. — Es war mir ein eignes Vergnügen, die Straßen zu durchstreichen und mich an dem Anblick der reichen Kaufladen, der ausgehängten Bilder und Kupferstiche zu ergötzen. Abends besuchte ich die öffentlichen Spaziergänge, wo mich oft meine Abgeschiedenheit mitten im lebhaftesten Gewühl der Menschen mit bittern Empfindungen erfüllte. — Von Niemandem gekannt zu seyn, in Niemandes Brust die leiseste Ahnung vermuthen zu können, wer ich sey, welch ein wunderbares merkwürdiges Spiel des Zufalls mich hieher geworfen, ja was ich Alles in mir selbst verschließe, so wohlthätig es mir in meinem Verhältniß seyn mußte, hatte doch für mich etwas wahrhaft Schauerliches, indem ich mir selbst dann vorkam, wie ein abgeschiedener Geist, der noch auf Erden wandle, da Alles ihm sonst im Leben befreundete längst gestorben. Dachte ich daran, wie ehemals den berühmten Kanzelredner Alles freundlich und ehrfurchtsvoll grüßte, wie Alles nach seiner Unterhaltung, ja nach ein paar Worten von ihm geizte, so ergriff mich bittrer Unmuth. — Aber jener Kanzelredner war der Mönch Medardus, der ist gestorben und begraben in den Abgründen des Gebirges, ich bin es nicht, denn ich lebe, ja mir ist erst jetzt das Leben neu aufgegangen, das mir seine Genüße bietet. — So war es mir, wenn Träume mir die Begebenheiten im Schlosse wiederholten, als wären sie einem Anderen, nicht mir, geschehen; dieser Andere war doch wieder der Capuziner, aber nicht ich selbst. Nur der Gedanke an Aurelien verknüpfte noch mein voriges Seyn mit dem jetzigen, aber wie ein tiefer nie zu verwindender Schmerz tödtete er oft die Lust, die mir aufgegangen, und ich wurde dann plötzlich herausgerissen aus den bunten Kreisen, womit mich immer mehr das Leben umfing. — Ich unterließ nicht, die vielen öffentlichen Häuser zu besuchen, in denen man trank, spielte u. d. m. und vorzüglich war mir in dieser Art ein Hotel in der Stadt lieb geworden, in dem sich, des guten Weins wegen, jeden Abend eine zahlreiche Gesellschaft versammelte. — An einem Tisch im Nebenzimmer sah ich immer dieselben Personen, ihre Unterhaltung war lebhaft und geistreich. Es gelang mir, den Männern, die einen geschlossenen Zirkel gebildet hatten, näher zu treten, indem ich erst in einer Ecke des Zimmers still und bescheiden meinen Wein trank, endlich irgend eine interessante litterarische Notiz, nach der sie vergebens suchten, mittheilte, und so einen Platz am Tische erhielt, den sie mir um so lieber einräumten, als ihnen mein Vortrag, so wie meine mannigfachen Kenntnisse, die ich, täglich mehr eindringend in all' die Zweige der Wissenschaft, die mir bisher unbekannt bleiben mußten, erweiterte, zusagten. So erwarb ich mir eine Bekanntschaft, die mir wohl that, und mich immer mehr und mehr an das Leben in der Welt gewöhnend, wurde meine Stimmung täglich unbefangener und heitrer; ich schliff all' die rauhen Ecken ab, die mir von meiner vorigen Lebensweise übrig geblieben. —

Seit mehreren Abenden sprach man in der Gesellschaft, die ich besuchte, viel von einem fremden Maler, der angekommen und eine Ausstellung seiner Gemälde veranstaltet habe: Alle außer mir hatten die Gemälde schon gesehen, und rühmten ihre Vortrefflichkeit so sehr, daß ich mich entschloß auch hinzugehen. Der Maler war nicht zugegen, als ich in den Saal trat, doch machte ein alter Mann den Cicerone und nannte die Meister der fremden Gemälde, die der Maler zugleich mit den seinigen ausgestellt. — Es waren herrliche Stücke, mehrentheils Originale berühmter Meister, deren Anblick mich entzückte. — Bei manchen Bildern, die der Alte flüchtige, großen Freskogemälden entnommene Copien nannte, dämmerten in meiner Seele Erinnerungen aus meiner frühsten Jugend auf. — Immer deutlicher und deutlicher, immer lebendiger erglühten sie in regen Farben. Es waren offenbar Copien aus der heiligen Linde. So erkannte ich auch bei einer heiligen Familie in Josephs Zügen ganz das Gesicht jenes fremden Pilgers, der mir den wunderbaren Knaben brachte. Das

Gefühl der tiefsten Wehmuth durchdrang mich, aber eines lauten Ausrufs konnte ich mich nicht erwehren, als mein Blick auf ein lebensgroßes Portrait fiel, in dem ich die Fürstin, meine Pflegemutter, erkannte. Sie war herrlich, und mit jener im höchsten Sinn aufgefaßten Aehnlichkeit, wie Van Dyk seine Portraits malte, in der Tracht, wie sie in der Prozession am Bernardustage vor den Nonnen einherzuschreiten pflegte, gemalt. Der Maler hatte gerade den Moment ergriffen, als sie nach vollendetem Gebet sich anschickt aus ihrem Zimmer zu treten, um die Prozession zu beginnen, auf welche das versammelte Volk in der Kirche, die sich in der Perspektive des Hintergrundes öffnet, erwartungsvoll harrt. In dem Blick der herrlichen Frau lag ganz der Ausdruck des zum himmlischen erhobenen Gemüths, ach es war, als schien sie Vergebung für den frevelnden frechen Sünder zu erflehen, der sich gewaltsam von ihrem Mutterherzen losgerissen und dieser Sünder war ja ich selbst! Gefühle, die mir längst fremd worden, durchströmten meine Brust, eine unaussprechliche Sehnsucht riß mich fort, ich war wieder bei dem guten Pfarrer im Dorfe des Cisterzienserklosters, ein muntrer, unbefangener, froher Knabe, vor Lust jauchzend, weil der Bernardustag gekommen. Ich sah sie! — Bist du recht fromm und gut gewesen, Franziskus? frug sie mit der Stimme, deren vollen Klang die Liebe dämpfte, daß sie weich und lieblich zu mir herübertönte. — Bist du recht fromm und gut gewesen? Ach, was konnte ich ihr antworten? — Frevel auf Frevel habe ich gehäuft, dem Bruch des Gelübdes folgte der Mord! — Von Gram und Reue zerfleischt, sank ich halb ohnmächtig auf die Knie, Thränen entstürzten meinen Augen. — Erschrocken sprang der Alte auf mich zu und frug heftig: was ist Ihnen, was ist Ihnen, mein Herr? — Das Bild der Aebtissin ist meiner, eines grausamen Todes gestorbenen, Mutter so ähnlich, sagte ich dumpf in mich hinein, und suchte, indem ich aufstand, so viel Fassung als möglich zu gewinnen. „Kommen Sie, mein Herr! sagte der Alte: solche Erinnerungen sind zu schmerzhaft, man darf sie vermeiden, es ist noch ein Portrait hier, welches mein Herr für sein bestes hält. Das Bild ist nach dem Leben gemalt und unlängst vollendet, wir haben es verhängt, damit die Sonne nicht die noch nicht einmal ganz eingetrockneten Farben verderbe.“ — Der Alte stellte mich sorglich in das gehörige Licht und zog dann schnell den Vorhang weg. — Es war Aurelie! — Mich ergriff ein Entsetzen, das ich kaum zu bekämpfen vermochte. — Aber ich erkannte die Nähe des Feindes, der mich in die wogende Fluth, der ich kaum entronnen, gewaltsam hineindrängen, mich vernichten wollte, und mir kam der Muth wieder, mich aufzulehnen gegen das Ungethüm, das in geheimnißvollem Dunkel auf mich einstürmte. —

Mit gierigen Blicken verschlang ich Aureliens Reize, die aus dem in regem Leben glühenden Bilde hervorstrahlten. — Der kindliche milde Blick des frommen Kindes schien den verruchten Mörder des Bruders anzuklagen, aber jedes Gefühl der Reue erstarb in dem bittern feindlichen Hohn, der, in meinem Innern aufkeimend, mich wie mit giftigen Stacheln hinaustrieb aus dem freundlichen Leben. — Nur das peinigte mich, daß in jener verhängnißvollen Nacht auf dem Schlosse, Aurelie nicht mein worden. Hermogens Erscheinung vereitelte das Unternehmen, aber er büßte mit dem Tode! — Aurelie lebt, und das ist genug, der Hoffnung Raum zu geben, sie zu besitzen! — Ja es ist gewiß, daß sie noch mein wird, denn das Verhängniß waltet, dem sie nicht entgehen kann; und bin ich nicht selbst dieses Verhängniß?

So ermuthigte ich mich zum Frevel, indem ich das Bild anstarrte. Der Alte schien über mich verwundert. Er kramte viel Worte aus über Zeichnung, Ton, Kolorit, ich hörte ihn nicht. Der Gedanke an Aurelie, die Hoffnung, die nur aufgeschobene böse That noch zu vollbringen, erfüllte mich so ganz und gar, daß ich forteilte ohne nach dem fremden Maler zu fragen, und so vielleicht näher zu erforschen, was für eine Bewandtniß es mit den Gemälden haben könne, die wie in einem Cyklus Andeutungen über mein ganzes Leben enthielten. — Um Aureliens Besitz war ich entschlossen alles zu wagen, ja es war mir, als ob ich selbst über die Erscheinungen meines Lebens gestellt und sie durchschauend, niemals zu fürchten, und daher auch niemals zu wagen haben könne. Ich brütete über allerlei Pläne und Entwürfe, meinem Ziele näher zu kommen, vorzüglich glaubte ich nun, von dem fremden Maler manches zu erfahren und manche mir fremde Beziehung zu erforschen, die mir zu wissen, als Vorbereitung zu meinem Zweck, nöthig seyn konnte. Ich hatte nämlich nichts Geringeres im Sinn, als in meiner jetzigen neuen Gestalt auf das Schloß zurückzukehren, und das schien mir nicht einmal ein sonderlich kühnes Wagstück zu seyn. — Am Abend ging ich in jene Gesellschaft; es war mir darum zu thun, der immer steigenden Spannung meines Geistes, dem ungezähmten Arbeiten meiner aufgeregten Phantasie Schranken zu setzen. —

Man sprach viel von den Gemälden des fremden Malers, und vorzüglich von dem seltnen Ausdruck, den er seinen Portraits zu geben wüßte; es war mir möglich in dies Lob einzustimmen, und mit einem besondern Glanz des Ausdrucks, der nur der Reflex der höhnenden Ironie war, die in meinem Innern wie verzehrendes Feuer brannte, die unnennbaren Reize, die über Aureliens frommes engelschönes Gesicht verbreitet, zu schildern. Einer sagte, daß er den Maler, den die Vollendung mehrerer Portraits, die er angefangen, noch am Orte festhielte, und der ein interessanter herrlicher Künstler, wiewohl schon ziemlich bejahrt sey, morgen Abend in die Gesellschaft mitbringen wolle.

Von seltsamen Gefühlen, von unbekannten Ahnungen bestürmt, ging ich den andern Abend, später als gewöhnlich, in die Gesellschaft; der Fremde saß mit mir zurückgekehrtem Rücken am Tische. Als ich mich setzte, als ich ihn erblickte, da starrten mir die Züge jenes fürchterlichen Unbekannten entgegen, der am Antoniustage an den Eckpfeiler gelehnt stand, und mich mit Angst und Entsetzen erfüllte. — Er sah mich lange an mit tiefem Ernst, aber die Stimmung, in der ich mich befand, seit dem ich Aureliens Bild geschaut hatte, gab mir Muth und Kraft diesen Blick zu ertragen. Der Feind war nun sichtlich ins Leben getreten, und es galt, den Kampf auf den Tod mit ihm zu beginnen. Ich beschloß, den Angriff abzuwarten, aber dann ihn mit den Waffen, auf deren Stärke ich bauen konnte, zurückzuschlagen. Der Fremde schien mich nicht sonderlich zu beachten, sondern setzte, den Blick wieder von mir abwendend, das Kunstgespräch fort, in dem er begriffen gewesen, als ich eintrat. Man kam auf seine Gemälde, und lobte vorzüglich Aureliens Portrait. Jemand behauptete, daß das Bild, unerachtet es sich auf den ersten Blick als Portrait ausspreche, doch als Studie dienen, und zu irgend einer Heiligen benutzt werden könne. — Man frug nach meinem Urtheil, da ich eben jenes Bild so herrlich mit allen seinen Vorzügen in Worten dargestellt, und unwillkürlich fuhr es mir heraus, daß ich die heilige Rosalia mir nicht wohl anders denken könne, als eben so wie das Portrait der Unbekannten. Der Maler schien meine Worte kaum zu bemerken, indem er sogleich einfiel: „in der That ist jenes Frauenzimmer, die das Portrait getreulich darstellt, eine fromme Heilige, die im Kampfe sich zum Himmlischen erhebt. Ich habe sie gemalt, als sie, von dem entsetzlichsten Jammer ergriffen, doch in der Religion Trost, und von dem ewigen Verhängniß, das über den Wolken thront, Hülfe hoffte; und den Ausdruck dieser Hoffnung, die nur in dem Gemüth wohnen kann, das sich über das Irdische hoch erhebt, habe ich dem Bilde zu geben gesucht." — Man verlor sich in andere Gespräche, der Wein, der heute, dem fremden Maler zu Ehren, in bessrer Sorte und reichlicher getrunken wurde als sonst, erheiterte die Gemüther. Jeder wußte irgend etwas Ergötzliches zu erzählen, und wiewohl der Fremde nur im Innern zu lachen, und dies innere Lachen sich nur im Auge abzuspiegeln schien, so wußte er doch, oft nur durch ein paar hineingeworfene kräftige Worte, das Ganze in besonderem Schwunge zu erhalten. — Konnte ich auch, so oft mich der Fremde ins Auge faßte, ein unheimliches grauenhaftes Gefühl nicht unterdrücken, so überwand ich doch immer mehr und mehr die entsetzliche Stimmung, von der ich erst ergriffen, als ich den Fremden erblickte. Ich erzählte von dem possierlichen Belcampo, den Alle kannten, und wußte zu ihrer Freude seine phantastische Hasenfüßigkeit recht ins grelle Licht zu stellen, so daß ein recht gemüthlicher dicker Kaufmann, der mir gegenüber zu sitzen pflegte, mit vor Lachen thränenden Augen versicherte: das sey seit langer Zeit der vergnügteste Abend, den er erlebe. Als das Lachen endlich zu verstummen anfing, frug der Fremde plötzlich: „haben Sie schon den Teufel gesehen, meine Herren?" — Man hielt die Frage für die Einleitung zu irgend einem Schwank, und versicherte allgemein, daß man noch nicht die Ehre gehabt; da fuhr der Fremde fort: „Nun es hätte wenig gefehlt, so wäre ich zu der Ehre gekommen, und zwar auf dem Schlosse des Barons F. im Gebirge." — Ich erbebte, aber die andern riefen lachend: nur weiter, weiter! „Sie kennen, nahm der Fremde wieder das Wort, wohl Alle wahrscheinlich, wenn Sie die Reise durch das Gebirge machten, jene wilde schauerliche Gegend, in der, wenn der Wanderer aus dem dicken Tannenwalde auf die hohen Felsenmassen tritt, sich ihm ein tiefer schwarzer Abgrund öffnet. Es ist der sogenannte Teufelsgrund, und oben ragt ein Felsenstück hervor, welches den sogenannten Teufelssitz bildet. — Man spricht davon, daß der Graf Viktorin, mit bösen Anschlägen im Kopfe, eben auf diesem Felsen saß, als plötzlich der Teufel erschien, und, weil er beschlossen, Viktorins ihm wohlgefällige Anschläge selbst auszuführen, den Grafen in den Abgrund schleuderte. Der Teufel erschien sodann als Capuziner auf dem Schlosse des Barons, und nachdem er seine Lust mit der Baronesse gehabt, schickte er sie zur Hölle, so wie er auch den wahnsinnigen Sohn des Barons, der durchaus des Teufels Inkognito nicht dulden wollte, sondern laut verkündete: es ist der Teufel! erwürgte, wodurch denn aber eine fromme Seele aus dem Verderben errettet wurde, das der arglistige Teufel beschlossen. Nachher verschwand der Capuziner auf unbegreifliche Weise, und man sagt, er sey feige geflohn vor Viktorin, der aus seinem Grabe blutig emporgestiegen. — Dem sey nun allem, wie ihm wolle, so kann ich Sie doch davon versichern, daß die Baronesse an Gift umkam, Hermogen meuchlings ermordet wurde, der Baron kurz darauf vor Gram starb, und Aurelie, eben die fromme Heilige, die ich in der Zeit, als das Entsetzliche geschehen, auf dem Schlosse malte, als verlassene Waise in ein fernes Land, und zwar in ein Cisterzienserkloster, flüchtete, dessen Aebtissin ihrem Vater befreundet war. Sie haben das Bild dieser herrlichen Frau in meiner Gallerie gesehen. Doch das Alles wird Ihnen dieser Herr (er wies nach mir) viel umständlicher und besser erzählen können, da er während der ganzen Begebenheit auf dem Schlosse zugegen war." — Alle Blicke waren voll Erstaunen auf mich gerichtet, entrüstet sprang ich auf und rief mit heftiger Stimme: „Ei, mein Herr, was habe ich mit Ihren albernen Teufelsgeschichten, mit Ihren Morderzählungen zu schaffen, Sie verkennen mich, Sie verkennen mich in der That, und ich bitte, mich ganz aus dem Spiel zu lassen." Bei dem Aufruhr in meinem Innern, wurde es mir schwer genug, meinen Worten noch diesen Anstrich von Gleichgültigkeit zu geben; die Wirkung der geheimnißvollen Reden des Malers, so wie meine leidenschaftliche Unruhe, die ich zu verbergen mich vergebens bemühte, war nur zu sichtlich. Die heitre Stimmung verschwand, und die Gäste, nun sich erinnernd, wie ich, Allen gänzlich fremd, mich so nach und nach dazu gefunden, sahen mich mit mißtrauischen argwöhnischen Blicken an. —

Der fremde Maler war aufgestanden und durchbohrte mich mit den stieren lebendigtodten Augen, wie damals in der Capuzinerkirche. — Er sprach kein Wort, er schien starr und leblos, aber sein gespenstischer Anblick sträubte mein Haar, kalte Tropfen standen auf der Stirn, und von Entsetzen gewaltig erfaßt, erbebten alle Fibern. — „Hebe Dich weg, schrie ich außer mir: Du bist selbst der Satan, Du bist der frevelnde Mord, aber über mich hast Du keine Macht!"

Alles erhob sich von den Sitzen: „was ist das, was ist das?" rief es durch einander; aus dem Saale drängten sich, das Spiel verlassend, die Menschen herein, von dem fürchterlichen Ton meiner Stimme erschreckt. „Ein Betrunkener, ein Wahnsinniger! bringt ihn fort, bringt ihn fort," riefen mehrere. Aber der fremde Maler stand unbeweglich mich anstarrend. Unsinnig vor Wuth und Verzweiflung, riß ich das Messer, womit ich Hermogen getödtet, und das ich stets bei mir zu tragen pflegte, aus der Seitentasche, und stürzte mich auf den Maler, aber ein Schlag warf mich nieder, und der Maler lachte im fürchterlichen Hohn, daß es im Zimmer wiederhallte: „Bruder Medardus, Bruder Medardus, falsch ist Dein Spiel, geh und verzweifle in Reue und Scham." — Ich fühlte mich von den Gästen angepackt, da ermannte ich mich, und wie ein wüthender Stier drängte und stieß ich gegen die Menge, daß Mehrere zur Erde stürzten, und ich mir den Weg zur Thür bahnte. — Rasch eilte ich durch den Corridor, da öffnete sich eine kleine Seitenthüre, ich wurde in ein finstres Zimmer hineingezogen, ich widerstrebte nicht, weil die Menschen schon hinter mir herbrausten. Als der Schwarm vorüber, führte man mich eine Seitentreppe hinab in den Hof, und dann durch das Hintergebäude auf die Straße. Bei dem hellen Schein der Laterne erkannte ich in meinem Retter den possierlichen Belcampo. „Dieselben scheinen, fing er an: einige Fatalität mit dem fremden Maler zu haben, ich trank im Nebenzimmer ein Gläschen, als der Lärm anging, und beschloß, da mir die Gelegenheit des Hauses bekannt, Sie zu retten, denn nur ich allein bin an der ganzen Fatalität Schuld." Wie ist das möglich? frug ich voll Erstaunen. — „Wer gebietet dem Moment, wer widerstrebt den Eingebungen des höhern Geistes! fuhr der Kleine voll Pathos fort. Als ich Ihr Haupthaar arrangirte, Verehrter, entzündeten sich in mir comme à l'ordinaire die sublimsten Ideen, ich überließ mich dem wilden Ausbruch ungeregelter Phantasie, und darüber vergaß ich nicht allein, die Locke des Zorns auf dem Hauptwirbel gehörig zur weichen Runde abzuglätten, sondern ließ auch sogar sieben und zwanzig Haare der Angst und des Entsetzens über der

Stirne stehen, diese richteten sich auf bei den starren Blicken des Malers, der eigentlich ein Revenant ist, und neigten sich ächzend gegen die Locke des Zorns, die zischend und knisternd auseinander fuhr. Ich habe alles geschaut, da zogen Sie, von Wuth entbrannt, ein Messer, Verehrter, an dem schon diverse Blutstropfen hingen, aber es war ein eitles Bemühen, dem Orkus den zuzusenden, der dem Orkus schon gehörte, denn dieser Maler ist Ahasverus der ewige Jude, oder Bertram de Bornis, oder Mephistopheles, oder Benvenuto Cellini, oder der heilige Peter, kurz ein schnöder Revenant, und durch nichts anders zu bannen, als durch ein glühendes Lockeneisen, welches die Idee krümmt, welche eigentlich Er ist, oder durch schickliches Frisiren der Gedanken, die er einsaugen muß, um die Idee zu nähren, mit elektrischen Kämmen. — Sie sehen, Verehrter! daß mir, dem Künstler und Phantasten von Profession, dergleichen Dinge wahre Pomade sind, welches Sprüchwort, aus meiner Kunst entnommen, weit bedeutender ist, als man wohl glaubt, sobald nur die Pomade ächtes Nelkenöl enthält." Das tolle Geschwätz des Kleinen, der unterdessen mit mir durch die Straßen rannte, hatte in dem Augenblick für mich etwas Grauenhaftes, und wenn ich dann und wann seine skurrilen Sprünge, sein komisches Gesicht bemerkte, mußte ich, wie im konvulsivischen Krampf, laut auflachen. Endlich waren wir in meinem Zimmer; Belcampo half mir packen, bald war Alles zur Reise bereit, ich drückte dem Kleinen mehrere Dukaten in die Hand, er sprang hoch auf vor Freude und rief laut: „Heysa, nun habe ich ehrenwerthes Geld, lauter flimmerndes Gold mit Herzblut getränkt, gleißend und rothe Strahlen spielend. Das ist ein Einfall und noch dazu ein lustiger, mein Herr, weiter nichts."

Den Zusatz mochte ihm mein Befremden über seinen Ausruf entlocken; er bat sich es aus, der Locke des Zorns noch die gehörige Ründe geben, die Haare des Entsetzens kürzer schneiden und ein Löckchen Liebe zum Andenken mitnehmen zu dürfen. Ich ließ ihn gewähren, und er vollbrachte Alles unter den possierlichsten Gebehrden und Grimassen. — Zuletzt ergriff er das Messer, welches ich beim Umkleiden auf den Tisch gelegt, und stach damit, indem er eine Fechterstellung annahm, in die Luft hinein. „Ich tödte Ihren Widersacher, rief er: und da er eine bloße Idee ist, muß er getödtet werden können durch eine Idee, und erstirbt demnach an dieser, der meinigen, die ich, um die Expression zu verstärken, mit schicklichen Leibesbewegungen begleite. „Apage Satanas, apage, apage, Ahasverus, allez-vous-en!“ — „Nun das wäre gethan,“ sagte er, das Messer weglegend, tief athmend und sich die Stirne trocknend, wie einer, der sich tüchtig angegriffen, um eine schwere Arbeit zu vollbringen. Rasch wollte ich das Messer verbergen, und fuhr damit in den Aermel, als trüge ich noch die Mönchskutte, welches der Kleine bemerkte und ganz schlau belächelte. Indem blies der Postillon vor dem Hause, da veränderte Belcampo plötzlich Ton und Stellung, er holte ein kleines Schnupftuch hervor, that als wische er sich die Thränen aus den Augen, bückte sich einmal über das andere ganz ehrerbietig, küßte mir die Hand und den Rock und flehte: „zwei Messen für meine Großmutter, die an einer Indigestion, vier Messen für meinen Vater, der an unwillkürlichem Fasten starb, ehrwürdiger Herr! Aber für mich jede Woche eine, wenn ich gestorben. — Vor der Hand Ablaß für meine vielen Sünden. — Ach, ehrwürdiger Herr, es steckt ein infamer sündlicher Kerl in meinem Innern, und spricht: Peter Schönfeld, sei kein Affe, und glaube, daß du bist, sondern ich bin eigentlich du, heiße Belcampo und bin eine geniale Idee, und wenn du das nicht glaubst, so stoße ich dich nieder mit einem spitzigen haarscharfen Gedanken. Dieser feindliche Mensch, Belcampo genannt, Ehrwürdiger! begeht alle mögliche Laster; unter andern zweifelt er oft an der Gegenwart, betrinkt sich sehr, schlägt um sich, und treibt Unzucht mit schönen jungfräulichen Gedanken; dieser Belcampo hat mich, den Peter Schönfeld, ganz verwirrt und confuse gemacht, daß ich oft ungebührlich springe und die Farbe der Unschuld schände, indem ich singend in dulci jubilo mit weißseidenen Strümpfen in den Dr— setze. Vergebung für beide, Pietro Belcampo, und Peter Schönfeld!“ — Er kniete vor mir nieder und that als schluchze er heftig. Die Narrheit des Menschen wurde mir lästig. — „Seyen Sie doch vernünftig,“ rief ich ihm zu; der Kellner trat herein um mein Gepäck zu holen. Belcampo sprang auf, und wieder in seinen lustigen Humor zurückkommend, half er, indem er in einem fort schwazte, dem Kellner das herbeibringen, was ich noch in der Eile verlangte. „Der Kerl ist ein ausgemachter Hasenfuß, man darf sich mit ihm nicht viel einlassen,“ rief der Kellner, indem er die Wagenthüre zuschlug. Belcampo schwenkte den Hut und rief: bis zum letzten Hauch meines

Lebens! als ich mit bedeutendem Blick den Finger auf den Mund legte.

Als der Morgen zu dämmern anfing, lag die Stadt schon weit hinter mir, und die Gestalt des furchtbaren entsetzlichen Menschen, der wie ein unerforschliches Geheimniß mich grauenvoll umfing, war verschwunden. — Die Frage der Postmeister: wohin? rückte es immer wieder aufs Neue mir vor, wie ich nun jeder Verbindung im Leben abtrünnig worden, und den wogenden Wellen des Zufalls preisgegeben, umherstreiche. Aber, hatte nicht eine unwiderstehliche Macht mich gewaltsam herausgerissen aus Allem, was mir sonst befreundet, nur damit der mir inwohnende Geist in ungehemmter Kraft seine Schwingen rüstig entfalte und rege? — Rastlos durchstrich ich das herrliche Land, nirgends fand ich Ruhe, es trieb mich unaufhaltsam fort, immer weiter hinab in den Süden, ich war, ohne daran zu denken, bis jetzt kaum merklich von der Reiseroute abgewichen, die mir Leonardus bezeichnet, und so wirkte der Stoß, mit dem er mich in die Welt getrieben, wie mit magischer Gewalt fort in gerader Richtung. —

In einer finstern Nacht fuhr ich durch einen dichten Wald, der sich bis über die nächste Station ausdehnen sollte, wie mir der Postmeister gesagt, und deshalb gerathen hatte, bei ihm den Morgen abzuwarten, welches ich, um nur so rasch als möglich ein Ziel zu erreichen, das mir selbst ein Geheimniß war, ausschlug. Schon als ich abfuhr, leuchteten Blitze in der Ferne, aber bald zogen schwärzer und schwärzer die Wolken herauf, die der Sturm zusammengeballt hatte, und brausend vor sich her jagte: der Donner hallte furchtbar im tausendstimmigen Echo wieder, und rothe Blitze durchkreuzten den Horizont, so weit das Auge reichte; die hohen Tannen krachten, bis in die Wurzel erschüttert, der Regen goß in Strömen herab. Jeden Augenblick liefen wir Gefahr von den Bäumen erschlagen zu werden, die Pferde bäumten sich, scheu geworden durch das Leuchten der Blitze, bald konnten wir kaum noch fort; endlich wurde der Wagen so hart umgeschleudert, daß das Hinterrad zerbrach. So mußten wir nun auf der Stelle bleiben, und warten, bis das Gewitter nachließ, und der Mond durch die Wolken brach. Jetzt bemerkte der Postillon, daß er in der Finsterniß ganz von der Straße abgekommen, und in einen Waldweg gerathen sey; es war kein anderes Mittel, als diesen Weg, so gut es gehen wollte, zu verfolgen, und so vielleicht mit Tagesanbruch in ein Dorf zu kommen. Der Wagen wurde mit einem Baumast gestützt, und so ging es Schritt vor Schritt fort. Bald bemerkte ich, der ich voran ging, in der Ferne den Schimmer eines Lichts, und glaubte Hundegebell zu vernehmen; ich hatte mich nicht getäuscht, denn kaum waren wir einige Minuten länger gegangen, als ich ganz deutlich Hunde anschlagen hörte. Wir kamen an ein ansehnliches Haus, das in einem großen, mit einer Mauer umschlossenen Hofe stand. Der Postillon klopfte an die Pforte, die Hunde sprangen tobend und bellend herbei, aber im Hause selbst blieb alles stille und todt, bis der Postillon sein Horn erschallen ließ; da wurde im obern Stock das Fenster, aus dem mir das Licht entgegenschimmerte, geöffnet, und eine tiefe rauhe Stimme rief herab: Christian, Christian! — Ja, gestrenger Herr, antwortete es unten. Da klopft und bläst es, fuhr die Stimme von oben fort, an unserm Thor, und die Hunde sind ganz des Teufels. Nehm' er einmal die Laterne und die Büchse No. 3. und sehe er zu, was es giebt. — Bald darauf hörten wir, wie Christian die Hunde ablockte, und sahen ihn endlich mit der Laterne kommen. Der Postillon meinte, es sey kein Zweifel, wie er gleich, als der Wald begonnen, statt gerade aus zu fahren, seitwärts eingebogen seyn müsse, da wir bei der Försterwohnung wären, die von der letzten Station eine Stunde rechts abliege. — Als wir dem Christian den Zufall, der uns betroffen, geklagt, öffnete er sogleich beide Flügel des Thors, und half den Wagen hinein. Die beschwichtigten Hunde schwänzelten und schnüffelten um uns her, und der Mann, der sich nicht vom Fenster entfernt, rief unaufhörlich herab: was da, was da? was für ein Caravane? — ohne daß Christian, oder einer von uns Bescheid gegeben. Endlich trat ich, während Christian Pferde und Wagen unterbrachte, ins Haus, das Christian geöffnet, und es kam mir ein großer starker Mann mit sonneverbranntem Gesicht, den großen Hut mit grünem Federbusch auf dem Kopfe, übrigens im Hemde, nur die Pantoffeln an die Füße gesteckt, mit dem bloßen Hirschfänger in der Hand, entgegen, indem er mir barsch entgegen rief: „woher des Landes? — was turbirt man die Leute in der Nacht, das ist hier kein Wirthshaus, keine Poststation. — Hier wohnt der Revierförster, und das bin ich! — Christian ist ein Esel, daß er das Thor geöffnet.“ Ich erzählte ganz kleinmüthig meinen

Unfall, und daß nur die Noth uns hier hineingetrieben, da wurde der Mann geschmeidiger, er sagte: nun freilich, das Unwetter war gar heftig, aber der Postillon ist doch ein Schlingel, daß er falsch fuhr, und den Wagen zerbrach. — Solch ein Kerl muß mit verbundenen Augen im Walde fahren können, er muß darin zu Hause seyn, wie unser eins. — Er führte mich herauf, und indem er den Hirschfänger aus der Hand legte, den Hut abnahm und den Rock überwarf, bat er, seinen rauhen Empfang nicht übel zu deuten, da er hier in der abgelegenen Wohnung um so mehr auf der Hut seyn müsse, als wohl öfters allerlei liederlich Gesindel den Wald durchstreife, und er vorzüglich mit den sogenannten Freischützen, die ihm schon oft nach dem Leben getrachtet, beinahe in offner Fehde liege. „Aber, fuhr er fort: die Spitzbuben können mir nichts anhaben, denn mit der Hülfe Gottes verwalte ich mein Amt treu und redlich, und im Glauben und Vertrauen auf ihn, und auf mein gut Gewehr, biete ich ihnen Trotz.“ — Unwillkürlich schob ich, wie ich es noch oft aus alter Gewohnheit nicht lassen konnte, einige salbungsvolle Worte über die Kraft des Vertrauens auf Gott ein, und der Förster erheiterte sich immer mehr und mehr. Meiner Protestationen unerachtet weckte er seine Frau, eine betagte, aber muntre rührige Matrone, die, wiewohl aus dem Schlafe gestört, doch freundlich den Gast bewillkommte, und auf des Mannes Geheiß sogleich ein Abendessen zu bereiten anfing. Der Postillon sollte, so hatte es ihm der Förster als Strafe aufgegeben, noch in derselben Nacht mit dem zerbrochenen Wagen auf die Station zurück, von der er gekommen, und ich von ihm, dem Förster, nach meinem Belieben, auf die nächste Station gebracht werden. Ich ließ mir das um so eher gefallen, als mir selbst wenigstens eine kurze Ruhe nöthig schien. Ich äußerte deshalb dem Förster, daß ich wohl bis zum Mittag des folgenden Tages da zu bleiben wünsche, um mich ganz von der Ermüdung zu erholen, die mir das beständige, unaufhörliche Fahren mehrere Tage hindurch verursacht. „Wenn ich Ihnen rathen soll, mein Herr, erwiederte der Förster, so bleiben Sie morgen den ganzen Tag über hier, und warten Sie bis übermorgen, da bringt Sie mein ältester Sohn, den ich in die fürstliche Residenz schicke, selbst bis auf die nächste Station.“ Auch damit war ich zufrieden, indem ich die Einsamkeit des Orts rühmte, die mich wunderbar anziehe. „Nun, mein Herr! sagte der Förster: einsam ist es hier wohl gar nicht, Sie müßten denn so nach den gewöhnlichen Begriffen der Städter, jede Wohnung einsam nennen, die im Walde liegt, unerachtet es denn doch sehr darauf ankommt, wer sich darin aufhält. Ja, wenn hier in diesem alten Jagdschloß noch so ein griesgrammiger alter Herr wohnte, wie ehemals, der sich in seinen vier Mauern einschloß, und keine Lust hatte an Wald und Jagd, da möchte es wohl ein einsamer Aufenthalt seyn, aber seitdem er todt ist und der gnädige Landesfürst das Gebäude zur Försterwohnung hat einrichten lassen, da ist es hier recht lebendig worden. Sie sind doch wohl so ein Städter, mein Herr! der nichts weiß von Wald und Jagdlust, da können Sie sichs denn nicht denken, was wir Jägersleute für ein herrlich freudig Leben führen. Ich mit meinen Jägerburschen mache nur eine Familie aus, ja, Sie mögen das nun kurios finden, oder nicht, ich rechne meine klugen anstelligen Hunde auch dazu; die verstehen mich und passen auf mein Wort, auf meinen Wink und sind mir treu bis zum Tode. — Sehen Sie wohl, wie mein Waldmann da mich so verständig anschaut, weil er weiß, daß ich von ihm rede? — Nun, Herr, giebt es beinahe immer was im Walde zu thun, da ist denn nun Abends ein Vorbereiten und Wirthschaften, und so wie der Morgen graut, bin ich aus den Federn, und trete heraus, ein lustig Jägerstückchen auf meinem Horn blasend. Da rüttelt und rappelt sich Alles aus dem Schlafe, die Hunde schlagen an, sie jauchzen vor Muth und Jagdbegier. Die Burschen werfen sich schnell in die Kleider, Jagdtasch' umgeworfen, Gewehr über der Schulter, treten sie hinein in die Stube, wo meine Alte das Jägerfrühstück bereitet, und nun gehts heraus in Jubel und Lust. Wir kommen hin an die Stellen, wo das Wild verborgen, da nimmt jeder vom andern entfernt einzeln seinen Platz, die Hunde schleichen, den Kopf geduckt zur Erde und schnüffeln und spüren, und schauen den Jäger an, wie mit klugen menschlichen Augen, und der Jäger steht, kaum athmend, mit gespanntem Hahn regungslos, wie eingewurzelt auf der Stelle. — Und wenn nun das Wild herausspringt aus dem Dickicht, und die Schüsse knallen, und die Hunde stürzen hinterdrein, ei Herr, da klopft einem das Herz und man ist ein ganz andrer Mensch. Und jedesmal ist solch' ein Ausziehen zur Jagd was Neues, denn immer kommt was ganz Besonderes vor, was noch nicht da gewesen. Schon dadurch, daß das Wild sich in die Zeiten theilt, so daß nun dies, dann jenes sich zeigt, wird das Ding so herrlich, daß kein Mensch auf Erden es satt haben kann. Aber, Herr! auch der Wald schon an und für sich selbst, der Wald ist ja so lustig und lebendig, daß ich mich niemals einsam fühle. Da kenne ich jedes Plätzchen und jeden Baum, und es ist mir wahrhaftig so, als wenn jeder Baum, der unter meinen Augen aufgewachsen und nun seine blanken regen Wipfel in die Lüfte streckt, mich auch kennen und lieb haben müßte, weil ich ihn gehegt und gepflegt, ja ich glaube ordentlich, wenn es manchmal so wunderbar rauscht und flüstert, als spräche es zu mir mit ganz eignen Stimmen, und das wäre eigentlich das wahre Lobpreisen Gottes und seiner Allmacht, und ein Gebet, wie man es gar nicht mit Worten auszusprechen vermag. — Kurz, ein rechtschaffener frommer Jägersmann führt ein gar lustig herrlich Leben, denn es ist ihm ja wohl noch etwas von der alten schönen Freiheit geblieben, wie die Menschen so recht in der Natur lebten, und von all' dem Geschwänzel und Gezìere nichts wußten, womit sie sich in ihren gemauerten Kerkern quälen, so daß sie auch ganz entfremdet sind all' den herrlichen Dingen, die Gott um sie hergestellt hat, damit sie sich daran erbauen und ergötzen sollen, wie es sonst die Freien thaten, die mit der ganzen Natur in Liebe und Freundschaft lebten, wie man es in den alten Geschichten lieset." —

Alles das sagte der alte Förster mit einem Ton und Ausdruck, daß man wohl überzeugt seyn mußte, wie er es tief in der Brust fühle, und ich beneidete ihn in der That um sein glückliches Leben, um seine im Innersten tiefbegründete ruhige Gemüthsstimmung, die der meinigen so unähnlich war.

Im andern Theil des, wie ich jetzt wahrnahm, ziemlich weitläuftigen Gebäudes wies mir der Alte ein kleines nett aufgeputztes Gemach an, in welchem ich meine Sachen bereits vorfand, und verließ mich, indem er versicherte, daß mich der frühe Lärm im Hause nicht wecken würde, da ich mich von der übrigen Hausgenossenschaft ganz abgesondert befinde, und daher so lange ruhen könne, als ich wolle, nur erst, wenn ich hinabrufe, würde man mir das Frühstück bringen, ich aber ihn, den Alten, erst beim Mittagsessen wiedersehen, da er früh mit den Burschen in den Wald ziehe, und vor Mittag nicht heimkehre. Ich warf mich auf das Lager, und fiel, ermüdet wie ich war, bald in tiefen Schlaf, aber es folterte mich ein entsetzliches Traumbild. — Auf ganz wunderbare Weise fing der Traum mit dem Bewußtseyn des Schlafs an, ich sagte mir nämlich selbst: nun das ist herrlich, daß ich gleich eingeschlafen bin, und so fest und ruhig schlummere, das wird mich von der Ermüdung ganz erlaben; nur muß ich ja nicht die Augen öffnen. Aber demuneracht et war es mir, als könne ich das nicht unterlassen, und doch wurde mein Schlaf dadurch nicht unterbrochen: da ging die Thüre auf, und eine dunkle Gestalt trat herein, die ich zu meinem Entsetzen, als mich selbst, im Capuzinerhabit, mit Bart und Tonsur erkannte. Die Gestalt kam näher und näher an mein Bett, ich war regungslos, und jeder Laut, den ich herauszupressen suchte, erstickte in dem Starrkrampf, der mich ergriffen. Jetzt setzte sich die Gestalt auf mein Bett, und grinsete mich höhnisch an. „Du mußt jetzt mit mir kommen, sprach die Gestalt: wir wollen auf das Dach steigen unter die Wetterfahne, die ein lustig Brautlied spielt, weil der Uhu Hochzeit macht. Dort wollen wir ringen mit einander, und wer den andern herabstößt, ist König, und darf Blut trinken.“ — Ich fühlte, wie die Gestalt mich packte, und in die Höhe zog, da gab mir die Verzweiflung meine Kraft wieder. „Du bist nicht ich, du bist der Teufel,“ schrie ich auf, und griff wie mit Krallen dem bedrohlichen Gespenst ins Gesicht, aber es war, als bohrten meine Finger sich in die Augen, wie in tiefe Höhlen, und die Gestalt lachte von Neuem auf in schneidendem Ton. In dem Augenblick erwachte ich, wie von einem plötzlichen Ruck emporgeschüttelt. Aber das Gelächter dauerte fort im Zimmer. Ich fuhr in die Höhe, der Morgen brach in lichten Strahlen durch das Fenster, und ich sah vor dem Tisch, den Rücken mir zugewendet, eine Gestalt im Capuzinerhabit stehen. — Ich erstarrte vor Schreck, der grauenhafte Traum trat ins Leben. — Der Capuziner stöberte unter den Sachen, die auf dem Tische lagen. Jetzt wandte er sich, und mir kam aller Muth wieder, als ich ein fremdes Gesicht mit schwarzem verwildertem Barte erblickte, aus dessen Augen der gedankenlose Wahnsinn lachte: gewisse Züge erinnerten entfernt an Hermogen. — Ich beschloß abzuwarten, was der Unbekannte beginnen werde, und nur irgend einer schädlichen Unternehmung Einhalt zu thun. Mein Stilet lag neben mir, ich war deshalb und schon meiner körperlichen Leibesstärke wegen, auf die ich bauen konnte, auch ohne weitere Hülfe des Fremden mächtig. Er schien mit meinen

Sachen wie ein Kind zu spielen, vorzüglich hatte er Freude an dem rothen Portefeuille, das er hin und her gegen das Fenster wandte, und dabei auf seltsame Weise in die Höhe sprang. Endlich fand er die Korbflasche mit dem Rest des geheimnißvollen Weins; er öffnete sie und roch daran, da bebte es ihm durch alle Glieder, er stieß einen Schrei aus, der dumpf und grauenvoll im Zimmer wieder klang. Eine helle Glocke im Hause schlug drei Uhr, da heulte er wie von entsetzlicher Qual ergriffen, aber dann brach er wieder aus in das schneidende Gelächter, wie ich es im Traum gehört; er schwenkte sich in wilden Sprüngen, er trank aus der Flasche und rannte dann, sie von sich schleudernd, zur Thüre hinaus. Ich stand schnell auf und lief ihm nach, aber er war mir schon aus dem Gesichte, ich hörte ihn die entfernte Treppe hinabpoltern, und einen dumpfen Schlag, wie von einer hart zugeworfenen Thüre. Ich verriegelte mein Zimmer, um eines zweiten Besuchs überhoben zu seyn, und warf mich aufs neue ins Bett. Zu erschöpft war ich nun, um nicht bald wieder einzuschlafen; erquickt und gestärkt erwachte ich, als schon die Sonne ins Gemach hineinfunkelte. — Der Förster war, wie er es gesagt hatte, mit seinen Söhnen und den Jägerburschen in den Wald gezogen; ein blühendes freundliches Mädchen, des Försters jüngere Tochter, brachte mir das Frühstück, während die Aeltere mit der Mutter in der Küche beschäftigt war. Das Mädchen wußte gar lieblich zu erzählen, wie sie hier alle Tage froh und friedlich zusammen lebten, und nur manchmal es Tumult von vielen Menschen gäbe, wenn der Fürst im Revier jage, und dann manchmal im Hause übernachte. So schlichen ein paar Stunden hin, da war es Mittag, und lustiger Jubel und Hörnerklang verkündeten den Förster, der mit seinen vier Söhnen, herrlichen blühenden Jünglingen, von denen der jüngste kaum funfzehn Jahr alt seyn mochte, und drei Jägerburschen, heimkehrte. — Er frug, wie ich denn geschlafen, und ob mich nicht der frühe Lärm vor der Zeit geweckt habe; ich mochte ihm das überstandene Abentheuer nicht erzählen, denn die lebendige Erscheinung des grauenhaften Mönchs hatte sich so fest an das Traumbild gereiht, daß ich kaum zu unterscheiden vermochte, wo der Traum übergegangen sey ins wirkliche Leben. — Der Tisch war gedeckt, die Suppe dampfte, der Alte zog sein Käppchen ab, um das Gebet zu halten, da ging die Thüre auf, und der Capuziner, den ich in der Nacht gesehen, trat hinein. Der Wahnsinn war aus seinem Gesichte verschwunden, aber er hatte ein düstres störrisches Ansehen. „Seyen Sie willkommen, ehrwürdiger Herr! rief ihm der Alte entgegen: — sprechen Sie das Gratias und speisen Sie dann mit uns.“ — Da blickte er um sich mit Zornfunkelnden Augen, und schrie mit fürchterlicher Stimme: „der Satan soll Dich zerreissen mit Deinem ehrwürdigen Herrn und Deinem verfluchten Beten; hast Du mich nicht hergelockt, damit ich der dreizehnte seyn soll, und Du mich umbringen lassen kannst von dem fremden Mörder? — Hast Du mich nicht in diese Kutte gesteckt, damit Niemand den Grafen, Deinen Herrn und Gebieter, erkennen soll? — Aber hüte Dich, Verfluchter, vor meinem Zorn!“ — Damit ergriff der Mönch einen schweren Krug, der auf dem Tische stand, und schleuderte ihn nach dem Alten, der nur durch eine geschickte Wendung dem Wurf auswich, der ihm den Kopf zerschmettert hätte. Der Krug flog gegen die Wand, und zerbrach in tausend Scherben. Aber in dem Augenblick packten die Jägerburschen den Rasenden, und hielten ihn fest. „Was! rief der Förster: Du verruchter gotteslästerlicher Mensch, Du wagst es, hier wieder mit Deinem rasenden Beginnen unter fromme Leute zu treten, Du wagst es, mir, der ich Dich aus viehischem Zustande, aus der ewigen Verderbniß errettet, aufs Neue nach dem Leben zu trachten? — Fort mit Dir in den Thurm!“ — Der Mönch fiel auf die Knie, er flehte heulend um Erbarmen, aber der Alte sagte: „Du mußt in den Thurm, und darfst nicht eher wieder hieher kommen, bis ich weiß, daß Du dem Satan entsagt hast, der Dich verblendet, sonst mußt Du sterben.“ Da schrie der Mönch auf, wie im trostlosen Jammer der Todesnoth, aber die Jägerburschen brachten ihn fort, und berichteten, wiederkehrend, daß der Mönch ruhiger geworden, sobald er in das Thurmgemach getreten. Christian, der ihn bewache, habe übrigens erzählt, daß der Mönch die ganze Nacht über in den Gängen des Hauses herumgepoltert, und vorzüglich nach Tagesanbruch geschrien habe: „gieb mir noch mehr von Deinem Wein, und ich will mich Dir ganz ergeben; mehr Wein, mehr Wein!“ Es habe dem Christian übrigens wirklich geschienen, als taumle der Mönch wie betrunken, unerachtet er nicht begriffen, wie der Mönch an irgend ein starkes berauschendes Getränk gekommen seyn könne. — Nun nahm ich nicht länger Anstand, das überstandene Abentheuer zu erzählen, wobei ich nicht vergaß der ausgeleerten Korbflasche zu gedenken. „Ei, das ist schlimm, sagte der Förster, doch Sie scheinen mir ein muthiger frommer Mann, ein Anderer hätte des Todes seyn können vor Schreck.“ Ich bat ihn, mir näher zu sagen, was es mit dem wahnsinnigen Mönch für eine Bewandtniß habe. „Ach, erwiederte der Alte: das ist eine lange abentheuerliche Geschichte, so was taugt nicht beim Essen. Schlimm genug schon, daß uns der garstige Mensch, eben als wir, was uns Gott bescheert, froh und freudig genießen wollten, mit seinem freveligen Beginnen so gestört hat; aber nun wollen wir auch gleich an den Tisch.“ Damit zog er sein Mützchen ab, sprach andächtig und fromm das Gratias, und unter lustigen frohen Gesprächen verzehrten wir das ländliche, kräftig und schmackhaft zubereitete Mahl. Dem Gast zu Ehren ließ der Alte guten Wein heraufbringen, den er mir nach patriarchalischer Sitte aus einem schönen Pokal zutrank. Der Tisch war indessen abgeräumt, die Jägerburschen nahmen ein paar Hörner von der Wand, und bliesen ein Jägerlied. — Bei der zweiten Wiederholung fielen die Mädchen singend ein, und mit ihnen wiederholten die Förterssöhne im Chor die Schlußstrophe. — Meine Brust erweiterte sich auf wunderbare Weise: seit langer Zeit war mir nicht im Innersten so wohl gewesen, als unter diesen einfachen, frommen Menschen. Es wurden mehrere gemüthliche wohltönende Lieder gesungen, bis der Alte aufstand, und mit dem Ausruf: „Es leben alle brave Männer, die das edle Waidwerk ehren,“ sein Glas leerte; wir stimmten Alle ein, und so war das frohe Mahl, das mir zu Ehren durch Wein und Gesang verherrlicht wurde, beschlossen.

Der Alte sprach zu mir: „nun, mein Herr! schlafe ich ein halbes Stündchen, aber dann gehen wir in den Wald, und ich erzähle es Ihnen, wie der Mönch in mein Haus gekommen, und was ich sonst von ihm weiß. Bis dahin tritt die Dämmerung ein, dann gehen wir auf den Anstand, da es, wie mir Franz sagt, Hühner giebt. Auch Sie sollen ein gutes Gewehr erhalten, und Ihr Glück versuchen.“ Die Sache war mir neu, da ich als Seminarist zwar manchmal nach der Scheibe, aber nie nach Wild geschossen; ich nahm daher des Försters Anerbieten an, der höchlich darüber erfreut schien, und mir mit treuherziger Gutmüthigkeit in aller Eil noch vor dem Schlaf, den er zu thun gedachte, die ersten unentbehrlichsten Grundsätze der Schießkunst beizubringen suchte.

Ich wurde mit Flinte und Jagdtasche ausgerüstet, und so zog ich mit dem Förster in den Wald, der die Geschichte von dem seltsamen Mönch in folgender Art anfing.

„Künftigen Herbst sind es schon zwei Jahre her, als meine Burschen im Walde oft ein entsetzliches Heulen vernahmen, das, so wenig menschliches es auch hatte, doch wie Franz, mein jüngst angenommener Lehrling meinte, von einem Menschen herrühren mochte. Franz war dazu bestimmt, von dem heulenden Ungethüm geneckt zu werden, denn, wenn er auf den Anstand ging, so verscheuchte das Heulen, welches sich dicht bei ihm hören ließ, die Thiere, und er sah zuletzt, wenn er auf ein Thier anlegen wollte, ein borstiges unkenntliches Wesen aus dem Gebüsch springen, das seinen Schuß vereitelte. Franz hatte den Kopf voll von all' den spukhaften Jägerlegenden, die ihm sein Vater, ein alter Jäger, erzählt, und er war geneigt, das Wesen für den Satan selbst zu halten, der ihm das Waidhandwerk verleiden, oder ihn sonst verlocken wolle. Die anderen Burschen, selbst meine Söhne, denen auch das Ungethüm aufgestoßen, pflichteten ihm endlich bei, und um so mehr war mir daran gelegen, dem Dinge näher auf die Spur zu kommen, als ich es für eine List der Freischützen hielt, meine Jäger vom Anstand wegzuschrecken. — Ich befahl deshalb meinen Söhnen und den Burschen, die Gestalt, falls sie sich wieder zeigen sollte, anzurufen, und falls sie nicht stehen, oder Bescheid geben sollte, nach Jägerrecht, ohne weiteres, nach ihr zu schießen. — Den Franz traf es wieder, der erste zu seyn, dem das Ungethüm auf dem Anstand in den Weg trat. Er rief ihm zu, das Gewehr anlegend, die Gestalt sprang ins Gebüsch, Franz wollte hinter drein knallen, aber der Schuß versagte, und nun lief er voll Angst und Schrecken zu den andern, die von ihm entfernt standen, überzeugt, daß es der Satan sey, der ihm zum Trutz das Wild verscheuche, und sein Gewehr verzaubere; denn in der That traf er, seitdem ihn das Ungethüm verfolgte, kein Thier, so gut er sonst geschossen. Das Gerücht von dem Spuk im Walde verbreitete sich, und man erzählte schon im Dorfe, wie der Satan dem Franz in den Weg getreten, und ihm Freikugeln angeboten, und noch anderes tolles Zeug mehr. — Ich beschloß, dem Unwesen ein Ende zu machen, und das Ungethüm, das mir selbst noch niemals aufgestoßen, auf den Stätten, wo es sich zu zeigen pflegte, zu verfolgen. Lange wollte es mir nicht glücken;

endlich, als ich an einem neblichten Novemberabend gerade da, wo Franz das Ungethüm zuerst erblickt, auf dem Anstand war, rauschte es mir ganz nahe im Gebüsch, ich legte leise das Gewehr an, ein Thier vermuthend, aber eine gräßliche Gestalt mit rothfunkelnden Augen und schwarzen borstigen Haaren, mit Lumpen behangen, brach hervor. Das Ungethüm stierte mich an, indem es entsetzliche heulende Töne ausstieß. Herr! — es war ein Anblick, der dem beherztesten Furcht einjagen könnte, ja mir war es, als stehe wirklich der Satan vor mir, und ich fühlte, wie mir der Angstschweiß ausbrach. Aber im kräftigen Gebet, das ich mit starker Stimme sprach, ermuthigte ich mich ganz. So wie ich betete, und den Namen Jesus Christus aussprach, heulte wüthender das Ungethüm, und brach endlich in entsetzliche gotteslästerliche Verwünschungen aus. Da rief ich: Du verfluchter, bübischer Kerl, halt ein mit Deinen gotteslästerlichen Reden, und gieb Dich gefangen, oder ich schieße Dich nieder. Da fiel der Mensch wimmernd zu Boden, und bat um Erbarmen. Meine Burschen kamen herbei, wir packten den Menschen, und führten ihn nach Hause, wo ich ihn in den Thurm bei dem Nebengebäude einsperren ließ, und den nächsten Morgen den Vorfall der Obrigkeit anzeigen wollte. Er fiel, so wie er in den Thurm kam, in einen ohnmächtigen Zustand. Als ich den andern Morgen zu ihm ging, saß er auf dem Strohlager, das ich ihm bereiten lassen, und weinte heftig. Er fiel mir zu Füßen, und flehte mich an, daß ich mit ihm Erbarmen haben sollte; schon seit mehreren Wochen habe er im Walde gelebt, und nichts gegessen, als Kräuter und wildes Obst, er sey ein armer Capuziner aus einem weit entlegenen Kloster, und aus dem Gefängnisse, in das man ihn Wahnsinns halber gesperrt, entsprungen. Der Mensch war in der That in einem erbarmungswürdigen Zustande, ich hatte Mitleiden mit ihm, und ließ ihm Speise und Wein zur Stärkung reichen, worauf er sich sichtlich erholte. Er bat mich auf das Eindringendste, ihn nur einige Tage im Hause zu dulden, und ihm ein neues Ordenshabit zu verschaffen, er wolle dann selbst nach dem Kloster zurückwandeln. Ich erfüllte seinen Wunsch, und sein Wahnsinn schien wirklich nachzulassen, da die Paroxysmen minder heftig und seltner wurden. In den Ausbrüchen der Raserei stieß er entsetzliche Reden aus, und ich bemerkte, daß er, wenn ich ihn deshalb hart anredete, und mit dem Tode drohte, in einen Zustand innerer Zerknirschung überging, in dem er sich kasteite, ja sogar Gott und die Heiligen anrief, ihn von der Höllenqual zu befreien. Er schien sich dann für den heiligen Antonius zu halten, so wie er in der Raserei immer tobte: er sey Graf und gebietender Herr, und er wolle uns alle ermorden lassen, wenn seine Diener kämen. In den lichten Zwischenräumen bat er mich um Gotteswillen ihn nicht zu verstoßen, weil er fühle, daß nur sein Aufenthalt bei mir ihn heilen könne. Nur ein einzigesmal gab es noch einen harten Auftritt mit ihm, und zwar, als der Fürst hier eben im Revier gejagt, und bei mir übernachtet hatte. Der Mönch war, nachdem er den Fürsten mit seiner glänzenden Umgebung gesehen, ganz verändert. Er blieb störrisch und verschlossen, er entfernte sich schnell, wenn wir beteten, es zuckte ihm durch alle Glieder, wenn er nur ein andächtiges Wort hörte, und dabei schaute er meine Tochter Anne mit solchen lüsternen Blicken an, daß ich beschloß, ihn fortzubringen, um allerlei Unfug zu verhüten. In der Nacht vorher, als ich den Morgen meinen Plan ausführen wollte, weckte mich ein durchdringendes Geschrei auf dem Gange, ich sprang aus dem Bette, und lief schnell mit angezündetem Licht nach dem Gemach, wo meine Töchter schliefen. Der Mönch war aus dem Thurm, wo ich ihn allnächtlich eingeschlossen, gebrochen und in viehischer Brunst nach dem Gemach meiner Töchter gerannt, dessen Thüre er mit einem Fußtritt sprengte. Zum Glück hatte den Franz ein unausstehlicher Durst aus der Kammer, wo die Burschen schlafen, hinausgetrieben, und er wollte gerade nach der Küche gehen, um sich Wasser zu schöpfen, als er den Mönch über den Gang poltern hörte. Er lief herbei, und packte ihn gerade in dem Augenblick, als er die Thüre einstieß, von hinten her; aber der Junge war zu schwach, den Rasenden zu bändigen, sie balgten sich unter dem Geschrei der erwachten Mädchen in der Thüre, und ich kam gerade in dem Augenblick herzu, als der Mönch den Burschen zu Boden geworfen, und ihn meuchlerisch bei der Kehle gepackt hatte. Ohne mich zu besinnen, faßte ich den Mönch, und riß ihn von Franzen weg, aber plötzlich, noch weiß ich nicht, wie das zugegangen, blinkte ein Messer in des Mönchs Faust, er stieß nach mir, aber Franz, der sich aufgerafft, fiel ihm in den Arm, und mir, der ich nun wohl ein starker Mann bin, gelang es bald, den Rasenden so fest an die Mauer zu drücken, daß ihm schier der Athem ausgehen wollte. Die Burschen waren, ob dem Lärm, alle wach worden, und herbeigelaufen; wir banden den Mönch, und schmissen ihn in den Thurm, ich holte aber meine Hetzpeitsche herbei, und zählte ihm zur Abmahnung von künftigen Unthaten ähnlicher Art, einige kräftige Hiebe auf, so daß er ganz erbärmlich ächzte und wimmerte; aber ich sprach: Du Bösewicht, das ist noch viel zu wenig für deine Schändlichkeit, daß Du meine Tochter verführen wollen, und mir nach dem Leben getrachtet, eigentlich solltest du sterben. — Er heulte vor Angst und Entsetzen, denn die Furcht vor dem Tode schien ihn ganz zu vernichten. Den andern Morgen war es nicht möglich, ihn fortzubringen, denn er lag todtenähnlich in gänzlicher Abspannung da, und flößte mir wahres Mitleiden ein. Ich ließ ihm in einem bessern Gemach ein gutes Bette bereiten, und meine Alte pflegte seiner, indem sie ihm stärkende Suppen kochte, und aus unserer Hausapotheke das reichte, was ihm dienlich schien. Meine Alte hat die gute Gewohnheit, wenn sie einsam sitzt, oft ein andächtig Lied anzustimmen, aber wenn es ihr recht wohl ums Herz seyn soll, muß meine Anne mit ihrer hellen Stimme, ihr solch ein Lied vorsingen. — Das geschah nun auch vor dem Bette des Kranken. — Da seufzte er oft tief, und sah meine Alte und die Anne mit recht wehmüthigen Blicken an, oft flossen ihm die Thränen über die Wangen. Zuweilen bewegte er die Hand und die Finger, als wolle er sich kreuzigen, aber das gelang nicht, die Hand fiel kraftlos nieder; dann stieß er auch manchmal leise Töne aus, als wolle er in den Gesang einstimmen. Endlich fing er an zusehends zu genesen, jetzt schlug er oft das Kreuz nach Sitte der Mönche, und betete leise. Aber ganz unvermuthet fing er einmal an lateinische Lieder zu singen, die meiner Alten und der Anne, unerachtet sie die Worte nicht verstanden, mit ihren ganz wunderbaren heiligen Tönen bis ins Innerste drangen, so daß sie nicht genug sagen konnten, wie der Kranke sie erbaue. Der Mönch war so weit hergestellt, daß er aufstehen, und im Hause umherwandeln konnte, aber sein Aussehen, sein Wesen war ganz verändert. Die Augen blickten sanft, statt daß sonst ein gar böses Feuer in ihnen funkelte, er schritt ganz nach Klostersitte, leise und andächtig mit gefaltenen Händen umher, jede Spur des Wahnsinns war verschwunden. Er genoß nichts als Gemüse, Brod und Wasser, und nur selten konnte ich ihn in der letzten Zeit dahin bringen, daß er sich an meinen Tisch setzte, und etwas von den Speisen genoß, so wie einen kleinen Schluck Wein trank. Dann sprach er das Gratias und ergötzte uns mit seinen Reden, die er so wohl zu stellen wußte, wie nicht leicht einer. Oft ging er im Walde einsam spazieren, so kam es denn, daß ich ihm einmal begegnete, und ohne gerade viel zu denken frug: ob er nicht nun bald in sein Kloster zurückkehren werde. Er schien sehr bewegt, er faßte meine Hand und sprach: „„Mein Freund, ich habe Dir das Heil meiner Seele zu danken, Du hast mich errettet von der ewigen Verderbniß, noch kann ich nicht von Dir scheiden, laß mich bei Dir seyn. Ach, habe Mitleid mit mir, den der Satan verlockt hat, und der unwiederbringlich verloren war, wenn ihn der Heilige, zu dem er flehte in angstvollen Stunden, nicht im Wahnsinn in diesen Wald gebracht hätte. — Sie fanden mich, fuhr der Mönch nach einigem Stillschweigen fort: in einem ganz entarteten Zustande, und ahnen auch jetzt gewiß nicht, daß ich einst ein von der Natur reich ausgestatteter Jüngling war, den nur eine schwärmerische Neigung zur Einsamkeit und zu den tiefsinnigsten Studien ins Kloster brachte. Meine Brüder liebten mich alle ausnehmend, und ich lebte so froh, als es nur in dem Kloster geschehen kann. Durch Frömmigkeit und musterhaftes Betragen schwang ich mich empor, man sah in mir schon den künftigen Prior. Es begab sich, daß einer der Brüder von weiten Reisen heim kehrte, und dem Kloster verschiedene Reliquien, die er sich auf dem Wege zu verschaffen gewußt, mitbrachte. Unter diesen befand sich eine verschlossene Flasche, die der heilige Antonius dem Teufel, der darin ein verführerisches Elixir bewahrte, abgenommen haben sollte. Auch diese Reliquie wurde sorgfältig aufbewahrt, unerachtet mir die Sache ganz gegen den Geist der Andacht, den die wahren Reliquien einflößen sollen, und überhaupt ganz abgeschmackt zu seyn schien. Aber eine unbeschreibliche Lüsternheit bemächtigte sich meiner, das zu erforschen, was wohl eigentlich in der Flasche enthalten. Es gelang mir, sie bei Seite zu schaffen, ich öffnete sie, und fand ein herrlich duftendes, süß schmeckendes starkes Getränk darin, das ich bis auf den letzten Tropfen genoß. — Wie nun mein ganzer Sinn sich änderte, wie ich einen brennenden Durst nach der Lust der Welt empfand, wie das Laster in verführerischer Gestalt, mir als des Lebens höchste Spitze erschien, das Alles mag ich nicht sagen, kurz, mein Leben wurde eine Reihe schändlicher Verbrechen, so daß, als ich meiner teuflischen List unerachtet verrathen wurde, mich der Prior zum ewigen Gefängniß verurtheilte. Als ich schon mehrere Wochen in dem dumpfen feuchten Kerker zugebracht hatte, verfluchte ich mich und mein Daseyn, ich lästerte Gott und die Heiligen, da trat, im glühend rothen Scheine, der Satan zu mir und sprach, daß, wenn ich meine Seele ganz dem Höchsten abwenden, und ihm dienen wolle, er mich befreien werde. Heulend stürzte ich auf die Knie und rief: es ist kein Gott, dem ich diene, Du bist mein Herr, und aus Deinen Gluthen strömt die Lust des Lebens. — Da brauste es in den Lüften, wie eine Windsbraut, und die Mauern dröhnten, wie vom Erdbeben erschüttert, ein schneidender Ton pfiff durch den Kerker, die Eisenstäbe des Fensters fielen zerbröckelt herab, und ich stand von unsichtbarer Gewalt hinausgeschleudert im Klosterhofe. Der Mond schien hell durch die Wolken, und in seinen Strahlen erglänzte das Standbild des heiligen Antonius, das mitten im Hofe bei einem Springbrunnen aufgerichtet war. — Eine unbeschreibliche Angst zerriß mein Herz, ich warf mich zerknirscht nieder vor dem Heiligen, ich schwor dem Bösen ab, und flehte um Erbarmen; aber da zogen schwarze Wolken herauf, und aufs Neue brauste der Orkan durch die Luft, mir vergingen die Sinne, und ich fand mich erst im Walde wieder, in dem ich wahnsinnig vor Hunger und Verzweiflung umher tobte, und aus dem Sie mich erretteten."" — So erzählte der Mönch, und seine Geschichte machte auf mich solch einen tiefen Eindruck, daß ich nach vielen Jahren noch so wie heute im Stande seyn werde, Alles Wort für Wort zu wiederholen. Seit der Zeit hat sich der Mönch so fromm, so gutmüthig betragen, daß wir ihn Alle lieb gewannen, und um so unbegreiflicher ist es mir, wie in voriger Nacht sein Wahnsinn hat aufs Neue ausbrechen können."

„Wissen Sie denn gar nicht, fiel ich dem Förster ins Wort: aus welchem Capuzinerkloster der Unglückliche entsprungen ist?" — „Er hat mir es verschwiegen, erwiederte der Förster: und ich mag um so weniger darnach fragen, als es mir beinahe gewiß ist, daß es wohl derselbe Unglückliche seyn mag, der unlängst das Gespräch des Hofes war, unerachtet man seine Nähe nicht vermuthete, und ich auch meine Vermuthung zum wahren Besten des Mönchs, nicht gerade bei Hofe laut werden lassen mochte." — „Aber ich darf sie wohl erfahren, versetzte ich: da ich ein Fremder bin, und noch überdies mit Hand und

Mund versprechen will, gewissenhaft zu schweigen." — „Sie müssen wissen, sprach der Förster weiter: daß die Schwester unserer Fürstin Aebtissin des Cisterzienserklosters in *** ist. Diese hatte sich des Sohnes einer armen Frau, deren Mann mit unserm Hofe in gewissen geheimnißvollen Beziehungen gestanden haben soll, angenommen, und ihn aufziehen lassen. Aus Neigung wurde er Capuziner, und als Kanzelredner weit und breit bekannt. Die Aebtissin schrieb ihrer Schwester sehr oft über den Pflegling, und betrauerte vor einiger Zeit tief seinen Verlust. Er soll durch den Mißbrauch einer Reliquie schwer gesündigt haben, und aus dem Kloster, dessen Zierde er so lange war, verbannt worden seyn. Alles dieses weiß ich aus einem Gespräch des fürstlichen Leibarztes mit einem andern Herrn vom Hofe, das ich vor einiger Zeit anhörte. Sie erwähnten einiger sehr merkwürdiger Umstände, die mir jedoch, weil ich all' die Geschichten nicht von Grund aus kenne, unverständlich geblieben, und wieder entfallen sind. Erzählt nun auch der Mönch seine Errettung aus dem Klostergefängniß auf andere Weise, soll sie nämlich durch den Satan geschehen seyn, so halte ich dies doch für eine Einbildung, die ihm noch vom Wahnsinn zurückblieb, und meine, daß der Mönch kein anderer als eben der Bruder Medardus ist, den die Aebtissin zum geistlichen Stande erziehen ließ, und den der Teufel zu allerlei Sünden verlockte, bis ihn Gottes Gericht mit viehischer Raserei strafte."

Als der Förster den Namen Medardus nannte, durchbebte mich ein innerer Schauer, ja die ganze Erzählung hatte mich, wie mit tödtlichen Stichen, die mein Innerstes trafen, gepeinigt. — Nur zu sehr war ich überzeugt, daß der Mönch die Wahrheit gesprochen, da nur eben ein solches Getränk der Hölle, das er lüstern genossen, ihn aufs Neue in verruchten gotteslästerlichen Wahnsinn gestürzt hatte. — Aber ich selbst war herabgesunken zum elenden Spielwerk der bösen geheimnißvollen Macht, die mich mit unauflöslichen Banden umstrickt hielt, so daß ich, der ich frei zu seyn glaubte, mich nur innerhalb des Käfigs bewegte, in den ich rettungslos gesperrt worden. — Die guten Lehren des frommen Cyrillus, die ich unbeachtet ließ, die Erscheinung des Grafen und seines leichtsinnigen Hofmeisters, alles kam mir in den Sinn. — Ich wußte nun, woher die plötzliche Gährung im Innern, die Aenderung meines Gemüths entstanden; ich schämte mich meines frevelichen Beginnens, und diese Scham galt mir in dem Augenblick für die tiefe Reue und Zerknirschung, die ich in wahrhafter Buße hätte empfinden sollen. So war ich in tiefes Nachdenken versunken, und hörte kaum auf den Alten, der nun, wieder auf die Jägerei gekommen, mir manchen Strauß schilderte, den er mit den bösen Freischützen gehabt. Die Dämmerung war eingebrochen, und wir standen vor dem Gebüsch, in dem die Hühner liegen sollten; der Förster stellte mich auf meinen Platz, schärfte mir ein, weder zu sprechen, noch sonst mich viel zu regen, und mit gespanntem Hahn recht sorglich zu lauschen. Die Jäger schlichen leise auf ihre Plätze, und ich stand einsam in der Dunkelheit, die immer mehr zunahm. — Da traten Gestalten aus meinem Leben hervor im düstern Walde. Ich sah meine Mutter, die Aebtissin, sie schauten mich an mit strafenden Blicken. — Euphemie rauschte auf mich zu mit todtenbleichem Gesicht, und starrte mich an mit ihren schwarzen glühenden Augen, sie erhob ihre blutigen Hände, mir drohend, ach es waren Blutstropfen, Hermogens Todeswunde entquollen, ich schrie auf! — Da schwirrte es über mir in starkem Flügelschlag, ich schoß blindlings in die Luft, und zwei Hühner stürzten getroffen herab. „Bravo!" rief der unfern von mir stehende Jägerbursche, indem er das dritte herabschoß. — Schüsse knallten jetzt rings umher, und die Jäger versammelten sich, jeder seine Beute herbeitragend. Der Jägerbursche erzählte, nicht ohne listige Seitenblicke auf mich, wie ich ganz laut aufgeschrien, da die Hühner dicht über meinen Kopf weggestrichen, als hätte ich großen Schreck, und dann ohne einmal recht anzulegen, blindlings drunter geschossen, und doch zwei Hühner getroffen; ja es sey in der Finsterniß ihm vorgekommen, als hätte ich das Gewehr ganz nach anderer Richtung hingehalten, und doch wären die Hühner gestürzt. Der alte Förster lachte laut auf, daß ich so über die Hühner erschrocken sey, und mich nur gewehrt habe mit Drunterschießen. — „Uebrigens, mein Herr! fuhr er fort: will ich hoffen, daß Sie ein ehrlicher frommer Waidmann, und kein Freijäger sind, der es mit dem Bösen hält, und hinschießen kann, wo er will, ohne das zu fehlen, was er zu treffen Willens." — Dieser gewiß unbefangene Scherz des Alten traf mein Innerstes, und selbst mein glücklicher Schuß in jener aufgeregten entsetzlichen Stimmung, den doch nur der Zufall herbeigeführt, erfüllte mich mit Grauen. Mit meinem Selbst mehr als jemals entzweit, wurde ich mir selbst zweideutig, und ein inneres Grausen umfing mein eignes Wesen mit zerstörender Kraft.

Als wir ins Haus zurückkamen, berichtete Christian, daß der Mönch sich im Thurm ganz ruhig verhalten, kein einziges Wort gesprochen und auch keine Nahrung zu sich genommen habe. „Ich kann ihn nun nicht länger bei mir behalten, sprach der Förster: denn wer steht mir dafür, daß sein, wie es scheint, unheilbarer Wahnsinn nach langer Zeit nicht aufs Neue ausbricht, und er irgend ein entsetzliches Unheil hier im Hause anrichtet; er muß morgen in aller Frühe mit Christian und Franz nach der Stadt; mein Bericht über den ganzen Vorgang ist längst fertig, und da mag er denn in die Irrenanstalt gebracht werden.“

Als ich in meinem Gemach allein war, stand mir Hermogens Gestalt vor Augen, und wenn ich sie fassen wollte mit schärferem Blick, wandelte sie sich um in den wahnsinnigen Mönch. Beide flossen in meinem Gemüth in Eins zusammen, und bildeten so die Warnung der höhern Macht, die ich wie dicht vor dem Abgrunde vernahm. Ich stieß an die Korbflasche, die noch auf dem Boden lag; der Mönch hatte sie bis auf den letzten Tropfen ausgelehrt, und so war ich jeder neuen Versuchung, davon zu genießen, enthoben: aber auch selbst die Flasche, aus der noch ein starker berauschender Duft strömte, schleuderte ich fort, durch das offne Fenster über die Hofmauer weg, um so jede mögliche Wirkung des verhängnißvollen Elixirs zu vernichten. — Nach und nach wurde ich ruhiger, ja der Gedanke ermuthigte mich, daß ich auf jeden Fall in geistiger Hinsicht erhaben seyn müsse über jenen Mönch, den das dem meinigen gleiche Getränk in wilden Wahnsinn stürzte. Ich fühlte, wie dies entsetzliche Verhängniß bei mir vorübergestreift; ja daß der alte Förster den Mönch eben für den unglücklichen Medardus, für mich selbst, hielt, war mir ein Fingerzeig der höheren heiligen Macht, die mich noch nicht sinken lassen wollte in das trostlose Elend. — Schien nicht der Wahnsinn, der überall sich mir in den Weg stellte, nur allein vermögend, mein Inneres zu durchblicken, und immer dringender vor dem bösen Geiste zu warnen, der mir, wie ich glaubte, sichtbarlich in der Gestalt des bedrohlichen gespenstischen Malers erschienen? —

Unwiderstehlich zog es mich fort nach der Residenz. Die Schwester meiner Pflegemutter, die, wie ich mich besann, der Aebtissin ganz ähnlich war, da ich ihr Bild öfters gesehen, sollte mich wieder zurückführen in das fromme schuldlose Leben, wie es ehemals mir blühte denn dazu bedurfte es in meiner jetzigen Stimmung nur ihres Anblicks und der dadurch erweckten Erinnerungen. Dem Zufall wollte ich es überlassen, mich in ihre Nähe zu bringen.

Kaum war es Tag worden, als ich des Försters Stimme im Hofe vernahm; früh sollte ich mit dem Sohne abreisen, ich warf mich daher schnell in die Kleider. Als ich hinabkam, stand ein Leiterwagen mit Strohsitzen zum Abfahren bereit vor der Hausthür; man brachte den Mönch, der mit todtenbleichem und verstörtem Gesicht sich geduldig führen ließ. Er antwortete auf keine Frage, er wollte nichts genießen, kaum schien er die Menschen um sich zu gewahren. Man hob ihn auf den Wagen, und band ihn mit Stricken fest, da sein Zustand allerdings bedenklich schien, und man vor dem plötzlichen Ausbruch einer innern verhaltenen Wuth keinesweges sicher war. Als man seine Arme festschnürte, verzog sich sein Gesicht krampfhaft, und er ächzte leise. Sein Zustand durchbohrte mein Herz, er war mir verwandt worden, ja nur seinem Verderben verdankte ich vielleicht meine Rettung. Christian und ein Jägerbursche setzten sich neben ihm in den Wagen. Erst im Fortfahren fiel sein Blick auf mich, und er wurde plötzlich von tiefem Staunen ergriffen; als der Wagen sich schon entfernte (wir waren ihm bis vor die Mauer gefolgt), blieb sein Kopf gewandt, und sein Blick auf mich gerichtet. „Sehen Sie, sagte der alte Förster: wie er Sie so scharf ins Auge faßt; ich glaube, daß Ihre Gegenwart im Speisezimmer, die er nicht vermuthete, auch viel zu seinem rasenden Beginnen beigetragen hat, denn selbst in seiner guten Periode blieb er ungemein scheu, und hatte immer den Argwohn, daß ein Fremder kommen, und ihn tödten würde. Vor dem Tode hat er nämlich eine ganz ungemessene Furcht, und durch die Drohung ihn gleich erschießen zu lassen, habe ich oft den Ausbrüchen seiner Raserei widerstanden."

Mir war wohl und leicht, daß der Mönch, dessen Erscheinung mein eignes Ich in verzerrten gräßlichen Zügen reflektirte, entfernt worden. Ich freuete mich auf die Residenz, denn es war mir, als solle dort die Last des schweren finstern Verhängnisses, die mich niedergedrückt, mir entnommen werden, ja, als würde ich mich dort, erkräftigt, der bösen Macht, die mein Leben befangen, entreißen können.

Als das Frühstück verzehrt, fuhr der saubre mit raschen Pferden bespannte Reisewagen des Försters vor. — Kaum gelang es mir, der Frau für die Gastlichkeit, mit der ich aufgenommen, etwas Geld, so wie den beiden bildhübschen Töchtern einige Galanteriewaaren, die ich zufällig bei mir trug, aufzudringen. Die ganze Familie nahm so herzlichen Abschied, als sey ich längst im Hause bekannt gewesen, der Alte scherzte noch viel über mein Jägertalent. Heiter und froh fuhr ich von dannen.

Vierter Abschnitt.

Das Leben am fürstlichen Hofe.

Die Residenz des Fürsten bildete gerade den Gegensatz zu der Handelsstadt, die ich verlassen. Im Umfange bedeutend kleiner, war sie regelmäßiger und schöner gebaut, aber ziemlich menschenleer. Mehrere Straßen, worin Alleen gepflanzt, schienen mehr Anlagen eines Parks zu seyn, als zur Stadt zu gehören; alles bewegte sich still und feierlich, selten von dem rasselnden Geräusch eines Wagens unterbrochen. Selbst in der Kleidung, und in dem Anstande der Einwohner, bis auf den gemeinen Mann, herrschte eine gewisse Zierlichkeit, ein Streben, äußere Bildung zu zeigen.

Der fürstliche Pallast war nichts weniger als groß, auch nicht im großen Styl erbaut, aber Rücksichts der Eleganz, der richtigen Verhältnisse, eines der schönsten Gebäude, die ich jemals gesehen; an ihn schloß sich ein anmuthiger Park, den der liberale Fürst den Einwohnern zum Spaziergange geöffnet.

Man sagte mir in dem Gasthause, wo ich eingekehrt daß die fürstliche Familie gewöhnlich Abends einen Gang durch den Park zu machen pflege, und daß viele Einwohner diese Gelegenheit niemals versäumten, den gütigen Landesherrn zu sehen. Ich eilte um die bestimmte Stunde in den Park, der Fürst trat mit seiner Gemahlin und einer geringen Umgebung aus dem Schlosse. — Ach! — bald sah ich nichts mehr, als die Fürstin, sie die meiner Pflegemutter so ähnlich war! — Dieselbe Hoheit, dieselbe Anmuth in jeder ihrer Bewegungen, derselbe geistvolle Blick des Auges, dieselbe freie Stirne, das himmlische Lächeln. — Nur schien sie mir im Wuchse voller und jünger, als die Aebtissin. Sie redete liebreich mit mehreren Frauenzimmern, die sich eben in der Allee befanden, während der Fürst mit einem ernsten Mann im interessanten eifrigen Gespräch begriffen schien. — Die Kleidung, das Benehmen der fürstlichen Familie, ihre Umgebung, alles griff ein in den Ton des Ganzen. Man sah wohl, wie die anständige Haltung in einer gewissen Ruhe und anspruchslosen Zierlichkeit, in der sich die Residenz erhielt, von dem Hofe ausging. Zufällig stand ich bei einem aufgeweckten Mann, der mir auf alle mögliche Fragen Bescheid gab, und manche muntere Anmerkung einzuflechten wußte. Als die fürstliche Familie vorüber war, schlug er mir vor einen Gang durch den Park zu machen, und mir, dem Fremden, die geschmackvollen Anlagen zu zeigen, welche überall in denselben anzutreffen: das war mir nun ganz recht, und ich fand in der That, daß überall der Geist der Anmuth und des geregelten Geschmacks verbreitet, wiewohl mir oft in den im Park zerstreuten Gebäuden das Streben nach der antiken Form, die nur die grandiosesten Verhältnisse duldet, den Bauherrn zu Kleinlichkeiten verleitet zu haben schien. Antike Säulen, deren Capitäler ein großer Mann beinahe mit der Hand erreicht, sind wohl ziemlich lächerlich. Eben so gab es in entgegengesetzter Art im andern Theil des Parks ein paar gothische Gebäude, die sich in ihrer Kleinheit gar zu kleinlich ausnahmen. Ich glaube, daß das Nachahmen gothischer Formen beinahe noch gefährlicher ist, als jenes Streben nach dem Antiken. Denn ist es auch allerdings richtig, daß kleine Kapellen dem Baumeister, der Rücksichts der Größe des Gebäudes, und der darauf zu verwendenden Kosten eingeschränkt ist, Anlaß genug geben, in jenem Styl zu bauen, so möchte es doch wohl mit den Spitzbogen, bizarren Säulen, Schnörkeln, die man dieser oder jener Kirche nachahmt, nicht gethan seyn, da nur der Baumeister etwas Wahrhaftiges in der Art leisten wird, der sich von dem tiefen Sinn, — wie er in den alten Meistern wohnte, welche das willkürlich, ja das heterogen scheinende, so herrlich zu einem sinnigen bedeutungsvollen Ganzen zu verbinden wußten, — beseelt fühlt. Es ist mit einem Wort, der seltene Sinn für das Romantische, der den gothischen Baumeister leiten muß, da hier von dem schulgerechten, an das er sich bei der antiken Form halten kann, nicht die Rede ist. Ich äußerte alles dieses meinem Begleiter; er stimmte mir vollkommen bei, und suchte nur für jene Kleinigkeiten darin eine Entschuldigung, daß die in einem Park nöthige Abwechslung, und selbst das Bedürfniß, hie und da Gebäude, als Zufluchtsort bei plötzlich einbrechendem Unwetter, oder auch nur zu Erholung, zum Ausruhen zu finden, beinahe von selbst jene Mißgriffe herbeiführe.

Die einfachsten anspruchslosesten Gartenhäuser, Strohdächer auf Baumstämme gestützt, und in anmuthige Gebüsche versteckt, die eben jenen angedeuteten Zweck erreichten, meinte ich dagegen, wären mir lieber, als alle jene Tempelchen und Capellchen; und sollte denn nun einmal gezimmert und gemauert werden, so stehe dem geistreichen Baumeister, der Rücksichts des Umfanges und der Kosten beschränkt sey, wohl ein Styl zu Gebote, der, sich zum antiken oder zum gothischen hinneigend, ohne kleinliche Nachahmerei, ohne Anspruch, das grandiose alte Muster zu erreichen, nur das Anmuthige, den dem Gemüthe des Beschauers wohlthuenden Eindruck bezwecke.

„Ich bin ganz Ihrer Meinung, erwiederte mein Begleiter: indessen rühren alle diese Gebäude, ja die Anlage des ganzen Parks von dem Fürsten selbst her, und dieser Umstand beschwichtigt, wenigstens bei uns Einheimischen, jeden Tadel. — Der Fürst ist der beste Mensch, den es auf der Welt geben kann, von je her hat er den wahrhaft landesväterlichen Grundsatz, daß die Unterthanen nicht seinetwegen da wären, er vielmehr der Unterthanen wegen da sey, recht an den Tag gelegt. Die Freiheit, alles zu äußern, was man denkt; die Geringfügigkeit der Abgaben, und der daraus entspringende niedrige Preis aller Lebensbedürfnisse; das gänzliche Zurücktreten der Polizei, die nur dem boshaften Uebermuthe ohne Geräusch Schranken setzt, und weit entfernt ist den einheimischen Bürger, so wie den Fremden, mit gehässigem Amtseifer zu quälen; die Entfernung alles soldatischen Unwesens, die gemüthliche Ruhe, womit Geschäfte, Gewerbe getrieben werden: alles das wird Ihnen den Aufenthalt in unserm Ländchen erfreulich machen. Ich wette, daß man Sie bis jetzt noch nicht nach Namen und Stand gefragt hat, und der Gastwirth keinesweges, wie in andern Städten, in der ersten Viertelstunde mit dem großen Buche unterm Arm feierlich angerückt ist, worin man genöthigt wird, seinen eignen Steckbrief mit stumpfer Feder und blasser Tinte hineinzukritzeln. Kurz, die ganze Einrichtung unseres kleinen Staats, in dem die wahre Lebensweisheit herrscht, geht von unserm herrlichen Fürsten aus, da vorher die Menschen, wie man mir gesagt hat, durch albernen Pedantismus eines Hofes, der die Ausgabe des benachbarten großen Hofes in Taschenformat war, gequält wurden. Der Fürst liebt Künste und Wissenschaften, daher ist ihm jeder geschickte Künstler, jeder geistreiche Gelehrte willkommen, und der Grad seines Wissens nur ist die

Ahnenprobe, die die Fähigkeit bestimmt, in der nächsten Umgebung des Fürsten erscheinen zu dürfen. Aber eben in die Kunst und Wissenschaft des vielseitig gebildeten Fürsten hat sich etwas von dem Pedantismus geschlichen, der ihn bei seiner Erziehung einzwängte, und der sich jetzt in dem sklavischen Anhängen an irgend eine Form ausspricht. Er schrieb und zeichnete den Baumeistern mit ängstlicher Genauigkeit jedes Detail der Gebäude vor, und jede geringe Abweichung von dem aufgestellten Muster, das er mühsam aus allen nur möglichen antiquarischen Werken herausgesucht, konnte ihn eben so ängstigen, als wenn dieses oder jenes dem verjüngten Maaßstab, den ihm die beengten Verhältnisse aufdrangen, sich durchaus nicht fügen wollte. Durch eben das Anhängen an diese oder jene Form, die er liebgewonnen, leidet auch unser Theater, das von der einmal bestimmten Manier, der sich die heterogensten Elemente fügen müssen, nicht abweicht. Der Fürst wechselt mit gewissen Lieblingsneigungen, die aber gewiß niemals irgend Jemandem zu nahe treten. Als der Park angelegt wurde, war er leidenschaftlicher Baumeister und Gärtner, dann begeisterte ihn der Schwung, den seit einiger Zeit die Musik genommen, und dieser Begeisterung verdanken wir die Einrichtung einer ganz vorzüglichen Capelle. — Dann beschäftigte ihn die Malerei, in der er selbst das Ungewöhnliche leistet. Selbst bei den täglichen Belustigungen des Hofes findet dieser Wechsel statt. — Sonst wurde viel getanzt, jetzt wird an Gesellschaftstagen eine Farobank gehalten, und der Fürst, ohne im mindesten eigentlicher Spieler zu seyn, ergötzt sich an den sonderbaren Verknüpfungen des Zufalls, doch bedarf es nur irgend eines Impulses, um wieder etwas anderes an die Tagesordnung zu bringen. Dieser schnelle Wechsel der Neigungen hat dem guten Fürsten den Vorwurf zugezogen, daß ihm diejenige Tiefe des Geistes fehle, in der sich wie in einem klaren sonnenhellen See das farbenreiche Bild des Lebens unverändert spiegelt; meiner Meinung nach thut man ihm aber Unrecht, da eine besondere Regsamkeit des Geistes nur ihn dazu treibt, diesem oder jenem nach erhaltenem Impuls mit besonderer Leidenschaft nachzuhängen, ohne daß darüber das eben so edle vergessen, oder auch nur vernachlässigt werden sollte. Daher kommt es, daß Sie diesen Park so wohl erhalten sehen, daß unsere Capelle, unser Theater fortdauernd auf alle mögliche Weise unterstützt und gehoben, daß die Gemäldesammlung nach Kräften bereichert wird. Was aber den Wechsel der Unterhaltungen bei Hofe betrifft, so ist das wohl ein heitres Spiel im Leben, das jeder dem regsamen Fürsten zur Erholung vom ernsten oft mühevollen Geschäft recht herzlich gönnen mag."

Wir gingen eben bei ganz herrlichen, mit tiefem malerischem Sinn gruppirten Gebüschen und Bäumen vorüber, ich äußerte meine Bewunderung, und mein Begleiter sagte: „alle diese Anlagen, diese Pflanzungen, diese Blumengruppen sind das Werk der vortrefflichen Fürstin. Sie ist selbst vollendete Landschaftsmalerin, und außerdem die Naturkunde ihre Lieblingswissenschaft. Sie finden daher ausländische Bäume, seltene Blumen und Pflanzen, aber nicht wie zur Schau ausgestellt, sondern mit tiefem Sinn so geordnet, und in zwanglose Parthien vertheilt, als wären sie ohne alles Zuthun der Kunst aus heimathlichem Boden entsprossen. — Die Fürstin äußerte einen Abscheu gegen all' die aus Sandstein unbeholfen gemeißelten Götter und Göttinnen, Najaden und Driaden, wovon sonst der Park wimmelte. Diese Standbilder sind deshalb verbannt worden, und Sie finden nur noch einige gute Copien nach der Antike, die der Fürst gewisser, ihm theurer Erinnerungen wegen gern im Park behalten wollte, die aber die Fürstin so geschickt — mit zartem Sinn des Fürsten innerste Willensmeinung ergreifend — aufstellen zu lassen wußte, daß sie auf jeden, dem auch die geheimeren Beziehungen fremd sind, ganz wunderbar wirken."

Es war später Abend geworden, wir verließen den Park, mein Begleiter nahm die Einladung an, mit mir im Gasthofe zu speisen, und gab sich endlich als den Inspektor der fürstlichen Bildergallerie zu erkennen.

Ich äußerte ihm, als wir bei der Mahlzeit vertrauter geworden, meinen herzlichen Wunsch, der fürstlichen Familie näher zu treten, und er versicherte, daß nichts leichter sey, als dieses, da jeder gebildete, geistreiche Fremde im Zirkel des Hofes willkommen wäre. Ich dürfe nur dem Hofmarschall den Besuch machen, und ihn bitten, mich dem Fürsten vorzustellen. Diese diplomatische Art, zum Fürsten zu gelangen, gefiel mir um so weniger, als ich kaum hoffen konnte, gewissen lästigen Fragen des Hofmarschalls, über das „Woher?" über Stand und Charakter zu entgehen; ich beschloß daher, dem Zufall zu vertrauen, der mir vielleicht den kürzeren Weg zeigen würde, und das traf auch in der That bald ein. Als ich nämlich eines Morgens in dem, zur Stunde gerade ganz menschenleeren, Park lustwandelte, begegnete mir der Fürst in einem schlichten Oberrock. Ich grüßte ihn, als sey er mir gänzlich unbekannt, er blieb stehen, und eröffnete das Gespräch mit der Frage: ob ich fremd hier sey? — Ich bejahte es, mit dem Zusatz, wie ich vor ein paar Tagen angekommen, und bloß durchreisen wollen; die Reize des Orts, und vorzüglich die Gemüthlichkeit und Ruhe, die hier überall herrsche, hätten mich aber vermocht zu verweilen. Ganz unabhängig, bloß der Wissenschaft und der Kunst lebend, wäre ich gesonnen, recht lange hier zu bleiben, da mich die ganze Umgebung auf höchste Weise anspreche und anziehe. Dem Fürsten schien das zu gefallen, und er erbot sich mir als Cicerone alle Anlagen des Parks zu zeigen. Ich hütete mich zu verrathen, daß ich das Alles schon gesehen, sondern ließ mich durch alle Grotten, Tempel, gothische Capellen, Pavillons führen, und hörte geduldig die weitschweifigen Commentare an, die der Fürst von jeder Anlage gab. Ueberall nannte er die Muster, nach welchen gearbeitet worden, machte mich auf die genaue Ausführung der gestellten Aufgaben aufmerksam, und verbreitete sich überhaupt über die eigentliche Tendenz, die bei der ganzen Einrichtung dieses Parks zum Grunde gelegen, und die bei jedem Park vorwalten sollte. Er frug nach meiner Meinung; ich rühmte die Anmuth des Orts, die üppige herrliche Vegetation, unterließ aber auch nicht Rücksichts der Gebäude mich eben so wie gegen den Gallerie-Inspektor zu äußern. Er hörte mich aufmerksam an, er schien manches meiner Urtheile nicht gerade zu verwerfen, indessen schnitt er jede weitere Diskussion über diesen Gegenstand durch die Aeußerung ab, daß ich zwar in ideeller Hinsicht Recht haben könne, indessen mir die Kenntniß des Praktischen, und der wahren Art der Ausführung fürs Leben, abzugehen scheine. Das Gespräch wandte sich zur Kunst, ich bewies mich als guter Kenner der Malerei, und als praktischer Tonkünstler, ich wagte manchen Widerspruch gegen seine Urtheile, die geistreich und präzis seine innere Ueberzeugung aussprachen, aber auch wahrnehmen ließen, daß seine Kunstbildung zwar bei weitem die übertraf, wie sie die Großen gemeinhin zu erhalten pflegen, indessen doch viel zu oberflächlich war, um nur die Tiefe zu ahnen, aus der dem wahren Künstler die herrliche Kunst aufgeht, und in ihm den göttlichen Funken des Strebens nach dem Wahrhaftigen entzündet. Meine Widersprüche, meine Ansichten galten ihm nur als Beweis meines Dilettantismus, der gewöhnlich nicht von der wahren praktischen Einsicht erleuchtet werde. Er belehrte mich über die wahren Tendenzen der Malerei und der Musik, über die Bedingnisse des Gemäldes, der Oper. — Ich erfuhr viel von Colorit, Draperie, Pyramidalgruppen, von ernster und komischer Musik, von Szenen für die Prima donna, von Chören, vom Effekt, vom Helldunkel, der Beleuchtung u. s. w. Ich hörte alles an, ohne den Fürsten, der sich in dieser Unterhaltung recht zu gefallen schien, zu unterbrechen. Endlich schnitt er selbst seine Rede ab, mit der schnellen Frage: spielen Sie Faro? — Ich verneinte es. „Das ist ein herrliches Spiel, fuhr er fort: in seiner hohen Einfachheit das wahre Spiel für geistreiche Männer. Man tritt gleichsam aus sich selbst heraus, oder besser, man stellt sich auf einen Standpunkt, von dem man die sonderbaren Verschlingungen und Verknüpfungen, die die geheime Macht, welche wir Zufall nennen, mit unsichtbarem Faden spinnt, zu erblicken im Stande ist. Gewinn und Verlust sind die beiden Angeln, auf denen sich die geheimnißvolle Maschine bewegt, die wir angestoßen, und die nun der ihr inwohnende Geist nach Willkür forttreibt. — Das Spiel müssen Sie lernen, ich will selbst Ihr Lehrmeister seyn." — Ich versicherte, bis jetzt nicht viel Lust zu einem Spiel in mir zu spüren, das, wie mir oft versichert worden, höchst gefährlich und verderblich seyn solle. — Der Fürst lächelte, und fuhr, mich mit seinen lebhaften klaren Augen scharf anblickend, fort: „Ei, das sind kindische Seelen, die das behaupten, aber am Ende halten Sie mich wohl für einen Spieler, der Sie ins Garn locken will. — Ich bin der Fürst; gefällt es Ihnen hier in der Residenz, so bleiben Sie hier, und besuchen Sie meinen Zirkel, in dem wir manchmal Faro spielen, ohne daß ich zugebe, daß sich irgend Jemand durch dies Spiel derangire, unerachtet das Spiel bedeutend seyn muß, um zu interessiren, denn der Zufall ist träge, so bald ihm nur Unbedeutendes dargeboten wird."

Schon im Begriff mich zu verlassen, kehrte der Fürst sich noch zu mir, und frug: „mit wem habe ich aber gesprochen?" — Ich erwiederte, daß ich Leonard heiße, und als Gelehrter privatisire, ich sey übrigens keinesweges von Adel, und dürfe vielleicht daher von der mir angebotenen Gnade, im Hofzirkel zu erscheinen, keinen Gebrauch machen. „Was Adel, was Adel, rief der Fürst heftig: Sie sind, wie ich mich überzeugt habe, ein sehr unterrichteter, geistreicher Mann. — Die Wissenschaft adelt Sie, und macht Sie fähig, in meiner Umgebung zu erscheinen. Adieu, Herr Leonard, auf Wiedersehen!" — So war denn mein Wunsch früher und leichter, als ich es mir gedacht hatte, erfüllt. Zum erstenmal in meinem Leben sollte ich an einem Hofe erscheinen, ja, in gewisser Art selbst am Hofe leben, und mir gingen all' die abentheuerlichen Geschichten von den Kabalen, Ränken, Intriguen der Höfe, wie sie sinnreiche Roman- und Comödienschreiber aushecken, durch den Kopf. Nach Aussage dieser Leute, mußte der Fürst von Bösewichtern aller Art umgeben, und verblendet, insonderheit aber der Hofmarschall ein ahnenstolzer abgeschmackter Pinsel, der erste Minister ein ränkevoller habsüchtiger Bösewicht, die Kammerjunker müssen aber lockere Menschen und Mädchenverführer seyn. — Jedes Gesicht ist kunstmäßig in freundliche Falten gelegt, aber im Herzen Lug und Trug; sie schmelzen vor Freundschaft und Zärtlichkeit, sie bücken und krümmen sich, aber jeder ist des andern unversöhnlicher Feind, und sucht ihm hinterlistig ein Bein zu stellen, daß er rettungslos umschlägt, und der Hintermann in seine Stelle tritt, bis ihm ein Gleiches widerfährt. Die Hofdamen sind häßlich, stolz, ränkevoll, dabei verliebt, und stellen Netze und Sprenkeln, vor denen man sich zu hüten hat, wie vor dem Feuer! — So stand das Bild eines Hofes in meiner Seele, als ich im Seminar so viel davon gelesen; es war mir immer, als treibe der Teufel da recht ungestört sein Spiel, und unerachtet mir Leonardus Manches von Höfen, an denen er sonst gewesen, erzählte, was zu meinen Begriffen davon durchaus nicht passen wollte, so blieb mir doch eine gewisse Scheu vor allem Höfischen zurück, die noch jetzt, da ich im Begriff stand, einen Hof zu sehen, ihre Wirkung äußerte. Mein Verlangen, der Fürstin näher zu treten, ja eine innere Stimme, die mir unaufhörlich, wie in dunklen Worten zurief, daß hier mein Geschick sich bestimmen werde, trieben mich unwiderstehlich fort, und um die bestimmte Stunde befand ich mich, nicht ohne innere Beklemmung, im fürstlichen Vorsaal. —

Mein ziemlich langer Aufenthalt in jener Reichs- und Handelsstadt, hatte mir dazu gedient, all das Ungelenke, Steife, Eckigte meines Betragens, das mir sonst noch vom Klosterleben anklebte, ganz abzuschleifen. Mein von Natur geschmeidiger, vorzüglich wohlgebauter

Körper, gewöhnte sich leicht an die ungezwungene freie Bewegung, die dem Weltmann eigen. Die Blässe, die den jungen Mönch auch bei schönem Gesicht entstellt, war aus meinem Gesicht verschwunden, ich befand mich in den Jahren der höchsten Kraft, die meine Wangen röthete, und aus meinen Augen blitzte; meine dunkelbraunen Locken verbargen jedes Ueberbleibsel der Tonsur. Zu dem Allem kam, daß ich eine feine zierliche schwarze Kleidung im neuesten Geschmack trug, die ich aus der Handelsstadt mitgebracht, und so konnte es nicht fehlen, daß meine Erscheinung angenehm auf die schon Versammelten wirken mußte, wie sie es durch ihr zuvorkommendes Betragen, das, sich in den Schranken der höchsten Feinheit haltend, nicht zudringlich wurde, bewiesen. So wie nach meiner, aus Romanen und Comödien gezogenen Theorie, der Fürst, als er mit mir im Park sprach, bei den Worten: ich bin der Fürst, eigentlich den Oberrock rasch aufknöpfen, und mir einen großen Stern entgegen blitzen lassen mußte, so sollten auch all' die Herren, die den Fürsten umgaben, in gestickten Röcken, steifen Frisuren u. s. w. einhergehen, und ich war nicht wenig verwundert, nur einfache, geschmackvolle Anzüge zu bemerken. Ich nahm wahr, daß mein Begriff vom Leben am Hofe wohl überhaupt ein kindisches Vorurtheil seyn könne, meine Befangenheit verlor sich, und ganz ermuthigte mich der Fürst, der mit den Worten auf mich zutrat: „Sieh da, Herr Leonard!“ und dann über meinen strengen kunstrichterlichen Blick scherzte, mit dem ich seinen Park gemustert. — Die Flügelthüren öffneten sich, und die Fürstin trat in den Conversationssaal, nur von zwei Hofdamen begleitet. Wie erbebte ich bei ihrem Anblick im Innersten, wie war sie nun, beim Schein der Lichter, meiner Pflegemutter noch ähnlicher als sonst. — Die Damen umringten sie, man stellte mich vor, sie sah mich an mit einem Blick, der Erstaunen, eine innere Bewegung verrieth; sie lispelte einige Worte, die ich nicht verstand, und kehrte sich dann zu einer alten Dame, der sie etwas leise sagte, worüber diese unruhig wurde, und mich scharf anblickte. — Alles dieses geschah in einem Moment. — Jetzt theilte sich die Gesellschaft in kleinere und größere Gruppen, lebhafte Gespräche begannen, es herrschte ein freier ungezwungener Ton, und doch fühlte man es, daß man sich im Zirkel des Hofes, in der Nähe des Fürsten befand, ohne daß dies Gefühl nur im mindesten gedrückt hätte. Kaum eine einzige Figur fand ich, die in das Bild des Hofes, wie ich ihn mir sonst dachte, gepaßt haben sollte. Der Hofmarschall war ein alter lebenslustiger aufgeweckter Mann, die Kammerjunker muntre Jünglinge, die nicht im mindesten darnach aussahen, als führten sie Böses im Schilde. Die beiden Hofdamen schienen Schwestern, sie waren sehr jung, und eben so unbedeutend, zum Glück aber sehr anspruchslos geputzt. Vorzüglich war es ein kleiner Mann mit aufgestützter Nase, und lebhaft funkelnden Augen, schwarz gekleidet, den langen Stahldegen an der Seite, der, indem er sich mit unglaublicher Schnelle durch die Gesellschaft wand und schlängelte, und bald hier, bald dort war, nirgends weilend, keinem Rede stehend, hundert witzige sarkastische Einfälle wie Feuerfunken umhersprühte, überall reges Leben entzündete. Es war des Fürsten Leibarzt. — Die alte Dame, mit der die Fürstin gesprochen, hatte unbemerkt mich so geschickt zu umkreisen gewußt, daß ich, ehe ich mir's versah, mit ihr allein im Fenster stand. Sie ließ sich alsbald in ein Gespräch mit mir ein, das, so schlau sie es anfing, bald den einzigen Zweck verrieth, mich über meine Lebensverhältnisse auszufragen. — Ich war auf dergleichen vorbereitet, und überzeugt, daß die einfachste anspruchsloseste Erzählung in solchen Fällen die unschädlichste und gefahrloseste ist, schränkte ich mich darauf ein, ihr zu sagen, daß ich ehemals Theologie studirt, jetzt aber, nachdem ich den reichen Vater beerbt, aus Lust und Liebe reise. Meinen Geburtsort verlegte ich nach dem polnischen Preußen, und gab ihm einen solchen barbarischen Zähne und Zunge zerbrechenden Namen, der der alten Dame das Ohr verletzte, und ihr jede Lust benahm noch einmal zu fragen. „Ei, ei, sagte die alte Dame: Sie haben ein Gesicht, mein Herr, das hier gewisse traurige Erinnerungen wecken könnte, und sind vielleicht mehr als Sie scheinen wollen, da Ihr Anstand keinesweges auf einen Studenten der Theologie deutet."

Nachdem Erfrischungen gereicht worden, ging es in den Saal, wo der Farotisch in Bereitschaft stand. Der Hofmarschall machte den Banquier, doch stand er, wie man mir sagte, mit dem Fürsten in der Art im Verein, daß er allen Gewinn behielt, der Fürst ihm aber jeden Verlust, in so fern er den Fonds der Bank schwächte, ersetzte. Die Herren versammelten sich um den Tisch, bis auf den Leibarzt, der durchaus niemals spielte, sondern bei den Damen blieb, die an dem Spiel keinen Antheil nahmen. Der Fürst rief mich zu sich, ich mußte neben ihm stehen, und er wählte meine Karten, nachdem er mir in kurzen Worten das Mechanische des Spiels erklärt. Dem Fürsten schlugen alle Karten um, und auch ich befand mich, so genau ich den Rath des Fürsten befolgte, fortwährend im Verlust, der bedeutend wurde, da ein Louisd'or als niedrigster Point galt. Meine Kasse war ziemlich auf der Neige, und schon oft hatte ich gesonnen, wie es gehen würde, wenn die letzten Louisd'or ausgegeben, um so mehr war mir das Spiel, welches mich auf einmal arm machen konnte, fatal. Eine neue Taille begann, und ich bat den Fürsten, mich nun ganz mir selbst zu überlassen, da es scheine, als wenn ich, als ein ausgemacht unglücklicher Spieler, ihn auch in Verlust brächte. Der Fürst meinte lächelnd, daß ich noch vielleicht meinen Verlust hätte einbringen können, wenn ich nach dem Rath des erfahrnen Spielers fortgefahren, indessen wolle er nun sehn, wie ich mich benehmen würde, da ich mir so viel zutraue. — Ich zog aus meinen Karten, ohne sie anzusehen, blindlings eine heraus, es war die Dame. — Wohl mag es lächerlich zu sagen seyn, daß ich in diesem blassen leblosen Kartengesicht Aureliens Züge zu entdecken glaubte. Ich starrte das Blatt an, kaum konnte ich meine innere Bewegung verbergen; der Zuruf des Banquiers, ob das Spiel gemacht sey, riß mich aus der Betäubung. Ohne mich zu besinnen, zog ich die letzten fünf Louisd'or, die ich noch bei mir trug, aus der Tasche, und setzte sie auf die Dame. Sie gewann, nun setzte ich immer fort und fort auf die Dame, und immer höher, so wie der Gewinn stieg. Jedesmal, wenn ich wieder die Dame setzte, riefen die Spieler: nein es ist unmöglich, jetzt muß die Dame untreu werden — und alle Karten der übrigen Spieler schlugen um. „Das ist mirakulos, das ist unerhört," erscholl es von allen Seiten, indem ich still, und in mich gekehrt, ganz mein Gemüth Aurelien zugewendet, kaum das Gold achtete, das mir der Banquier einmal übers andere zuschob. — Kurz in den vier letzten Taillen hatte die Dame unausgesetzt gewonnen, und ich die Taschen voll Gold. Es waren an zweitausend Louisd'or, die mir das Glück durch die Dame zugetheilt, und unerachtet ich nun aller Verlegenheit enthoben, so konnte ich mich doch eines innern unheimlichen Gefühls nicht erwehren. — Auf wunderbare Art fand ich einen geheimen Zusammenhang zwischen dem glücklichen Schuß aufs Gerathewohl, der neulich die Hühner herabwarf, und zwischen meinem heutigen Glück. Es wurde mir klar, daß nicht ich, sondern die fremde Macht, die in mein Wesen getreten, alles das Ungewöhnliche bewirke, und ich nur das willenlose Werkzeug sey, dessen sich jene Macht bediene, zu mir unbekannten Zwecken. Die Erkenntniß dieses Zwiespalts, der mein Inneres feindseelig trennte, gab mir aber Trost, indem sie mir das allmähliche Aufkeimen eigner Kraft, die bald stärker und stärker werdend, dem Feinde widerstehen, und ihn bekämpfen werde, verkündete. — Das ewige Abspiegeln von Aureliens Bild konnte nichts anderes seyn, als ein verruchtes Verlocken zum bösen Beginnen, und eben dieser freveliche Mißbrauch des frommen lieben Bildes, erfüllte mich mit Grausen und Abscheu.

In der düstersten Stimmung schlich ich des Morgens durch den Park, als mir der Fürst, der um die Stunde auch zu lustwandeln pflegte, entgegentrat. „Nun, Herr Leonard, rief er: wie finden Sie mein Faro-Spiel? — was sagen Sie von der Laune des Zufalls, der Ihnen alles tolle Beginnen verzieh, und das Gold zuwarf. Sie hatten glücklicherweise die Carte Favorite getroffen, aber so blindlings dürfen Sie selbst der Carte Favorite nicht immer vertrauen.“ — Er verbreitete sich weitläuftig über den Begriff der Carte Favorite, gab mir die wohl ersonnensten Regeln, wie man dem Zufall in die Hand spielen müsse, und schloß mit der Aeußerung, daß ich nun mein Glück im Spiel wohl eifrigst verfolgen werde. Ich versicherte dagegen freimüthig, daß es mein fester Vorsatz sey, nie mehr eine Karte anzurühren. Der Fürst sah mich verwundert an. — „Eben mein gestriges wunderbares Glück, fuhr ich fort: hat diesen Entschluß erzeugt, denn alles das, was ich sonst von dem Gefährlichen, ja Verderblichen dieses Spiels gehört, ist dadurch bewährt worden. Es lag für mich etwas Entsetzliches darin, daß, indem die gleichgültige Karte, die ich blindlings zog, in mir eine schmerzhafte herzzerreissende Erinnerung weckte, ich von einer unbekannten Macht ergriffen wurde, die das Glück des Spiels, den losen Geldgewinn mir zuwarf, als entsprösse es aus meinem eignen Innern, als wenn ich selbst, jenes Wesen denkend, das aus der leblosen Karte mir mit glühenden Farben entgegenstrahlte, dem Zufall gebieten könne, seine geheimsten Verschlingungen erkennend.“ — „Ich verstehe Sie, unterbrach mich der Fürst: Sie liebten unglücklich, die Karte rief das Bild der verlornen Geliebten in Ihre Seele zurück, obgleich mich das, mit Ihrer Erlaubniß, possierlich anspricht, wenn ich mir das breite, blasse, komische Kartengesicht der Coeurdame, die Ihnen in die Hand fiel, lebhaft imaginire. — Doch Sie dachten nun einmal an die Geliebte, und sie war Ihnen im Spiel treuer und wohlthuender, als vielleicht im Leben; aber was darin Entsetzliches, Schreckbares liegen soll, kann ich durchaus nicht begreifen, vielmehr muß es ja erfreulich seyn, daß Ihnen das Glück wohlwollte. Ueberhaupt — ist Ihnen denn nun einmal die ominöse Verknüpfung des Spielglücks mit Ihrer Geliebten so unheimlich, so trägt nicht das Spiel die Schuld, sondern nur Ihre individuelle Stimmung." — „Mag das seyn, gnädigster Herr, erwiederte ich: aber ich fühle nur zu lebhaft, daß es nicht so wohl die Gefahr ist, durch bedeutenden Verlust in die übelste Lage zu gerathen, welche dieses Spiel so verderblich macht, sondern vielmehr die Kühnheit, geradezu wie in offener Fehde, es mit der geheimen Macht aufzunehmen, die aus dem Dunkel glänzend hervortritt, und uns wie ein verführerisches Trugbild in eine Region verlockt, in der sie uns höhnend ergreift und zermalmt. Eben dieser Kampf mit jener Macht scheint das anziehende Wagestück zu seyn, das der Mensch, seiner Kraft kindisch vertrauend, so gern unternimmt, und das er, einmal begonnen, beständig, ja noch im Todeskampfe den Sieg hoffend, nicht mehr lassen kann. Daher kommt meines Bedünkens die wahnsinnige Leidenschaft der Farospieler, und die innere Zerrüttung des Geistes, die der bloße Geldverlust nicht nach sich zu ziehen vermag, und die sie zerstört. Aber auch schon in untergeordneter Hinsicht, kann selbst dieser Verlust auch den leidenschaftlosen Spieler, in den noch nicht jenes feindselige Prinzip gedrungen, in tausend Unannehmlichkeiten, ja in offenbare Noth stürzen, da er doch nur durch die Umstände veranlaßt spielte. Ich darf es gestehen, gnädigster Herr! daß ich selbst gestern im Begriff stand, meine ganze Reisekasse gesprengt zu sehen." — „Das hätte ich erfahren, fiel der Fürst rasch ein: und Ihnen den Verlust dreidoppelt ersetzt, denn ich will nicht, daß sich Jemand meines Vergnügens wegen ruinire, überhaupt kann das bei mir nicht geschehen, da ich meine Spieler kenne, und sie nicht aus den Augen lasse." — „Aber eben diese Einschränkung, gnädigster Herr! erwiederte ich: hebt wieder die Freiheit des Spiels auf, und setzt selbst jenen besonderen Verknüpfungen des Zufalls Schranken, deren Betrachtung Ihnen, gnädigster Herr, das Spiel so interessant macht. Aber wird nicht auch dieser oder jener, den die Leidenschaft des Spiels unwiderstehlich ergriffen, Mittel finden zu seinem eignen Verderben der Aufsicht zu entgehen, und so ein Mißverhältniß in sein Leben bringen, das ihn zerstört? — Verzeihen Sie meine Freimüthigkeit, gnädigster Herr! — Ich glaube überdem, daß jede Einschränkung der Freiheit, sollte diese auch gemißbraucht werden, drückend, ja, als dem menschlichen Wesen schnurstracks entgegenstrebend, unausstehlich ist." — „Sie sind nun einmal, wie es scheint, überall nicht meiner Meinung, Herr Leonard," fuhr der Fürst auf, und entfernte sich rasch, indem er mir ein leichtes „Adieu" zuwarf. — Kaum wußte ich selbst, wie ich dazu gekommen, mich so offenherzig zu äußern, ja ich hatte niemals, unerachtet ich in der Handelsstadt oft an bedeutenden Banken als Zuschauer stand, genug über das Spiel nachgedacht, um meine Ueberzeugung im Innern so zu ordnen, wie sie mir jetzt unwillkürlich von den Lippen floß. Es that mir leid, die Gnade des Fürsten verscherzt, und das Recht verloren zu haben, im Zirkel des Hofes erscheinen, und der Fürstin näher treten zu dürfen. Ich hatte mich indessen geirrt, denn noch denselben Abend erhielt ich eine Einladungskarte zum Hofkonzert, und der Fürst sagte im Vorbeistreifen mit freundlichem Humor zu mir: „guten Abend, Herr Leonard, gebe der Himmel, daß meine Capelle heute Ehre einlegt, und meine Musik Ihnen besser gefällt, als mein Park." —

Die Musik war in der That recht artig, es ging Alles präzis, indessen schien mir die Wahl der Stücke nicht glücklich, indem eins die Wirkung des andern vernichtete, und vorzüglich erregte mir eine lange Szene, die mir, wie nach einer aufgegebenen Formel komponirt zu seyn schien, herzliche Langeweile. Ich hütete mich wohl, meine wahre innere Meinung zu äußern, und hatte um so klüger daran gethan, als man mir in der Folge sagte, daß eben jene lange Szene eine Composition des Fürsten gewesen.

Ohne Bedenken fand ich mich in dem nächsten Zirkel des Hofes ein, und wollte selbst am Farospiel Theil nehmen, um den Fürsten ganz mit mir auszusöhnen, aber nicht wenig erstaunte ich, als ich keine Bank erblickte, vielmehr sich einige gewöhnliche Spieltische formten, und unter den übrigen Herren und Damen, die sich im Zirkel um den Fürsten setzten, eine lebhafte geistreiche Unterhaltung begann. Dieser oder jener wußte manches Ergötzliche zu erzählen, ja Anekdoten mit scharfer Spitze wurden nicht verschmäht; meine Rednergabe kam mir zu statten, und es waren Andeutungen aus meinem eigenen Leben, die ich unter der Hülle romantischer Dichtung auf anziehende Weise vorzutragen wußte. So erwarb ich mir die Aufmerksamkeit und den Beifall des Zirkels; der Fürst liebte aber mehr das Heitre, Humoristische, und darin übertraf Niemand den Leibarzt, der in tausend possierlichen Einfällen und Wendungen unerschöpflich war.

Diese Art der Unterhaltung erweiterte sich dahin, daß oft dieser oder jener etwas aufgeschrieben hatte, das er in der Gesellschaft vorlas, und so kam es denn, daß das Ganze bald das Ansehen eines wohlorganisirten litterarisch ästhetischen Vereins erhielt, in dem der Fürst präsidirte, und in welchem Jeder das Fach ergriff, welches ihm am mehrsten zusagte. — Einmal hatte ein Gelehrter, der ein trefflicher tiefdenkender Physiker war, uns mit neuen interessanten Entdeckungen im Gebiet seiner Wissenschaft überrascht, und so sehr dies den Theil der Gesellschaft ansprach, der wissenschaftlich genug war, den Vortrag des Professors zu fassen, so sehr langweilte sich der Theil, dem das Alles fremd und unbekannt blieb: Selbst der Fürst schien sich nicht sonderlich in die Ideen des Professors zu finden, und auf den Schluß mit herzlicher Sehnsucht zu warten. Endlich hatte der Professor geendet, der Leibarzt war vorzüglich erfreut, und brach aus in Lob und Bewunderung, indem er hinzufügte, daß dem tiefen Wissenschaftlichen wohl zur Erheiterung des Gemüths etwas folgen könne, das nun eben auf nichts weiter Anspruch mache, als auf Erreichung dieses Zwecks. — Die Schwächlichen, die die Macht der ihnen fremden Wissenschaft gebeugt hatte, richteten sich auf, und selbst des Fürsten Gesicht überflog ein Lächeln, welches bewies, wie sehr ihm die Rückkehr ins Alltagsleben wohlthat.

„Sie wissen, gnädigster Herr! hob der Leibarzt an, indem er sich zum Fürsten wandte: daß ich auf meinen Reisen nicht unterließ, all' die lustigen Vorfälle, wie sie das Leben durchkreuzen, vorzüglich aber die possierlichen Originale, die mir aufstießen, treu in meinem Reisejournal zu bewahren, und eben aus diesem Journal bin ich im Begriff etwas mitzutheilen, das ohne sonderlich bedeutend zu seyn, doch mir ergötzlich scheint. — Auf meiner vorjährigen Reise kam ich in später Nacht in das schöne große Dorf vier Stunden von B.; ich entschloß mich in den stattlichen Gasthof einzukehren, wo mich ein freundlicher aufgeweckter Wirth empfing. Ermüdet, ja zerschlagen von der weiten Reise, warf ich mich in meinem Zimmer gleich ins Bette, um recht auszuschlafen, aber es mochte eben Eins geschlagen haben, als mich eine Flöte, die dicht neben mir geblasen wurde, weckte. In meinem Leben hatt' ich solch ein Blasen nicht gehört. Der Mensch mußte ungeheure Lungen haben, denn mit einem schneidenden durchdringenden Ton, der den Charakter des Instruments ganz vernichtete, blies er immer dieselbe Passage hintereinander fort, so daß man sich nichts Abscheulicheres, Unsinnigeres denken konnte. Ich schimpfte und fluchte auf den verdammten tollen Musikanten, der mir den Schlaf raubte, und die Ohren zerriß, aber wie ein aufgezogenes Uhrwerk rollte die Passage fort, bis ich endlich einen dumpfen Schlag vernahm, als würde etwas gegen die Wand geschleudert, worauf es still blieb, und ich ruhig fortschlafen konnte."

„Am Morgen hörte ich ein starkes Gezänk unten im Hause. Ich unterschied die Stimme des Wirths und eines Mannes, der unaufhörlich schrie: „„verdammt sey Ihr Haus, wäre ich nie über die Schwelle getreten. — Der Teufel hat mich in Ihr Haus geführt, wo man nichts trinken, nichts genießen kann! — alles ist infam schlecht, und hundemäßig theuer. — Da haben Sie Ihr Geld, Adieu, Sie sehen mich nicht wieder in Ihrer vermaledeiten Kneipe."" — Damit sprang ein kleiner, winddürrer Mann, in einem kaffeebraunen Rocke und fuchsrother runder Perücke, auf die er einen grauen Hut ganz schief und martialisch gestülpt, schnell zum Hause hinaus, und lief nach dem Stalle, aus dem ich ihn bald auf einem ziemlich steifen Gaule in schwerfälligem Galopp zum Hofe hinausreiten sah."

„Natürlicherweise hielt ich ihn für einen Fremden, der sich mit dem Wirth entzweit habe, und nun abgereiset sey; eben deshalb nahm es mich nicht wenig Wunder, als ich Mittags, da ich mich in der Wirthsstube befand, dieselbe komische kaffeebraune Figur mit der fuchsrothen Perücke, welche des Morgens hinausritt, eintreten, und ohne Umstände an dem gedeckten Tisch Platz nehmen sah. Es war das häßlichste und dabei possierlichste Gesicht, das mir jemals aufstieß. In dem ganzen Wesen des Mannes lag so etwas drollig ernstes, daß man ihn betrachtend, sich kaum des Lachens enthalten konnte. Wir aßen mit einander, und ein wortkarges Gespräch schlich zwischen mir und dem Wirth hin, ohne daß der Fremde, der gewaltig aß, daran Antheil nehmen wollte. Offenbar war es, wie ich nachher einsah, Bosheit des Wirths, daß er das Gespräch geschickt auf nationelle Eigenthümlichkeiten lenkte, und mich geradezu frug, ob ich wohl schon Irländer kennen gelernt, und von ihren sogenannten Bulls etwas wisse? Allerdings! erwiederte ich, indem mir gleich eine ganze Reihe solcher Bulls durch den Kopf ging. Ich erzählte von jenem Irländer, der, als man ihn frug, warum er den Strumpf verkehrt angezogen, ganz treuherzig antwortete: auf der rechten Seite ist ein Loch! — Es kam mir ferner der herrliche Bull jenes Irländers in den Sinn, der mit einem jähzornigen Schotten zusammen in einem Bette schlief, und den bloßen Fuß unter der Decke hervorgestreckt hatte. Nun bemerkte dies ein Engländer, der im Zimmer befindlich, und schnallte flugs dem Irländer den Sporn an den Fuß, den er von seinem Stiefel heruntergenommen. Der Irrländer zog schlafend den Fuß wieder unter die Decke, und ritzte mit dem Sporn den Schotten, der darüber aufwachte, und dem Irländer eine tüchtige Ohrfeige gab. Darauf entspann sich unter ihnen folgendes sinnreiche Gespräch: was Teufel ficht Dich an, warum schlägst Du mich? — Weil Du mich mit Deinem Sporn geritzt hast! — Wie ist das möglich, da ich mit bloßen Füßen bei Dir im Bette liege? — Und doch ist es so, sieh nur her. — Gott verdamm mich, Du hast Recht, hat der verfluchte Kerl von Hausknecht mir den Stiefel ausgezogen, und den Sporn sitzen lassen. — Der Wirth brach in ein unmäßiges Gelächter aus, aber der Fremde, der eben mit dem Essen fertig worden, und ein großes Glas Bier hinuntergestürzt hatte, sah mich ernst an, und sprach: Sie haben ganz Recht, die Irländer machen oft dergleichen Bulls, aber es liegt keinesweges an dem Volke, das regsam und geistreich ist, vielmehr weht dort eine solche verfluchte Luft, die einen mit dergleichen Tollheiten, wie mit einem Schnupfen befällt, denn, mein Herr! ich selbst bin zwar ein Engländer, aber in Irland geboren und erzogen, und nur deshalb jener verdammten Krankheit der Bulls unterworfen. — Der Wirth lachte noch stärker, und ich mußte unwillkürlich einstimmen, denn sehr ergötzlich war es doch, daß der Irrländer, nur von Bulls sprechend, gleich selbst einen ganz vortrefflichen zum Besten gab. Der Fremde, weit entfernt durch unser Gelächter beleidigt zu werden, riß die Augen weit auf, legte den Finger an die Nase und sprach: In England sind die Irrländer das starke Gewürz, das der Gesellschaft hinzugefügt wird, um sie schmackhaft zu machen. Ich selbst bin in dem einzigen Stück dem Fallstaff ähnlich, daß ich oft nicht allein selbst witzig bin, sondern auch den Witz Anderer erwecke, was in dieser nüchternen Zeit kein geringes Verdienst ist. Sollten Sie denken, daß in dieser ledernen leeren Bierwirthsseele sich auch oft dergleichen regt, bloß auf meinen Anlaß? Aber dieser Wirth ist ein guter Wirth, er greift sein dürftig Capital von guten Einfällen durchaus nicht an, sondern leiht hie und da in Gesellschaft der Reichen nur einen aus auf hohe Zinsen; er zeigt, ist er dieser Zinsen nicht versichert, wie eben jetzt, höchstens den Einband seines Hauptbuchs, und der ist sein unmäßiges Lachen; denn in dies Lachen hat er seinen Witz eingewickelt. Gott befohlen, meine Herren! — damit schritt der originelle Mann zur Thüre hinaus, und ich bat den Wirth sofort um Auskunft über ihn. Dieser Irländer, sagte der Wirth, der Ewson heißt, und deswegen ein Engländer seyn will, weil sein Stammbaum in England wurzelt, ist erst seit kurzer Zeit hier, es werden nun gerade zwei und zwanzig Jahre seyn. — Ich hatte, als ein junger Mensch, den Gasthof gekauft und hielt Hochzeit als Herr Ewson, der auch noch ein Jüngling war, aber schon damals eine fuchsrothe Perücke, einen grauen Hut und einen kaffeebraunen Rock von demselben Schnitt wie heute trug, auf der Rückreise nach seinem Vaterlande begriffen, hier vorbeikam, und durch die Tanzmusik, die lustig erschallte, hereingelockt wurde. Er schwur, daß man nur auf dem Schiffe zu tanzen verstehe, wo er es seit seiner Kindheit erlernt, und führte, um dies zu beweisen, indem er auf gräßliche Weise dazu zwischen den Zähnen pfiff, einen Hornpipe aus, wobei er aber bei einem Hauptsprunge sich den Fuß dermaßen verrenkte, daß er bei mir liegen bleiben, und sich heilen lassen mußte. — Seit der Zeit hat er mich nicht wieder verlassen. Mit seinen Eigenheiten habe ich meine liebe Noth; jeden Tag, seit den vielen Jahren, zankt er mit mir, er schmählt auf die Lebensart, er wirft mir vor, daß ich ihn übertheure, daß er ohne Rostbeef und Porter nicht länger leben könne, packt sein Felleisen, setzt seine drei Perücken auf, eine über die andere, nimmt von mir Abschied, und reitet auf seinem alten Gaule davon. Das ist aber nur sein Spazierritt, denn Mittags kommt er wieder zum andern Thore herein, setzt sich, wie Sie heute gesehen haben, ruhig an den Tisch, und ißt von den ungenießbaren Speisen für drei Mann. Jedes Jahr erhält er einen starken Wechsel; dann sagt er mir ganz wehmüthig Lebewohl, er nennt mich seinen besten Freund, und vergießt Thränen, wobei mir auch die Thränen über die Backen laufen, aber vor unterdrücktem Lachen. Nachdem er noch, Lebens und Sterbens halber, seinen letzten Willen aufgesetzt, und, wie er sagt, meiner ältesten Tochter sein Vermögen vermacht hat, reitet er ganz langsam und betrübt nach der Stadt. Den dritten oder höchstens vierten Tag ist er aber wieder hier, und bringt zwei kaffeebraune Röcke, drei fuchsrothe Perrücken, eine gleißender, wie die andere, sechs Hemden, einen neuen grauen Hut und andere Bedürfnisse seines Anzuges, meiner ältesten Tochter, seiner Lieblingin, aber ein Tütchen Zuckerwerk mit, wie einem Kinde, unerachtet sie nun schon achtzehn Jahr alt worden. Er denkt dann weder an seinen Aufenthalt in der Stadt, noch an die Heimreise. Seine Zeche berichtigt er jeden Abend, und das Geld für das Frühstück wirft er mir jeden Morgen zornig hin, wenn er wegreitet, um nicht wieder zu kommen. Sonst ist er der gutmüthigste Mensch von der Welt, er beschenkt meine Kinder bei jeder Gelegenheit, er thut den Armen im Dorfe wohl, nur den Prediger kann er nicht leiden, weil er, wie Herr Ewson es von dem Schulmeister erfuhr, einmal ein Goldstück, das Ewson in die Armenbüchse geworfen, eingewechselt und lauter Kupferpfennige dafür gegeben hat. Seit der Zeit weicht er ihm überall aus, und geht niemals in die Kirche, weshalb der Prediger ihn für einen Atheisten ausschreit. Wie gesagt, habe ich aber oft meine liebe Noth mit ihm, weil er jähzornig ist, und ganz tolle Einfälle hat. Erst gestern hörte ich, als ich nach Hause kam, schon von weitem ein heftiges Geschrei, und unterschied Ewsons Stimme. Als ich ins Haus trat, fand ich ihn im stärksten Zank mit der Hausmagd begriffen. Er hatte, wie es im Zorn immer geschieht, bereits seine Perücke weggeschleudert, und stand im kahlen Kopf, ohne Rock, in Hemdärmeln dicht vor der Magd, der er ein großes Buch unter die Nase hielt, und stark schreiend und fluchend mit dem Finger hineinwies. Die Magd hatte die Hände in die Seiten gestemmt, und schrie: er möge Andere zu seinen Streichen brauchen, er sey ein schlechter Mensch, der an nichts glaube u. s. w. Mit Mühe gelang es mir, die Streitenden auseinander zu bringen, und der Sache auf den Grund zu kommen. — Herr Ewson hatte verlangt, die Magd solle ihm Oblate verschaffen zum Briefsiegeln; die Magd verstand ihn Anfangs gar nicht, zuletzt fiel ihr ein, daß das Oblate sey, was bei dem Abendmahl gebraucht werde, und meinte, Herr Ewson wolle mit der Hostie verruchtes Gespötte treiben, weil der Herr Pfarrer ohnedies gesagt, daß er ein Gottesläugner sey. Sie widersetzte sich daher und Herr Ewson, der da glaubte nur nicht richtig ausgesprochen zu haben, und nicht verstanden zu seyn, holte sofort sein englisch-deutsches Wörterbuch, und demonstrirte daraus der Bauermagd, die kein Wort lesen konnte, was er haben wolle, wobei er zuletzt nichts als englisch sprach, welches die Magd für das sinnverwirrende Gewäsche des Teufels hielt. Nur mein Dazwischentreten verhinderte die Prügelei, in der Herr Ewson vielleicht den Kürzeren gezogen."

„Ich unterbrach den Wirth in der Erzählung von dem drolligen Manne, indem ich frug, ob das vielleicht auch Herr Ewson gewesen, der mich in der Nacht durch sein gräßliches Flötenblasen so gestört und geärgert habe. Ach, mein Herr! fuhr der Wirth fort, das ist nun auch eine von Herr Ewsons Eigenheiten, womit er mir beinahe die Gäste verscheucht. Vor drei Jahren kam mein Sohn aus der Stadt hierher; der Junge bläst eine herrliche Flöte, und übte hier fleißig sein Instrument. Da fiel es Herrn Ewson ein, daß er ehemals auch Flöte geblasen, und ließ nicht nach, bis ihm Fritz seine Flöte und ein Conzert, das er mitgebracht hatte, für schweres Geld verkaufte."

„Nun fing Herr Ewson, der gar keinen Sinn für Musik, gar keinen Takt hat, mit dem größten Eifer an, das Conzert zu blasen. Er kam aber nur bis zum zweiten Solo des ersten Allegro's, da stieß ihm eine Passage auf, die er nicht herausbringen konnte, und diese einzige Passage bläst er nun seit den drei Jahren fast jeden Tag hundertmal hintereinander, bis er im höchsten Zorn erst die Flöte und dann die Perrücke an die Wand schleudert. Da dies nun wenige Flöten lange aushalten, so braucht er gar oft neue, und hat jetzt gewöhnlich drei bis vier im Gange. Ist nur ein Schräubchen zerbrochen oder eine Klappe schadhaft, so wirft er sie mit einem: Gott verdamm mich, nur in England macht man Instrumente, die was taugen! — durchs Fenster. Ganz erschrecklich ist es, daß ihn diese Passion der Flötenbläserei oft Nachts überfällt, und er dann meine Gäste aus dem tiefsten Schlafe dudelt. Sollten Sie aber glauben, daß hier im Amtshause sich, beinahe eben so lange als Herr Ewson bei mir ist, ein englischer Doktor aufhält, der Green heißt, und mit Herrn Ewson darin sympathisirt, daß er eben so originell, eben so voll sonderbaren Humors ist? — Sie zanken sich unaufhörlich, und können doch nicht ohne einander leben. Es fällt mir eben ein, daß Herr Ewson auf heute Abend einen Punsch bei mir bestellt hat, zu dem er den Amtmann und den Doktor Green eingeladen. Wollen Sie es sich, mein Herr, gefallen lassen, noch bis morgen früh hier zu verweilen, so können Sie heute Abend bei mir das possierlichste Kleeblatt sehen, das sich nur zusammen finden kann." —

„Sie stellen sich es vor, gnädigster Herr, daß ich mir den Aufschub der Reise gern gefallen ließ, weil ich hoffte den Herrn Ewson in seiner Glorie zu sehen. Er trat, so wie es Abend worden, ins Zimmer, und war artig genug, mich zu dem Punsch einzuladen, indem er hinzusetzte, wie es ihm nur leid thäte, mich mit dem nichtswürdigen Getränk, das man hier Punsch nenne, bewirthen zu müssen; nur in England trinke man Punsch, und da er nächstens dahin zurückkehren werde, hoffe er, käme ich jemals nach England, mir es beweisen zu können, daß er es verstehe, das köstliche Getränk zu bereiten. — Ich wußte, was ich davon zu denken hatte. — Bald darauf traten auch die eingeladenen Gäste ein. Der Amtmann war ein kleines kugelrundes, höchst freundliches Männlein mit vergnügt blickenden Augen, und einem rothen Näschen; der Doktor Green ein robuster Mann von mittlern Jahren mit einem auffallenden Nationalgesicht, modern, aber nachlässig gekleidet, Brill' auf der Nase, Hut auf dem Kopfe. — Gebt mir Sekt, daß meine Augen roth werden! rief er pathetisch, indem er auf den Wirth zuschritt, und ihn, bei der Brust packend, heftig schüttelte: hallunkischer Cambyses, sprich! wo sind die Prinzessinnen? Nach Kaffee riechts, und nicht nach Trank der Götter! — Laß ab von mir, o Held! weg mit der starken Faust, zermalmst im Zorne mir die Ribben! — rief der Wirth keuchend. Nicht eher, feiger Schwächling, fuhr der Doktor fort, bis süßer Dampf des Punsches Sinn umnebelnd Nase kitzelt, nicht eher laß ich Dich, Du ganz unwerther Wirth! — Aber nun schoß Ewson grimmig auf den Doktor los, und schalt: Unwürdger Green! grün soll's Dir werden vor den Augen, ja greinen sollst Du gramerfüllt, wenn Du nicht abläßt von schmachvoller That! — Nun, dacht' ich, würde Zank und Tumult losbrechen, aber der Doktor sagte: So will ich, feiger Ohnmacht spottend, ruhig seyn, und harr'n des Göttertranks den Du bereitet, würd'ger Ewson. — Er ließ den Wirth los, der eiligst davon sprang, setzte sich mit einer Cato's Miene an den Tisch, ergriff die gestopfte Pfeife, und blies große Dampfwolken von sich. — Ist das nicht, als wäre man im Theater? sagte der freundliche Amtmann zu mir, aber der Doktor, der sonst kein deutsches Buch in die Hand nimmt, fand zufällig Schlegels Shakespear bei mir, und seit der Zeit spielt er, nach seinem Ausdruck, uralte bekannte Melodien auf einem fremden Instrumente. Sie werden bemerkt haben, daß sogar der Wirth rhythmisch spricht, der Doktor hat ihn so zu sagen eingejambt. — Der Wirth brachte den dampfenden Punschnapf, und unerachtet Ewson und Green schwuren, er sey kaum trinkbar, so stürzten sie doch ein großes Glas nach dem andern hinab. Wir führten ein leidlich Gespräch. Green blieb wortkarg, nur dann und wann gab er auf komische Weise, die Opposition behauptend, etwas von sich. So sprach z. B. der Amtmann von dem Theater in der Stadt, und ich versicherte: der erste Held spiele vortrefflich. — Das kann ich nicht finden, fiel sogleich der Doktor ein: glauben Sie nicht, daß, hätte der Mann sechsmal besser gespielt, er des Beifalls viel würdiger seyn würde? Ich mußte das nothgedrungen zugeben, und meinte nur, daß dies sechsmal besser spielen dem Schauspieler Noth thue, der die zärtlichen Väter ganz erbärmlich tragire. — Das kann ich nicht finden, sagte Green wieder: der Mann giebt Alles, was er in sich trägt! Kann er dafür, daß seine Tendenz sich zum schlechten hinneigt? er hat es aber im schlechten zu rühmlicher Vollkommenheit gebracht, man muß ihn deshalb loben! — Der Amtmann saß mit seinem Talent, die beiden anzuregen zu allerlei tollen Einfällen und Meinungen, in ihrer Mitte, wie das excitirende Prinzip, und so ging es fort, bis der starke Punsch zu wirken anfing. Da wurde Ewson ausgelassen lustig, er sang mit krächzender Stimme Nationallieder, er warf Perrücke und Rock durchs Fenster in den Hof, und fing an mit den sonderbarsten Grimassen auf so drollige Weise zu tanzen, daß man sich vor Lachen hätte ausschütten mögen. Der Doktor blieb ernsthaft, hatte aber die seltsamsten Visionen. Er sah den Punschnapf für eine Baßgeige an, und wollte durchaus darauf herumstreichen, mit dem Löffel Ewsons Lieder akkompagnirend, wovon ihn nur des Wirths dringendste Protestationen abhalten konnten. — Der Amtmann war immer stiller und stiller geworden, am Ende stolperte er in eine Ecke des Zimmers, wo er sich hinsetzte und heftig zu weinen anfing. Ich verstand den Wink des Wirths, und frug den Amtmann um die Ursache seines tiefen Schmerzes. — Ach! ach! brach er schluchzend los: der Prinz Eugen war doch ein großer Feldherr, und dieser heldenmüthige Fürst mußte sterben. Ach, ach! -- und damit weinte er heftiger, daß ihm die hellen Thränen über die Backen liefen. Ich versuchte ihn über den Verlust dieses wackern Prinzen des längst vergangenen Jahrhunderts möglichst zu trösten, aber es war vergebens. Der Doktor Green hatte indessen eine große Lichtscheere ergriffen, und fuhr damit unaufhörlich gegen das offene Fenster. — Er hatte nichts geringeres im Sinn, als den Mond zu putzen, der hell hineinschien. Ewson sprang und schrie, als wäre er besessen von tausend Teufeln, bis endlich der Hausknecht, des hellen Mondscheins unerachtet, mit einer großen Laterne in das Zimmer trat, und laut rief: da bin ich, meine Herren! nun kann's fortgehen. Der Doktor stellte sich dicht vor ihm hin, und sprach, ihm die Dampfwolken ins Gesicht blasend: willkommen, Freund! Bist Du der Squenz der Mondschein trägt, und Hund, und Dornbusch? Ich habe Dich geputzt, Hallunke, darum scheinst Du hell! Gut' Nacht denn, viel des schnöden Safts hab' ich getrunken, gut' Nacht, mein werther Wirth, gut' Nacht, mein Pylades! — Ewson schwur, daß kein Mensch zu Hause gehen solle, ohne den Hals zu brechen, aber niemand achtete darauf, vielmehr nahm der Hausknecht den Doktor unter den einen, den Amtmann, der noch immer über den Verlust des Prinzen Eugen lamentirte, unter den andern Arm, und so wackelten sie über die Straße fort nach dem Amtshause. Mit Mühe brachten wir den närrischen Ewson in sein Zimmer, wo er noch die halbe Nacht auf der Flöte tobte, so daß ich kein Auge zuthun, und mich, erst im Wagen schlafend, von dem tollen Abend im Gasthause erholen konnte."

Die Erzählung des Leibarztes wurde oft durch lauteres Gelächter, als man es wohl sonst im Zirkel eines Hofes hören mag, unterbrochen. Der Fürst schien sich sehr ergötzt zu haben. „Nur eine Figur, sagte er zum Leibarzt: haben Sie in dem Gemälde zu sehr in den Hintergrund gestellt, und das ist Ihre eigne, denn ich wette, daß Ihr zu Zeiten etwas boshafter Humor den närrischen Ewson, so wie den pathetischen Doktor zu tausend tollen Ausschweifungen verleitet hat, und daß Sie eigentlich das excitirende Prinzip waren, für das Sie den lamentablen Amtmann ausgeben." — „Ich versichere, gnädigster Herr! erwiedrte der Leibarzt, daß dieser aus seltner Narrheit componirte Clubb so in sich abgeründet war, daß alles Fremde nur dissonirt hätte. Um in dem musikalischen Gleichniß zu bleiben, waren die drei Menschen der reine Dreiklang, jeder verschieden, im Ton aber harmonisch mitklingend, der Wirth sprang hinzu wie eine Septime." — Auf diese Weise wurde noch Manches hin und her gesprochen, bis sich, wie gewöhnlich, die fürstliche Familie in ihre Zimmer zurückzog, und die Gesellschaft in der gemüthlichsten Laune auseinander ging. — Ich bewegte mich heiter und lebenslustig in einer neuen Welt. Je mehr ich in den ruhigen gemüthlichen Gang des Lebens in der Residenz und am Hofe eingriff, je mehr man mir einen Platz einräumte, den ich mit Ehre und Beifall behaupten konnte, desto weniger dachte ich an die Vergangenheit, so wie daran, daß mein hiesiges Verhältniß sich jemals ändern könne. Der Fürst schien ein besonderes Wohlgefallen an mir zu finden, und aus verschiedenen flüchtigen Andeutungen konnte ich schließen, daß er mich auf diese oder jene Weise in seiner Umgebung fest zu stellen wünschte. Nicht zu läugnen war es, daß eine gewisse Gleichförmigkeit der Ausbildung, ja eine gewisse angenommene gleiche Manier in allem wissenschaftlichen und künstlerischen Treiben, die sich vom Hofe aus über die ganze Residenz verbreitete, manchem geistreichen, und an unbedingte Freiheit gewöhnten Mann, den Aufenthalt daselbst bald verleidet hätte; indessen kam mir, so oft auch die Beschränkung, welche die Einseitigkeit des Hofes hervorbrachte, lästig wurde, das frühere Gewöhnen an eine bestimmte Form, die wenigstens das Aeußere regelt, dabei sehr zu statten. Mein Klosterleben war es, das hier, freilich unmerklicher Weise, noch auf mich wirkte. — So sehr mich der Fürst auszeichnete, so sehr ich mich bemühte, die Aufmerksamkeit der Fürstin auf mich zu ziehen, so blieb diese doch kalt und verschlossen. Ja! meine Gegenwart schien sie oft auf besondere Weise zu beunruhigen, und nur mit Mühe erhielt sie es über sich, mir wie den Andern ein paar freundliche Worte zuzuwerfen. Bei den Damen, die sie umgaben, war ich glücklicher; mein Aeußeres schien einen günstigen Eindruck gemacht zu haben, und indem ich mich oft in ihren Kreisen bewegte, gelang es mir bald, diejenige wunderliche Weltbildung zu erhalten, welche man Galanterie nennt, und die in nichts Anderm besteht, als die äußere körperliche Geschmeidigkeit, vermöge der man immer da, wo man steht oder geht, hinzupassen scheint, auch in die Unterhaltung zu übertragen. Es ist die sonderbare Gabe, über Nichts mit bedeutenden Worten zu schwatzen, und so den Weibern ein gewisses Wohlbehagen zu erregen, von dem, wie es entstanden, sie sich selbst nicht Rechenschaft geben können. Daß diese höhere und eigentliche Galanterie sich nicht mit plumpen Schmeichelcien abgeben kann, fließt aus dem Gesagten, wiewohl in jenem interessanten Geschwätz, das wie ein Hymnus der Angebeteten erklingt, eben das gänzliche Eingehen in ihr Innerstes liegt, so daß ihr eignes Selbst ihnen klar zu werden scheint, und sie sich in dem Reflex ihres eignen Ichs mit Wohlgefallen spiegeln. — — Wer hätte nun noch den Mönch in mir erkennen sollen! — Der einzige mir gefährliche Ort war vielleicht nur noch die Kirche, in welcher es mir schwer wurde, jene klösterlichen Andachtsübungen, die ein besonderer Rhythmus, ein besonderer Takt auszeichnet, zu vermeiden. —

Der Leibarzt war der Einzige, der das Gepräge, womit Alles wie gleiche Münze ausgestempelt war, nicht angenommen hatte, und dies zog mich zu ihm hin, so wie Er sich deshalb an mich anschloß, weil ich, wie er recht gut wußte, Anfangs die Opposition gebildet, und meine freimüthigen Aeußerungen, die dem für kecke Wahrheit empfänglichen Fürsten eindrangen, das verhaßte Farospiel mit einem Mal verbannt hatten.

So kam es denn, daß wir oft zusammen waren, und bald über Wissenschaft und Kunst, bald über das Leben, wie es sich vor uns ausbreitete, sprachen. Der Leibarzt verehrte eben so hoch die Fürstin, als ich, und versicherte, daß nur sie es sey, die manche Abgeschmacktheit des Fürsten abwende, und diejenige sonderbare Art Langeweile, welche ihn auf der Oberfläche hin und her treibe, dadurch zu verscheuchen wisse, daß sie ihm oft ganz unvermerkt ein unschädliches Spielzeug in die Hände gebe. Ich unterließ nicht, bei dieser Gelegenheit mich zu beklagen, daß ich, ohne den Grund erforschen zu können, der Fürstin durch meine Gegenwart oft ein unausstehliches Mißbehagen zu erregen scheine. Der Leibarzt stand sofort auf, und holte, da wir uns gerade in seinem Zimmer befanden, ein kleines Miniaturbild aus dem Schreibepult, welches er mir, mit der Weisung, es recht genau zu betrachten, in die Hände gab. Ich that es, und erstaunte nicht wenig, als ich in den Zügen des Mannes, den das Bild darstellte, ganz die meinigen erkannte. Nur der Aenderung der Frisur und der Kleidung, die nach verjährter Mode gemalt war, nur der Hinzufügung meines starken Backenbarts, dem Meisterstück Belcampos, bedurfte es, um das Bild ganz zu meinem Portrait zu machen. Ich äußerte dies unverholen dem Leibarzt. „Und eben diese Aehnlichkeit, sagte er: ist es, welche die Fürstin erschreckt nnd beunruhigt, so oft Sie in ihre Nähe kommen, denn Ihr Gesicht erneuert das Andenken einer entsetzlichen Begebenheit, die vor mehreren Jahren den Hof traf, wie ein zerstörender Schlag. Der vorige Leibarzt, der vor einigen Jahren starb, und dessen Zögling in der Wissenschaft ich bin, vertraute mir jenen Vorgang in der fürstlichen Familie, und gab mir zugleich das Bild, welches den ehemaligen Günstling des Fürsten, Francesko, darstellt, und zugleich, wie Sie sehen, Rücksichts der Malerei, ein wahres Meisterstück ist. Es rührt von dem wunderlichen fremden Maler her, der sich damals am Hofe befand, und eben in jener Tragödie die Hauptrolle spielte." — Bei der Betrachtung des Bildes regten sich gewisse verworrene Ahnungen in mir, die ich vergebens trachtete klar aufzufassen. -- Jene Begebenheit schien mir ein Geheimniß erschließen zu wollen, in das ich selbst verflochten war, und um so mehr drang ich in den Leibarzt, mir das zu vertrauen, welches zu erfahren, mich die zufällige Aehnlichkeit mit Francesko zu berechtigen scheine. — „Freilich, sagte der Leibarzt: muß dieser höchst merkwürdige Umstand Ihre Neugierde nicht wenig aufregen, und so ungern ich eigentlich von jener Begebenheit sprechen mag, über die noch jetzt, für mich wenigsteus, ein geheimnißvoller Schleier liegt, den ich auch weiter gar nicht lüften will, so sollen Sie doch alles erfahren, was ich davon weiß. Viele Jahre sind vergangen, und die Hauptpersonen von der Bühne abgetreten, nur die Erinnerung ist es, welche feindselig wirkt. Ich bitte, gegen Niemanden von dem, was Sie erfuhren, etwas zu äußern." Ich versprach das, und der Arzt fing in folgender Art seine Erzählung an:

„Eben zu der Zeit, als unser Fürst sich vermählte, kam sein Bruder in Gesellschaft eines Mannes, den er Francesko nannte, unerachtet man wußte, daß er ein Deutscher war, so wie eines Malers, von weiten Reisen zurück. Der Prinz war einer der schönsten Männer, die man gesehen, und schon deshalb stach er vor unserm Fürsten hervor, hätte er ihn auch nicht an Lebensfülle und geistiger Kraft übertroffen. — Er machte auf die junge Fürstin, die damals bis zur Ausgelassenheit lebhaft, und der der Fürst viel zu formell, viel zu kalt war, einen seltenen Eindruck, und eben so fand sich der Prinz von der jungen bildschönen Gemahlin seines Bruders angezogen. Ohne an ein strafbares Verhältniß zu denken, mußten sie der unwiderstehlichen Gewalt nachgeben, die ihr inneres Leben, nur wie wechselseitig sich entzündend, bedingte, und so die Flamme nähren, die ihr Wesen in Eins verschmolz. — Franceско allein war es, der in jeder Hinsicht seinem Freunde an die Seite gesetzt werden konnte, und so, wie der Prinz auf die Gemahlin seines Bruders, so wirkte Francesko auf die ältere Schwester der Fürstin. Francesko wurde sein Glück bald gewahr, benutzte es mit durchdachter Schlauheit, und die Neigung der Prinzessin wuchs bald zur heftigsten brennendsten Liebe. Der Fürst war von der Tugend seiner Gemahlin zu sehr überzeugt, um nicht alle hämische Zwischenträgerei zu verachten, wiewohl ihn das gespannte Verhältniß mit dem Bruder drückte; und nur dem Francesko, den er seines seltnen Geistes, seiner lebensklugen Umsicht halber lieb gewonnen, war es möglich, ihn in gewissem Gleichmuth zu erhalten. Der Fürst wollte ihn zu den ersten Hofstellen befördern, Francesko begnügte sich aber mit den geheimen Vorrechten des ersten Günstlings, und mit der Liebe der Prinzessin. In diesen Verhältnissen bewegte sich der Hof so gut es gehen wollte, aber nur die vier durch geheime Bande verknüpften Personen waren glücklich in dem Eldorado der Liebe, das sie sich gebildet, und das Anderen verschlossen. — Wohl mochte es der Fürst, ohne daß man es wußte, veranstaltet haben, daß mit vielem Pomp eine italienische Prinzessin am Hofe erschien, die früher dem Prinzen als Gemahlin zugedacht war, und der er, als er auf der Reise sich am Hofe ihres Vaters befand, sichtliche Zuneigung bewiesen hatte. — Sie soll ausnehmend schön, und überhaupt die Grazie, die Anmuth selbst gewesen seyn, und dies spricht auch das herrliche Portrait aus, was Sie noch auf der Gallerie sehen können. Ihre Gegenwart belebte den in düstre Langeweile versunkenen Hof, sie überstrahlte Alles, selbst die Fürstin und ihre Schwester nicht ausgenommen. Francesko's Betragen änderte sich bald nach der Ankunft der Italienerin auf eine ganz auffallende Weise; es war, als zehre ein geheimer Gram an seiner Lebensblüthe, er wurde mürrisch, verschlossen, er vernachlässigte seine fürstliche Geliebte.

Der Prinz war eben so tiefsinnig geworden, er fühlte sich von Regungen ergriffen, denen er nicht zu widerstehen vermochte. Der Fürstin stieß die Ankunft der Italienerin einen Dolch ins Herz. Für die zur Schwärmerei geneigte Prinzessin war nun mit Francesko's Liebe alles Lebensglück entflohen, und so waren die vier Glücklichen, Beneidenswerthen, in Gram und Betrübniß versenkt. Der Prinz erholte sich zuerst, indem er, bei der strengen Tugend seiner Schwägerin, den Lockungen des schönen verführerischen Weibes nicht widerstehen konnte. Jenes kindliche, recht aus dem tiefsten Innern entsprossene Verhältniß mit der Fürstin, ging unter in der namenlosen Lust, die ihm die Italienerin verhieß, und so kam es denn, daß er bald aufs Neue in den alten Fesseln lag, denen er, seit nicht lange her, sich entwunden. — Je mehr der Prinz dieser Liebe nachhing, desto auffallender wurde Francesko's Betragen, den man jetzt beinahe gar nicht mehr am Hofe sah, sondern der einsam umherschwärmte, und oft Wochenlang von der Residenz abwesend war. Dagegen ließ sich der wunderliche menschenscheue Maler mehr sehen als sonst, und arbeitete vorzüglich gern in dem Atelier, das ihm die Italienerin in ihrem Hause einrichten lassen. Er malte sie mehrmals mit einem Ausdruck ohne Gleichen; der Fürstin schien er abhold, er wollte sie durchaus nicht malen, dagegen vollendete er das Portrait der Prinzessin, ohne daß sie ihm ein einzigesmal gesessen, auf das Aehnlichste und Herrlichste. Die Italienerin bewies diesem Maler so viel Aufmerksamkeit, und Er dagegen begegnete ihr mit solcher vertraulicher Galanterie, daß der Prinz eifersüchtig wurde, und dem Maler, als er ihn einmal im Atelier arbeitend antraf, und er, fest den Blick auf den Kopf der Italienerin, den er wieder hingezaubert, gerichtet, sein Eintreten gar nicht zu bemerken schien, — rund heraussagte: Er möge ihm den Gefallen thun, und hier nicht mehr arbeiten, sondern sich ein anderes Atelier suchen. Der Maler schnikte gelassen den Pinsel aus, und nahm schweigend das Bild von der Staffelei. Im höchsten Unmuthe riß es der Prinz ihm aus der Hand, mit der Aeußerung: es sey so herrlich getroffen, daß er es besitzen müsse. Der Maler, immer ruhig und gelassen bleibend, bat, nur zu erlauben, daß er das Bild mit ein paar Zügen vollende. Der Prinz stellte das Bild wieder auf die Staffelei, nach ein paar Minuten gab der Maler es ihm zurück, und lachte hell auf, als der Prinz über das gräßlich verzerrte Gesicht erschrak, zu dem das Portrait geworden. Nun ging der Maler langsam aus dem Saal, aber nah an der Thüre kehrte er um, sah den Prinzen an mit ernstem durchdringendem Blick, und sprach dumpf und feierlich: nun bist Du verloren!" —

„Dies geschah als die Italienerin schon für des Prinzen Braut erklärt war, und in wenigen Tagen die feierliche Vermählung vor sich gehen sollte. Des Malers Betragen achtete der Prinz um so weniger, als er in dem allgemeinen Ruf stand zuweilen von einiger Tollheit heimgesucht zu werden. Er saß, wie man erzählte, nun wieder in seinem kleinen Zimmer, und starrte Tagelang eine große aufgespannte Leinwand an, indem er versicherte, wie er eben jetzt an ganz herrlichen Gemälden arbeite; so vergaß er den Hof und wurde von diesem wieder vergessen."

„Die Vermählung des Prinzen mit der Italienerin ging in dem Pallast des Fürsten auf das Feierlichste vor sich; die Fürstin hatte sich in ihr Geschick gefügt, und einer zwecklosen nie zu befriedigenden Neigung entsagt; die Prinzessin war wie verklärt, denn ihr geliebter Francesko war wieder erschienen, blühender, lebensfroher als je. Der Prinz sollte mit seiner Gemahlin den Flügel des Schlosses beziehen, den der Fürst erst zu dem Behuf einrichten lassen. Bei diesem Bau war er recht in seinem Wirkungskreise, man sah ihn nicht anders, als von Architekten, Malern, Tapezierern umgeben, in großen Büchern blätternd, und Plane, Risse, Skizzen vor sich ausbreitend, die er zum Theil selbst gemacht, und die mitunter schlecht genug gerathen waren. Weder der Prinz noch seine Braut durften früher etwas von der inneren Einrichtung sehen, bis am späten Abend des Vermählungstages, an dem sie von dem Fürsten in einem langen feierlichen Zuge durch die in der That mit geschmackvoller Pracht dekorirten Zimmer geleitet wurden, und ein Ball in einem herrlichen Saal, der einem blühenden Garten glich, das Fest beschloß. In der Nacht entstand in dem Flügel des Prinzen ein dumpfer Lärm, aber lauter und lauter wurde das Getöse, bis es den Fürsten selbst aufweckte. Unglückahrend sprang er auf, eilte, von der Wache begleitet, nach dem entfernten Flügel, und trat in den breiten Corridor, als eben der Prinz gebracht wurde, den man vor der Thüre des Brautgemachs durch einen Messerstich in den Hals ermordet gefunden. Man kann sich das Entsetzen des Fürsten, der Prinzessin Verzweiflung, die tiefe herzzerreißende

Trauer der Fürstin denken. — Als der Fürst ruhiger worden, fing er an, der Möglichkeit, wie der Mord geschehen, wie der Mörder durch die überall mit Wachen besetzten Corridore habe entfliehen können, nachzuspähen; alle Schlupfwinkel wurden durchsucht, aber vergebens. Der Page, der den Prinzen bedient, erzählte, wie er seinen Herrn, der, von banger Ahnung ergriffen, sehr unruhig gewesen, und lange in seinem Cabinet auf und abgegangen sey, endlich entkleidet, und mit dem Armleuchter in der Hand bis an das Vorzimmer des Brautgemachs geleuchtet habe. Der Prinz hätte ihm den Leuchter aus der Hand genommen und ihn zurückgeschickt; kaum sey er aber aus dem Zimmer gewesen, als er einen dumpfen Schrei, einen Schlag, und das Klirren des fallenden Armleuchters gehört. Gleich sey er zurückgerannt und habe bei dem Schein eines Lichts, das noch auf der Erde fortgebrannt, den Prinzen vor der Thüre des Brautgemachs, und neben ihm ein kleines blutiges Messer liegen gesehen, nun aber gleich Lärm gemacht. — Nach der Erzählung der Gemahlin des unglücklichen Prinzen war er, gleich nachdem sie die Kammerfrauen entfernt, hastig ohne Licht in das Zimmer getreten, hatte alle Lichter schnell ausgelöscht, war wohl eine halbe Stunde bei ihr geblieben und hatte sich dann wieder entfernt; erst einige Minuten darauf geschah der Mord. — Als man sich in Vermuthungen, wer der Mörder seyn könne, erschöpfte, als es durchaus kein einziges Mittel mehr gab, dem Thäter auf die Spur zu kommen, da trat eine Kammerfrau der Prinzessin auf, die in einem Nebenzimmer, dessen Thüre geöffnet war, jenen verfänglichen Auftritt des Prinzen mit dem Maler bemerkt hatte; den erzählte sie nun mit allen Umständen. Niemand zweifelte, daß der Maler sich auf unbegreifliche Weise in den Pallast zu schleichen gewußt, und den Prinzen ermordet habe. Der Maler sollte im Augenblick verhaftet werden, schon seit zwei Tagen war er aber aus dem Hause verschwunden, Niemand wußte wohin, und alle Nachforschungen blieben vergebens. Der Hof war in die tiefste Trauer versenkt, die die ganze Residenz mit ihm theilte, und es war nur Francesko, der, wieder unausgesetzt bei Hofe erscheinend, in dem kleinen Familienzirkel manchen Sonnenblick aus den trüben Wolken hervorzuzaubern wußte."

„Die Prinzessin fühlte sich schwanger, und da es klar zu seyn schien, daß der Mörder des Gemahls die ähnliche Gestalt zum verruchten Betruge gemißbraucht, begab sie sich auf ein entferntes Schloß des Fürsten, damit die Niederkunft verschwiegen bliebe, und so die Frucht eines höllischen Frevels wenigstens nicht vor der Welt, der der Leichtsinn der Diener die Ereignisse der Brautnacht verrathen, den unglücklichen Gemahl schände.“ —

„Francesko's Verhältniß mit der Schwester der Fürstin wurde in dieser Trauerzeit immer fester und inniger, und eben so sehr verstärkte sich die Freundschaft des fürstlichen Paars für ihn. Der Fürst war längst in Francesko's Geheimniß eingeweiht, er konnte bald nicht länger dem Andringen der Fürstin und der Prinzessin widerstehen, und willigte in Francesko's heimliche Vermählung mit der Prinzessin. Francesko sollte sich im Dienst eines fremden Hofes zu einem hohen militairischen Grad aufschwingen, und dann die öffentliche Kundmachung seiner Ehe mit der Prinzessin erfolgen. An jenem Hofe war das damals, bei den Verbindungen des Fürsten mit ihm, möglich.“

„Der Tag der Verbindung erschien, der Fürst mit seiner Gemahlin, so wie zwei vertraute Männer des Hofes (mein Vorgänger war einer von ihnen) waren die Einzigen, die der Trauung in der kleinen Capelle im fürstlichen Pallast beiwohnen sollten. Ein einziger Page, in das Geheimniß eingeweiht, bewachte die Thüre.“

„Das Paar stand vor dem Altar, der Beichtiger des Fürsten, ein alter ehrwürdiger Priester, begann das Formular, nachdem er ein stilles Amt gehalten. — Da erblaßte Francesko, und mit stieren, auf den Eckpfeiler beim Hochaltar gerichteten Augen, rief er mit dumpfer Stimme: was willst Du von mir? — An den Eckpfeiler gelehnt stand der Maler, in fremder seltsamer Tracht, den violetten Mantel um die Schulter geschlagen, und durchbohrte Francesko mit dem gespenstischen Blick seiner hohlen schwarzen Augen. Die Prinzessin war der Ohnmacht nahe, Alles erbebte vom Entsetzen ergriffen, nur der Priester blieb ruhig, und sprach zu Francesko: warum erschreckt Dich die Gestalt dieses Mannes, wenn Dein Gewissen rein ist? Da raffte sich Francesko auf, der noch gekniet, und stürzte mit einem kleinen Messer in der Hand auf den Maler, aber noch ehe er ihn erreicht, sank er mit einem dumpfen Geheul ohnmächtig nieder, und der Maler verschwand hinter dem Pfeiler. Da erwachten Alle wie aus einer Betäubung, man eilte Francesko zu Hülfe, er lag todtenähnlich da. Um alles Aufsehen zu vermeiden, wurde er von den beiden vertrauten Männern in die Zimmer des Fürsten getragen. Als er aus der Ohnmacht erwachte, verlangte er heftig, daß man ihn entlasse in seine Wohnung, ohne eine einzige Frage des Fürsten über den geheimnißvollen Vorgang in der Kirche zu beantworten. Den andern Morgen war Franceskо aus der Residenz, mit den Kostbarkeiten, die ihm die Gunst des Prinzen und des Fürsten zugewendet, entflohen. Der Fürst unterließ nichts, um dem Geheimnisse, dem gespenstischen Erscheinen des Malers, auf die Spur zu kommen. Die Capelle hatte nur zwei Eingänge, von denen einer aus den inneren Zimmern des Pallastes nach den Logen neben dem Hochaltar, der andere hingegen aus dem breiten Hauptcorridor in das Schiff der Capelle führte. Diesen Eingang hatte der Page bewacht, damit kein Neugieriger sich nahe, der andere war verschlossen, unbegreiflich blieb es daher, wie der Maler in der Capelle erscheinen, und wieder verschwinden können. — Das Messer, welches Franceskо gegen den Maler gezückt, behielt er, ohnmächtig werdend, wie im Starrkrampf in der Hand, und der Page (derselbe, der an dem unglücklichen Vermählungsabende den Prinzen entkleidete, und der nun die Thüre der Capelle bewachte) behauptete, es sey dasselbe gewesen, was damals neben dem Prinzen gelegen, da es seiner silbernen blinkenden Schaale wegen sehr ins Auge falle. — Nicht lange nach diesen geheimnißvollen Begebenheiten kamen Nachrichten von der Prinzessin; an eben dem Tage, da Franceskо's Vermählung vor sich gehen sollte, hatte sie einen Sohn geboren, und war bald nach der Entbindung gestorben. — Der Fürst betrauerte ihren Verlust, wiewohl das Geheimniß der Brautnacht schwer auf ihr lag, und in gewisser Art einen vielleicht ungerechten Verdacht gegen sie selbst erweckte. Der Sohn, die Frucht einer frevelichen verruchten That, wurde in entfernten Landen unter dem Namen des Grafen Viktorin erzogen. Die Prinzessin (ich meine die Schwester der Fürstin) im Innersten zerrissen von den schrecklichen Begebenheiten, die in so kurzer Zeit auf sie eindrangen, wählte das Kloster. Sie ist, wie es Ihnen bekannt seyn wird, Aebtissin des Cisterzienser-Klosters in * * *. — Ganz wunderbar, und geheimnißvoll sich beziehend auf jene Begebenheiten an unserm Hofe, ist nun aber ein Ereigniß, das sich unlängst auf dem Schlosse des Barons F. zutrug, und diese Familie, so wie damals unsern Hof, auseinander warf. — Die Aebtissin hatte nämlich, gerührt von dem Elende einer armen Frau, die mit einem kleinen Kinde auf der Pilgerfahrt von der heiligen Linde ins Kloster einkehrte, ihren —"

Hier unterbrach ein Besuch die Erzählung des Leibarztes, und es gelang mir den Sturm, der in mir wogte, zu verbergen. Klar stand es vor meiner Seele, Francesko war mein Vater, er hatte den Prinzen mit demselben Messer ermordet, mit dem ich Hermogen tödtete! — Ich beschloß, in einigen Tagen nach Italien abzureisen, und so endlich aus dem Kreise zu treten, in den mich die böse feindliche Macht gebannt hatte. Denselben Abend erschien ich im Zirkel des Hofes; man erzählte viel von einem herrlichen bildschönen Fräulein, die als Hofdame in der Umgebung der Fürstin heute zum erstenmal erscheinen werde, da sie erst gestern angekommen.

Die Flügelthüren öffneten sich, die Fürstin trat herein, mit ihr die Fremde — Ich erkannte Aurelien.

Ende des ersten Theils.

Die Elixiere des Teufels.

Nachgelassene Papiere des Bruders Medardus, eines Capuziners.

Herausgegeben von dem Verfasser der Phantasiestücke in Callots Manier.

Zweiter Theil.

Erster Abschnitt.

Der Wendepunkt.

In wessen Leben ging nicht einmal das wunderbare, in tiefster Brust bewahrte, Geheimniß der Liebe auf! — Wer Du auch seyn magst, der Du künftig diese Blätter liesest, rufe Dir jene höchste Sonnenzeit zurück, schaue noch einmal das holde Frauenbild, das, der Geist der Liebe selbst, Dir entgegen trat. Da glaubtest Du ja nur in ihr Dich, Dein höheres Seyn zu erkennen. Weißt Du noch, wie die rauschenden Quellen, die flüsternden Büsche, wie der kosende Abendwind von ihr, von Deiner Liebe, so vernehmlich zu Dir sprachen? Siehst Du es noch, wie die Blumen Dich mit hellen freundlichen Augen anblickten, Gruß und Kuß von ihr bringend? — Und sie kam, sie wollte Dein seyn ganz und gar. Du umfingst sie voll glühenden Verlangens und wolltest, losgelöset von der Erde, auflodern in inbrünstiger Sehnsucht! — Aber das Mysterium blieb unerfüllt, eine finstre Macht zog stark und gewaltig Dich zur Erde nieder, als Du Dich aufschwingen wolltest mit ihr zu dem fernen Jenseits, das Dir verheißen. Noch ehe Du zu hoffen wagtest, hattest Du sie verloren, alle Stimmen, alle Töne waren verklungen, und nur die hoffnungslose Klage des Einsamen ächzte grauenvoll durch die düstre Einöde. — Du, Fremder! Unbekannter! hat Dich je solch namenloser Schmerz zermalmt, so stimme ein in den trostlosen Jammer des ergrauten Mönchs, der in finstrer Zelle der Sonnenzeit seiner Liebe gedenkend, das harte Lager mit blutigen Thränen netzt, dessen bange Todesseufzer in stiller Nacht durch die düstren Klostergänge hallen. — Aber auch Du, Du mir im Innern verwandter, auch Du glaubst es, daß der Liebe höchste Seligkeit, die Erfüllung des Geheimnisses im Tode aufgeht. — So verkünden es uns die dunklen weissagenden

Stimmen, die aus jener, keinem irdischen Maaßstab meßlichen Urzeit zu uns herübertönen, und wie in den Mysterien, die die Säuglinge der Natur feierten, ist uns ja auch der Tod das Weihfest der Liebe! — —

Ein Blitz fuhr durch mein Innres, mein Athem stockte, die Pulse schlugen, krampfhaft zuckte das Herz, zerspringen wollte die Brust! — Hin zu ihr — hin zu ihr — sie an mich reißen in toller Liebeswuth! — „Was widerstrebst Du, Unselige! der Macht, die Dich unauflöslich an mich gekettet? Bist Du nicht mein! — mein immerdar?" Doch besser, wie damals, als ich Aurelien zum erstenmal im Schlosse des Barons erblickte, hemmte ich den Ausbruch meiner wahnsinnigen Leidenschaft. Ueberdem waren Aller Augen auf Aurelien gerichtet, und so gelang es mir, im Kreise gleichgültiger Menschen mich zu drehen und zu wenden, ohne daß irgend einer mich sonderlich bemerkt oder gar angeredet hätte, welches mir unerträglich gewesen seyn würde, da ich nur sie sehen — hören — denken wollte. — —

Man sage nicht, daß das einfache Hauskleid das wahrhaft schöne Mädchen am besten ziere, der Putz der Weiber übt einen geheimnißvollen Zauber, dem wir nicht leicht widerstehen können. In ihrer tiefsten Natur mag es liegen, daß im Putz recht aus ihrem Innern heraus, sich alles schimmernder und schöner entfaltet, wie Blumen nur dann vollendet sich darstellen, wenn sie in üppiger Fülle in bunten glänzenden Farben aufgebrochen. — Als Du die Geliebte zum erstenmal geschmückt sahst, fröstelte da nicht ein unerklärlich Gefühl Dir durch Nerv und Adern? — Sie kam Dir so fremd vor, aber selbst das gab ihr einen unnennbaren Reiz. Wie durchbebten Dich Wonne und namenlose Lüsternheit, wenn Du verstohlen ihre Hand drücken konntest! — Aurelien hatte ich nie anders als im einfachen Hauskleide gesehen, heute erschien sie, der Hofsitte gemäß, in vollem Schmuck. — Wie schön sie war! wie fühlte ich mich bei ihrem Anblick von unnennbarem Entzücken, von süßer Wollust durchschauert! — Aber da wurde der Geist des Bösen mächtig in mir und erhob seine Stimme, der ich williges Ohr lieh. „Siehst Du es nun wohl, Medardus, so flüsterte es mir zu: siehst Du es nun wohl, wie Du dem Geschick gebietest, wie der Zufall, Dir untergeordnet, nur die Faden geschickt verschlingt, die Du selbst gesponnen?" — Es gab in dem Zirkel des Hofes Frauen, die für vollendet schön geachtet werden konnten, aber vor Aureliens, das Gemüth tief ergreifendem, Liebreiz verblaßte alles wie in unscheinbarer Farbe. Eine eigne Begeisterung regte die Trägsten auf, selbst den älteren Männern riß der Faden gewöhnlicher Hofconversation, wo es nur auf Wörter ankommt, denen von außen her einiger Sinn anfliegt, jählings ab, und es war lustig, wie jeder mit sichtlicher Qual darnach rang, in Wort und Miene recht sonntagsmäßig vor der Fremden zu erscheinen. Aurelie nahm diese Huldigungen mit niedergeschlagenen Augen in holder Anmuth hoch erröthend auf: aber als nun der Fürst die älteren Männer um sich sammelte und mancher bildschöne Jüngling sich schüchtern mit freundlichen Worten Aurelien nahte, wurde sie sichtlich heitrer und unbefangener. Vorzüglich gelang es einem Major von der Leibgarde, ihre Aufmerksamkeit auf sich zu ziehen, so daß sie bald in lebhaftem Gespräch begriffen schienen. Ich kannte den Major als entschiedenen Liebling der Weiber. Er wußte, mit geringem Aufwande harmlosscheinender Mittel, Sinn und Geist aufzuregen und zu umstricken. Mit feinem Ohr auch den leisesten Anklang erlauschend, ließ er schnell, wie ein geschickter Spieler, alle verwandte Akkorde nach Willkür vibriren, so daß die Getäuschte in den fremden Tönen nur ihre eigne innere Musik zu hören glaubte. — Ich stand nicht fern von Aurelien, sie schien mich nicht zu bemerken — ich wollte hin zu ihr, aber wie mit eisernen Banden gefesselt, vermochte ich nicht, mich von der Stelle zu rühren. — Noch einmal den Major scharf anblickend, war es mir plötzlich, als stehe Viktorin bei Aurelien. Da lachte ich auf im grimmigen Hohn: „Hey! — Hey! Du Verruchter, hast Du Dich im Teufelsgrunde so weich gebettet, daß Du in toller Brunst trachten magst nach der Buhlin des Mönchs?“ —

Ich weiß nicht, ob ich diese Worte wirklich sprach, aber ich hörte mich selbst lachen, und fuhr auf wie aus tiefem Traum, als der alte Hofmarschall, sanft meine Hand fassend, frug: „Worüber erfreuen Sie Sich so, lieber Herr Leonard?“ — Eiskalt durchbebte es mich!

Waren das nicht die Worte des frommen Bruders Cyrill, der mich eben so frug, als er bei der Einkleidung mein freveliches Lächeln bemerkte? — Kaum vermochte ich, etwas Unzusammenhängendes herzustammeln. Ich fühlte es, daß Aurelie nicht mehr in meiner Nähe war, doch wagte ich es nicht, aufzublicken, ich rannte fort durch die erleuchteten Säle. Wohl mag mein ganzes Wesen gar unheimlich erschienen seyn; denn ich bemerkte, wie mir Alles scheu auswich, als ich die breite Haupttreppe mehr herabsprang, als herabstieg.

Ich mied den Hof, denn Aurelien, ohne Gefahr mein tiefstes Geheimniß zu verrathen, wiederzusehen, schien mir unmöglich. Einsam lief ich durch Flur und Wald, nur sie denkend, nur sie schauend. Fester und fester wurde meine Ueberzeugung, daß ein dunkles Verhängniß ihr Geschick in das meinige verschlungen habe, und daß das, was mir manchmal als sündhafter Frevel erschienen, nur die Erfüllung eines ewigen unabänderlichen Rathschlusses sey. So mich ermuthigend lachte ich der Gefahr, die mir dann drohen könnte, wenn Aurelie in mir Hermogens Mörder erkennen sollte. Dies dünkte mir jedoch überdem höchst unwahrscheinlich. — Wie erbärmlich erschienen mir nun jene Jünglinge, die in eitlem Wahn sich um die bemühten, die so ganz und gar mein Eigen worden, daß ihr leisester Lebenshauch nur durch das Seyn in mir bedingt schien. — Was sind mir diese Grafen, diese Freiherren, diese Kammerherren, diese Offiziere in ihren bunten Röcken — in ihrem blinkenden Golde, ihren schimmernden Orden, anders als ohnmächtige, geschmückte Insektlein, die ich, wird mir das Volk lästig, mit kräftiger Faust zermalme. — In der Kutte will ich unter sie treten, Aurelien bräutlich geschmückt in meinen Armen, und diese stolze, feindliche Fürstin soll selbst das Hochzeitslager bereiten dem siegenden Mönch, den sie verachtet. — In solchen Gedanken arbeitend, rief ich oft laut Aureliens Namen und lachte und heulte wie ein Wahnsinniger. Aber bald legte sich der Sturm. Ich wurde ruhiger und fähig, darüber Entschlüsse zu fassen, wie ich nun mich Aurelien nähern wollte. — Eben schlich ich eines Tages durch den Park, nachsinnend, ob es rathsam sey, die Abendgesellschaft zu besuchen, die der Fürst ansagen lassen, als man von hinten her auf meine Schulter klopfte. Ich wandte mich um, der Leibarzt stand vor mir. „Erlauben Sie mir Ihren werthen Puls!" fing er sogleich an, und griff, starr mir ins Auge blickend, nach meinem Arm. „Was bedeutet das?" frug ich erstaunt. Nicht viel, fuhr er fort: es soll hier still und heimlich einige Tollheit umherschleichen, die die Menschen recht banditenmäßig überfällt und ihnen eins versetzt, daß sie laut aufkreischen müssen, klingt das auch zuweilen nur wie ein unsinnig' Lachen. Indessen kann alles auch nur ein Phantasma, oder jener tolle Teufel nur ein gelindes Fieber mit steigender

Hitze seyn, darum erlauben Sie Ihren werthen Puls, Liebster! — „Ich versichere Sie, mein Herr! daß ich von dem Allen kein Wort verstehe!" So fiel ich ein, aber der Leibarzt hatte meinen Arm gefaßt und zählte den Puls mit zum Himmel gerichtetem Blick — eins — zwei, drei. — Mir war sein wunderliches Betragen räthselhaft, ich drang in ihn, mir doch nur zu sagen, was er eigentlich wolle. „Sie wissen also nicht, werther Herr Leonard, daß Sie neulich den ganzen Hof in Schrecken und Bestürzung gesetzt haben? — Die Oberhofmeisterin leidet bis dato an Krämpfen, und der Consistorial-Präsident versäumt die wichtigsten Sessionen, weil es Ihnen beliebt hat, über seine podagrischen Füße wegzurennen, so daß er, im Lehnstuhl sitzend, noch über mannigfache Stiche beträchtlich brüllt! — das geschah nämlich, als Sie, wie von einiger Tollheit heimgesucht, aus dem Saale stürzten, nachdem Sie ohne merkliche Ursache so aufgelacht hatten, daß Allen ein Grausen ankam und sich die Haare sträubten!" — In dem Augenblick dachte ich an den Hofmarschall und meinte, daß ich mich nun wohl erinnere in Gedanken laut aufgelacht zu haben, um so weniger könne das aber von solch wunderlicher Wirkung gewesen seyn, als der Hofmarschall mich ja ganz sanft gefragt hätte: worüber ich mich so erfreue? „Ei, Ei! — fuhr der Leibarzt fort: das will nichts bedeuten, der Hofmarschall ist solch ein homo impavidus, der sich aus dem Teufel selbst nichts macht. Er blieb in seiner ruhigen Dolcezza, obgleich erwähnter Consistorial-Präsident wirklich meinte, der Teufel habe aus Ihnen, mein Theurer! auf seine Weise gelächelt, und unsere schöne Aurelie von solchem Grausen und Entsetzen ergriffen wurde, daß alle Bemühungen der Herrschaft sie zu beruhigen, vergebens blieben, und sie bald die Gesellschaft verlassen mußte, zur Verzweiflung sämmtlicher Herren, denen sichtlich das Liebesfeuer aus den exaltirten Toupees dampfte! In dem Augenblick, als Sie, werther Herr Leonard, so lieblich lachten, soll Aurelie mit schneidendem in das Herz dringendem Ton: Hermogen! gerufen haben. Ei, ei! was mag das bedeuten? — Das könnten Sie vielleicht wissen — Sie sind überhaupt ein lieber, lustiger, kluger Mann, Herr Leonard, und es ist mir nicht unlieb, daß ich Ihnen Francesko's merkwürdige Geschichte anvertraut habe, das muß recht lehrreich für Sie werden!" — Immer fort hielt der Leibarzt meinen Arm fest, und sah mir starr in die Augen. — Ich weiß, sagte ich, mich ziemlich unsanft losmachend: ich weiß Ihre wunderlichen Reden nicht zu deuten, mein Herr, aber ich muß gestehen, daß, als ich Aurelien von den geschmückten Herren umlagert sah, denen, wie Sie witzig bemerken, das Liebesfeuer aus den exaltirten Toupees dampfte, mir eine sehr bittre Erinnerung aus meinem früheren Leben durch die Seele fuhr, und daß ich, von recht grimmigem Hohn über mancher Menschen thörigt' Treiben ergriffen, unwillkürlich hell auflachen mußte. Es thut mir leid, daß ich, ohne es zu wollen, so viel Unheil angerichtet habe, und ich büße dafür, indem ich mich selbst auf einige Zeit vom Hofe verbanne. Mag mir die Fürstin, mag mir Aurelie verzeihen. „Ei, mein lieber Herr Leonard, versetzte der Leibarzt, man hat ja wohl wunderliche Anwandlungen, denen man leicht widersteht, wenn man sonst nur reinen Herzens ist.“ — Wer darf sich dessen rühmen hienieden? frug ich dumpf in mich hinein. Der Leibarzt änderte plötzlich Blick und Ton. Sie scheinen mir, sprach er mild und ernst: Sie scheinen mir aber doch wirklich krank. — Sie sehen blaß und verstört aus — Ihr Auge ist eingefallen und brennt seltsam in röthlicher Glut... Ihr Puls geht fieberhaft... Ihre Sprache klingt dumpf ... soll ich Ihnen etwas aufschreiben? — „Gift!“ sprach ich kaum vernehmbar. — Ho ho! rief der Leibarzt, steht es so mit Ihnen? Nun nun, statt des Gifts das niederschlagende Mittel zerstreuender Gesellschaft. — Es kann aber auch seyn, daß ... Wunderlich ist es aber doch ... vielleicht — „Ich bitte Sie, mein Herr!“ rief ich ganz erzürnt: „Ich bitte Sie mich nicht mit abgebrochenen unverständlichen Reden zu quälen, sondern lieber geradezu Alles ...“ — Halt! unterbrach mich der Leibarzt: halt ... es giebt die wunderlichsten Täuschungen, mein Herr Leonard: beinahe ists mir gewiß, daß man auf augenblicklichen Eindruck eine Hypothese gebaut hat, die vielleicht in wenigen Minuten in Nichts zerfällt. Dort kommt die Fürstin mit Aurelien, nützen Sie dieses zufällige Zusammentreffen, entschuldigen Sie Ihr Betragen ... Eigentlich ... mein Gott! eigentlich haben Sie ja auch nur gelacht ... freilich auf etwas wunderliche Weise, wer kann aber dafür, daß schwach nervige Personen darüber erschrecken. Adieu! —

Der Leibarzt sprang mit der ihm eignen Behendigkeit davon. Die Fürstin kam mit Aurelien den Gang herab. — Ich erbebte. — Mit aller Gewalt raffte ich mich zusammen. Ich fühlte nach des Leibarztes geheimnißvollen Reden, daß es nun galt, mich auf der

Stelle zu behaupten. Keck trat ich den Kommenden entgegen. Als Aurelie mich ins Auge faßte, sank sie mit einem dumpfen Schrei wie todt zusammen, ich wollte hinzu, mit Abscheu und Entsetzen winkte mich die Fürstin fort, laut um Hülfe rufend. Wie von Furien und Teufeln gepeitscht, rannte ich fort durch den Park. Ich schloß mich in meine Wohnung ein, und warf mich, vor Wuth und Verzweiflung knirschend, aufs Lager! — Der Abend kam, die Nacht brach ein, da hörte ich die Hausthüre aufschließen, mehrere Stimmen murmelten und flüsterten durch einander, es wankte und tappte die Treppe herauf — endlich pochte man an meine Thüre und befahl mir, im Namen der Obrigkeit, aufzumachen. Ohne deutliches Bewußtseyn, was mir drohen könne, glaubte ich zu fühlen, daß ich nun verloren sey. Rettung durch Flucht — so dachte ich, und riß das Fenster auf. — Ich erblickte Bewaffnete vor dem Hause, von denen mich Einer sogleich bemerkte. Wohin? rief er mir zu, und in dem Augenblick wurde die Thüre meines Schlafzimmers gesprengt. Mehrere Männer traten herein; bei dem Leuchten der Laterne, die einer von ihnen trug, erkannte ich sie für Polizeisoldaten. Man zeigte mir die Ordre des Criminalgerichts, mich zu verhaften, vor; jeder Widerstand wäre thörigt gewesen. Man warf mich in den Wagen, der vor dem Hause hielt, und als ich, an dem Ort, der meine Bestimmung schien, angekommen, frug, wo ich mich befände? so erhielt ich zur Antwort: in den Gefängnissen der obern Burg. Ich wußte, daß man hier gefährliche Verbrecher während des Prozesses einsperre. Nicht lange dauerte es, so wurde mein Bette gebracht, und der Gefangenwärter frug mich, ob ich noch etwas zu meiner Bequemlichkeit wünsche? Ich verneinte das, und blieb endlich allein. Die lange nachhallenden Tritte und das Auf- und Zuschließen vieler Thüren ließen mich wahrnehmen, daß ich mich in einem der innersten Gefängnisse auf der Burg befand. Auf mir selbst unerklärliche Weise war ich während der ziemlich langen Fahrt ruhig geworden, ja in einer Art Sinnesbetäubung erblickte ich alle Bilder, die mir vorübergingen, nur in blassen halberloschenen Farben. Ich erlag nicht dem Schlaf, sondern einer Gedanken und Phantasie lähmenden Ohnmacht. Als ich am hellen Morgen erwachte, kam mir nur nach und nach die Erinnerung dessen, was geschehen und wo ich hingebracht worden. Die gewölbte ganz zellenartige Kammer, wo ich lag, hätte mir kaum ein Gefängniß geschienen, wenn nicht das kleine Fenster stark mit Eisenstäben vergittert und so hoch angebracht gewesen wäre, daß ich es nicht einmal mit ausgestreckter Hand erreichen, viel weniger hinausschauen konnte. Nur wenige Sonnenstrahlen fielen sparsam hinein; mich wandelte die Lust an, die Umgebungen meines Aufenthaltes zu erforschen, ich rückte daher mein Bette heran und stellte den Tisch darauf. Eben wollte ich hinaufklettern, als der Gefangenwärter hereintrat und über mein Beginnen sehr verwundert schien. Er frug mich, was ich da mache, ich erwiederte, daß ich nur hinausschauen wollen; schweigend trug er Tisch, Bette und den Stuhl fort und schloß mich sogleich wieder ein. Nicht eine Stunde hatte es gedauert, als er von zwei andern Männern begleitet, wieder erschien und mich durch lange Gänge Trepp' auf, Trepp' ab führte, bis ich endlich in einen kleinen Saal eintrat, wo mich der Kriminalrichter erwartete. Ihm zur Seite saß ein junger Mann, dem er in der Folge Alles, was ich auf die an mich gerichteten Fragen erwiedert hatte, laut in die Feder diktirte. Meinen ehemaligen Verhältnissen bei Hofe und der allgemeinen Achtung, die ich in der That so lange genossen hatte, mochte ich die höfliche Art danken, mit der man mich behandelte, wiewohl ich auch die Ueberzeugung darauf baute, daß nur Vermuthungen, die hauptsächlich auf Aureliens ahnendem Gefühl beruhen konnten, meine Verhaftung veranlaßt hatten. Der Richter forderte mich auf, meine bisherigen Lebensverhältnisse genau anzugeben; ich bat ihn, mir erst die Ursache meiner plötzlichen Verhaftung zu sagen, er erwiederte, daß ich über das mir Schuld gegebene Verbrechen zu seiner Zeit genau genug vernommen werden solle. Jetzt komme es nur darauf an, meinen ganzen Lebenslauf bis zur Ankunft in der Residenz auf das genaueste zu wissen, und er müsse mich daran erinnern, daß es dem Criminalgericht nicht an Mitteln fehlen würde, auch dem kleinsten von mir angegebenen Umstande nachzuspüren, weshalb ich denn ja der strengsten Wahrheit treu bleiben möge. Diese Ermahnung, die der Richter, ein kleiner dürrer Mann mit fuchsrothen Haaren, mit heiserer, lächerlich quäckender Stimme mir hielt, indem er die grauen Augen weit aufriß, fiel auf einen fruchtbaren Boden; denn ich erinnerte mich nun, daß ich in meiner Erzählung den Faden genau so aufgreifen und fortspinnen müsse, wie ich ihn angelegt, als ich bei Hofe meinen Namen und Geburtsort angab. Auch war es wohl nöthig, alles Auffallende vermeidend, meinen Lebenslauf ins Alltägliche, aber weit Entfernte, Ungewisse zu spielen, so daß die weitern Nachforschungen dadurch auf jeden Fall weit aussehend und schwierig werden mußten. In dem Augenblick kam mir auch ein junger Pole ins Gedächtniß, mit dem ich auf dem Seminar in B. studirte; ich beschloß, seine einfachen Lebensumstände mir anzueignen. So gerüstet begann ich in folgender Art: „Es mag wohl seyn, daß man „mich eines schweren Verbrechens beschuldigt, ich habe indessen hier „unter den Augen des Fürsten und der ganzen Stadt gelebt, und „es ist während der Zeit meines Aufenthaltes kein Verbrechen verübt „worden, für dessen Urheber ich gehalten werden oder dessen Theil„nehmer ich seyn könnte. Es muß also ein Fremder seyn, der mich „eines in früherer Zeit begangenen Verbrechens anklagt, und da ich „mich von aller Schuld völlig rein fühle, so hat vielleicht nur eine „unglückliche Aehnlichkeit die Vermuthung meiner Schuld erregt; um „so härter finde ich es aber, daß man mich leerer Vermuthungen und „vorgefaßter Meinungen wegen, dem überführten Verbrecher gleich, „in ein strenges Criminal-Gefängniß sperrt. Warum stellt man mich „nicht meinem leichtsinnigen, vielleicht boshaften Ankläger unter die „Augen? ... Gewiß ist es am Ende ein alberner Thor, der ...“ „Gemach, gemach, Herr Leonard, quäckte der Richter: menagiren Sie sich, Sie könnten sonst garstig anstoßen gegen hohe Personen, und die fremde Person, die Sie, mein Herr Leonard, oder Herr ... (er biß sich schnell in die Lippen) erkannt hat, ist auch weder leichtsinnig noch albern, sondern ... Nun, und dann haben wir gute Nachrichten aus der ...“ Er nannte die Gegend, wo die Güter des Barons F. lagen und alles klärte sich dadurch mir deutlich auf. Entschieden war es, daß Aurelie in mir den Mönch erkannt hatte, der ihren Bruder ermordete. Dieser Mönch war ja aber Medardus, der berühmte Canzelredner aus dem Capuzinerkloster in B. Als diesen hatte ihn Reinhold erkannt und so hatte er sich auch selbst kund gethan. Daß Francesko der Vater jenes Medardus war, wußte die Aebtissin, und so mußte meine Aehnlichkeit mit ihm, die der Fürstin gleich Anfangs so unheimlich worden, die Vermuthungen, welche die Fürstin und die Aebtissin vielleicht schon brieflich unter sich angeregt hatten, beinahe zur Gewißheit erheben. Möglich war es auch, daß Nachrichten selbst aus dem Capuzinerkloster in B. eingeholt worden; daß man meine Spur genau verfolgt und so die Identität meiner Person mit dem Mönch Medardus festgestellt hatte. Alles dieses überdachte ich schnell, und sah die Gefahr meiner Lage. Der Richter schwatzte noch fort, und dies brachte mir Vortheil, denn es fiel mir auch jetzt der lange vergebens gesuchte Name des polnischen Städtchens ein, das ich der alten Dame bei Hofe als meinen Geburtsort genannt hatte. Kaum endete daher der Richter seinen Sermon mit der barschen Aeußerung, daß ich nun ohne weiteres meinen bisherigen Lebenslauf erzählen solle, als ich anfing: „Ich heiße eigentlich Leonard Krczinski „und bin der einzige Sohn eines Edelmanns, der sein Gütchen ver„kauft hatte und sich in Kwieczicziewo aufhielt.“ — Wie, was? — rief der Richter, indem er sich vergebens bemühte, meinen, so wie den Namen meines angeblichen Geburtsorts, nachzusprechen. Der Protokollführer wußte gar nicht, wie er die Wörter aufschreiben sollte; ich mußte beide Namen selbst einrücken, und fuhr dann fort: „Sie „bemerken, mein Herr, wie schwer es der deutschen Zunge wird, mei„nen Consonantenreichen Namen nachzusprechen, und darin liegt die „Ursache, warum ich ihn, so wie ich nach Deutschland kam, wegwarf „und mich blos nach meinem Vornamen, Leonard, nannte. Uebri„gens kann keines Menschen Lebenslauf einfacher seyn, als der mei„nige. Mein Vater, selbst ziemlich unterrichtet, billigte meinen ent„schiedenen Hang zu den Wissenschaften, und wollte mich eben nach „Krakau zu einem ihm verwandten Geistlichen, Stanislaw Krczinski „schicken, als er starb. Niemand bekümmerte sich um mich, ich ver„kaufte die kleine Habe, zog einige Schulden ein, und begab mich „wirklich mit dem ganzen mir von meinem Vater hinterlassenen Ver„mögen nach Krakau, wo ich einige Jahre unter meines Verwandten „Aufsicht studirte. Dann ging ich nach Danzig und nach Königsberg. „Endlich trieb es mich, wie mit unwiderstehlicher Gewalt, eine Reise „nach dem Süden zu machen; ich hoffte, mich mit dem Rest meines „kleinen Vermögens durchzubringen und dann eine Anstellung bei „irgend einer Universität zu finden, doch wäre es mir hier beinahe „schlimm ergangen, wenn nicht ein beträchtlicher Gewinn an der „Farobank des Fürsten mich in den Stand gesetzt hätte, hier noch „ganz gemächlich zu verweilen und dann, wie ich es in Sinn hatte, „meine Reise nach Italien fortzusetzen. Irgend etwas Ausgezeichnetes, „das werth wäre, erzählt zu werden, hat sich in meinem Leben gar

„nicht zugetragen. Doch muß ich wohl noch erwähnen, daß es mir „leicht gewesen seyn würde, die Wahrheit meiner Angaben ganz un„zweifelhaft nachzuweisen, wenn nicht ein ganz besondrer Zufall mich „um meine Brieftasche gebracht hätte, worin mein Paß, meine Reise„route und verschiedene andere Scripturen befindlich waren, die jenem „Zweck gedient hätten.“ — Der Richter fuhr sichtlich auf, er sah mich scharf an, und frug mit beinahe spöttischem Ton, welcher Zufall mich denn außer Stande gesetzt hätte, mich, wie es verlangt werden müßte, zu legitimiren. „Vor mehreren Monaten, so erzählte ich: befand ich „mich auf dem Wege hieher im Gebirge. Die anmuthige Jahreszeit, „so wie die herrliche romantische Gegend bestimmten mich, den Weg „zu Fuße zu machen. Ermüdet saß ich eines Tages in dem Wirths„hause eines kleinen Dörfchens; ich hatte mir Erfrischungen reichen „lassen und ein Blättchen aus meiner Brieftasche genommen, um „irgend Etwas, das mir eingefallen, aufzuzeichnen; die Brieftasche „lag vor mir auf dem Tische. Bald darauf kam ein Reiter daher „gesprengt, dessen sonderbare Kleidung und verwildertes Ansehen meine „Aufmerksamkeit erregte. Er trat ins Zimmer, forderte einen Trunk „und setzte sich, finster und scheu mich anblickend, mir gegenüber an „den Tisch. Der Mann war mir unheimlich, ich trat daher ins Freie „hinaus. Bald darauf kam auch der Reiter, bezahlte den Wirth und „sprengte mich flüchtig grüßend, davon. Ich stand im Begriff, weiter „zu gehen, als ich mich der Brieftasche erinnerte, die ich in der Stube „auf dem Tische liegen lassen; ich ging hinein und fand sie noch „auf dem alten Platz. Erst des andern Tages, als ich die Brieftasche „hervorzog, entdeckte ich, daß es nicht die meinige war, sondern daß „sie wahrscheinlich dem Fremden gehörte, der gewiß aus Irrthum die „meinige eingesteckt hatte. Nur einige mir unverständliche Notizen „und mehrere an einen Grafen Viktorin gerichtete Briefe befanden „sich darin. Diese Brieftasche nebst dem Inhalt wird man noch un„ter meinen Sachen finden; in der meinigen hatte ich, wie gesagt, „meinen Paß, meine Reiseroute und, wie mir jetzt eben einfällt, so„gar meinen Taufschein; um das Alles bin ich durch jene Verwechs„lung gekommen.“ — Der Richter ließ sich den Fremden, dessen ich erwähnt, von Kopf bis zu Fuß beschreiben, und ich ermangelte nicht, die Figur mit aller nur möglichen Eigenthümlichkeit aus der Gestalt des Grafen Viktorin und aus der meinigen auf der Flucht aus dem Schlosse des Barons F. geschickt zusammenzufügen. Nicht aufhören konnte der Richter, mich über die kleinsten Umstände dieser Begebenheit auszufragen, und indem ich Alles befriedigend beantwortete, ründete sich das Bild davon so in meinem Innern, daß ich selbst daran glaubte, und keine Gefahr lief, mich in Widersprüche zu verwickeln. Mit Recht konnte ich es übrigens wohl für einen glücklichen Gedanken halten, wenn ich, den Besitz jener an den Grafen Viktorin gerichteten Briefe, die in der That sich noch im Portefeuille befanden, rechtfertigend, zugleich eine fingirte Person einzuflechten suchte, die künftig, je nachdem die Umstände darauf hindeuteten, den entflohenen Medardus oder den Grafen Viktorin vorstellen konnte. Dabei fiel mir ein, daß vielleicht unter Euphemiens Papieren sich Briefe vorfanden, die über Viktorins Plan, als Mönch im Schlosse zu erscheinen, Aufschluß gaben, und daß dies aufs neue den eigentlichen Hergang der Sache verdunkeln und verwirren könne. Meine Phantasie arbeitete fort, indem der Richter mich frug, und es entwickelten sich mir immer neue Mittel, mich vor jeder Entdeckung zu sichern, so daß ich auf das Aergste gefaßt zu seyn glaubte. — Ich erwartete nun, da über mein Leben im Allgemeinen Alles genug erörtert schien, daß der Richter dem mir angeschuldigten Verbrechen näher kommen würde, es war aber dem nicht so; vielmehr frug er, warum ich habe aus dem Gefängniß entfliehen wollen? — Ich versicherte, daß mir dies nicht in den Sinn gekommen sey. Das Zeugniß des Gefangenwärters, der mich an das Fenster hinaufkletternd angetroffen, schien aber wider mich zu sprechen. Der Richter drohte mir, daß ich nach einem zweiten Versuch angeschlossen werden solle. Ich wurde in den Kerker zurückgeführt. — Man hatte mir das Bette genommen und ein Strohlager auf dem Boden bereitet, der Tisch war festgeschraubt, statt des Stuhles fand ich eine sehr niedrige Bank. Es vergingen drei Tage, ohne daß man weiter nach mir frug, ich sah nur das mürrische Gesicht eines alten Knechts, der mir das Essen brachte, und Abends die Lampe ansteckte. Da ließ die gespannte Stimmung nach, in der es mir war, als stehe ich im lustigen Kampf auf Leben und Tod, den ich wie ein wackrer Streiter ausfechten werde. Ich fiel in ein trübes düstres Hinbrüten, Alles schien mir gleichgültig, selbst Aureliens Bild war verschwunden. Doch bald rüttelte sich der Geist wieder auf, aber nur um stärker von dem unheimlichen, krankhaften Gefühl befangen zu werden, das die Einsamkeit, die dumpfe Kerkerluft erzeugt hatte, und dem ich nicht zu widerstehen vermochte. Ich konnte nicht mehr schlafen. In den wunderlichen Reflexen, die der düstre flackernde Schein der Lampe an Wände und Decke warf, grinzten mich allerlei verzerrte Gesichter an; ich löschte die Lampe aus, ich barg mich in die Strohkissen, aber gräßlicher tönte dann das dumpfe Stöhnen, das Kettengerassel der Gefangenen durch die grauenvolle Stille der Nacht. Oft war es mir, als höre ich Euphemiens — Viktorins Todesröcheln. „Bin ich denn Schuld an euerm Verderben? wart ihr es nicht selbst, Verruchte! die ihr euch hingabt meinem rächenden Arm?" — So schrie ich laut auf, aber dann ging ein langer, tief ausathmender Todesseufzer durch die Gewölbe, und in wilder Verzweiflung heulte ich: „Du bist es Hermogen! ... nah ist die Rache! ... Keine Rettung mehr!" — In der neunten Nacht mochte es seyn, als ich, halb ohnmächtig von Grauen und Entsetzen, auf dem kalten Boden des Gefängnisses ausgestreckt lag. Da vernahm ich deutlich unter mir ein leises, abgemessenes Klopfen. Ich horchte auf, das Klopfen dauerte fort, und dazwischen lachte es seltsamlich aus dem Boden hervor! — Ich sprang auf, und warf mich auf das Strohlager, aber immer fort klopfte es, und lachte und stöhnte dazwischen. — Endlich rief es leise, leise, aber wie mit häßlicher, heiserer, stammelnder Stimme hinter einander fort: Me-dar-dus! Me-dardus! — Ein Eisstrom goß sich mir durch die Glieder! Ich ermannte mich und rief: Wer da! Wer ist da? — Lauter lachte es nun, und stöhnte und ächzte und klopfte und stammelte heiser: Me-dar-dus... Me-dar-dus! — Ich raffte mich auf vom Lager. „Wer Du auch bist, der Du hier tollen Spuk treibst, stell Dich her sichtbarlich vor meine Augen, daß ich Dich schauen mag, oder höre auf mit Deinem wüsten Lachen und Klopfen!" — So rief ich in die dicke Finsterniß hinein, aber recht unter meinen Füßen klopfte es stärker und stammelte: Hihihi ... hihihi ... Brü-der-lein ... Brü-der-lein ... Me-dar-dus ... ich bin da ... bin da .. ma-mach auf ... auf ... wir wo-wollen in den Wa-Wald gehn ... Wald gehn! — Jetzt tönte die Stimme dunkel in meinem Innern wie bekannt; ich hatte sie schon sonst gehört, doch nicht, wie mich es dünkte, so abgebrochen und so stammelnd. Ja mit Entsetzen glaubte ich, meinen eignen Sprachton zu vernehmen. Unwillkürlich, als wollte ich versuchen, ob es dem so sey, stammelte ich nach: Me-dar-dus ... Me-dar-dus! Da lachte es wieder, aber höhnisch und grimmig, und rief: Brü-der-lein ... Brü-der-lein, hast ... Du, Du mi-mich erkannt ... erkannt? ... ma-mach auf ... wir wo-wollen in den Wa-Wald ... in den Wald! — „Armer Wahnsinniger, so sprach es dumpf und schauerlich aus mir heraus: Armer Wahnsinniger, nicht aufmachen kann ich Dir, nicht heraus mit Dir in den schönen Wald, in die herrliche freie Frühlingsluft, die draußen wehen mag; eingesperrt im dumpfen düstern Kerker bin ich wie Du!“ — Da ächzte es im trostlosen Jammer, und immer leiser und unvernehmlicher wurde das Klopfen, bis es endlich ganz schwieg; der Morgen brach durch das Fenster, die Schlösser rasselten, und der Kerkermeister, den ich die ganze Zeit über nicht gesehen, trat herein. „Man hat, fing er an: in dieser Nacht allerlei Lärm in Ihrem Zimmer gehört und lautes Sprechen. Wie ist es damit?“ — Ich habe die Gewohnheit, erwiederte ich so ruhig, als es mir nur möglich war: laut und stark im Schlafe zu reden, und führte ich auch im Wachen Selbstgespräche, so glaube ich, daß mir dies wohl erlaubt seyn wird. — „Wahrscheinlich, fuhr der Kerkermeister fort: ist Ihnen bekannt worden, daß jeder Versuch zu entfliehen, jedes Einverständniß mit den Mitgefangenen hart geahndet wird.“ — Ich betheuerte, nichts dergleichen hätte ich vor. — Ein paar Stunden nachher führte man mich hinauf zum Criminal-Gericht. Nicht der Richter, der mich zuerst vernommen, sondern ein anderer, ziemlich junger Mann, dem ich auf den ersten Blick anmerkte, daß er dem vorigen an Gewandtheit und eindringendem Sinn weit überlegen seyn müsse, trat freundlich auf mich zu, und lud mich zum Sitzen ein. Noch steht er mir gar lebendig vor Augen. Er war für seine Jahre ziemlich untersetzt, sein Kopf beinahe haarlos, er trug eine Brille. In seinem ganzen Wesen lag so viel Güte und Gemüthlichkeit, daß ich wohl fühlte, gerade deshalb müsse jeder nicht ganz verstockte Verbrecher ihm schwer widerstehen können. Seine Fragen warf er leicht, beinahe im Conversationston hin, aber sie waren überdacht und so präcis gestellt, daß nur bestimmte Antworten erfolgen konnten. „Ich muß Sie zuvörderst fragen, (so fing er an) ob alles „das, was Sie über Ihren Lebenslauf angegeben haben, wirklich „gegründet ist, oder ob bei reiflichem Nachdenken Ihnen nicht dieser „oder jener Umstand einfiel, den Sie noch erwähnen wollen?“

Ich habe Alles gesagt, was ich über mein einfaches Leben zu sagen wußte.

„Haben Sie nie mit Geistlichen ... mit Mönchen Umgang ge„pflogen?"

Ja, in Krakau ... Danzig ... Frauenburg ... Königsberg. Am letztern Ort mit den Weltgeistlichen, die bei der Kirche als Pfarrer und Kapellan angestellt waren.

„Sie haben früher nicht erwähnt, daß Sie auch in Frauenburg „gewesen sind?"

Weil ich es nicht der Mühe werth hielt, eines kurzen, wie mich dünkt achttägigen Aufenthalts dort, auf der Reise von Danzig nach Königsberg, zu erwähnen.

„Also in Kwieczicżewo sind Sie geboren?"

Dies frug der Richter plötzlich in polnischer Sprache, und zwar in ächt polnischem Dialekt, jedoch ebenfalls ganz leicht hin. Ich wurde in der That einen Augenblick verwirrt, raffte mich jedoch zusammen, besann mich auf das wenige Polnische, was ich von meinem Freunde Krczinski im Seminar gelernt hatte, und antwortete:

Auf dem kleinen Gute meines Vaters bei Kwieczicżewo.

„Wie hieß dieses Gut?"

Krcziniewo, das Stammgut meiner Familie.

„Sie sprechen, für einen Nationalpolen, das Polnische nicht „sonderlich aus. Aufrichtig gesagt, in ziemlich deutschem Dialekt. „Wie kommt das?"

Schon seit vielen Jahren spreche ich nichts als Deutsch. Ja selbst schon in Krakau hatte ich viel Umgang mit Deutschen, die das Polnische von mir erlernen wollten; unvermerkt mag ich ihren Dialekt mir angewöhnt haben, wie man leicht provinzielle Aussprache annimmt, und die bessere, eigenthümliche darüber vergißt.

Der Richter blickte mich an, ein leises Lächeln flog über sein Gesicht, dann wandte er sich zum Protokollführer und diktirte ihm leise etwas. Ich unterschied deutlich die Worte: „sichtlich in Verlegenheit" und wollte mich eben noch mehr über mein schlechtes Polnisch auslassen, als der Richter frug:

„Waren Sie niemals in B.?"

Niemals!

„Der Weg von Königsberg hieher kann Sie über den Ort ge„führt haben?“

Ich habe eine andere Straße eingeschlagen.

„Haben Sie nie einen Mönch aus dem Capuzinerkloster in B. „kennen gelernt?“

Nein!

Der Richter klingelte, und gab dem hereintretenden Gerichtsdiener leise einen Befehl. Bald darauf öffnete sich die Thüre, und wie durchbebten mich Schreck und Entsetzen, als ich den Pater Cyrillus eintreten sah. Der Richter frug:

„Kennen Sie diesen Mann?“

Nein! ... ich habe ihn früher niemals gesehen!

Da heftete Cyrillus den starren Blick auf mich, dann trat er näher; er schlug die Hände zusammen, und rief laut, indem Thränen ihm aus den Augen gewaltsam hervorquollen: „Medardus, Bruder Medardus! ... um Christus willen, wie muß ich Dich wiederfinden, im Verbrechen teuflisch frevelnd. Bruder Medardus, gehe in Dich, bekenne, bereue ... Gottes Langmuth ist unendlich!“ — Der Richter schien mit Cyrillus Rede unzufrieden, er unterbrach ihn mit der Frage: „Erkennen Sie diesen Mann für den Mönch Medardus aus dem „Capuzinerkloster in B.?“

So wahr mir Christus helfe zur Seligkeit, erwiederte Cyrillus: so kann ich nicht anders glauben, als daß dieser Mann, trägt er auch weltliche Kleidung, jener Medardus ist, der im Capuzinerkloster zu B. unter meinen Augen Noviz war und die Weihe empfing. Doch hat Medardus das rothe Zeichen eines Kreuzes an der linken Seite des Halses, und wenn dieser Mann ... „Sie bemerken, unterbrach der Richter den Mönch, sich zu mir wendend: daß man Sie für den Capuziner Medardus aus dem Kloster in B. hält, und daß man eben diesen Medardus schwerer Verbrechen halber angeklagt hat. Sind Sie nicht dieser Mönch, so wird es Ihnen leicht werden, dies darzuthun; eben daß jener Medardus ein besonderes Abzeichen am Halse trägt, — welches Sie, sind Ihre Angaben richtig, nicht haben können — giebt Ihnen die beste Gelegenheit dazu. Entblößen Sie Ihren Hals.“ — Es bedarf dessen nicht, erwiederte ich gefaßt, ein besonderes Verhängniß scheint mir die treueste Aehnlichkeit mit jenem angeklagten, mir gänzlich unbekannten, Mönch Medardus gegeben zu haben, denn selbst ein rothes Kreuzzeichen trage ich an der linken Seite des Halses. — Es war dem wirklich so, jene Verwundung am Halse, die mir das diamantne Kreuz der Aebtissin zufügte, hatte eine rothe kreuzförmige Narbe hinterlassen, die die Zeit nicht vertilgen konnte. „Entblößen Sie Ihren Hals," wiederholte der Richter. — Ich that es, da schrie Cyrillus laut: „Heilige Mutter Gottes, es ist es, es ist das rothe Kreuzzeichen! . . . Medardus . . . Ach, Bruder Medardus, hast Du denn ganz entsagt dem ewigen Heil?" — Weinend und halb ohnmächtig sank er in einen Stuhl. „Was erwiedern Sie auf die Behauptung dieses ehrwürdigen Geistlichen?" frug der Richter. In dem Augenblick durchfuhr es mich wie eine Blitzesflamme; alle Verzagtheit, die mich zu übermannen drohte, war von mir gewichen, ach, es war der Widersacher selbst, der mir zuflüsterte: Was vermögen diese Schwächlinge gegen Dich Starken in Sinn und Geist? . . . Soll Aurelie denn nicht Dein werden? — Ich fuhr heraus beinahe in wildem, höhnendem Trotz: „Dieser Mönch da, der ohnmächtig im Stuhle liegt, ist ein schwachsinniger, blöder Greis, der in toller Einbildung mich für irgend einen verlaufenen Capuziner seines Klosters hält, von dem ich vielleicht eine flüchtige Aehnlichkeit trage." — Der Richter war bis jetzt in ruhiger Fassung geblieben, ohne Blick und Ton zu ändern: zum erstenmal verzog sich nun sein Gesicht zum finstern, durchbohrenden Ernst, er stand auf und blickte mir scharf ins Auge. Ich muß gestehen, selbst das Funkeln seiner Gläser hatte für mich etwas Unerträgliches, Entsetzliches, ich konnte nicht weiter reden; von innerer verzweifelnder Wuth grimmig erfaßt, die geballte Faust vor der Stirn, schrie ich laut auf: Aurelie! — „Was soll das, was bedeutet der Name?" frug der Richter heftig. — Ein dunkles Verhängniß opfert mich dem schmachvollen Tode, sagte ich dumpf, aber ich bin unschuldig, gewiß . . . ich bin ganz unschuldig . . . entlassen Sie mich . . . haben Sie Mitleiden . . . ich fühle es, daß Wahnsinn mir durch Nerv und Adern zu toben beginnt . . . entlassen Sie mich! — Der Richter, wieder ganz ruhig geworden, diktirte dem Protokollführer vieles, was ich nicht verstand, endlich las er mir eine Verhandlung vor, worin alles was er gefragt und was ich geantwortet, so wie, was sich mit Cyrillus zugetragen hatte, verzeichnet war. Ich mußte meinen Namen unterschreiben, dann forderte mich der Richter auf, irgend etwas polnisch und deutsch aufzuzeichnen, ich that es. Der Richter nahm das deutsche Blatt, und gab es dem Pater Cyrillus, der sich unterdessen wieder erholt hatte, mit der Frage in die Hände: „Haben diese Schriftzüge Aehnlichkeit mit der Hand, die Ihr Klosterbruder Medardus schrieb?“ — Es ist ganz genau seine Hand, bis auf die kleinsten Eigenthümlichkeiten, erwiederte Cyrillus, und wandte sich wie der zu mir. Er wollte sprechen, ein Blick des Richters wies ihn zur Ruhe. Der Richter sah das von mir geschriebene polnische Blatt sehr aufmerksam durch, dann stand er auf, trat dicht vor mir hin, und sagte mit sehr ernstem, entscheidendem Ton:

„Sie sind kein Pole. Diese Schrift ist durchaus unrichtig, voller grammatischer und orthographischer Fehler. Kein Nationalpole schreibt so, wäre er auch viel weniger wissenschaftlich ausgebildet, als Sie es sind.“

Ich bin in Krcziniewo geboren, folglich allerdings ein Pole. Selbst aber in dem Fall, daß ich es nicht wäre, daß geheimnißvolle Umstände mich zwängen, Stand und Namen zu verläugnen, so würde ich deshalb doch nicht der Capuziner Medardus seyn dürfen, der aus dem Kloster in B., wie ich glauben muß, entsprang.

„Ach Bruder Medardus, fiel Cyrillus ein: schickte Dich unser ehrwürdiger Prior Leonardus nicht im Vertrauen auf Deine Treue und Frömmigkeit nach Rom? ... Bruder Medardus! um Christus willen, verläugne nicht länger auf gottlose Weise den heiligen Stand, dem Du entronnen.“

Ich bitte Sie, uns nicht zu unterbrechen, sagte der Richter, und fuhr dann, sich zu mir wendend, fort:

„Ich muß Ihnen bemerklich machen, wie die unverdächtige Aussage dieses ehrwürdigen Herrn die dringendste Vermuthung bewirkt, daß Sie wirklich der Medardus sind, für den man Sie hält. Nicht verhehlen mag ich auch, daß man Ihnen mehrere Personen entgegen stellen wird, die Sie für jenen Mönch unzweifelhaft erkannt haben. Unter diesen Personen befindet sich eine, die Sie, treffen die Vermuthungen ein, schwer fürchten müssen. Ja selbst unter Ihren eigenen Sachen hat sich Manches gefunden, was den Verdacht wider Sie unterstützt. Endlich werden bald die Nachrichten über Ihre vorgeblichen Familienumstände eingehen, um die man die Gerichte in Posen ersucht hat. ... Alles dieses sage ich Ihnen offner, als es mein Amt gebietet, damit Sie sich überzeugen, wie wenig ich auf irgend einen

Kunstgriff rechne, Sie, haben jene Vermuthungen Grund, zum Geständniß der Wahrheit zu bringen. Bereiten Sie Sich vor, wie Sie wollen; sind Sie wirklich jener angeklagte Medardus, so glauben Sie, daß der Blick des Richters die tiefste Verhüllung bald durchdringen wird; Sie werden dann auch selbst sehr genau wissen, welcher Verbrechen man Sie anklagt. Sollten Sie dagegen wirklich der Leonard von Krczinski seyn, für den Sie Sich ausgeben, und ein besonderes Spiel der Natur Sie, selbst Rücksichts besonderer Abzeichen, jenem Medardus ähnlich gemacht haben, so werden Sie selbst leicht Mittel finden, dies klar nachzuweisen. Sie schienen mir erst in einem sehr exaltirten Zustande, schon deshalb brach ich die Verhandlung ab, indessen wollte ich Ihnen zugleich auch Raum geben zum reiflichen Nachdenken. Nach dem, was heute geschehen, kann es Ihnen an Stoff dazu nicht fehlen."

Sie halten also meine Angaben durchaus für falsch? ... Sie sehen in mir den verlaufenen Mönch Medardus? — So frug ich; der Richter sagte mit einer leichten Verbeugung: Adieu, Herr von Krczinski! und man brachte mich in den Kerker zurück.

Die Worte des Richters durchbohrten mein Innres wie glühende Stacheln. Alles, was ich vorgegeben, kam mir seicht und abgeschmackt vor. Daß die Person, der ich entgegengestellt werden, und die ich so schwer zu fürchten haben sollte, Aurelie seyn mußte, war nur zu klar. Wie sollt' ich das ertragen! Ich dachte nach, was unter meinen Sachen wohl verdächtig seyn könne, da fiel es mir schwer aufs Herz, daß ich noch aus jener Zeit meines Aufenthaltes auf dem Schlosse des Barons von F. einen Ring mit Euphemiens Namen besaß, so wie, daß Viktorins Felleisen, das ich auf meiner Flucht mit mir genommen, noch mit dem Capuziner-Strick zugeschnürt war! — Ich hielt mich für verloren! — Verzweifelnd rannte ich den Kerker auf und ab. Da war es, als flüsterte, als zischte es mir in die Ohren: Du Thor, was verzagst du? denkst du nicht an Viktorin? — Laut rief ich: Ha! nicht verloren, gewonnen ist das Spiel. Es arbeitete und kochte in meinem Innern! — Schon früher hatte ich daran gedacht, daß unter Euphemiens Papieren sich wohl etwas gefunden haben müsse, was auf Viktorins Erscheinen auf dem Schlosse als Mönch hindeute. Darauf mich stützend, wollte ich auf irgend eine Weise ein Zusammentreffen mit Viktorin, ja selbst mit dem Medardus, für den man mich hielt, vorgeben; jenes Abentheuer auf dem Schlosse, das so fürchterlich endete, als von Hörensagen erzählen, und mich selbst, meine Aehnlichkeit mit jenen Beiden, auf unschädliche Weise geschickt hinein verflechten. Der kleinste Umstand mußte reiflich erwogen werden; aufzuschreiben beschloß ich daher den Roman, der mich retten sollte! — Man bewilligte mir die Schreibematerialien, die ich forderte, um schriftlich noch manchen verschwiegenen Umstand meines Lebens zu erörtern. Ich arbeitete mit Anstrengung bis in die Nacht hinein; im Schreiben erhitzte sich meine Phantasie, alles formte sich wie eine geründete Dichtung, und fester und fester spann sich das Gewebe endloser Lügen, womit ich dem Richter die Wahrheit zu verschleiern hoffte.

Die Burgglocke hatte zwölfe geschlagen, als sich wieder leise und entfernt das Pochen vernehmen ließ, das mich gestern so verstört hatte. — Ich wollte nicht darauf achten, aber immer lauter pochte es in abgemessenen Schlägen, und dabei fing es wieder an, dazwischen zu lachen und zu ächzen. — Stark auf den Tisch schlagend, rief ich laut: Still ihr da drunten! und glaubte mich so von dem Grauen, das mich befing, zu ermuthigen; aber da lachte es gellend und schneidend durch das Gewölbe, und stammelte: Brü-der-lein, Brü-der-lein ... zu dir her-auf ... herauf ... ma-mach auf ... mach auf! — Nun begann es dicht neben mir im Fußboden zu schaben, zu rasseln und zu kratzen, und immer wieder lachte es und ächzte; stärker und immer stärker wurde das Geräusch, das Rasseln, das Kratzen — dazwischen dumpf dröhnende Schläge wie das Fallen schwerer Massen. — Ich war aufgestanden, mit der Lampe in der Hand. Da rührte es sich unter meinem Fuß, ich schritt weiter und sah, wie an der Stelle, wo ich gestanden, sich ein Stein des Pflasters losbröckelte. Ich erfaßte ihn, und hob ihn mit leichter Mühe vollends heraus. Ein düstrer Schein brach durch die Oeffnung, ein nackter Arm mit einem blinkenden Messer in der Hand streckte sich mir entgegen. Von tiefem Entsetzen durchschauert bebte ich zurück. Da stammelte es von unten herauf: Brü-der-lein! Brü-der-lein, Medar-dus ist da-da, herauf ... nimm, nimm! ... brich ... brich ... in den Wa-Wald ... in den Wald! — Schnell dachte ich Flucht und Rettung; alles Grauen überwunden, ergriff ich das Messer, das die Hand mir willig ließ, und fing an, den Mörtel zwischen den Steinen des Fußbodens ämsig

VI. pag. 177.

wegzubrechen. Der, der unten war, drückte wacker herauf. Vier, fünf Steine lagen zur Seite weggeschleudert, da erhob sich plötzlich ein nackter Mensch bis an die Hüften aus der Tiefe empor und starrte mich gespenstisch an mit des Wahnsinns grinsendem, entsetzlichem Gelächter. Der volle Schein der Lampe fiel auf das Gesicht — ich erkannte mich selbst — mir vergingen die Sinne. — Ein empfindlicher Schmerz an den Armen weckte mich aus tiefer Ohnmacht; — hell war es um mich her, der Kerkermeister stand mit einer blendenden Leuchte vor mir, Kettengerassel und Hammerschläge hallten durch das Gewölbe. Man war beschäftigt, mich in Fesseln zu schmieden. Außer den Hand- und Fußschellen wurde ich mittelst eines Ringes um den Leib und einer daran befestigten Kette an die Mauer gefesselt. „Nun wird es der Herr wohl bleiben lassen, an das Durchbrechen zu denken," sagte der Kerkermeister. — „Was hat denn der Kerl eigentlich gethan?" frug ein Schmiedeknecht. „Ei, erwiederte der Kerkermeister: weißt du denn das nicht, Jost?... die ganze Stadt ist ja davon voll. 's ist ein verfluchter Capuziner, der drei Menschen ermordet hat. Sie habens schon ganz heraus. In wenigen Tagen haben wir große Galla, da werden die Räder spielen." — Ich hörte nichts mehr, denn aufs neue entschwanden mir Sinn und Gedanken. Nur mühsam erholte ich mich aus der Betäubung, finster blieb es, endlich brachen einige matte Streiflichter des Tages herein in das niedrige, kaum sechs Fuß hohe Gewölbe, in das, wie ich jetzt zu meinem Entsetzen wahrnahm, man mich aus meinem vorigen Kerker gebracht hatte. Mich dürstete, ich griff nach dem Wasser-Kruge, der neben mir stand, feucht und kalt schlüpfte es mir durch die Hand, ich sah eine aufgedunsene scheußliche Kröte schwerfällig davon hüpfen. Voll Ekel und Abscheu ließ ich den Krug fahren. „Aurelie!" stöhnte ich auf, in dem Gefühl des namenlosen Elends, das nun über mich hereingebrochen. „Und darum das armselige Läugnen und Lügen vor Gericht? — alle „gleißnerischen Künste des teuflischen Heuchlers? — darum, um ein „zerrissenes, qualvolles Leben einige Stunden länger zu fristen? Was „willst du, Wahnsinniger! Aurelien besitzen, die nur durch ein uner„hörtes Verbrechen Dein werden konnte? — denn immerdar, lügst „du auch der Welt deine Unschuld vor, würde sie in dir Hermogens „verruchten Mörder erkennen und dich tief verabscheuen. Elender, „wahnwitziger Thor, wo sind nun deine hochfliegenden Pläne, der

„Glaube an deine überirdische Macht, womit du das Schicksal selbst „nach Willkür zu lenken wähntest; nicht zu tödten vermagst du den „Wurm der an deinem Herzmark mit tödtlichen Bissen nagt, schmach„voll verderben wirst du in trostlosem Jammer, wenn der Arm der „Gerechtigkeit auch deiner schont.“ So laut klagend, warf ich mich auf das Stroh und fühlte in dem Augenblick einen Druck auf der Brust, der von einem harten Körper in der Busentasche meiner Weste herzurühren schien. Ich faßte hinein, und zog ein kleines Messer hervor. Nie hatte ich, so lange ich im Kerker war, ein Messer bei mir getragen, es mußte daher dasselbe seyn, das mir mein gespenstisches Ebenbild herauf gereicht hatte. Mühsam stand ich auf, und hielt das Messer in den stärker hereinbrechenden Lichtstrahl. Ich erblickte das silberne blinkende Heft. Unerforschliches Verhängniß! es war dasselbe Messer, womit ich Hermogen getödtet, und das ich seit einigen Wochen vermißt hatte. Aber nun ging plötzlich in meinem Innern, wunderbar leuchtend, Trost und Rettung von der Schmach auf. Die unbegreifliche Art wie ich das Messer erhalten, war mir ein Fingerzeig der ewigen Macht, wie ich meine Verbrechen büßen, wie ich im Tode Aurelien versöhnen solle. Wie ein göttlicher Strahl im reinen Feuer, durchglühte mich nun die Liebe zu Aurelien, jede sündliche Begierde war von mir gewichen. Es war mir, als sähe ich sie selbst, wie damals, als sie am Beichtstuhl in der Kirche des Capuzinerklosters erschien. „Wohl liebe ich Dich, Medardus, aber Du „verstandest mich nicht! . . . meine Liebe ist der Tod!“ — so umsäuselte und umflüsterte mich Aureliens Stimme, und fest stand mein Entschluß, dem Richter frei die merkwürdige Geschichte meiner Verirrungen zu gestehen, und dann mir den Tod zu geben.

Der Kerkermeister trat herein und brachte mir bessere Speisen, als ich sonst zu erhalten pflegte, so wie eine Flasche Wein. — „Vom Fürsten so befohlen,“ sprach er, indem er den Tisch, den ihm sein Knecht nachtrug, deckte, und die Kette, die mich an die Wand fesselte, losschloß. Ich bat ihn, dem Richter zu sagen, daß ich vernommen zu werden wünsche, weil ich vieles zu eröffnen hätte, was mir schwer auf dem Herzen liege. Er versprach, meinen Auftrag auszurichten, indessen wartete ich vergebens, daß man mich zum Verhör abholen solle; Niemand ließ sich mehr sehen, bis der Knecht, als es schon ganz finster worden, hereintrat und die am Gewölbe hängende Lampe anzündete. In meinem Innern war es ruhiger als jemals, doch fühlte ich mich sehr erschöpft, und versank bald in tiefen Schlaf. Da wurde ich in einen langen, düstern, gewölbten Saal geführt, in dem ich eine Reihe in schwarzen Talaren gekleideter Geistlicher erblickte, die der Wand entlang auf hohen Stühlen saßen. Vor ihnen, an einem mit blutrother Decke behangenen Tisch, saß der Richter, und neben ihm ein Dominikaner im Ordenshabit. „Du bist jetzt, sprach der Richter mit feierlich erhabener Stimme: dem geistlichen Gericht übergeben, da Du, verstockter, frevelicher Mönch, vergebens Deinen Stand und Namen verläugnet hast. Franciskus, mit dem Kloster-Namen Medardus genannt, sprich, welcher Verbrechen bist Du beziehen worden?" — Ich wollte Alles, was ich je Sündhaftes und Frevliches begangen, offen eingestehen, aber zu meinem Entsetzen war das, was ich sprach, durchaus nicht das, was ich dachte und sagen wollte. Statt des ernsten, reuigen Bekenntnisses, verlor ich mich in ungereimte, unzusammenhängende Reden. Da sagte der Dominikaner, riesengroß vor mir dastehend, und mit gräßlich funkelndem Blick mich durchbohrend: „Auf die Folter mit Dir, Du halsstarriger, verstockter Mönch." Die seltsamen Gestalten rings umher erhoben sich und streckten ihre langen Arme nach mir aus, und riefen in heiserem grausigem Einklang: „Auf die Folter mit ihm." Ich riß das Messer heraus und stieß nach meinem Herzen, aber der Arm fuhr unwillkürlich herauf; ich traf den Hals und am Zeichen des Kreuzes sprang die Klinge wie in Glasscherben, ohne mich zu verwunden. Da ergriffen mich die Henkersknechte, und stießen mich hinab in ein tiefes unterirdisches Gewölbe. Der Dominikaner und der Richter stiegen mir nach. Noch einmal forderte mich dieser auf, zu gestehen. Nochmals strengte ich mich an, aber in tollem Zwiespalt stand Rede und Gedanke. — Reuevoll, zerknirscht von tiefer Schmach, bekannte ich im Innern Alles — abgeschmackt, verwirrt, sinnlos war, was der Mund ausstieß. Auf den Wink des Dominikaners zogen mich die Henkersknechte nackt aus, schnürten mir beide Arme über den Rücken zusammen, und hinaufgewunden fühlte ich, wie die ausgedehnten Gelenke knackend zerbröckeln wollten. In heillosem, wüthendem Schmerz schrie ich laut auf, und erwachte. Der Schmerz an den Händen und Füßen dauerte fort, er rührte von den schweren Ketten her, die ich trug, doch empfand ich noch außerdem einen Druck über den Augen, die ich nicht aufzuschlagen vermochte. Endlich war es, als würde plötzlich eine Last mir von der Stirn genommen, ich richtete mich schnell empor, ein Dominikanermönch stand vor meinem Strohlager. Mein Traum trat in das Leben, eiskalt rieselte es mir durch die Adern. Unbeweglich, wie eine Bildsäule, mit übereinander geschlagenen Armen stand der Mönch da und starrte mich an mit den hohlen schwarzen Augen. Ich erkannte den gräßlichen Maler, und fiel halb ohnmächtig auf mein Strohlager zurück. — Vielleicht war es nur eine Täuschung der durch den Traum aufgeregten Sinne? Ich ermannte mich, ich richtete mich auf, aber unbeweglich stand der Mönch und starrte mich an mit den hohlen schwarzen Augen. Da schrie ich in wahnsinniger Verzweiflung: „Entsetzlicher Mensch . . . hebe dich weg! . . . Nein! . . . Kein Mensch, Du bist der Widersacher selbst, der mich stürzen will in ewige Verderbniß . . . hebe dich weg, Verruchter! hebe dich weg!“ — Armer, kurzsichtiger Thor, ich bin nicht der, der Dich ganz unauflöslich zu umstricken strebt mit ehernen Banden! — der dich abwendig machen will dem heiligen Werk, zu dem Dich die ewige Macht berief! — Medardus! — armer kurzsichtiger Thor! — schreckbar, grauenvoll bin ich Dir erschienen, wenn Du über dem offenen Grabe ewiger Verdammniß leichtsinnig gaukeltest. Ich warnte Dich, aber Du hast mich nicht verstanden! Auf! nähere Dich mir! Der Mönch sprach alles dieses im dumpfen Ton der tiefen, herzzerschneidendsten Klage; sein Blick, mir sonst so fürchterlich, war sanft und milde worden, weicher die Form seines Gesichts. Eine unbeschreibliche Wehmuth durchbebte mein Innerstes; wie ein Gesandter der ewigen Macht, mich aufzurichten, mich zu trösten im endlosen Elend, erschien mir der sonst so schreckliche Maler. — Ich stand auf vom Lager, ich trat ihm nahe, es war kein Phantom, ich berührte sein Kleid; ich kniete unwillkürlich nieder, er legte die Hand auf mein Haupt, wie mich segnend. Da gingen in lichten Farben herrliche Gebilde in mir auf. — Ach! ich war in dem heiligen Walde! — ja es war derselbe Platz, wo, in früher Kindheit, der fremdartig gekleidete Pilger mir den wunderbaren Knaben brachte. Ich wollte fortschreiten, ich wollte hinein in die Kirche, die ich dicht vor mir erblickte. Dort sollte ich (so war es mir) büßend und bereuend Ablaß erhalten von schwerer Sünde. Aber ich blieb regungslos — mein eignes Ich konnte ich nicht erschauen, nicht erfassen. Da sprach eine dumpfe, hohle Stimme: der Gedanke ist die That! — Die Träume verschwebten; es war der Maler, der jene Worte gesprochen. „Unbegreifliches Wesen, warst Du es denn selbst? an jenem unglücklichen Morgen in der Capuzinerkirche zu B.? in der Reichsstadt, und nun?“ — „Halt ein, unterbrach mich der Maler: ich war es, der überall Dir nahe war, um Dich zu retten von Verderben und Schmach, aber Dein Sinn blieb verschlossen! Das Werk, zu dem Du erkoren, mußt Du vollbringen zu Deinem eignen Heil.“ — „Ach, rief ich voll Verzweiflung: warum hieltst Du nicht meinen Arm zurück, als ich in verruchtem Frevel jenen Jüngling . . .“ „Das war mir nicht vergönnt, fiel der Maler ein: Frage nicht weiter! vermessen ist es, vorgreifen zu wollen dem, was die ewige Macht beschlossen . . . Medardus! Du gehst Deinem Ziel entgegen . . . morgen!“ — Ich erbebte in einem eiskalten Schauer, denn ich glaubte, den Maler ganz zu verstehen. Er wußte und billigte den beschlossenen Selbstmord. Der Maler wankte mit leisem Tritt nach der Thür des Kerkers. „Wann, wann sehe ich Dich wieder?“ — Am Ziele! — rief er, sich noch einmal nach mir umwendend, feierlich und stark, daß das Gewölbe dröhnte — „Also morgen?“ — Leise drehte sich die Thüre in den Angeln, der Maler war verschwunden. —

So wie der helle Tag nur angebrochen, erschien der Kerkermeister mit seinen Knechten, die mir die Fesseln von den wunden Armen und Füßen ablösten. Ich solle bald zum Verhör hinaufgeführt werden, hieß es. Tief in mich gekehrt, mit dem Gedanken des nahen Todes vertraut, schritt ich hinauf in den Gerichtssaal; mein Bekenntniß hatte ich im Innern so geordnet, daß ich dem Richter eine kurze, aber den kleinsten Umstand mit aufgreifende Erzählung zu machen hoffte. Der Richter kam mir schnell entgegen, ich mußte höchst entstellt aussehen, denn bei meinem Anblick verzog sich schnell das freudige Lächeln, das erst auf seinem Gesicht schwebte, zur Miene des tiefsten Mitleids. Er faßte meine beiden Hände und schob mich sanft in seinen Lehnstuhl. Dann mich starr anschauend, sagte er langsam und feierlich: „Herr von Krczinski! ich habe Ihnen frohes zu verkünden! Sie sind frei! die Untersuchung ist auf Befehl des Fürsten niedergeschlagen worden. Man hat Sie mit einer andern Person verwechselt, woran Ihre ganz unglaubliche Aehnlichkeit mit dieser Person Schuld ist. Klar, ganz klar ist Ihre Schuldlosigkeit dargethan! . . . Sie sind frei!“ — Es schwirrte und sauste und drehte sich alles um mich her. — Des Richters Gestalt blinkte, hundertfach vervielfältigt, durch den düstern Nebel, Alles schwand in dicker Finsterniß. — Ich fühlte endlich, daß man mir die Stirne mit starkem Wasser rieb, und erholte mich aus dem ohnmachtähnlichen Zustande, in den ich versunken. Der Richter las mir ein kurzes Protokoll vor, welches sagte, daß er mir die Niederschlagung des Prozesses bekannt gemacht, und meine Entlassung aus dem Kerker bewirkt habe. Ich unterschrieb schweigend, keines Wortes war ich mächtig. Ein unbeschreibliches, mich im Innersten vernichtendes Gefühl ließ keine Freude aufkommen. So wie mich der Richter mit recht in das Herz dringender Gutmüthigkeit anblickte, war es mir, als müsse ich nun, da man an meine Unschuld glaubte und mich frei lassen wollte, allen verruchten Frevel, den ich begangen, frei gestehen und dann mir das Messer in das Herz stoßen. — Ich wollte reden — der Richter schien meine Entfernung zu wünschen. Ich ging nach der Thüre, da kam er mir nach, und sagte leise: „Nun habe ich aufgehört Richter zu seyn; von dem ersten Augenblick, als ich Sie sah, interessirten Sie mich auf das Höchste. So sehr, wie (Sie werden dies selbst zugeben müssen) der Schein wider Sie war, so wünschte ich doch gleich, daß Sie in der That nicht der abscheuliche, verbrecherische Mönch seyn möchten, für den man Sie hielt. Jetzt darf ich Ihnen zutraulich sagen ... Sie sind kein Pole. Sie sind nicht in Kwieczizcewo geboren. Sie heißen nicht Leonard von Krczinski.“ — Mit Ruhe und Festigkeit antwortete ich: „Nein!“ — „Und auch kein Geistlicher?“ — frug der Richter weiter, indem er die Augen niederschlug, wahrscheinlich um mir den Blick des Inquisitors zu ersparen. Es wallte auf in meinem Innern. — So hören Sie denn, fuhr ich heraus — „Still, unterbrach mich der Richter: was ich gleich anfangs geglaubt und noch „glaube, bestätigt sich. Ich sehe, daß hier räthselhafte Umstände walten, und daß Sie selbst mit gewissen Personen des Hofes in ein „geheimnißvolles Spiel des Schicksals verflochten sind. Es ist nicht „mehr meines Berufs, tiefer einzudringen, und ich würde es für un„ziemlichen Vorwitz halten, Ihnen irgend etwas über Ihre Person, „über Ihre wahrscheinlich ganz eignen Lebensverhältnisse entlocken zu „wollen! — Doch, wie wäre es, wenn Sie, Sich losreißend von allem „Ihrer Ruhe Bedrohlichem, den Ort verließen. Nach dem, was ge„schehen, kann Ihnen ohnedies der Aufenthalt hier nicht wohlthun.“ —

So wie der Richter dieses sprach, war es, als flöhen alle finstre Schatten, die sich drückend über mich gelegt hatten, schnell von hinnen. Das Leben war wieder gewonnen, und die Lebenslust stieg durch Nerv und Adern glühend in mir auf. Aurelie! sie dachte ich wieder, und ich sollte jetzt fort von dem Orte, fort von ihr? — Tief seufzte ich auf: „Und sie verlassen?" — Der Richter blickte mich im höchsten Erstaunen an, und sagte dann schnell: „Ach! jetzt glaube ich klar zu sehen! Der Himmel gebe, Herr Leonard! daß eine sehr schlimme Ahnung, die mir eben jetzt recht deutlich wird, nicht in Erfüllung gehen möge." — Alles hatte sich in meinem Innern anders gestaltet. Hin war alle Reue und wohl mochte es beinahe frevelnde Frechheit seyn, daß ich den Richter mit erheuchelter Ruhe frug: „Und Sie halten mich doch für schuldig?" — „Erlauben Sie, mein Herr! erwiederte der Richter sehr ernst: daß ich meine Ueberzeugungen, die doch nur auf ein reges Gefühl gestützt scheinen, für mich behalte. Es ist ausgemittelt, nach bester Form und Weise, daß Sie nicht der Mönch Medardus seyn können, da eben dieser Medardus sich hier befindet und von dem Pater Cyrill, der sich durch Ihre ganz genaue Aehnlichkeit täuschen ließ, anerkannt wurde, ja auch selbst gar nicht läugnet, daß er jener Capuziner sey. Damit ist nun Alles geschehen, was geschehen konnte, um Sie von jedem Verdacht zu reinigen, und um so mehr muß ich glauben, daß Sie Sich frei von jeder Schuld fühlen." — Ein Gerichtsdiener rief in diesem Augenblick den Richter ab und so wurde ein Gespräch unterbrochen, als es eben begann mich zu peinigen.

Ich begab mich nach meiner Wohnung, und fand alles so wieder, wie ich es verlassen. Meine Papiere hatte man in Beschlag genommen, in ein Packet gesiegelt lagen sie auf meinem Schreibtische, nur Viktorins Brieftasche, Euphemiens Ring und den Capuziner-Strick vermißte ich, meine Vermuthungen im Gefängnisse waren daher richtig. Nicht lange dauerte es, so erschien ein fürstlicher Diener, der mit einem Handbillet des Fürsten mir eine goldene, mit kostbaren Steinen besetzte Dose überreichte. „Es ist Ihnen übel mitgespielt worden, Herr von Krczinski, schrieb der Fürst: aber weder ich noch meine Gerichte sind Schuld daran. Sie sind einem sehr bösen Menschen auf ganz unglaubliche Weise ähnlich; alles ist aber nun zu Ihrem Besten aufgeklärt: Ich sende Ihnen ein Zeichen meines Wohlwollens und hoffe, Sie bald zu sehen.“ — Des Fürsten Gnade war mir eben so gleichgültig als sein Geschenk; eine düstre Traurigkeit, die geisttödtend mein Inneres durchschlich, war die Folge des strengen Gefängnisses; ich fühlte, daß mir körperlich aufgeholfen werden müsse, und lieb war es mir daher, als der Leibarzt erschien. Das ärztliche war bald besprochen. „Ist es nicht, fing nun der Leibarzt an, eine besondere Fügung des Schicksals, daß eben in dem Augenblick als man davon überzeugt zu seyn glaubt, daß Sie jener abscheuliche Mönch sind, der in der Familie des Barons von F. so viel Unheil anrichtete, dieser Mönch wirklich erscheint, und Sie von jedem Verdacht rettet?“

Ich muß versichern, daß ich von den nähern Umständen, die meine Befreiung bewirkten, nicht unterrichtet bin; nur im Allgemeinen sagte mir der Richter, daß der Capuziner Medardus, dem man nachspürte, und für den man mich hielt, sich hier eingefunden habe.

„Nicht eingefunden hat er sich, sondern hergebracht ist er worden, festgebunden auf einem Wagen, und seltsamer Weise zu derselben Zeit, als Sie hergekommen waren. Eben fällt mir ein, daß, als ich Ihnen einst jene wunderbaren Ereignisse erzählen wollte, die sich vor einiger Zeit an unserm Hofe zutrugen, ich gerade dann unterbrochen wurde, als ich auf den feindlichen Medardus, Francesko's Sohn, und auf seine verruchte That im Schlosse des Barons von F. gekommen war. Ich nehme den Faden der Begebenheit da wieder auf, wo er damals abriß. — Die Schwester unserer Fürstin, wie Sie wissen, Aebtissin im Cisterzienser-Kloster zu B. nahm einst freundlich eine arme Frau mit einem Kinde auf, die von der Pilgerfahrt nach der heiligen Linde wiederkehrte.“

Die Frau war Francesko's Wittwe, und der Knabe eben der Medardus.

„Ganz recht, aber wie kommen Sie dazu, dies zu wissen?“

Auf die seltsamste Weise sind mir die geheimnißvollen Lebensumstände des Capuziners Medardus bekannt worden. Bis zu dem Augenblick, als er aus dem Schloß des Barons von F. entfloh, bin ich von dem, was sich dort zutrug, genau unterrichtet.

„Aber wie? . . . von wem?“ . . .

Ein lebendiger Traum hat mir Alles dargestellt.

„Sie scherzen?“

Keineswegs. Es ist mir wirklich so, als hätte ich träumend die Geschichte eines Unglücklichen gehört, der, ein Spielwerk dunkler Mächte, hin und her geschleudert und von Verbrechen zu Verbrechen getrieben wurde. In dem ... ẞer Forst hatte mich auf der Reise hierher der Postillon irre gefahren; ich kam in das Försterhaus, und dort ...

„Ha! ich verstehe Alles, dort trafen Sie den Mönch an“...

So ist es, er war aber wahnsinnig.

„Er scheint es nicht mehr zu seyn. Schon damals hatte er lichte Stunden und vertraute Ihnen Alles?“ ...

Nicht gerade zu. In der Nacht trat er, von meiner Ankunft im Försterhause nicht unterrichtet, in mein Zimmer. Ich, mit der treuen beispiellosen Aehnlichkeit, war ihm furchtbar. Er hielt mich für seinen Doppeltgänger, dessen Erscheinung ihm den Tod verkünde. — Er stammelte — stotterte Bekenntnisse her — unwillkürlich übermannte mich, von der Reise ermüdet, der Schlaf; es war mir, als spreche der Mönch nun ruhig und gefaßt weiter, und ich weiß in der That jetzt nicht, wo und wie der Traum eintrat. Es dünkt mich, daß der Mönch behauptete, nicht er habe Euphemien und Hermogen getödtet, sondern beider Mörder sey der Graf Viktorin —

„Sonderbar, höchst sonderbar, aber warum verschwiegen Sie das Alles dem Richter?“

Wie konnte ich hoffen, daß der Richter auch nur einiges Gewicht auf eine Erzählung legen werde, die ihm ganz abentheuerlich klingen mußte. Darf denn überhaupt ein erleuchtetes Criminalgericht an das Wunderbare glauben?

„Wenigstens hätten Sie aber doch gleich ahnen, daß man Sie mit dem wahnsinnigen Mönch verwechsle, und diesen als den Capuziner Medardus bezeichnen sollen?“

Freilich — und zwar nachdem mich ein alter blöder Greis, ich glaube er heißt Cyrillus, durchaus für seinen Klosterbruder halten wollte. Es ist mir nicht eingefallen, daß der wahnsinnige Mönch eben der Medardus, und das Verbrechen, das er mir bekannte, Gegenstand des jetzigen Prozesses seyn könne. Aber, wie mir der Förster sagte, hatte er ihm niemals seinen Namen genannt — wie kam man zur Entdeckung?

„Auf die einfachste Weise. Der Mönch hatte sich, wie Sie wissen, einige Zeit bei dem Förster aufgehalten; er schien geheilt, aber aufs neue brach der Wahnsinn so verderblich aus, daß der Förster sich genöthigt sah, ihn hierher zu schaffen, wo er in das Irrenhaus eingesperrt wurde. Dort saß er Tag und Nacht mit starrem Blick, ohne Regung, wie eine Bildsäule. Er sprach kein Wort und mußte gefüttert werden, da er keine Hand bewegte. Verschiedene Mittel, ihn aus der Starrsucht zu wecken, blieben fruchtlos, zu den stärksten durfte man nicht schreiten, ohne Gefahr ihn wieder in wilde Raserei zu stürzen. Vor einigen Tagen kommt des Försters ältester Sohn nach der Stadt, er geht in das Irrenhaus um den Mönch wieder zu sehen. Ganz erfüllt von dem trostlosen Zustande des Unglücklichen, tritt er aus dem Hause, als eben der Pater Cyrillus aus dem Capuzinerkloster in B. vorüberschreitet. Den redet er an, und bittet ihn, den unglücklichen, hier eingesperrten Klosterbruder zu besuchen, da ihm Zuspruch eines Geistlichen seines Ordens vielleicht heilsam seyn könne. Als Cyrillus den Mönch erblickt, fährt er entsetzt zurück. „Heilige Mutter Gottes! Medardus, unglückseliger Medardus!“ So ruft Cyrillus, und in dem Augenblick beleben sich die starren Augen des Mönchs. Er steht auf, und fällt mit einem dumpfen Schrei kraftlos zu Boden. — Cyrillus, mit den Uebrigen die bei dem Ereigniß zugegen waren, geht sofort zum Präsidenten des Criminalgerichts, und zeigt Alles an. Der Richter, dem die Untersuchungen wider Sie übertragen, begiebt sich mit Cyrillus nach dem Irrenhause; man findet den Mönch sehr matt, aber frei von allem Wahnsinn. Er gesteht ein, daß er der Mönch Medardus aus dem Capuzinerkloster in B. sey. Cyrillus versicherte seiner Seits, daß Ihre unglaubliche Aehnlichkeit mit Medardus ihn getäuscht habe. Nun bemerke er wohl, wie Herr Leonard sich in Sprache, Blick, Gang und Stellung sehr merklich von dem Mönch Medardus, den er nun vor sich sehe, unterscheide. Man entdeckte auch das bedeutende Kreuzeszeichen an der linken Seite des Halses, von dem in Ihrem Prozeß so viel Aufhebens gemacht worden ist. Nun wird der Mönch über die Begebenheiten auf dem Schlosse des Barons von F. befragt. — „Ich bin ein abscheulicher, verruchter Verbrecher, sagt er mit matter, kaum vernehmbarer Stimme: ich bereue tief, was ich gethan. — Ach ich ließ mich um mein Selbst, um meine unsterbliche Seele betrügen! ... Man habe Mitleiden! ... man lasse mir Zeit ... Alles ... alles will ich gestehen.“ — Der Fürst, unterrichtet, befiehlt sofort den Prozeß wider Sie aufzuheben und Sie der Haft zu entlassen. Das ist die Geschichte Ihrer Befreiung. — Der Mönch ist nach dem Criminal-Gefängniß gebracht worden."

Und hat Alles gestanden? Hat er Euphemien, Hermogen ermordet? wie ist es mit dem Grafen Viktorin?...

„So viel wie ich weiß, fängt der eigentliche Criminalprozeß wider den Mönch erst heute an. Was aber den Grafen Viktorin betrifft, so scheint es, als wenn nun einmal Alles was nur irgend mit jenen Ereignissen an unserm Hofe in Verbindung steht, dunkel und unbegreiflich bleiben müsse."

Wie die Ereignisse auf dem Schlosse des Barons von F. aber mit jener Katastrophe an Ihrem Hofe sich verbinden sollen, sehe ich in der That nicht ein.

„Eigentlich meinte ich auch mehr die spielenden Personen, als die Begebenheit."

Ich verstehe Sie nicht.

„Erinnern Sie Sich genau meiner Erzählung jener Katastrophe, die dem Prinzen den Tod brachte?"

Allerdings.

„Ist es Ihnen dabei nicht völlig klar worden, daß Francesko verbrecherisch die Italienerin liebte? daß er es war, der vor dem Prinzen in die Brautkammer schlich, und den Prinzen niederstieß? — Viktorin ist die Frucht jener freveligen Unthat. — Er und Medardus sind Söhne Eines Vaters. Spurlos ist Viktorin verschwunden, alles Nachforschen blieb vergebens."

Der Mönch schleuderte ihn hinab in den Teufels-Grund. Fluch dem wahnsinnigen Brudermörder! —

Leise — leise ließ sich in dem Augenblick, als ich heftig diese Worte ausstieß, jenes Klopfen des gespenstischen Unholds aus dem Kerker hören. Vergebens suchte ich das Grausen zu bekämpfen, welches mich ergriff. Der Arzt schien so wenig das Klopfen als meinen innern Kampf zu bemerken. Er fuhr fort: „Was?... Hat der Mönch Ihnen gestanden, daß auch Viktorin durch seine Hand fiel?"

Ja!... Wenigstens schließe ich aus seinen abgebrochenen Aeußerungen, halte ich damit Viktorins Verschwinden zusammen, daß sich die Sache wirklich so verhält. Fluch dem wahnsinnigen Brudermörder! — Stärker klopfte es, und stöhnte und ächzte; ein feines Lachen, das durch die Stube pfiff, klang wie Medardus ... Medardus ... hi ... hi ... hi hilf! — Der Arzt, ohne das zu bemerken, fuhr fort:

„Ein besonderes Geheimniß scheint noch auf Franceško's Herkunft zu ruhen. Er ist höchst wahrscheinlich dem fürstlichen Hause verwandt. So viel ist gewiß, daß Euphemie die Tochter ..."

Mit einem entsetzlichen Schlage, daß die Angeln zusammen krachten, sprang die Thür auf, ein schneidendes Gelächter gellte herein. „Ho ho ... ho ... ho Brüderlein, schrie ich wahnsinnig auf: hoho ... hieher ... frisch frisch, wenn du kämpfen willst mit mir ... der Uhu macht Hochzeit; nun wollen wir auf das Dach steigen und ringen mit einander, und wer den andern herabstößt, ist König und darf Blut trinken." — Der Leibarzt faßte mich in die Arme und rief: „Was ist das? was ist das? Sie sind krank ... in der That, gefährlich krank. Fort, fort, zu Bette." — Aber ich starrte nach der offnen Thüre, ob mein scheußlicher Doppeltgänger nicht herein treten werde, doch ich erschaute nichts und erholte mich bald von dem wilden Entsetzen, das mich gepackt hatte mit eiskalten Krallen. Der Leibarzt bestand darauf, daß ich kränker sey, als ich selbst wohl glauben möge, und schob alles auf den Kerker und die Gemüthsbewegung, die mir überhaupt der Prozeß verursacht haben müsse. Ich brauchte seine Mittel, aber mehr als seine Kunst trug zu meiner schnellen Genesung bei, daß das Klopfen sich nicht mehr hören ließ, der furchtbare Doppeltgänger mich daher ganz verlassen zu haben schien.

Die Frühlingssonne warf eines Morgens ihre goldnen Strahlen hell und freundlich in mein Zimmer, süße Blumendüfte strömten durch das Fenster; hinaus ins Freie trieb mich ein unendlich Sehnen, und des Arztes Verbot nicht achtend, lief ich fort in den Park. — Da begrüßten Bäume und Büsche rauschend und flüsternd den von der Todeskrankheit Genesenen. Ich athmete auf, wie aus langem schwerem Traum erwacht, und tiefe Seufzer waren des Entzückens unaussprechbare Worte, die ich hineinhauchte in das Gejauchze der Vögel, in das fröhliche Sumsen und Schwirren bunter Insekten.

Ja! — ein schwerer Traum dünkte mir, nicht nur die letzt vergangene Zeit, sondern mein ganzes Leben, seitdem ich das Kloster verlassen, als ich mich in einem von dunklen Platanen beschatteten Gange befand. — Ich war im Garten der Capuziner zu B. Aus dem fernen Gebüsch ragte schon das hohe Kreuz hervor, an dem ich sonst oft mit tiefer Inbrunst flehte, um Kraft, aller Versuchung zu widerstehen. — Das Kreuz schien mir nun das Ziel zu seyn, wo ich hinwallen müsse, um, in den Staub niedergeworfen, zu bereuen und zu büßen den Frevel sündhafter Träume, die mir der Satan vorgegaukelt; und ich schritt fort mit gefalteten emporgehobenen Händen, den Blick nach dem Kreuz gerichtet. — Stärker und stärker zog der Luftstrom — ich glaubte die Hymnen der Brüder zu vernehmen, aber es waren nur des Waldes wunderbare Klänge, die der Wind, durch die Bäume sausend, geweckt hatte, und der meinen Athem fortriß, so daß ich bald erschöpft still stehen, ja mich an einem nahen Baum fest halten mußte, um nicht nieder zu sinken. Doch hin zog es mich mit unwiderstehlicher Gewalt nach dem fernen Kreuz; ich nahm alle meine Kraft zusammen und wankte weiter fort, aber nur bis an den Moossitz dicht vor dem Gebüsch konnte ich gelangen; alle Glieder lähmte plötzlich tödtliche Ermattung; wie ein schwacher Greis, ließ ich langsam mich nieder und in dumpfem Stöhnen suchte ich die gepreßte Brust zu erleichtern. — Es rauschte im Gange dicht neben mir ... Aurelie! So wie der Gedanke mich durchblitzte, stand sie vor mir! — Thränen inbrünstiger Wehmuth quollen aus den Himmels-Augen, aber durch die Thränen funkelte ein zündender Strahl, es war der unbeschreibliche Ausdruck der glühendsten Sehnsucht, der Aurelien fremd schien. Aber so flammte der Liebesblick jenes geheimnißvollen Wesens am Beichtstuhl, das ich oft in süßen Träumen sah. „Können Sie mir jemals verzeihen!“ lispelte Aurelie. Da stürzte ich wahnsinnig vor namenlosem Entzücken vor ihr hin, ich ergriff ihre Hände! — „Aurelie ... Aurelie ... für dich Marter! ... Tod!“ Ich fühlte mich sanft emporgehoben — Aurelie sank an meine Brust, ich schwelgte in glühenden Küssen. Aufgeschreckt durch ein nahes Geräusch, wand sie sich endlich los aus meinen Armen, ich durfte sie nicht zurückhalten. „Erfüllt ist all' mein Sehnen und Hoffen,“ sprach sie leise, und in dem Augenblick sah ich die Fürstin den Gang heraufkommen. Ich trat hinein in das Gebüsch, und wurde nun gewahr, daß ich wunderlicher Weise einen dürren grauen Stamm für ein Cruzifix gehalten.

Ich fühlte keine Ermattung mehr, Aureliens Küsse durchglühten mich mit neuer Lebenskraft; es war mir, als sey jetzt hell und herrlich das Geheimniß meines Seyns aufgegangen. Ach, es war das wunderbare Geheimniß der Liebe, das sich nun erst in rein strahlender Glorie mir erschlossen. Ich stand auf dem höchsten Punkt des Lebens; abwärts mußte es sich wenden, damit ein Geschick erfüllte werde, das die höhere Macht beschlossen. — Diese Zeit war es, die mich wie ein Traum aus dem Himmel umfing, als ich das aufzuzeichnen begann, was sich nach Aureliens Wiedersehen mit mir begab. Dich Fremden, Unbekannten! der du einst diese Blätter lesen wirst, bat ich, du solltest jene höchste Sonnenzeit deines eigenen Lebens zurückrufen, dann würdest du den trostlosen Jammer des in Reue und Buße ergrauten Mönchs verstehen und einstimmen in seine Klagen. Noch einmal bitte ich dich jetzt, laß jene Zeit im Innern dir aufgehen, und nicht darf ich dann dir's sagen: wie Aureliens Liebe mich und Alles um mich her verklärte, wie reger und lebendiger mein Geist das Leben im Leben erschaute und ergriff, wie mich, den göttlich Begeisterten, die Freudigkeit des Himmels erfüllte. Kein finstrer Gedanke ging durch meine Seele, Aureliens Liebe hatte mich entsündigt, ja! auf wunderbare Weise keimte in mir die feste Ueberzeugung auf, daß nicht ich jener ruchlose Frevler auf dem Schlosse des Barons von F. war, der Euphemien — Hermogen erschlug, sondern, daß der wahnsinnige Mönch, den ich im Försterhause traf, die That begangen. Alles, was ich dem Leibarzt gestand, schien mir nicht Lüge, sondern der wahre geheimnißvolle Hergang der Sache zu seyn, der mir selbst unbegreiflich blieb. — Der Fürst hatte mich empfangen, wie einen Freund, den man verloren glaubt und wiederfindet; dies gab natürlicher Weise den Ton an, in den Alle einstimmen mußten, nur die Fürstin, war sie auch milder als sonst, blieb ernst und zurückhaltend.

Aurelie gab sich mir mit kindlicher Unbefangenheit ganz hin, ihre Liebe war ihr keine Schuld, die sie der Welt verbergen mußte, und eben so wenig vermochte ich, auch nur im mindesten das Gefühl zu verhehlen, in dem allein ich nur lebte. Jeder bemerkte mein Verhältniß mit Aurelien, Niemand sprach darüber, weil man in des Fürsten Blicken las, daß er unsre Liebe, wo nicht begünstigen, doch stillschweigend dulden wolle. So kam es, daß ich zwanglos Aurelien öfter, manchmal auch wohl ohne Zeugen sah. — Ich schloß sie in meine Arme, sie erwiederte meine Küsse, aber es fühlend, wie sie erbebte in jungfräulicher Scheu, konnte ich nicht Raum geben der sündlichen Begierde; jeder frevelige Gedanke erstarb in dem Schauer, der durch mein Innres glitt. Sie schien keine Gefahr zu ahnen, wirklich gab es für sie keine, denn oft, wenn sie im einsamen Zimmer neben mir saß, wenn mächtiger als je ihr Himmelsreiz strahlte, wenn wilder die Liebesglut in mir aufflammen wollte, blickte sie mich an so unbeschreiblich milde und keusch, daß es mir war, als vergönne es der Himmel dem büßenden Sünder, schon hier auf Erden der Heiligen zu nahen. Ja, nicht Aurelie, die heilige Rosalia selbst war es, und ich stürzte zu ihren Füßen und rief laut: O du, fromme, hohe Heilige, darf sich denn irdische Liebe zu dir im Herzen regen? — Dann reichte sie mir die Hand und sprach mit süßer milder Stimme: Ach keine hohe Heilige bin ich, aber wohl recht fromm, und liebe dich gar sehr!

Ich hatte Aurelien mehrere Tage nicht gesehen, sie war mit der Fürstin auf ein nahe gelegenes Lustschloß gegangen. Ich ertrug es nicht länger, ich rannte hin. — Am späten Abend angekommen, traf ich im Garten auf eine Kammerfrau, die mir Aureliens Zimmer nachwies. Leise, leise öffnete ich die Thür — ich trat hinein — eine schwüle Luft, ein wunderbarer Blumengeruch wallte mir sinnebetäubend entgegen. Erinnerungen stiegen in mir auf, wie dunkle Träume. Ist das nicht Aureliens Zimmer auf dem Schlosse des Barons, wo ich . . . So wie ich dies dachte, war es, als erhöbe sich hinter mir eine finstre Gestalt, und: Hermogen! rief es in meinem Innern. Entsetzt rannte ich vorwärts, nur angelehnt war die Thüre des Cabinets. Aurelie kniete, den Rücken mir zugekehrt vor einem Tabourett, auf dem ein aufgeschlagenes Buch lag. Voll scheuer Angst blickte ich unwillkürlich zurück — ich schaute nichts, da rief ich im höchsten Entzücken: Aurelie, Aurelie! — Sie wandte sich schnell um, aber noch ehe sie aufgestanden, lag ich neben ihr und hatte sie fest umschlungen. Leonard! mein Geliebter! — lispelte sie leise. Da kochte und gährte in meinem Innern rasende Begier, wildes, sündiges Verlangen. Sie hing kraftlos in meinen Armen; die genestelten Haare waren aufgegangen und fielen in üppigen Locken über meine Schultern, der jugendliche Busen quoll hervor — sie ächzte dumpf — ich kannte mich selbst nicht mehr! — Ich riß sie empor, sie schien erkräftigt, eine fremde Glut brannte in ihrem Auge, feuriger erwiederte sie meine wüthenden Küsse. Da rauschte es hinter uns wie starker, mächtiger Flügelschlag; ein schneidender Ton, wie das Angstgeschrei des zum Tode Getroffenen, gellte durch das Zimmer. — Hermogen! schrie Aurelie, und sank ohnmächtig hin aus meinen Armen. Von wildem Entsetzen erfaßt, rannte ich fort! — Im Flur trat mir die Fürstin, von einem Spaziergange heimkehrend, entgegen. Sie blickte mich ernst und stolz an, indem sie sprach: „Es ist mir in der That sehr befremdlich, Sie hier zu sehen, Herr Leonard!" — meine Verstörtheit im Augenblick bemeisternd, antwortete ich in beinahe bestimmterem Ton, als es ziemlich seyn mochte: daß man oft gegen große Anregungen vergebens ankämpfe, und daß oft das unschicklich Scheinende für das Schicklichste gelten könne! — Als ich durch die finstre Nacht der Residenz zueilte, war es mir, als liefe jemand neben mir her, und als flüsterte eine Stimme: J ... Imm ... Immer bin ich bei Di ... Dir ... Brü ... Brüderlein ... Brüderlein Medardus! — Blickte ich um mich her, so merkte ich wohl, daß das Phantom des Doppeltgängers nur in meiner Phantasie spuke; aber nicht los konnte ich das entsetzliche Bild werden, ja es war mir endlich, als müsse ich mit ihm sprechen und ihm erzählen, daß ich wieder recht albern gewesen sey, und mich habe schrecken lassen, von dem tollen Hermogen; die heilige Rosalia sollte denn nun bald mein — ganz mein seyn, denn dafür wäre ich Mönch und habe die Weihe erhalten. Da lachte und stöhnte mein Doppeltgänger, wie er sonst gethan, und stotterte: aber schn ... schnell ... schnell! — „Gedulde dich nur, sprach ich wieder: gedulde dich nur, mein Junge! Alles wird gut werden. Den Hermogen habe ich nur nicht gut getroffen, er hat solch ein verdammtes Kreuz am Halse, wie wir beide, aber mein flinkes Messerchen ist noch scharf und spitzig." — Hi ... hi hi ... tri ... triff gut ... triff gut! — So verflüsterte des Doppeltgängers Stimme im Sausen des Morgenwindes, der vor dem Feuerpurpur herstrich, welches aufbrauste im Osten.

Eben war ich in meiner Wohnung angekommen, als ich zum Fürsten beschieden wurde. Der Fürst kam mir sehr freundlich entgegen. „In der That, Herr Leonard! fing er an: Sie haben Sich meine Zuneigung im hohen Grade erworben; nicht verhehlen kann ichs Ihnen, daß mein Wohlwollen für Sie wahre Freundschaft geworden ist, ich möchte Sie nicht verlieren, ich möchte Sie glücklich sehen. Ueberdem ist man Ihnen für das, was Sie gelitten haben, alle nur mögliche Entschädigung zu gewähren schuldig. Wissen Sie wohl, Herr Leonard! wer Ihren bösen Prozeß einzig und allein veranlaßte? wer Sie anklagte?"

Nein, gnädigster Herr!

„Baronesse Aurelie! ... Sie erstaunen? Ja ja, Baronesse Aurelie, mein Herr Leonard, die hat Sie (er lachte laut auf), die hat Sie für einen Capuziner gehalten! — Nun bei Gott! sind Sie ein Capuziner, so sind Sie der liebenswürdigste, den je ein menschliches Auge sah! — Sagen Sie aufrichtig, Herr Leonard, sind Sie wirklich so ein Stück von Klostergeistlichen?" —

Gnädigster Herr, ich weiß nicht, welch ein böses Verhängniß mich immer zu dem Mönch machen will, der ...

„Nun nun! — ich bin kein Inquisitor! — fatal wärs doch, wenn ein geistliches Gelübde Sie bände. — Zur Sache! — möchten Sie nicht für das Unheil, das Baronesse Aurelie Ihnen zufügte, Rache nehmen?" —

In welches Menschen Brust könnte ein Gedanke der Art gegen das holde Himmelsbild aufkommen?

„Sie lieben Aurelien?"

Dies frug der Fürst, mir ernst und scharf ins Auge blickend. Ich schwieg, indem ich die Hand auf die Brust legte. Der Fürst fuhr weiter fort:

„Ich weiß es, Sie haben Aurelien geliebt, seit dem Augenblick, als sie mit der Fürstin hier zum erstenmal in den Saal trat. — Sie werden wieder geliebt, und zwar mit einem Feuer, das ich der sanften Aurelie nicht zugetraut hätte. Sie lebt nur in Ihnen, die Fürstin hat mir Alles gesagt. Glauben Sie wohl, daß nach Ihrer Verhaftung Aurelie sich einer ganz trostlosen, verzweifelten Stimmung überließ, die sie auf das Krankenbett warf und dem Tode nahe brachte? Aurelie hielt Sie damals für den Mörder ihres Bruders, um so unerklärlicher war uns ihr Schmerz. Schon damals wurden Sie geliebt. Nun, Herr Leonard, oder vielmehr Herr von Krczinski, Sie sind von Adel, ich fixire Sie bei Hofe auf eine Art, die Ihnen angenehm seyn soll. Sie heirathen Aurelien. — In einigen Tagen feiern wir die Verlobung, ich selbst werde die Stelle des Brautvaters vertreten." — Stumm, von den widersprechendsten Gefühlen zerrissen, stand ich da. — „Adieu, Herr Leonard!" rief der Fürst und verschwand, mir freundlich zuwinkend, aus dem Zimmer.

Aurelie mein Weib! — Das Weib eines verbrecherischen Mönchs! Nein! so wollen es die dunklen Mächte nicht, mag auch über die Arme verhängt seyn, was da will! — Dieser Gedanke erhob sich in mir, siegend über alles, was sich dagegen auflehnen mochte. Irgend ein Entschluß, das fühlte ich, mußte auf der Stelle gefaßt werden, aber vergebens sann ich auf Mittel, mich schmerzlos von Aurelien zu trennen. Der Gedanke, sie nicht wieder zu sehen, war mir unerträglich, aber daß sie mein Weib werden sollte, das erfüllte mich mit einem mir selbst unerklärlichen Abscheu. Deutlich ging in mir die Ahnung auf, daß, wenn der verbrecherische Mönch vor dem Altar des Herrn stehen werde, um mit heiligen Gelübden freveliches Spiel zu treiben, jenes fremden Malers Gestalt, aber nicht milde tröstend wie im Gefängniß, sondern Rache und Verderben furchtbar verkündend, wie bei Francesko's Trauung, erscheinen, und mich stürzen werde in namenlose Schmach, in zeitliches, ewiges Elend. Aber dann vernahm ich tief im Innern eine dunkle Stimme: „und doch muß Aurelie dein seyn! Schwachsinniger Thor, wie gedenkst du zu ändern das, was über euch verhängt ist." Und dann rief es wiederum: „Nieder wirf dich in den Staub! — Verblendeter, du frevelst! — nie kann sie dein werden; es ist die heilige Rosalia selbst, die du zu umfangen gedenkst in irdischer Liebe." So im Zwiespalt grauser Mächte hin und her getrieben, vermochte ich nicht zu denken, nicht zu ahnen, was ich thun müsse, um dem Verderben zu entrinnen, das mir überall zu drohen schien. Vorüber war jene begeisterte Stimmung, in der mein ganzes Leben, mein verhängnißvoller Aufenthalt auf dem Schlosse des Barons von F. mir nur ein schwerer Traum schien. In düstrer Verzagtheit sah ich in mir nur den gemeinen Lüstling und Verbrecher. Alles, was ich dem Richter, dem Leibarzt gesagt, war nun nichts, als alberne, schlecht erfundene Lüge, nicht eine innere Stimme hatte gesprochen, wie ich sonst mich selbst überreden wollte.

Tief in mich gekehrt, nichts außer mir bemerkend und vernehmend, schlich ich über die Straße. Der laute Zuruf des Kutschers, das Gerassel des Wagens weckte mich, schnell sprang ich zur Seite. Der Wagen der Fürstin rollte vorüber, der Leibarzt bückte sich aus dem Schlage und winkte mir freundlich zu; ich folgte ihm nach seiner Wohnung. Er sprang heraus und zog mich mit den Worten: „Eben komme ich von Aurelien, ich habe Ihnen Manches zu sagen!" herauf in sein Zimmer. „Ei, Ei, fing er an: Sie Heftiger, Unbesonnener! was haben Sie angefangen. Aurelien sind Sie erschienen plötzlich, wie ein Gespenst, und das arme nervenschwache Wesen ist darüber erkrankt!“ — Der Arzt bemerkte mein Erbleichen. „Nun nun, fuhr er fort, arg ist es eben nicht, sie geht wieder im Garten umher und kehrt morgen mit der Fürstin nach der Residenz zurück. Von Ihnen, lieber Leonard! sprach Aurelie viel, sie empfindet herzliche Sehnsucht Sie wieder zu sehen, und sich zu entschuldigen. Sie glaubt, Ihnen albern und thöricht erschienen zu seyn.“

Ich wußte, dachte ich daran, was auf dem Lustschlosse vorgegangen, Aureliens Aeußerung nicht zu deuten.

Der Arzt schien von dem, was der Fürst mit mir im Sinn hatte, unterrichtet, er gab mir dies nicht undeutlich zu verstehen, und mittelst seiner hellen Lebendigkeit, die Alles um ihn her ergriff, gelang es ihm bald, mich aus der düstern Stimmung zu reißen, so daß unser Gespräch sich heiter wandte. Er beschrieb noch einmal, wie er Aurelien getroffen, die, dem Kinde gleich, das sich nicht vom schweren Traum erholen kann, mit halbgeschlossenen, in Thränen lächelnden Augen auf dem Ruhebette, das Köpfchen in die Hand gestützt, gelegen, und ihm ihre krankhaften Visionen geklagt habe. Er wiederholte ihre Worte, die durch leise Seufzer unterbrochene Stimme des schüchternen Mädchens nachahmend, und wußte, indem er manche ihrer Klagen neckisch genug stellte, das anmuthige Bild durch einige kecke ironische Lichtblicke so zu heben, daß es gar heiter und lebendig vor mir aufging. Dazu kam, daß er im Contrast die gravitätische Fürstin hinstellte, welches mich nicht wenig ergötzte. „Haben Sie wohl gedacht, fing er endlich an: Haben Sie wohl gedacht, als Sie in die Residenz einzogen, daß Ihnen so viel Wunderliches hier geschehen würde? Erst das tolle Mißverständniß, das Sie in die Hände des Criminal-Gerichts brachte, und dann das wahrhaft beneidenswerthe Glück, das Ihnen der fürstliche Freund bereitet!“

Ich muß in der That gestehen, daß gleich anfangs der freundliche Empfang des Fürsten mir wohl that; doch fühle ich, wie sehr ich jetzt in seiner, in Aller Achtung bei Hofe gestiegen bin, das habe ich gewiß meinem erlittenen Unrecht zu verdanken.

„Nicht sowohl dem, als einem andern ganz kleinen Umstande, den Sie wohl errathen können.“

Keineswegs.

„Zwar nennt man Sie, weil Sie es so wollen, schlechtweg Herr Leonard, wie vorher, jeder weiß aber jetzt, daß Sie von Adel sind, da die Nachrichten, die man aus Posen erhalten hat, Ihre Angaben bestätigten.“

Wie kann das aber auf den Fürsten, auf die Achtung, die ich im Zirkel des Hofes genieße, von Einfluß seyn? Als mich der Fürst kennen lernte und mich einlud, im Zirkel des Hofes zu erscheinen, wandte ich ein, daß ich nur von bürgerlicher Abkunft sei, da sagte mir der Fürst, daß die Wissenschaft mich adle und fähig mache, in seiner Umgebung zu erscheinen.

„Er hält es wirklich so, coquettirend mit aufgeklärtem Sinn für Wissenschaft und Kunst. Sie werden im Zirkel des Hofes manchen bürgerlichen Gelehrten und Künstler bemerkt haben, aber die Feinfühlenden unter diesen, denen Leichtigkeit des innern Seyns abgeht, die sich nicht in heitrer Ironie auf den hohen Standpunkt stellen können, der sie über das Ganze erhebt, sieht man nur selten, sie bleiben auch wohl ganz aus. Bei dem besten Willen, sich recht vorurtheilsfrei zu zeigen, mischt sich in das Betragen des Adligen gegen den Bürger ein gewisses Etwas, das wie Herablassung, Duldung des eigentlich unziemlichen aussieht; das leidet kein Mann, der im gerechten Stolz wohl fühlt, wie in adliger Gesellschaft oft nur er es ist, der sich herablassen und dulden muß das geistig Gemeine und Abgeschmackte. Sie sind selbst von Adel, Herr Leonard, aber wie ich höre, ganz geistlich und wissenschaftlich erzogen. Daher mag es kommen, daß Sie der erste Adlige sind, an dem ich selbst im Zirkel des Hofes unter Adligen auch jetzt nichts Adliges, im schlimmen Sinn genommen, verspürt habe. Sie können glauben, ich spräche da, als Bürgerlicher, vorgefaßte Meinungen aus, oder mir sei persönlich etwas begegnet, das ein Vorurtheil erweckt habe, dem ist aber nicht so. Ich gehöre nun einmal zu einer der Classen, die Ausnahmsweise nicht blos tolerirt, sondern wirklich gehegt und gepflegt werden. Aerzte und Beichtväter sind regierende Herren — Herrscher über Leib und Seele, mithin allemal von gutem Adel. Sollten denn auch nicht Indigestion und ewige Verdammniß den Courfähigsten etwas Weniges incommodiren können? Von Beichtvätern gilt das aber nur bei den katholischen. Die protestantischen Prediger, wenigstens auf dem

Lande, sind nur Hausoffizianten, die, nachdem sie der gnädigen Herrschaft das Gewissen gerührt, am untersten Ende des Tisches sich in Demuth an Braten und Wein erlaben. Mag es schwer seyn, ein eingewurzeltes Vorurtheil abzulegen, aber es fehlt auch meistentheils an gutem Willen, da mancher Adlige ahnen mag, daß nur als solcher er eine Stellung im Leben behaupten könne, zu der ihm sonst nichts in der Welt ein Recht giebt. Der Ahnen- und Adelstolz ist in unserer, alles immer mehr vergeistigenden Zeit, eine höchst seltsame, beinahe lächerliche Erscheinung. — Vom Ritterthum, von Krieg und Waffen ausgehend, bildet sich eine Kaste, die ausschließlich die andern Stände schützt, und das subordinirte Verhältniß des Beschützten gegen den Schutzherrn erzeugt sich von selbst. Mag der Gelehrte seine Wissenschaft, der Künstler seine Kunst, der Handwerker, der Kaufmann sein Gewerbe rühmen, siehe sagt der Ritter, da kommt ein ungebehrdiger Feind, dem ihr, des Krieges Unerfahrne, nicht zu widerstehen vermöget, aber ich Waffengeübter stelle mich mit meinem Schlachtschwert vor euch hin, und was mein Spiel, was meine Freude ist, rettet Euer Leben, Euer Hab und Gut. — Doch immer mehr schwindet die rohe Gewalt von der Erde, immer mehr treibt und schafft der Geist, und immer mehr enthüllt sich seine Alles überwältigende Kraft. Bald wird man gewahr, daß eine starke Faust, ein Harnisch, ein mächtig geschwungenes Schwert nicht hinreichen, das zu besiegen, was der Geist will; selbst Krieg und Waffenübung unterwerfen sich dem geistigen Prinzip der Zeit. Jeder wird immer mehr und mehr auf sich selbst gestellt, aus seinem innern geistigen Vermögen muß er das schöpfen, womit er, giebt der Staat ihm auch irgend einen blendenden äußern Glanz, sich der Welt geltend machen muß. Auf das entgegengesetzte Prinzip stützt sich der aus dem Ritterthum hervorgehende Ahnenstolz, der nur in dem Satz seinen Grund findet: meine Voreltern waren Helden, also bin ich dito ein Held. Je höher das hinaufgeht, desto besser; denn kann man das leicht absehen, wo einem Großpapa der Heldensinn kommen, und ihm der Adel verliehen worden, so traut man dem, wie allem Wunderbaren, das zu nahe liegt, nicht recht. Alles bezieht sich wieder auf Heldenmuth und körperliche Kraft. Starke, robuste Eltern haben wenigstens in der Regel eben dergleichen Kinder, und eben so vererbt sich kriegerischer Sinn und Muth. Die Ritterkaste rein zu erhalten, war daher wohl Erforderniß jener alten

Ritterzeit, und kein geringes Verdienst für ein altstämmiges Fräulein, einen Junker zu gebären, zu dem die arme bürgerliche Welt flehte: Bitte, friß uns nicht, sondern schütze uns vor andern Junkern; mit dem geistigen Vermögen ist es nicht so. Sehr weise Väter erzielen oft dumme Söhnchen, und es möchte, eben weil die Zeit dem physischen Ritterthum das psychische untergeschoben hat, Rücksichts des Beweises angeerbten Adels ängstlicher seyn, von Leibnitz abzustammen als von Amadis von Gallien oder sonst einem uralten Ritter der Tafelrunde. In der einmal bestimmten Richtung schreitet der Geist der Zeit vorwärts, und die Lage des ahnenstolzen Adels verschlimmert sich merklich; daher denn auch wohl jenes taktlose, aus Anerkennung des Verdienstes und widerlicher Herablassung gemischte Benehmen gegen, der Welt und dem Staat hoch geltende Bürgerliche, das Erzeugniß eines dunkeln, verzagten Gefühls seyn mag, in dem sie ahnen, daß vor den Augen der Weisen der veraltete Tand längst verjährter Zeit abfällt, und die lächerliche Blöße sich ihnen frei darstellt. Dank sei es dem Himmel, viele Adlige, Männer und Frauen, erkennen den Geist der Zeit und schwingen sich auf im herrlichen Fluge zu der Lebenshöhe, die ihnen Wissenschaft und Kunst darbieten; diese werden die wahren Geisterbanner jenes Unholds seyn."

Des Leibarztes Gespräch hatte mich in ein fremdes Gebiet geführt. Niemals war es mir eingefallen, über den Adel und über sein Verhältniß zum Bürger zu reflektiren. Wohl mochte der Leibarzt nicht ahnen, daß ich ehedem eben zu der zweiten Classe gehört hatte, die, nach seiner Behauptung, der Stolz des Adels nicht trifft. — War ich denn nicht in den vornehmsten adligen Häusern zu B. der hochgeachtete, hochverehrte Beichtiger? — Weiter nachsinnend erkannte ich, wie ich selbst aufs Neue mein Schicksal verschlungen hatte, indem aus dem Namen, Krwieczliczewo, den ich jener alten Dame bei Hofe nannte, mein Adel entsprang, und so dem Fürsten der Gedanke einkam, mich mit Aurelien zu vermählen. —

Die Fürstin war zurückgekommen. Ich eilte zu Aurelien. Sie empfing mich mit holder jungfräulicher Verschämtheit; ich schloß sie in meine Arme und glaubte in dem Augenblick daran, daß sie mein Weib werden könne. Aurelie war weicher, hingebender als sonst. Ihr Auge hing voll Thränen, und der Ton, in dem sie sprach, war wehmüthige Bitte, so wie wenn im Gemüth des schmollenden Kindes sich der Zorn bricht, in dem es gesündigt. — Ich durfte an meinen Besuch im Lustschloß der Fürstin denken, lebhaft drang ich darauf, alles zu erfahren; ich beschwor Aurelien mir zu vertrauen, was sie damals so erschrecken konnte. — Sie schwieg, sie schlug die Augen nieder, aber so wie mich selbst der Gedanke meines gräßlichen Doppeltgängers stärker erfaßte, schrie ich auf: „Aurelie! um aller Heiligen willen, welche schreckliche Gestalt erblicktest Du hinter uns!" Sie sah mich voll Verwunderung an, immer starrer und starrer wurde ihr Blick, dann sprang sie plötzlich auf, als wolle sie fliehen, doch blieb sie und schluchzte, beide Hände vor die Augen gedrückt: „Nein, nein, nein — er ist es ja nicht!" — Ich erfaßte sie sanft, erschöpft ließ sie sich nieder. „Wer, wer ist es nicht?" — frug ich heftig, wohl Alles ahnend, was in ihrem Innern sich entfalten mochte. — „Ach, mein Freund, mein Geliebter, sprach sie leise und wehmüthig: würdest Du mich nicht für eine wahnsinnige Schwärmerin halten, wenn ich Alles ... Alles ... dir sagen sollte, was mich immer wieder so verstört im vollen Glück der reinsten Liebe? — Ein grauenvoller Traum geht durch mein Leben, er stellte sich mit seinen entsetzlichen Bildern zwischen uns, als ich Dich zum erstenmale sah; wie mit kalten Todesschwingen wehte er mich an, als Du so plötzlich eintratst in mein Zimmer auf dem Lustschloß der Fürstin. Wisse, so wie Du damals, kniete einst neben mir ein verruchter Mönch, und wollte heiliges Gebet mißbrauchen zum gräßlichen Frevel. Er wurde, als er, wie ein wildes Thier listig auf seine Beute lauernd, mich umschlich, der Mörder meines Bruders! Ach und Du! ... Deine Züge! ... Deine Sprach ... jenes Bild! ... laß mich schweigen, o laß mich schweigen." Aurelie bog sich zurück; in halbliegender Stellung lehnte sie, den Kopf auf die Hand gestützt, in die Ecke des Sophas, üppiger traten die schwellenden Umrisse des jugendlichen Körpers hervor. Ich stand vor ihr, das lüsterne Auge schwelgte in dem unendlichen Liebreiz, aber mit der Lust kämpfte der teuflische Hohn, der in mir rief: Du Unglückselige, Du dem Satan erkaufte, bist du ihm denn entflohen, dem Mönch, der dich im Gebet zur Sünde verlockte? Nun bist du seine Braut ... seine Braut! — In dem Augenblick war jene Liebe zu Aurelien, die ein Himmelsstrahl zu entzünden schien, als dem Gefängniß, dem Tode entronnen, ich sie im Park wiedersah, aus meinem Innern verschwunden, und der Gedanke: daß ihr Verderben meines Lebens glänzendster Lichtpunkt seyn könne, erfüllte mich ganz und gar. — Man rief Aurelien zur Fürstin. Klar wurde es mir, daß Aureliens Leben gewisse mir noch unbekannte Beziehungen auf mich selbst haben müsse; und doch fand ich keinen Weg dies zu erfahren, da Aurelie alles Bittens unerachtet, jene einzelne hingeworfene Aeußerungen nicht näher deuten wollte. Der Zufall enthüllte mir das, was sie zu verschweigen gedachte. — Eines Tages befand ich mich in dem Zimmer des Hofbeamten, dem es oblag, alle Privatbriefe des Fürsten und der dem Hofe Angehörigen zur Post zu befördern. Er war eben abwesend, als Aureliens Mädchen mit einem starken Briefe hereintrat, und ihn auf den Tisch zu den übrigen, die schon dort befindlich, legte. Ein flüchtiger Blick überzeugte mich, daß die Aufschrift an die Aebtissin, der Fürstin Schwester, von Aureliens Hand war. Die Ahnung, alles noch nicht Erforschte sey darin enthalten, durchflog mich mit Blitzesschnelle; noch ehe der Beamte zurückgekehr, war ich fort mit dem Briefe Aureliens.

Du Mönch, oder im weltlichen Treiben Befangener, der Du aus meinem Leben Lehre und Warnung zu schöpfen trachtest, lies die Blätter die ich hier einschalte, lies die Geständnisse des frommen, reinen Mädchens, von den bittern Thränen des reuigen, hoffnungslosen Sünders benetzt. Möge das fromme Gemüth dir aufgehen, wie leuchtender Trost in der Zeit der Sünde und des Frevels.

Aurelie an die Aebtissin des Cisterzienser Nonnenklosters zu ....

Meine theure gute Mutter! mit welchen Worten soll ich Dirs denn verkünden, daß dein Kind glücklich ist, daß endlich die grause Gestalt, die, wie ein schrecklich drohendes Gespenst, alle Blüthen abstreifend, alle Hoffnungen zerstörend in mein Leben trat, gebannt wurde, durch der Liebe göttlichen Zauber. Aber nun fällt es mir recht schwer aufs Herz, daß wenn Du meines unglücklichen Bruders, meines Vaters, den der Gram tödtete, gedachtest und mich aufrichtetest in meinem trostlosen Jammer — daß ich dann Dir nicht, wie in heiliger Beichte, mein Innres ganz aufschloß. Doch ich vermag ja auch nun erst das düstre Geheimniß auszusprechen, das tief in meiner Brust verborgen lag. Es ist, als wenn eine böse unheimliche Macht mir mein höchstes Lebensglück recht trügerisch wie ein grausiges

Schreckbild vorgaukelte. Ich sollte wie auf einem wogenden Meer hin und her schwanken und vielleicht rettungslos untergehen. Doch der Himmel half, wie durch ein Wunder, in dem Augenblick, als ich im Begriff stand, unnennbar elend zu werden. — Ich muß zurückgehen in meine frühe Kinderzeit, um Alles, Alles zu sagen, denn schon damals wurde der Keim in mein Innres gelegt, der so lange Zeit hindurch verderblich fortwucherte. Erst drei oder vier Jahre war ich alt, als ich einst, in der schönsten Frühlingszeit, im Garten unseres Schlosses mit Hermogen spielte. Wir pflückten allerlei Blumen, und Hermogen, sonst eben nicht dazu aufgelegt, ließ es sich gefallen, mir Kränze zu flechten, in die ich mich putzte. Nun wollen wir zur Mutter gehen, sprach ich, als ich mich über und über mit Blumen behängt hatte; da sprang aber Hermogen hastig auf, und rief mit wilder Stimme: Laß uns nur hier bleiben, klein Ding! die Mutter ist im blauen Cabinet und spricht mit dem Teufel! — Ich wußte gar nicht, was er damit sagen wollte, aber dennoch erstarrte ich vor Schreck, und fing endlich an jämmerlich zu weinen. „Dumme Schwester, was heulst Du, rief Hermogen, Mutter spricht alle Tage mit dem Teufel, er thut ihr nichts!" Ich fürchtete mich vor Hermogen, weil er so finster vor sich hin blickte, so rauh sprach, und schwieg stille. Die Mutter war damals schon sehr kränklich, sie wurde oft von fürchterlichen Krämpfen ergriffen, die in einen todtähnlichen Zustand übergingen. Wir, ich und Hermogen, wurden dann fortgebracht. Ich hörte nicht auf zu klagen, aber Hermogen sprach dumpf in sich hinein: „der Teufel hat's ihr angethan!" So wurde in meinem kindischen Gemüth der Gedanke erweckt, die Mutter habe Gemeinschaft mit einem bösen häßlichen Gespenst, denn anders dachte ich mir nicht den Teufel, da ich mit den Lehren der Kirche noch unbekannt war. Eines Tages hatte man mich allein gelassen, mir wurde ganz unheimlich zu Muthe, und vor Schreck vermochte ich nicht zu fliehen, als ich wahrnahm, daß ich eben in dem blauen Cabinet mich befand, wo nach Hermogens Behauptung, die Mutter mit dem Teufel sprechen sollte. Die Thüre ging auf, die Mutter trat leichenblaß herein und vor eine leere Wand hin. Sie rief mit dumpfer tief klagender Stimme: Francesko, Francesko! Da rauschte und regte es sich hinter der Wand, sie schob sich aus einander und das lebensgroße Bild eines schönen, in einem violetten Mantel wunderbar gekleideten Mannes wurde sichtbar. Die Gestalt, das Gesicht dieses Mannes machte einen unbeschreiblichen Eindruck auf mich, ich jauchzte auf vor Freude; die Mutter umblickend, wurde nun erst mich gewahr und rief heftig: Was willst Du hier Aurelie? — wer hat Dich hieher gebracht? — Die Mutter, sonst so sanft und gütig, war erzürnter, als ich sie je gesehen. Ich glaubte daran Schuld zu seyn. „Ach, stammelte ich unter vielen Thränen, sie haben mich hier allein gelassen, ich wollte ja nicht hier bleiben." Aber als ich wahrnahm, daß das schöne Bild verschwunden, da rief ich: Ach das schöne Bild, wo ist das schöne Bild! — Die Mutter hob mich in die Höhe, küßte und herzte mich und sprach: „Du bist mein gutes, liebes Kind, aber das Bild darf niemand sehen, auch ist es nun auf immer fort!" Niemand vertraute ich, was mir widerfahren, nur zu Hermogen sprach ich einmal: Höre! die Mutter spricht nicht mit dem Teufel, sondern mit einem schönen Mann, aber der ist nur ein Bild, und springt aus der Wand, wenn Mutter ihn ruft. Da sah Hermogen starr vor sich hin und murmelte: „Der Teufel kann aussehen wie er will, sagt der Herr Pater, aber der Mutter thut er doch nichts." — Mich überfiel ein Grauen, und ich bat Hermogen flehentlich, doch ja nicht wieder von dem Teufel zu sprechen. Wir gingen nach der Hauptstadt, das Bild verlor sich aus meinem Gedächtniß und wurde selbst dann nicht wieder lebendig, als wir nach dem Tode der guten Mutter auf das Land zurückgekehrt waren. Der Flügel des Schlosses, in welchem jenes blaue Cabinet gelegen, blieb unbewohnt; es waren die Zimmer meiner Mutter, die der Vater nicht betreten konnte, ohne die schmerzlichsten Erinnerungen in sich aufzuregen. Eine Reparatur des Gebäudes machte es endlich nöthig die Zimmer zu öffnen; ich trat in das blaue Cabinet, als die Arbeiter eben beschäftiget waren, den Fußboden aufzureißen. So wie einer von ihnen eine Tafel in der Mitte des Zimmers emporhob, rauschte es hinter der Wand, sie schob sich aus einander, und das lebensgroße Bild des Unbekannten wurde sichtbar. Man entdeckte die Feder im Fußboden, welche, angedrückt, eine Maschine hinter der Wand in Bewegung setzte, die ein Feld des Tafelwerks, womit die Wand bekleidet, aus einander schob. Nun gedachte ich lebhaft jenes Augenblicks meiner Kinderjahre, meine Mutter stand wieder vor mir, ich vergoß heiße Thränen, aber nicht wegwenden konnte ich den Blick von dem fremden herrlichen Mann, der mich mit lebendig strahlenden Augen anschaute. Man hatte wahrscheinlich meinem Vater gleich gemeldet, was sich zugetragen, er trat herein, als ich noch vor dem Bilde stand. Nur einen Blick hatte er darauf geworfen, als er, von Entsetzen ergriffen, stehen blieb und dumpf in sich hineinmurmelte: Francesko, Francesko! Darauf wandte er sich rasch zu den Arbeitern, und befahl mit starker Stimme: „Man breche sogleich das Bild aus der Wand, rolle es auf und übergebe es Reinhold." Es war mir, als solle ich den schönen herrlichen Mann, der in seinem wunderbaren Gewande mir wie ein hoher Geisterfürst vorkam, niemals wiedersehen, und doch hielt mich eine unüberwindliche Scheu zurück, den Vater zu bitten, das Bild ja nicht vernichten zu lassen. In wenigen Tagen verschwand jedoch der Eindruck, den der Auftritt mit dem Bilde auf mich gemacht hatte, spurlos aus meinem Innern. — Ich war schon vierzehn Jahr alt worden, und noch ein wildes, unbesonnenes Ding, so daß ich sonderbar genug gegen den ernsten feierlichen Hermogen abstach, und der Vater oft sagte, daß wenn Hermogen mehr ein stilles Mädchen schiene, ich ein recht ausgelassener Knabe sey. Das sollte sich bald ändern. Hermogen fing an, mit Leidenschaft und Kraft ritterliche Uebungen zu treiben. Er lebte nur in Kampf und Schlacht, seine ganze Seele war davon erfüllt, und da es eben Krieg geben sollte, lag er dem Vater an, ihn nur gleich Dienste nehmen zu lassen. Mich überfiel dagegen eben zu der Zeit eine solch unerklärliche Stimmung, die ich nicht zu deuten wußte, und die bald mein ganzes Wesen verstörte. Ein seltsames Uebelbefinden schien aus der Seele zu kommen, und alle Lebenspulse gewaltsam zu ergreifen. Ich war oft der Ohnmacht nahe, dann kamen allerlei wunderliche Bilder und Träume, und es war mir, als solle ich einen glänzenden Himmel voll Seligkeit und Wonne erschauen und könne nur, wie ein schlaftrunknes Kind, die Augen nicht öffnen. Ohne zu wissen, warum? konnte ich oft bis zum Tode betrübt, oft ausgelassen fröhlich seyn. Bei dem geringsten Anlaß stürzten mir die Thränen aus den Augen, eine unerklärliche Sehnsucht stieg oft bis zu körperlichem Schmerz, so daß alle Glieder krampfhaft zuckten. Der Vater bemerkte meinen Zustand, schrieb ihn überreizten Nerven zu und suchte die Hülfe des Arztes, der allerlei Mittel verordnete, die ohne Wirkung blieben. Ich weiß selbst nicht, wie es kam, urplötzlich erschien mir das vergessene Bild jenes unbekannten Mannes so lebhaft, daß es mir war, als stehe es vor mir, Blicke des Mitleids auf mich gerichtet. „Ach! — soll ich denn sterben? — was ist es, das mich so unaussprechlich quält?“ So rief ich dem Traumbilde entgegen, da lächelte der Unbekannte und antwortete: Du liebst mich, Aurelie; das ist deine Qual, aber kannst Du die Gelübde des Gottgeweihten brechen? — Zu meinem Erstaunen wurde ich nun gewahr, daß der Unbekannte das Ordenskleid der Capuziner trug. — Ich raffte mich mit aller Gewalt auf, um nur aus dem träumerischen Zustande zu erwachen. Es gelang mir. Fest war ich überzeugt, daß jener Mönch nur ein loses trügerisches Spiel meiner Einbildung gewesen, und doch ahnte ich nur zu deutlich, daß das Geheimniß der Liebe sich mir erschlossen hatte. Ja! — ich liebte den Unbekannten mit aller Stärke des erwachten Gefühls, mit aller Leidenschaft und Inbrunst, deren das jugendliche Herz fähig. In jenen Augenblicken träumerischen Hinbrütens, als ich den Unbekannten zu sehen glaubte, schien mein Uebelbefinden den höchsten Punkt erreicht zu haben, ich wurde zusehends wohler, indem meine Nervenschwäche nachließ, und nur das stete starre Festhalten jenes Bildes, die phantastische Liebe zu einem Wesen, das nur in mir lebte, gab mir das Ansehen einer Träumerin. Ich war für Alles verstummt, ich saß in der Gesellschaft ohne mich zu regen, und indem ich, mit meinem Ideal beschäftigt, nicht darauf achtete, was man sprach, gab ich oft verkehrte Antworten, so daß man mich für ein einfältig Ding achten mochte. In meines Bruders Zimmer sah ich ein fremdes Buch auf dem Tische liegen; ich schlug es auf, es war ein aus dem Englischen übersetzter Roman: Der Mönch! — Mit eiskaltem Schauer durchbebte mich der Gedanke, daß der unbekannte Geliebte ein Mönch sey. Nie hatte ich geahnt, daß die Liebe zu einem Gottgeweihten sündlich seyn könne, nun kamen mir plötzlich die Worte des Traumbildes ein: Kannst du die Gelübde des Gottgeweihten brechen? — und nun erst verwundeten sie, mit schwerem Gewicht in mein Innres fallend, mich tief. Es war mir, als könne jenes Buch mir manchen Aufschluß geben. Ich nahm es mit mir, ich fing an zu lesen, die wunderbare Geschichte riß mich hin, aber als der erste Mord geschehen, als immer verruchter der gräßliche Mönch frevelt, als er endlich ins Bündniß tritt mit dem Bösen, da ergriff mich namenloses Entsetzen, denn ich gedachte jener Worte Hermogens: Die Mutter spricht mit dem Teufel! Nun glaubte ich, so wie jener Mönch im Roman, sey der Unbekannte ein dem Bösen Verkaufter, der mich verlocken wolle. Und doch konnte ich nicht gebieten der Liebe zu dem Mönch, der in mir lebte. Nun erst wußte ich, daß es frevelhafte Liebe gebe, mein Abscheu dagegen kämpfte mit dem Gefühl, das meine Brust erfüllte, und dieser Kampf machte mich auf eigne Weise reizbar. Oft bemeisterte sich meiner in der Nähe eines Mannes ein unheimliches Gefühl, weil es mir plötzlich war, als sey es der Mönch, der nun mich erfassen und fortreißen werde ins Verderben. Reinhold kam von einer Reise zurück, und erzählte viel von einem Capuziner Medardus, der als Canzelredner weit und breit berühmt sey und den er selbst in . . . r mit Verwunderung gehört habe. Ich dachte an den Mönch im Roman und es überfiel mich eine seltsame Ahnung, daß das geliebte und gefürchtete Traumbild jener Medardus seyn könne. Der Gedanke war mir schrecklich, selbst wußte ich nicht, warum? und mein Zustand wurde in der That peinlicher und verstörter, als ich es zu ertragen vermochte. Ich schwamm in einem Meer von Ahnungen und Träumen. Aber vergebens suchte ich das Bild des Mönchs aus meinem Innern zu verbannen; ich unglückliches Kind konnte nicht widerstehen der sündigen Liebe zu dem Gottgeweihten. — Ein Geistlicher besuchte einst, wie er es wohl manchmal zu thun pflegte, den Vater. Er ließ sich weitläuftig über die mannichfachen Versuchungen des Teufels aus und mancher Funke fiel in meine Seele, indem der Geistliche den trostlosen Zustand des jungen Gemüths beschrieb, in das sich der Böse den Weg bahnen wolle und worin er nur schwaches Widerstreben fände. Mein Vater fügte manches hinzu, als ob er von mir rede. Nur unbegränzte Zuversicht, sagte endlich der Geistliche, nur unwandelbares Vertrauen, nicht sowohl zu befreundeten Menschen, als zur Religion und ihren Dienern, könne Rettung bringen. Dies merkwürdige Gespräch bestimmte mich, den Trost der Kirche zu suchen, und meine Brust, durch reuiges Geständniß in heiliger Beichte, zu erleichtern. Am frühen Morgen des andern Tages wollte ich, da wir uns eben in der Residenz befanden, in die dicht neben unserm Hause gelegene Klosterkirche gehen. Es war eine qualvolle, entsetzliche Nacht, die ich zu überstehen hatte. Abscheuliche, frevelige Bilder, wie ich sie nie gesehen, nie gedacht, umgaukelten mich, aber dann mitten drunter stand der Mönch da, mir die Hand wie zur Rettung bietend und rief: Sprich es nur aus, daß Du mich liebst, und frei bist Du aller Noth. Da mußt' ich unwillkürlich rufen: Ja Medardus, ich liebe Dich! — und verschwunden waren die Geister der Hölle! Endlich stand ich auf, kleidete mich an, und ging nach der Klosterkirche.

Das Morgenlicht brach eben in farbigen Strahlen durch die bunten Fenster, ein Layenbruder reinigte die Gänge. Unfern der Seitenpforte, wo ich hineingetreten, stand ein der heiligen Rosalia geweihter Altar, dort hielt ich ein kurzes Gebet, und schritt dann auf den Beichtstuhl zu, in dem ich einen Mönch erblickte. Hilf, heiliger Himmel! — es war Medardus! Kein Zweifel blieb übrig, eine höhere Macht sagte es mir. Da ergriff mich wahnsinnige Angst und Liebe, aber ich fühlte, daß nur standhafter Muth mich retten könne. Ich beichtete ihm selbst meine sündliche Liebe zu dem Gottgeweihten, ja mehr als das! . . . Ewiger Gott! in dem Augenblicke war es mir, als hätte ich schon oft in trostloser Verzweiflung den heiligen Banden, die den Geliebten fesselten, geflucht, und auch das beichtete ich. „Du selbst, Du selbst, Medardus, bist es, den ich so unaussprechlich liebe." Das waren die letzten Worte, die ich zu sprechen vermochte, aber nun floß lindernder Trost der Kirche, wie des Himmels Balsam, von den Lippen des Mönchs, der mir plötzlich nicht mehr Medardus schien. Bald darauf nahm mich ein alter ehrwürdiger Pilger in seine Arme und führte mich langsamen Schrittes durch die Gänge der Kirche zur Hauptpforte hinaus. Er sprach hochheilige, herrliche Worte, aber ich mußte entschlummern wie ein unter sanften, süßen Tönen eingewiegtes Kind. Ich verlor das Bewußtseyn. Als ich erwachte, lag ich angekleidet auf dem Sopha meines Zimmers. „Gott und den Heiligen Lob und Dank, die Crisis ist vorüber, sie erholt sich!" rief eine Stimme. Es war der Arzt, der diese Worte zu meinem Vater sprach. Man sagte mir, daß man mich des Morgens in einem erstarrten, todtähnlichen Zustande gefunden und einen Nervenschlag befürchtet habe. Du siehst, meine liebe, fromme Mutter, daß meine Beichte bei dem Mönch Medardus nur ein lebhafter Traum in einem überreizten Zustande war, aber die heilige Rosalia, zu der ich oft flehte, und deren Bildniß ich ja auch im Traum anrief, hat mir wohl alles so erscheinen lassen, damit ich errettet werden möge aus den Schlingen, die mir der arglistige Böse gelegt. Verschwunden war aus meinem Innern die wahnsinnige Liebe zu dem Trugbilde im Mönchsgewand.

Ich erholte mich ganz, und trat nun erst heiter und unbefangen in das Leben ein. — Aber, gerechter Gott, noch einmal sollte mich jener verhaßte Mönch auf entsetzliche Weise bis zum Tode treffen. Für eben jenen Medardus, dem ich im Traum gebeichtet, erkannte ich augenblicklich den Mönch, der sich auf unserm Schlosse eingefunden. „Das ist der Teufel, mit dem die Mutter gesprochen, hüte Dich, hüte Dich! — er stellt Dir nach!“ so rief der unglückliche Hermogen immer in mich hinein. Ach, es hätte dieser Warnung nicht bedurft. Von dem ersten Moment an, als mich der Mönch mit vor frevelicher Begier funkelnden Augen anblickte, und dann in geheuchelter Verzückung die heilige Rosalia anrief, war er mir unheimlich und entsetzlich. Du weißt alles Fürchterliche, was sich darauf begab, meine gute liebe Mutter. Ach aber, muß ich es nicht Dir auch gestehen, daß der Mönch mir desto gefährlicher war, als sich tief in meinem Innersten ein Gefühl regte, dem gleich als zuerst der Gedanke der Sünde in mir entstand und als ich ankämpfen mußte gegen die Verlockung des Bösen? Es gab Augenblicke, in denen ich Verblendete den heuchlerischen frommen Reden des Mönchs traute, ja in denen es mir war, als strahle aus seinem Innern der Funke des Himmels, der mich zur reinen überirdischen Liebe entzünden könne. Aber dann wußte er mit verruchter List, selbst in begeisterter Andacht, eine Glut anzufachen, die aus der Hölle kam. Wie den mich bewachenden Schutzengel sandten mir dann die Heiligen, zu denen ich inbrünstig flehte, den Bruder. — Denke dir, liebe Mutter, mein Entsetzen, als hier, bald nachdem ich zum erstenmal bei Hofe erschienen, ein Mann auf mich zutrat, den ich auf den ersten Blick für den Mönch Medardus zu erkennen glaubte, unerachtet er weltlich gekleidet ging. Ich wurde ohnmächtig, als ich ihn sah. In den Armen der Fürstin erwacht, rief ich laut: Er ist es, er ist es, der Mörder meines Bruders. — „Ja, er ist es, sprach die Fürstin: der verkappte Mönch Medardus, der dem Kloster entsprang; die auffallende Aehnlichkeit mit seinem Vater Francesko ...“ Hilf, heiliger Himmel, indem ich diesen Namen schreibe, rinnen eiskalte Schauer mir durch alle Glieder. Jenes Bild meiner Mutter war Francesko ... das trügerische Mönchsgebilde, das mich quälte, hatte ganz seine Züge! — Medardus, ihn erkannte ich als jenes Gebilde in dem wunderbaren Traum der Beichte. Medardus ist Francesko's Sohn, Franz, den du, meine gute Mutter, so fromm erziehen ließest und der in Sünde und Frevel gerieth. Welche Verbindung hatte meine Mutter mit jenem Francesko, daß sie sein Bild heimlich aufbewahrte, und bei seinem Anblick sich dem Andenken einer seligen Zeit zu überlassen schien? — Wie kam es, daß in diesem Bilde Hermogen den Teufel sah, und daß es den Grund legte zu meiner sonderbaren Verirrung? Ich versinke in Ahnungen und Zweifel. — Heiliger Gott, bin ich denn entronnen der bösen Macht, die mich umstrickt hielt? — Nein, ich kann nicht weiter schreiben, mir ist, als würd' ich von dunkler Nacht befangen und kein Hoffnungsstern leuchte, mir freundlich den Weg zeigend, den ich wandeln soll!

(Einige Tage später.)

Nein! Keine finsteren Zweifel sollen mir die hellen Sonnentage verdüstern, die mir aufgegangen sind. Der ehrwürdige Pater Cyrillus hat dir, meine theure Mutter, wie ich weiß, schon ausführlich berichtet, welch eine schlimme Wendung der Prozeß Leonards nahm, den meine Uebereilung den bösen Criminalgerichten in die Hände gab. Daß der wirkliche Medardus eingefangen wurde, daß sein vielleicht verstellter Wahnsinn bald ganz nachließ, daß er seine Frevelthaten eingestand, daß er seine gerechte Strafe erwartet und ... doch nicht weiter, denn nur zu sehr würde das schmachvolle Schicksal des Verbrechers, der als Knabe Dir so theuer war, dein Herz verwunden. — Der merkwürdige Prozeß war das einzige Gespräch bei Hofe. Man hielt Leonard für einen verschmitzten, hartnäckigen Verbrecher, weil er alles läugnete. — Gott im Himmel! — Dolchstiche waren mir manche Reden, denn auf wunderbare Weise sprach eine Stimme in mir: er ist unschuldig und das wird klar werden, wie der Tag. — Ich empfand das tiefste Mitleid mit ihm, gestehen mußte ich es mir selbst, daß mir sein Bild, rief ich es mir wieder zurück, Regungen erweckte, die ich nicht mißdeuten konnte. Ja! — ich liebte ihn schon unaussprechlich, als er der Welt noch ein frevelicher Verbrecher schien. Ein Wunder mußte ihn und mich retten, denn ich starb, so wie Leonard durch die Hand des Henkers fiel. Er ist schuldlos, er liebt mich, und bald ist er ganz mein. So geht eine dunkle Ahnung aus frühen Kindesjahren, die mir eine feindliche Macht arglistig zu vertrüben suchte, herrlich, herrlich auf in regem wonnigem Leben. O gieb mir, gieb dem Geliebten Deinen Segen, Du fromme Mutter! — Ach könnte

Dein glückliches Kind nur ihre volle Himmelslust recht ausweinen an Deinem Herzen! — Leonard gleicht ganz jenem Francesko, nur scheint er größer, auch unterscheidet ihn ein gewisser charakteristischer Zug, der seiner Nation eigen, (Du weißt, daß er ein Pole ist) von Francesko und dem Mönch Medardus sehr merklich. Albern war es wohl überhaupt, den geistreichen, gewandten, herrlichen Leonard auch nur einen Augenblick für einen entlaufenen Mönch anzusehen. Aber so stark ist noch der fürchterliche Eindruck jener gräßlichen Scenen auf unserm Schlosse, daß oft, tritt Leonard unvermuthet zu mir herein und blickt mich an mit seinem strahlenden Auge, das ach nur zu sehr jenem Medardus gleicht, mich unwillkürliches Grausen befällt und ich Gefahr laufe, durch mein kindisches Wesen den Geliebten zu verletzen. Mir ist, als würde erst des Priesters Segen die finsteren Gestalten bannen, die noch jetzt recht feindlich manchen Wolkenschatten in mein Leben werfen. Schließe mich und den Geliebten in Dein frommes Gebet, meine theure Mutter! — Der Fürst wünscht, daß die Vermählung bald vor sich gehe; den Tag schreibe ich Dir, damit Du Deines Kindes gedenken mögest, in ihres Lebens feierlicher, verhängnißvoller Stunde 2c."

Immer und immer wieder las ich Aureliens Blätter. Es war, als wenn der Geist des Himmels, der daraus hervorleuchtete, in mein Inneres dringe und vor seinem reinen Strahl alle sündliche frevelige Gluth verlösche. Bei Aureliens Anblick überfiel mich heilige Scheu, ich wagte es nicht mehr, sie stürmisch zu liebkosen, wie sonst. Aurelie bemerkte mein verändertes Betragen, ich gestand ihr reuig den Raub des Briefes an die Aebtissin; ich entschuldigte ihn mit einem unerklärlichen Drange, dem ich, wie der Gewalt einer unsichtbaren höheren Macht, nicht widerstehen können, ich behauptete, daß eben jene höhere, auf mich einwirkende Macht, mir jene Vision am Beichtstuhle habe kund thun wollen, um mir zu zeigen, wie unsere innigste Verbindung ihr ewiger Rathschluß sey. „Ja, Du frommes Himmelskind, sprach ich, auch mir ging einst ein wunderbarer Traum auf, in dem Du mir Deine Liebe gestandest, aber ich war ein unglücklicher vom Geschick zermalmter Mönch, dessen Brust tausend Qualen der Hölle zerrissen. — Dich — Dich liebte ich mit namenloser Inbrunst, doch Frevel, doppelter, verruchter Frevel war meine Liebe, denn ich war ja ein Mönch, und Du die heilige Rosalia." Erschrocken fuhr Aurelie auf. „Um Gott, sprach sie, um Gott, es geht ein tiefes unerforschliches Geheimniß durch unser Leben; ach, Leonard, laß uns nie an dem Schleier rühren, der es umhüllt, wer weiß, was Grauenvolles, Entsetzliches dahinter verborgen. Laß uns fromm seyn, und fest an einander halten in treuer Liebe, so widerstehen wir der dunkeln Macht, deren Geister uns vielleicht feindlich bedrohen. Daß Du meinen Brief lasest, das mußte so seyn; ach! ich selbst hätte Dir Alles erschließen sollen, kein Geheimniß darf unter uns walten. Und doch ist es mir, als kämpftest Du mit Manchem, was früher recht verderblich eintrat in Dein Leben und was Du nicht vermöchtest über die Lippen zu bringen vor unrechter Scheu! — Sey aufrichtig, Leonard! — Ach wie wird ein freimüthiges Geständniß Deine Brust erleichtern, und heller unsere Liebe strahlen!" — Wohl fühlte ich bei diesen Worten Aureliens recht marternd, wie der Geist des Truges in mir wohne, und wie ich nur noch vor wenigen Augenblicken das fromme Kind recht frevelig getäuscht; und dies Gefühl regte sich stärker und stärker auf in wunderbarer Weise, ich mußte Aurelien Alles — Alles entdecken und doch ihre Liebe gewinnen. „Aurelie — Du meine Heilige, — die mich rettet von ..." In dem Augenblick trat die Fürstin herein, ihr Anblick warf mich plötzlich zurück in die Hölle, voll Hohn und Gedanken des Verderbens. Sie mußte mich jetzt dulden, ich blieb, und stellte mich als Aureliens Bräutigam kühn und keck ihr entgegen. Ueberhaupt war ich nur frei von allen bösen Gedanken, wenn ich mit Aurelien allein mich befand; dann ging mir aber auch die Seligkeit des Himmels auf. Jetzt erst wünschte ich lebhaft meine Vermählung mit Aurelien. — In einer Nacht stand lebhaft meine Mutter vor mir, ich wollte ihre Hand ergreifen, und wurde gewahr, daß es nur Duft sey, der sich gestaltet. Weshalb diese alberne Täuschung, rief ich erzürnt; da flossen helle Thränen aus meiner Mutter Augen, die wurden aber zu silbernen, hellblinkenden Sternen, aus denen leuchtende Tropfen fielen, und um mein Haupt kreisten, als wollten sie einen Heiligenschein bilden, doch immer zerriß eine schwarze fürchterliche Faust den Kreis. „Du, den ich rein von jeder Unthat geboren, sprach meine Mutter mit sanfter Stimme, ist denn deine Kraft gebrochen, daß du nicht zu widerstehen vermagst den Verlockungen des Satans? — Jetzt kann ich erst dein Innres durchschauen, denn mir ist die Last des Irdischen entnommen! — Erhebe dich Franciskus!

ich will dich schmücken mit Bändern und Blumen, denn es ist der Tag des heiligen Bernardus gekommen und du sollst wieder ein frommer Knabe seyn!" — Da war es mir, als müsse ich wie sonst einen Hymnus anstimmen zum Lobe des Heiligen, aber entsetzlich tobte es dazwischen, mein Gesang wurde ein wildes Geheul, und schwarze Schleier rauschten herab, zwischen mir und der Gestalt meiner Mutter. — Mehrere Tage nach dieser Vision begegnete mir der Criminalrichter auf der Straße. Er trat freundlich auf mich zu. „Wissen Sie schon, fing er an, daß der Prozeß des Capuziners Medardus wieder zweifelhaft worden? Das Urtel, das ihm höchst wahrscheinlich den Tod zuerkannt hätte, sollte schon abgefaßt werden, als er aufs neue Spuren des Wahnsinns zeigte. Das Criminalgericht erhielt nämlich die Nachricht von dem Tode seiner Mutter; ich machte es ihm bekannt, da lachte er wild auf und rief mit einer Stimme, die selbst dem standhaftesten Gemüth Entsetzen erregen konnte: „Ha ha ha! — die Prinzessin von . . . (er nannte die Gemahlin des ermordeten Bruders unsers Fürsten) ist längst gestorben!" — Es ist jetzt eine neue ärztliche Untersuchung verfügt, man glaubt jedoch, daß der Wahnsinn des Mönchs verstellt sey. — Ich ließ mir Tag und Stunde des Todes meiner Mutter sagen; sie war mir in demselben Moment als sie starb erschienen, und tief eindringend in Sinn und Gemüth, war nun auch die nur zu sehr vergessene Mutter die Mittlerin zwischen mir und der reinen Himmelsseele, die mein werden sollte. Milder und weicher geworden, schien ich nun erst Aureliens Liebe ganz zu verstehen, ich mochte sie wie eine mich beschirmende Heilige kaum verlassen, und mein düsteres Geheimniß wurde, indem sie nicht mehr deshalb in mich drang, nun ein mir selbst unerforschliches, von höheren Mächten verhängtes, Ereigniß. — Der von dem Fürsten bestimmte Tag der Vermählung war gekommen. Aurelie wollte in erster Frühe vor dem Altar der heiligen Rosalia, in der nahe gelegenen Klosterkirche, getraut seyn. Wachend, und nach langer Zeit zum erstenmal inbrünstig betend, brachte ich die Nacht zu. Ach! ich Verblendeter fühlte nicht, daß das Gebet, womit ich mich zur Sünde rüstete, höllischer Frevel sey! — Als ich zu Aurelien eintrat, kam sie mir, weiß gekleidet, und mit duftenden Rosen geschmückt, in holder Engelsschönheit entgegen. Ihr Gewand, so wie ihr Haarschmuck, hatte etwas sonderbar Alterthümliches, eine dunkle Erinnerung ging in mir auf, aber von tiefem Schauer fühlte ich mich durchbebt, als plötzlich lebhaft das Bild des Altars, an dem wir getraut werden sollten, mir vor Augen stand. Das Bild stellte das Martyrium der heiligen Rosalia vor, und gerade so wie Aurelie, war sie gekleidet. — Schwer wurde es mir, den grausigen Eindruck, den dies auf mich machte, zu verbergen. Aurelie gab mir, mit einem Blick, aus dem ein ganzer Himmel voll Liebe und Seligkeit strahlte, die Hand, ich zog sie an meine Brust, und mit dem Kuß des reinsten Entzückens, durchdrang mich aufs Neue das deutliche Gefühl, daß nur durch Aurelie meine Seele errettet werden könne. Ein fürstlicher Bedienter meldete, daß die Herrschaft bereit sey, uns zu empfangen. Aurelie zog schnell die Handschuhe an, ich nahm ihren Arm, da bemerkte das Kammermädchen, daß das Haar in Unordnung gekommen sey, sie sprang fort um Nadeln zu holen. Wir warteten an der Thüre, der Aufenthalt schien Aurelien unangenehm. In dem Augenblick entstand ein dumpfes Geräusch auf der Straße, hohle Stimmen riefen durch einander, und das dröhnende Gerassel eines schweren langsam rollenden Wagens ließ sich vernehmen. Ich eilte ans Fenster. — Da stand eben vor dem Pallast der vom Henkersknecht geführte Leiterwagen, auf dem der Mönch rückwärts saß, vor ihm ein Capuziner, laut und eifrig mit ihm betend. Er war entstellt von der Blässe der Todesangst und dem struppigen Bart — doch waren die Züge des gräßlichen Doppeltgängers mir nur zu kenntlich. — So wie der Wagen, augenblicklich gehemmt durch die andrängende Volksmasse, wieder fortrollte, warf er den stieren entsetzlichen Blick der funkelnden Augen zu mir herauf, und lachte und heulte herauf: „Bräutigam, Bräutigam! . . . komm . . . komm aufs Dach . . . aufs Dach . . . da wollen wir ringen mit einander, und wer den andern herabstößt, ist König und darf Blut trinken!“ Ich schrie auf: „entsetzlicher Mensch . . . was willst Du . . . was willst Du von mir.“ — Aurelie umfaßte mich mit beiden Armen, sie riß mich mit Gewalt vom Fenster, rufend: „Um Gottes und der heiligen Jungfrau willen . . . Sie führen den Medardus . . . den Mörder meines Bruders, zum Tode . . . Leonard . . . Leonard!“ — Da wurden die Geister der Hölle in mir wach, und bäumten sich auf mit der Gewalt, die ihnen verliehen über den frevelnden verruchten Sünder. — Ich erfaßte Aurelien mit grimmer Wuth, daß sie zusammen zuckte: „Ha ha ha . . . Wahnsinniges, thörigtes Weib ... ich ... ich, Dein Buhle, Dein Bräutigam, bin der Medardus ... bin Deines Bruders Mörder ... Du, Braut des Mönchs, willst Verderben herabwinseln über Deinen Bräutigam? Ho ho ho! ... ich bin König ... ich trinke Dein Blut!" — Das Mordmesser riß ich heraus — ich stieß nach Aurelien, die ich zu Boden fallen lassen — ein Blutstrom sprang hervor über meine Hand. — Ich stürzte die Treppen hinab, durch das Volk hin zum Wagen, ich riß den Mönch herab, und warf ihn zu Boden; da wurde ich festgepackt, wüthend stieß ich mit dem Messer um mich herum — ich wurde frei — ich sprang fort — man drang auf mich ein, ich fühlte mich in der Seite durch einen Stich verwundet, aber das Messer in der rechten Hand, und mit der linken kräftige Faustschläge austheilend, arbeitete ich mich durch bis an die nahe Mauer des Parks, die ich mit einem fürchterlichen Satz übersprang. „Mord ... Mord ... Haltet ... haltet den Mörder!" riefen Stimmen hinter mir her, ich hörte es rasseln, man wollte das verschlossene Thor des Parks sprengen, unaufhaltsam rannte ich fort. Ich kam an den breiten Graben, der den Park von dem dicht dabei gelegenen Walde trennte, ein mächtiger Sprung — ich war hinüber, und immer fort und fort rannte ich durch den Wald, bis ich erschöpft unter einem Baume niedersank. Es war schon finstre Nacht worden, als ich, wie aus tiefer Betäubung, erwachte. Nur der Gedanke, zu fliehen, wie ein gehetztes Thier, stand fest in meiner Seele. Ich stand auf, aber kaum war ich einige Schritte fort, als, aus dem Gebüsch hervorrauschend, ein Mensch auf meinen Rücken sprang, und mich mit den Armen umhalste. Vergebens versuchte ich, ihn abzuschütteln — ich warf mich nieder, ich drückte mich hinterrücks an die Bäume, alles umsonst. Der Mensch kicherte und lachte höhnisch; da brach der Mond hellleuchtend durch die schwarzen Tannen, und das todtenbleiche, gräßliche Gesicht des Mönchs — des vermeintlichen Medardus, des Doppeltgängers, starrte mich an mit dem gräßlichen Blick, wie von dem Wagen herauf. — „Hi ... hi ... hi ... Brüderlein ... Brüderlein, immer immer bin ich bei Dir ... lasse Dich nicht ... lasse ... Dich nicht ... Kann nicht lau ... laufen ... wie Du ... mußt mich tra ... tragen ... Komme vom Ga ... Galgen ... haben mich rä ... rädern wollen ... hi hi ..." So lachte und heulte das grause Gespenst, indem ich, von wildem Entsetzen gekräftigt, hoch empor sprang wie ein von der Riesenschlange eingeschnürter Tiger! — Ich raste gegen Baum- und Felsstücke, um ihn wo nicht zu tödten, doch wenigstens hart zu verwunden, daß er mich zu lassen genöthigt seyn sollte. Dann lachte er stärker und mich nur traf jäher Schmerz; ich versuchte seine unter meinem Kinn festgeknoteten Hände loszuwinden, aber die Gurgel einzudrücken drohte mir des Ungethümes Gewalt. Endlich, nach tollem Rasen, fiel er plötzlich herab, aber kaum war ich einige Schritte fortgerannt, als er von Neuem auf meinem Rücken saß, kichernd und lachend, und jene entsetzlichen Worte stammelnd! — Auf's Neue jene Anstrengungen wilder Wuth — auf's Neue befreit! — auf's Neue umhalst von dem fürchterlichen Gespenst. — Es ist mir nicht möglich, deutlich anzugeben, wie lange ich, von dem Doppelgänger verfolgt, durch finstre Wälder floh, es ist mir so, als müsse das Monate hindurch, ohne daß ich Speise und Trank genoß, gedauert haben. Nur eines lichten Augenblicks erinnere ich mich lebhaft, nach welchem ich in gänzlich bewußtlosen Zustand verfiel. Eben war es mir geglückt, meinen Doppelgänger abzuwerfen, als ein heller Sonnenstrahl, und mit ihm ein holdes anmuthiges Tönen den Wald durchdrang. Ich unterschied eine Klosterglocke, die zur Frühmette läutete. „Du hast Aurelie ermordet!" Der Gedanke erfaßte mich mit des Todes eiskalten Armen, und ich sank bewußtlos nieder.

Zweiter Abschnitt.

Die Buße.

Eine sanfte Wärme glitt durch mein Inneres. Dann fühlte ich es in allen Adern seltsam arbeiten und prickeln; dies Gefühl wurde zu Gedanken, doch war mein Ich hundertfach zertheilt. Jeder Theil hatte im eignen Regen eignes Bewußtseyn des Lebens und umsonst gebot das Haupt den Gliedern, die wie untreue Vasallen sich nicht sammeln mochten unter seiner Herrschaft. Nun fingen die Gedanken der einzelnen Theile an sich zu drehen, wie leuchtende Punkte, immer schneller und schneller, so daß sie einen Feuerkreis bildeten, der wurde kleiner, so wie die Schnelligkeit wuchs, daß er zuletzt nur eine stillstehende Feuerkugel schien. Aus der schossen rothglühende Strahlen und bewegten sich im farbigten Flammenspiel. „Das sind meine Glieder, die sich regen, jetzt erwache ich!" So dachte ich deutlich, aber in dem Augenblick durchzuckte mich ein jäher Schmerz, helle Glockentöne schlugen an mein Ohr. „Fliehen, weiter fort! — weiter fort!" rief ich laut, wollte mich schnell aufraffen, fiel aber entkräftet zurück. Jetzt erst vermochte ich die Augen zu öffnen. Die Glockentöne dauerten fort — ich glaubte noch im Walde zu seyn, aber wie erstaunte ich, als ich die Gegenstände rings umher, als ich mich selbst betrachtete. In dem Ordenshabit der Capuziner lag ich, in einem hohen einfachen Zimmer, auf einer wohlgepolsterten Matratze ausgestreckt. Ein paar Rohrstühle, ein kleiner Tisch und ein ärmliches Bett waren die einzigen Gegenstände, die sich noch im Zimmer befanden. Es wurde mir klar, daß mein bewußtloser Zustand eine Zeitlang gedauert haben, und daß ich in demselben auf diese oder jene Weise in ein Kloster gebracht seyn mußte, das Kranke aufnehme. Vielleicht war meine Kleidung zerrissen, und man gab mir vorläufig eine Kutte. Der Gefahr, so schien es mir, war ich entronnen. Diese Vorstellungen beruhigten mich ganz, und ich beschloß abzuwarten, was sich weiter zutragen würde, da ich voraussetzen konnte, daß man bald nach dem Kranken sehen würde. Ich fühlte mich sehr matt, sonst aber ganz schmerzlos. Nur einige Minuten hatte ich so, zum vollkommenen Bewußtseyn erwacht, gelegen, als ich Tritte vernahm, die sich wie auf einem langen Gange näherten. Man schloß meine Thüre auf und ich erblickte zwei Männer, von denen einer bürgerlich gekleidet war, der andere aber den Ordenshabit der barmherzigen Brüder trug. Sie traten schweigend auf mich zu, der bürgerlich gekleidete sah mir scharf in die Augen und schien sehr verwundert. „Ich bin wieder zu mir selbst gekommen, mein Herr, fing ich mit matter Stimme an: dem Himmel sey es gedankt, der mich zum Leben erweckt hat — wo befinde ich mich aber? wie bin ich hergekommen?“ — Ohne mir zu antworten wandte sich der bürgerlich gekleidete zu dem Geistlichen, und sprach auf italiänisch: „Das ist in der That erstaunenswürdig, der Blick ist ganz geändert, die Sprache rein, nur matt ... es muß eine besondere Crisis eingetreten seyn.“ — „Mir scheint, erwiederte der Geistliche: mir scheint, als wenn die Heilung nicht mehr zweifelhaft seyn könne.“ Das kommt, fuhr der bürgerlich gekleidete fort: das kommt darauf an, wie er sich in den nächsten Tagen hält. Verstehen Sie nicht so viel deutsch, um mit ihm zu sprechen? „Leider nein,“ antwortete der Geistliche. — Ich verstehe und spreche italiänisch, fiel ich ein; sagen Sie mir, wo bin ich, wie bin ich hergekommen? — Der bürgerlich gekleidete, wie ich wohl merken konnte, ein Arzt, schien freudig verwundert. „Ah, rief er aus: ah das ist gut. Ihr befindet Euch, ehrwürdiger Herr! an einem Orte, wo man nur für Euer Wohl auf alle mögliche Weise sorgt. Ihr wurdet vor drei Monaten in einem sehr bedenklichen Zustande hergebracht. Ihr wart sehr krank, aber durch unsere Sorgfalt und Pflege scheint Ihr Euch auf dem Wege der Genesung zu befinden. Haben wir das Glück, Euch ganz zu heilen, so könnt Ihr ruhig Eure Straße fortwandeln, denn wie ich höre, wollt Ihr nach Rom!“ — Bin ich denn, frug ich weiter, in der Kleidung, die ich trage, zu Euch gekommen? — „Freilich, erwiederte der Arzt, aber laßt das Fragen, beunruhigt Euch nur nicht, alles sollt Ihr erfahren, die Sorge für Eure Gesundheit ist jetzt das vornehmlichste." Er faßte meinen Puls, der Geistliche hatte unterdessen eine Tasse herbeigebracht, die er mir darreichte. „Trinkt, sprach der Arzt: und sagt mir dann, wofür Ihr das Getränk haltet." — Es ist, erwiederte ich, nachdem ich getrunken: es ist eine gar kräftig zubereitete Fleischbrühe. — Der Arzt lächelte zufrieden und rief dem Geistlichen zu: „Gut, sehr gut!" — Beide verließen mich. Nun war meine Vermuthung, wie ich glaubte, richtig. Ich befand mich in einem öffentlichen Krankenhause. Man pflegte mich mit stärkenden Nahrungsmitteln und kräftiger Arzenei, so daß ich nach drei Tagen im Stande war, aufzustehen. Der Geistliche öffnete ein Fenster, eine warme herrliche Luft, wie ich sie nie geathmet, strömte herein, ein Garten schloß sich an das Gebäude, herrliche fremde Bäume grünten und blühten, Weinlaub rankte sich üppig an der Mauer empor, vor allem aber war mir der dunkelblaue duftige Himmel eine Erscheinung aus ferner Zauberwelt. „Wo bin ich denn, rief ich voll Entzücken aus, haben mich die Heiligen gewürdigt, in einem Himmelslande zu wohnen?" Der Geistliche lächelte wohlbehaglich, indem er sprach: „Ihr seyd in Italien, mein Bruder! in Italien!" — Meine Verwunderung wuchs bis zum höchsten Grade, ich drang in den Geistlichen, mir genau die Umstände meines Eintritts in dies Haus zu sagen, er wies mich an den Doktor. Der sagte mir endlich, daß vor drei Monaten mich ein wunderlicher Mensch hergebracht und gebeten habe mich aufzunehmen; ich befände mich nämlich in einem Krankenhause, das von barmherzigen Brüdern verwaltet werde. So wie ich mich mehr und mehr erkräftigte, bemerkte ich, daß beide, der Arzt und der Geistliche, sich in mannigfache Gespräche mit mir einließen und mir vorzüglich Gelegenheit gaben, lange hintereinander zu erzählen. Meine ausgebreiteten Kenntnisse in den verschiedensten Fächern des Wissens gaben mir reichen Stoff dazu, und der Arzt lag mir an, manches nieder zu schreiben, welches er dann in meiner Gegenwart las und sehr zufrieden schien. Doch fiel es mir oft seltsamlich auf, daß er, statt meine Arbeit selbst zu loben, immer nur sagte: „In der That ... das geht gut ... ich habe mich nicht getäuscht! ... wunderbar ... wunderbar!" Ich durfte nun zu gewissen Stunden in den Garten hinab, wo ich manchmal grausig entstellte, todtenblasse, bis zum Gerippe ausgetrocknete Menschen, von barmherzigen Brüdern geleitet, erblickte. Einmal begegnete mir, als ich schon im Begriff stand, in das

Haus zurück zu kehren, ein langer, hagerer Mann, in einem seltsamen erdgelben Mantel, der wurde von zwei Geistlichen bei den Armen geführt, und nach jedem Schritt machte er einen possierlichen Sprung, und pfiff dazu mit durchdringender Stimme. Erstaunt blieb ich stehen, doch der Geistliche, der mich begleitete, zog mich schnell fort, indem er sprach: „Kommt, kommt, lieber Bruder Medardus! das ist nichts für Euch. — Um Gott, rief ich aus: woher wißt Ihr meinen Namen? — Die Heftigkeit, womit ich diese Worte ausstieß, schien meinen Begleiter zu beunruhigen. „Ei, sprach er, wie sollen wir denn Euern Namen nicht wissen? Der Mann, der Euch herbrachte, nannte ihn ja ausdrücklich, und Ihr seyd eingetragen in die Register des Hauses: Medardus, Bruder des Capuzinerklosters zu B." — Eiskalt bebte es mir durch die Glieder. Aber mochte der Unbekannte, der mich in das Krankenhaus gebracht hatte, seyn wer er wollte, mochte er eingeweiht seyn in mein entsetzliches Geheimniß: er konnte nicht Böses wollen, denn er hatte ja freundlich für mich gesorgt, und ich war ja frei. —

Ich lag im offnen Fenster und athmete in vollen Zügen die herrliche, warme Luft ein, die durch Mark und Adern strömend neues Leben in mir entzündete, als ich eine kleine, dürre Figur, ein spitzes Hütchen auf dem Kopfe, und in einen ärmlichen erblichenen Ueberrock gekleidet, den Hauptgang nach dem Hause herauf mehr hüpfen und trippeln als gehen sah. Als er mich erblickte, schwenkte er den Hut in der Luft und warf mir Kußhändchen zu. Das Männlein hatte etwas bekanntes, doch konnte ich die Gesichtszüge nicht deutlich erkennen, und er verschwand unter den Bäumen, ehe ich mit mir einig worden, wer es wohl seyn möge. Doch nicht lange dauerte es, so klopfte es an meine Thüre, ich öffnete, und dieselbe Figur, die ich im Garten gesehen, trat herein. „Schönfeld, rief ich voll Verwunderung: Schönfeld, wie kommen Sie her, um des Himmels willen? — Es war jener närrische Friseur aus der Handelsstadt, der mich damals rettete aus großer Gefahr. „Ach — ach ach! seufzte er, indem sich sein Gesicht auf komische Weise weinerlich verzog: wie soll ich denn herkommen, ehrwürdiger Herr! wie soll ich denn herkommen anders, als geworfen — geschleudert von dem bösen Verhängniß, das alle Genies verfolgt! Eines Mordes wegen mußte ich fliehen . . ." „Eines Mordes wegen?" unterbrach ich ihn heftig. „Ja eines Mordes wegen, fuhr er fort: ich hatte im Zorn den linken Backenbart des jüngsten Commerzienrathes in der Stadt getödtet, und dem rechten gefährliche Wunden beigebracht.“ — „Ich bitte Sie, unterbrach ich ihn aufs Neue, lassen Sie die Possen, seyn Sie einmal vernünftig und erzählen Sie im Zusammenhange, oder verlassen Sie mich.“ — „Ei, lieber Bruder Medardus, fing er plötzlich sehr ernst an, Du willst mich fortschicken, nun Du genesen, und mußtest mich doch in Deiner Nähe leiden, als Du krank da lagst und ich Dein Stubenkamerad war und in jenem Bette schlief.“ — „Was heißt das, rief ich bestürzt aus, wie kommen Sie auf den Namen Medardus?“ — „Schauen Sie, sprach er lächelnd: den rechten Zipfel Ihrer Kutte gefälligst an.“ Ich that es, und erstarrte vor Schreck und Erstaunen, denn ich fand, daß der Name Medardus hineingenäht war, so wie mich, bei genauerer Untersuchung, untrügliche Kennzeichen wahrnehmen ließen, daß ich ganz unbezweifelt dieselbe Kutte trug, die ich auf der Flucht aus dem Schlosse des Barons von F. in einen hohlen Baum verborgen hatte. Schönfeld bemerkte meine innere Bewegung, er lächelte ganz seltsam; den Zeigefinger an die Nase gelegt, sich auf den Fußspitzen erhebend, schaute er mir ins Auge; ich blieb sprachlos, da fing er leise und bedächtig an: „Ew. Ehrwürden wundern sich merklich über das schöne Kleid, das Ihnen angelegt worden, es scheint Ihnen überall wunderbar anzustehen und zu passen, besser als jenes nußbraune Kleid mit schnöden besponnenen Knöpfen, das mein ernsthafter vernünftiger Damon Ihnen anlegte ... Ich ... ich ... der verkannte, verbannte Pietro Belcampo war es, der Eure Blöße deckte mit diesem Kleide. Bruder Medardus! Ihr wart nicht im sonderlichsten Zustande, denn als Ueberrock — Spenzer — englischen Frack trugt Ihr simpler Weise Eure eigne Haut, und an schickliche Frisur war nicht zu denken, da Ihr, eingreifend in meine Kunst, Euern Karakalla mit dem zehnzahnigten Kamm, der Euch an die Fäuste gewachsen, selbst besorgtet.“ — Laßt die Narrheiten, fuhr ich auf: Laßt die Narrheiten, Schönfeld ... „Pietro Belcampo heiße ich, unterbrach er mich in vollem Zorne: ja Pietro Belcampo, hier in Italien, und Du magst es nur wissen, Medardus, ich selbst, ich selbst bin die Narrheit, die ist überall hinter Dir her, um Deiner Vernunft beizustehen, und Du magst es nun einsehen oder nicht, in der Narrheit findest Du nur Dein Heil, denn Deine Vernunft ist ein höchst miserables Ding, und kann sich nicht aufrecht erhalten, sie taumelt hin und her wie ein gebrechliches Kind, und muß mit der Narrheit in Compagnie treten, die hilft ihr auf und weiß den richtigen Weg zu finden nach der Heimath — das ist das Tollhaus, da sind wir beide richtig angelangt, mein Brüderchen Medardus." — Ich schauderte zusammen, ich dachte an die Gestalten, die ich gesehen; an den springenden Mann im erdgelben Mantel, und konnte nicht zweifeln, daß Schönfeld in seinem Wahnsinn mir die Wahrheit sagte. „Ja, mein Brüderchen Medardus, fuhr Schönfeld mit erhobener Stimme und heftig gestikulirend fort: Ja, mein liebes Brüderchen. Die Narrheit erscheint auf Erden, wie die wahre Geisterkönigin. Die Vernunft ist nur ein träger Statthalter, der sich nie darum kümmert, was außer den Gränzen des Reichs vorgeht, der nur aus Langeweile auf dem Paradeplatz die Soldaten exerzieren läßt, die können nachher keinen ordentlichen Schuß thun, wenn der Feind eindringt von außen. Aber die Narrheit, die wahre Königin des Volks zieht ein mit Pauken und Trompeten: hussa hussa! — hinter ihr her Jubel — Jubel — Die Vasallen erheben sich von den Plätzen, wo sie die Vernunft einsperrte, und wollen nicht mehr stehen, sitzen und liegen wie der pedantische Hofmeister es will; der sieht die Nummern durch und spricht: Seht, die Narrheit hat mir meine besten Eleven entrückt — fortgerückt — verrückt — ja sie sind verrückt worden. Das ist ein Wortspiel, Brüderlein Medardus — ein Wortspiel ist ein glühendes Lockeneisen in der Hand der Narrheit, womit sie Gedanken krümmt." — Noch einmal, fiel ich dem albernen Schönfeld in die Rede, noch einmal bitte ich Euch, das unsinnige Geschwätz zu lassen, wenn Ihr es vermöget, und mir zu sagen, wie Ihr hergekommen seyd, und was Ihr von mir und von dem Kleide wißt, das ich trage. — Ich hatte ihn mit diesen Worten bei beiden Händen gefaßt und in einen Stuhl gedrückt. Er schien sich zu besinnen, indem er die Augen niederschlug und tief Athem schöpfte. „Ich habe Ihnen, fing er dann mit leiser matter Stimme an: Ich habe Ihnen das Leben zum zweitenmal gerettet, ich war es ja, der Ihrer Flucht aus der Handelsstadt behülflich war, ich war es wiederum, der Sie herbrachte." — Aber um Gottes, um der Heiligen willen, wo fanden Sie mich? — So rief ich laut aus, indem ich ihn losließ, doch in dem Augenblick sprang er auf, und schrie mit funkelnden Augen: „Ei, Bruder Medardus, hätt' ich Dich nicht, klein und schwach, wie ich bin, auf meinen Schultern fortgeschleppt, Du lägest mit zerschmetterten Gliedern auf dem Rade." — Ich erbebte — wie vernichtet sank ich in den Stuhl, die Thüre öffnete sich, und hastig trat der mich pflegende Geistliche herein. „Wie kommt Ihr hieher? wer hat Euch erlaubt, dies Zimmer zu betreten?" So fuhr er auf Belcampo los, dem stürzten aber die Thränen aus den Augen und er sprach mit flehender Stimme: „Ach, mein ehrwürdiger Herr! nicht länger konnte ich dem Drange widerstehen, meinen Freund zu sprechen, den ich dringender Todesgefahr entrissen!" Ich ermannte mich. Sagt mir, mein lieber Bruder! sprach ich zu dem Geistlichen: hat mich dieser Mann wirklich hergebracht? — Er stockte. — Ich weiß jetzt, wo ich mich befinde, fuhr ich fort: ich kann vermuthen, daß ich im schrecklichsten Zustande war, den es giebt, aber Ihr merkt, daß ich vollkommen genesen, und so darf ich wohl nun alles erfahren, was man mir bis jetzt absichtlich verschweigen mochte, weil man mich für zu reizbar hielt. „So ist es in der That, antwortete der Geistliche: Dieser Mann brachte Euch, es mögen ungefähr drei bis viertehalb Monate her seyn, in unsere Anstalt. Er hatte Euch, wie er erzählte, für todt in dem Walde, der vier Meilen von hier das . . . . sche von unserm Gebiet scheidet, gefunden, und Euch für den ihm früher bekannten Capuziner-Mönch Medardus aus dem Kloster zu B. erkannt, der auf einer Reise nach Rom durch den Ort kam, wo er sonst wohnte. Ihr befandet Euch in einem vollkommen apathischen Zustande. Ihr gingt, wenn man Euch führte, Ihr bliebt stehen, wenn man Euch losließ, Ihr setztet, Ihr legtet Euch nieder, wenn man Euch die Richtung gab. Speise und Trank mußte man Euch einflößen. Nur dumpfe, unverständliche Laute vermochtet Ihr auszustoßen, Euer Blick schien ohne alle Sehkraft. Belcampo verließ Euch nicht, sondern war Euer treuer Wärter. Nach vier Wochen fielt Ihr in die schrecklichste Raserei, man war genöthiget, Euch in eins der dazu bestimmten abgelegenen Gemächer zu bringen. Ihr waret dem wilden Thier gleich — doch nicht näher mag ich Euch einen Zustand schildern, dessen Erinnerung Euch vielleicht zu schmerzlich seyn würde. Nach vier Wochen kehrte plötzlich jener apathische Zustand wieder, der in eine vollkommene Starrsucht überging, aus der Ihr genesen erwachtet." — Schönfeld hatte sich während dieser Erzählung des Geistlichen gesetzt, und, wie in tiefes Nachdenken versunken, den Kopf in die Hand gestützt.

„Ja, fing er an: ich weiß recht gut, daß ich zuweilen ein aberwitziger Narr bin, aber die Luft im Tollhause, vernünftigen Leuten verderblich, hat gar gut auf mich gewirkt. Ich fange an, über mich selbst zu räsonniren, und das ist kein übles Zeichen. Existire ich überhaupt nur durch mein eignes Bewußtseyn, so kommt es nur darauf an, daß dies Bewußtseyn dem Bewußten die Hanswurstjacke ausziehe, und ich selbst stehe da als solider Gentleman. — O Gott! — ist aber ein genialer Friseur nicht schon an und vor sich selbst ein gesetzter Hasenfuß? — Hasenfüßigkeit schützt vor allem Wahnsinn, und ich kann Euch versichern, Ehrwürdiger Herr! daß ich auch bei Nordnordwest einen Kirchthurm von einem Leuchtenpfahl genau zu unterscheiden vermag.“ — Ist dem wirklich so, sprach ich: so beweisen Sie es dadurch, daß Sie mir ruhig den Hergang der Sache erzählen, wie Sie mich fanden, und wie Sie mich herbrachten. „Das will ich thun, erwiederte Schönfeld: unerachtet der geistliche Herr hier ein gar besorgliches Gesicht schneidet; erlaube aber, Bruder Medardus, daß ich Dich, als meinen Schützling, mit dem vertraulichen Du anrede. — Der fremde Maler war den andern Morgen, nachdem Du in der Nacht entflohen, auch mit seiner Gemäldesammlung auf unbegreifliche Weise verschwunden. So sehr die Sache überhaupt Anfangs Aufsehen erregt hatte, so bald war sie doch im Strome neuer Begebenheiten untergegangen. Nur als der Mord auf dem Schlosse des Barons F. bekannt wurde; als die . . schen Gerichte durch Steckbriefe den Mönch Medardus aus dem Capuzinerkloster zu B. verfolgten, da erinnerte man sich daran, daß der Maler die ganze Geschichte im Weinhause erzählt und in Dir den Bruder Medardus erkannt hatte. Der Wirth des Hotels, wo Du gewohnt hattest, bestätigte die Vermuthung, daß ich Deiner Flucht förderlich gewesen war. Man wurde auf mich aufmerksam, man wollte mich ins Gefängniß setzen. Leicht war mir der Entschluß, dem elenden Leben, das schon längst mich zu Boden gedrückt hatte, zu entfliehen. Ich beschloß, nach Italien zu gehen, wo es Abbates und Frisuren giebt. Auf meinem Wege dahin sah ich Dich in der Residenz des Fürsten von * * *. Man sprach von Deiner Vermählung mit Aurelien und von der Hinrichtung des Mönchs Medardus. Ich sah auch diesen Mönch — Nun! — dem sey wie ihm wolle, ich halte Dich nun einmal für den wahren Medardus. Ich stellte mich Dir in den Weg, Du bemerktest mich nicht, und ich verließ die Residenz, um meine Straße weiter zu verfolgen. Nach langer Reise rüstete ich mich einst in frühster Morgendämmerung, den Wald zu durchwandern, der in düstrer Schwärze vor mir lag. Eben brachen die ersten Strahlen der Morgensonne hervor, als es in dem dicken Gebüsch rauschte, und ein Mensch mit zerzaustem Kopfhaar und Bart, aber in zierlicher Kleidung, bei mir vorübersprang. Sein Blick war wild und verstört, im Augenblick war er mir aus dem Gesicht verschwunden. Ich schritt weiter fort, doch wie entsetzte ich mich, als ich dicht vor mir eine nackte menschliche Figur, ausgestreckt auf dem Boden, erblickte. Ich glaubte, es sey ein Mord geschehen, und der Fliehende sey der Mörder. Ich bückte mich herab zu dem Nackten, erkannte Dich und wurde gewahr, daß Du leise athmetest. Dicht bei Dir lag die Mönchskutte, die Du jetzt trägst; mit vieler Mühe kleidete ich Dich darin, und schleppte Dich weiter fort. Endlich erwachtest Du aus tiefer Ohnmacht, Du bliebst aber in dem Zustande, wie ihn Dir der ehrwürdige Herr hier erst beschrieben. Es kostete keine geringe Anstrengung, Dich fortzuschaffen, und so kam es, daß ich erst am Abende eine Schenke erreichte, die mitten im Walde liegt. Wie schlaftrunken ließ ich Dich auf einem Rasenplatz zurück, und ging hinein, um Speise und Trank zu holen. In der Schenke saßen * * * sche Dragoner, die sollten, wie die Wirthin sagte, einem Mönch bis an die Gränze nachspüren, der auf unbegreifliche Weise in dem Augenblicke entflohen sey, als er schwerer Verbrechen halber in * * * hätte hingerichtet werden sollen. Ein Geheimniß war es mir, wie Du aus der Residenz in den Wald kamst, aber die Ueberzeugung, Du seyst eben der Medardus, den man suche, hieß mich alle Sorgfalt anwenden, Dich der Gefahr, in der Du mir zu schweben schienst, zu entreißen. Durch Schleichwege schaffte ich Dich fort, über die Gränze, und kam endlich mit Dir in dies Haus, wo man Dich und auch mich aufnahm, da ich erklärte, mich von Dir nicht trennen zu wollen. Hier warst Du sicher, denn in keiner Art hätte man den aufgenommenen Kranken fremden Gerichten ausgeliefert. Mit Deinen fünf Sinnen war es nicht sonderlich bestellt, als ich hier im Zimmer bei Dir wohnte, und Dich pflegte. Auch die Bewegung Deiner Gliedmaßen war nicht zu rühmen, Noverre und Vestris hätten Dich tief verachtet, denn Dein Kopf hing auf die Brust, und wollte man Dich gerade aufrichten, so stülptest Du um, wie ein mißrathner Kegel.

Auch mit der Rednergabe ging es höchst traurig, denn Du warst verdammt einsilbig, und sagtest in aufgeräumten Stunden nur „Hu hu! und Me... me...", woraus Dein Wollen und Denken nicht sonderlich zu vernehmen, und beinahe zu glauben, beides sey Dir untreu worden und vagabondire auf seine eigene Hand oder seinen eignen Fuß. Endlich wurdest Du mit einem Mal überaus lustig, Du sprangst hoch in die Lüfte, brülltest vor lauter Entzücken und rissest Dir die Kutte vom Leibe, um frei zu seyn von jeder Naturbeschränkenden Fessel — Dein Appetit..." Halten Sie ein, Schönfeld, unterbrach ich den entsetzlichen Witzling: Halten Sie ein! Man hat mich schon von dem fürchterlichen Zustande, in den ich versunken, unterrichtet. Dank sey es der ewigen Langmuth und Gnade des Herrn, Dank sey es der Fürsprache der Gebenedeiten und der Heiligen, daß ich errettet worden bin! — „Ei, ehrwürdiger Herr! fuhr Schönfeld fort: was haben Sie denn nun davon! ich meine von der besonderen Geistesfunktion, die man Bewußtseyn nennt, und die nichts anders ist, als die verfluchte Thätigkeit eines verdammten Thoreinnehmers — Acciseoffizianten — Oberkontrolassistenten der sein heilloses Comtoir im Oberstübchen aufgeschlagen hat, und zu aller Waare, die hinaus will, sagt: hei... hei ... die Ausfuhr ist verboten ... im Lande, im Lande bleibts. — Die schönsten Juwelen werden wie schnöde Saatkörner in die Erde gesteckt und was emporschießt, sind höchstens Runkelrüben, aus denen die Praxis mit tausend Centner schwerem Gewicht eine Viertel Unze übelschmeckenden Zucker preßt... Hei hei ... und doch sollte jene Ausfuhr einen Handelsverkehr begründen mit der herrlichen Gottesstadt da droben, wo alles stolz und herrlich ist. — Gott im Himmel! Herr! Allen meinen theuer erkauften Puder à la Maréchal oder à la Pompadour, oder à la reine de Golconde hätte ich in den Fluß geworfen, wo er am tiefsten ist, hätte ich nur wenigstens durch Transito-Handel ein Quentlein Sonnenstäubchen von dort her bekommen können, um die Perücken höchst gebildeter Professoren und Schulkollegen zu pudern, zuförderst aber meine eigne! — Was sage ich? hätte mein Damon Ihnen, ehrwürdigster aller ehrwürdigen Mönche, statt des flohfarbnen Fracks einen Sonnenmatin umhängen können, in dem die reichen, übermüthigen Bürger der Gottesstadt zu Stuhle gehen, wahrhaftig es wäre, was Anstand und Würde betrifft, alles anders gekommen; aber so hielt Sie die Welt für einen gemeinen glebae adscriptus und den Teufel für Ihren Cousin germain.“ — Schönfeld war aufgestanden und ging, oder hüpfte vielmehr, stark gestikulirend und tolle Gesichter schneidend, von einer Ecke des Zimmers zur andern. Er war im vollen Zuge, wie gewöhnlich, sich in der Narrheit durch die Narrheit zu entzünden, ich faßte ihn daher bei beiden Händen, und sprach: „Willst Du Dich denn durchaus statt meiner hier einbürgern? Ist es Dir denn nicht möglich, nach einer Minute verständigen Ernstes das Possenhafte zu lassen?“ Er lächelte auf seltsame Weise und sagte: „Ist wirklich Alles so albern, was ich spreche, wenn mir der Geist kommt?“ — Das ist ja eben das Unglück, erwiederte ich: daß Deinen Fratzen oft tiefer Sinn zum Grunde liegt, aber Du vertrödelst und verbrämst Alles mit solch buntem Zeuge, daß ein guter, in ächter Farbe gehaltener Gedanke lächerlich und unscheinbar wird, wie ein, mit scheckigen Fetzen behängtes Kleid. — Du kannst, wie ein Betrunkener, nicht auf gerader Schnur gehen, Du springst hinüber und herüber — Deine Richtung ist schief! — „Was ist Richtung, unterbrach mich Schönfeld leise, und fortlächelnd mit bittersüßer Miene. Was ist Richtung, ehrwürdiger Capuziner? Richtung setzt ein Ziel voraus, nach dem wir unsere Richtung nehmen. Sind Sie Ihres Ziels gewiß, theurer Mönch? — fürchten Sie nicht, daß Sie bisweilen zu wenig Katzenhirn zu sich genommen, statt dessen aber im Wirthshause neben der gezogenen Schnur zuviel Spirituöses genossen, und nun wie ein schwindliger Thurmdecker zwei Ziele sehn, ohne zu wissen, welches das rechte? — Ueberdem, Capuziner! vergieb es meinem Stande, daß ich das Possenhafte als eine angenehme Beimischung, spanischen Pfeffer zum Blumenkohl, in mir trage. Ohne das ist ein Haarkünstler eine erbärmliche Figur, ein armseliger Dummkopf, der das Privilegium in der Tasche trägt, ohne es zu nutzen zu seiner Lust und Freude.“ Der Geistliche hatte bald mich, bald den grimassirenden Schönfeld mit Aufmerksamkeit betrachtet; er verstand, da wir deutsch sprachen, kein Wort; jetzt unterbrach er unser Gespräch. „Verzeihet, meine Herren! wenn es meine Pflicht heischt, eine Unterredung zu enden, die euch beiden unmöglich wohl thun kann. Ihr seyd, mein Bruder, noch zu sehr geschwächt, um von Dingen, die wahrscheinlich aus Euerm frühern Leben schmerzhafte Erinnerungen aufregen, so anhaltend fortzusprechen; Ihr könnet ja nach und nach von Euerm Freunde Alles erfahren, denn wenn Ihr auch ganz genesen unsere Anstalt verlasset, so wird Euch doch wohl Euer Freund weiter geleiten. Zudem habt Ihr (er wandte sich zu Schönfeld) eine Art des Vortrages, die ganz dazu geeignet ist, Alles das, wovon Ihr sprecht, dem Zuhörer lebendig vor die Augen zu bringen. In Deutschland muß man Euch für toll halten, und selbst bei uns würdet Ihr für einen guten Buffone gelten. Ihr könnt auf dem komischen Theater Euer Glück machen." Schönfeld starrte den Geistlichen mit weit aufgerissenen Augen an, dann erhob er sich auf den Fußspitzen, schlug die Hände über den Kopf zusammen und rief auf italienisch: „Geisterstimme! ... Schicksalsstimme, du hast aus dem Munde dieses ehrwürdigen Herrn zu mir gesprochen! . . . Belcampo . . Belcampo ... so konntest Du Deinen wahrhaften Beruf verkennen . . . es ist entschieden!" — Damit sprang er zur Thüre hinaus. Den andern Morgen trat er reisefertig zu mir herein. „Du bist, mein lieber Bruder Medardus, sprach er: nunmehr ganz genesen, Du bedarfst meines Beistandes nicht mehr, ich ziehe fort, wohin mich mein innerster Beruf leitet... Lebe wohl! ... doch erlaube, daß ich zum letztenmal meine Kunst, die mir nun wie ein schnödes Gewerbe vorkommt, an Dir übe." Er zog Messer, Scheere und Kamm hervor, und brachte unter tausend Grimassen und possenhaften Reden meine Tonsur und meinen Bart in Ordnung. Der Mensch war mir, trotz der Treue, die er mir bewiesen, unheimlich worden, ich war froh als er geschieden. Der Arzt hatte mir mit stärkender Arznei ziemlich aufgeholfen; meine Farbe war frischer worden, und durch immer längere Spaziergänge gewann ich meine Kräfte wieder. Ich war überzeugt, eine Fußreise aushalten zu können, und verließ ein Haus, das dem Geisteskranken wohlthätig, dem Gesunden aber unheimlich und grauenvoll seyn mußte. Man hatte mir die Absicht untergeschoben, nach Rom zu pilgern, ich beschloß, dieses wirklich zu thun, und so wandelte ich fort auf der Straße, die, als dorthin führend, mir bezeichnet worden war. Unerachtet mein Geist vollkommen genesen, war ich mir doch selbst eines gefühllosen Zustandes bewußt, der über jedes im Innern aufkeimende Bild einen düstern Flor warf, so daß alles farblos, grau in grau erschien. Ohne alle deutliche Erinnerung des Vergangenen, beschäftigte mich die Sorge für den Augenblick ganz und gar. Ich sah in die Ferne, um den Ort zu erspähen, wo ich würde einsprechen können, um mir Speise oder Nachtquartier zu erbetteln, und war recht innig froh, wenn Andächtige meinen Bettelsack und meine Flasche gut gefüllt hatten, wofür ich meine Gebete mechanisch herplapperte. Ich war selbst im Geist zum gewöhnlichen stupiden Bettelmönch herabgesunken. So kam ich endlich an das große Capuzinerkloster, das, wenige Stunden von Rom, nur von Wirthschaftsgebäuden umgeben, einzeln da liegt. Dort mußte man den Ordensbruder aufnehmen, und ich gedachte, mich in voller Gemächlichkeit recht auszupflegen. Ich gab vor, daß, nachdem das Kloster in Deutschland, worin ich mich sonst befand, aufgehoben worden, ich fortgepilgert sey, und in irgend ein anderes Kloster meines Ordens einzutreten wünsche. Mit der Freundlichkeit, die den italiänischen Mönchen eigen, bewirthete man mich reichlich, und der Prior erklärte, daß, in sofern mich nicht vielleicht die Erfüllung eines Gelübdes weiter zu pilgern nöthige, ich als Fremder so lange im Kloster bleiben könne, als es mir anstehen würde. Es war Vesperzeit, die Mönche gingen in den Chor, und ich trat in die Kirche. Der kühne, herrliche Bau des Schiffs setzte mich nicht wenig in Verwunderung, aber mein zur Erde gebeugter Geist konnte sich nicht erheben, wie es sonst geschah, seit der Zeit, als ich, ein kaum erwachtes Kind, die Kirche der heiligen Linde geschaut hatte. Nachdem ich mein Gebet am Hochaltar verrichtet, schritt ich durch die Seitengänge, die Altargemälde betrachtend, welche, wie gewöhnlich, die Martyrien der Heiligen, denen sie geweiht, darstellten. Endlich trat ich in eine Seitenkapelle, deren Altar von den, durch die bunten Fensterscheiben brechenden Sonnenstrahlen magisch beleuchtet wurde. Ich wollte das Gemälde betrachten, ich stieg die Stufen hinauf. — Die heilige Rosalia — das verhängnißvolle Altarblatt meines Klosters — Ach! — Aurelien erblickte ich! Mein ganzes Leben — meine tausendfachen Frevel — meine Missethaten — Hermogens — Aureliens Mord — Alles — Alles nur ein entsetzlicher Gedanke, und der durchfuhr wie ein spitzes, glühendes Eisen mein Gehirn. — Meine Brust — Adern und Fibern zerrissen im wilden Schmerz der grausamsten Folter! — Kein lindernder Tod! — Ich warf mich nieder — ich zerriß in rasender Verzweiflung mein Gewand — ich heulte auf im trostlosen Jammer, daß es weit in der Kirche nachhallte: „Ich bin verflucht, ich bin verflucht! — Keine Gnade — kein Trost mehr, hier und dort! — Zur Hölle — zur Hölle — ewige Verdammniß über mich verruchten Sünder beschlossen!" — Man hob mich auf — die

Mönche waren in der Capelle, vor mir stand der Prior, ein hoher, ehrwürdiger Greis. Er schaute mich an mit unbeschreiblich mildem Ernst, er faßte meine Hände, und es war, als halte ein Heiliger, von himmlischem Mitleid erfüllt, den Verlornen in den Lüften über dem Flammenpfuhl fest, in den er hinabstürzen wollte. „Du bist krank, mein Bruder! sprach der Prior, wir wollen Dich in das Kloster bringen, da magst Du Dich erholen." Ich küßte seine Hände, sein Kleid, ich konnte nicht sprechen, nur tiefe angstvolle Seufzer verriethen den fürchterlichen zerrissenen Zustand meiner Seele. — Man führte mich in das Refektorium, auf einen Wink des Priors entfernten sich die Mönche, ich blieb mit ihm allein. „Du scheinst, mein Bruder, fing er an: von schwerer Sünde belastet, denn nur die tiefste, trostloseste Reue über eine entsetzliche That kann sich so gebehrden. Doch groß ist die Langmuth des Herrn, stark und kräftig ist die Fürsprache der Heiligen, fasse Vertrauen — Du sollst mir beichten und es wird Dir, wenn Du büßest, Trost der Kirche werden!" In dem Augenblick schien es mir, als sey der Prior jener alte Pilger aus der heiligen Linde, und nur der sey das einzige Wesen auf der ganzen weiten Erde, dem ich mein Leben voller Sünde und Frevel offenbaren müsse. Noch war ich keines Wortes mächtig, ich warf mich vor dem Greise nieder in den Staub. „Ich gehe in die Capelle des Klosters," sprach er mit feierlichem Ton, und schritt von dannen. — Ich war gefaßt — ich eilte ihm nach, er saß im Beichtstuhl, und ich that augenblicklich, wozu mich der Geist unwiderstehlich trieb; ich beichtete Alles — Alles! — Schrecklich war die Buße, die mir der Prior auflegte. Verstoßen von der Kirche, wie ein Aussätziger verbannt aus den Versammlungen der Brüder, lag ich in den Todtengewölben des Klosters, mein Leben kärglich fristend durch unschmackhafte in Wasser gekochte Kräuter, mich geißelnd und peinigend mit Marterinstrumenten, die die sinnreichste Grausamkeit erfunden, und meine Stimme erhebend nur zur eigenen Anklage, zum zerknirschten Gebet um Rettung aus der Hölle, deren Flammen schon in mir loderten. Aber wenn das Blut aus hundert Wunden rann, wenn der Schmerz in hundert giftigen Scorpionstichen brannte und dann endlich die Natur erlag, bis der Schlaf sie, wie ein ohnmächtiges Kind, schützend mit seinen Armen umfing, dann stiegen feindliche Traumbilder empor, die mir neue Todesmarter bereiteten. — Mein ganzes Leben gestaltete sich auf entsetzliche Weise. Ich sah Euphemien, wie sie in üppiger Schönheit mir nahte, aber laut schrie ich auf: „Was willst Du von mir, Verruchte! Nein, die Hölle hat keinen Theil an mir." Da schlug sie ihr Gewand aus einander, und die Schauer der Verdammniß ergriffen mich. Zum Gerippe eingedorrt war ihr Leib, aber in dem Gerippe wanden sich unzählige Schlangen durcheinander und streckten ihre Häupter, ihre rothglühenden Zungen mir entgegen. „Laß ab von mir! ... Deine Schlangen stechen hinein in die wunde Brust ... sie wollen sich mästen an meinem Herzblut ... aber dann sterbe ich ... dann sterbe ich ... der Tod entreißt mich Deiner Rache." So schrie ich auf, da heulte die Gestalt: — „Meine Schlangen können sich nähren von Deinem Herzblut ... aber das fühlst Du nicht, denn das ist nicht Deine Qual -- Deine Qual ist in Dir, und tödtet Dich nicht, denn Du lebst in ihr. Deine Qual ist der Gedanke des Frevels und der ist ewig!" — Der blutende Hermogen stieg auf, aber vor ihm floh Euphemie und er rauschte vorüber, auf die Halswunde deutend, die die Gestalt des Kreuzes hatte. Ich wollte beten, da begann ein sinnverwirrendes Flüstern und Rauschen. Menschen, die ich sonst gesehen, erschienen zu tollen Fratzen verunstaltet. — Köpfe krochen mit Heuschreckenbeinen, die ihnen an die Ohren gewachsen, umher und lachten mich hämisch an — seltsames Geflügel — Raben mit Menschengesichtern rauschten in der Luft. — Ich erkannte den Concertmeister aus B. mit seiner Schwester, die drehte sich in wildem Walzer, und der Bruder spielte dazu auf, aber auf der eigenen Brust streichend, die zur Geige worden. — Belcampo, mit einem häßlichen Eidexengesicht, auf einem ekelhaften geflügelten Wurm sitzend, fuhr auf mich ein, er wollte meinen Bart kämmen mit eisernem glühendem Kamm — aber es gelang ihm nicht. — Toller und toller wird das Gewirre, seltsamer, abentheuerlicher werden die Gestalten, von der kleinsten Ameise mit tanzenden Menschenfüßchen bis zum langgedehnten Roßgerippe mit funkelnden Augen, dessen Haut zur Schabracke worden, auf der ein Reuter mit leuchtendem Eulenkopfe sitzt. — Ein bodenloser Becher ist sein Leibharnisch — ein umgestülpter Trichter sein Helm! — Der Spaß der Hölle ist emporgestiegen. Ich höre mich lachen, aber dies Lachen zerschneidet die Brust, und brennender wird der Schmerz und heftiger bluten alle Wunden. — Die Gestalt eines Weibes leuchtet hervor, das Gesindel weicht — sie tritt auf mich zu! —

Ach es ist Aurelie! „Ich lebe und bin nun ganz Dein!“ spricht die Gestalt. — Da wird der Frevel in mir wach. — Rasend vor wilder Begier umschlinge ich sie mit meinen Armen. — Alle Ohnmacht ist von mir gewichen, aber da legt es sich glühend an meine Brust — rauhe Borsten zerkratzen meine Augen und der Satan lacht gellend auf: Nun bist Du ganz mein! — Mit dem Schrei des Entsetzens erwache ich, und bald fließt mein Blut in Strömen von den Hieben der Stachelpeitsche, mit der ich mich in trostloser Verzweiflung züchtige. Denn selbst die Frevel des Traums, jeder sündliche Gedanke fordert doppelte Buße. — Endlich war die Zeit, die der Prior zur strengsten Buße bestimmt hatte, verstrichen und ich stieg empor aus dem Todtengewölbe, um in dem Kloster selbst, aber in abgesonderter Zelle, entfernt von den Brüdern, die nun mir auferlegten Bußübungen vorzunehmen. Dann, immer in geringern Graden der Buße, wurde mir der Eintritt in die Kirche und in den Chor der Brüder erlaubt. Doch mir selbst genügte nicht diese letzte Art der Buße, die nur in täglicher gewöhnlicher Geißelung bestehen sollte. Ich wies standhaft jede bessere Kost zurück, die man mir reichen wollte, ganze Tage lag ich ausgestreckt auf dem kalten Marmorboden vor dem Bilde der heiligen Rosalia, und marterte mich in einsamer Zelle selbst auf die grausamste Weise, denn durch äußere Qualen gedachte ich die innere gräßliche Marter zu übertäuben. Es war vergebens, immer kehrten jene Gestalten, von dem Gedanken erzeugt, wieder, und dem Satan selbst war ich preisgegeben, daß er mich höhnend foltere und verlocke zur Sünde. Meine strenge Buße, die unerhörte Weise, wie ich sie vollzog, erregte die Aufmerksamkeit der Mönche. Sie betrachteten mich mit ehrfurchtsvoller Scheu, und ich hörte es sogar unter ihnen flüstern: Das ist ein Heiliger! Dies Wort war mir entsetzlich, denn nur zu lebhaft erinnerte es mich an jenen gräßlichen Augenblick in der Capuzinerkirche zu B., als ich dem mich anstarrenden Maler in vermessenem Wahnsinn entgegen rief: ich bin der heilige Antonius! — Die letzte von dem Prior bestimmte Zeit der Buße war endlich auch verflossen, ohne daß ich davon abließ, mich zu martern, unerachtet meine Natur der Qual zu erliegen schien. Meine Augen waren erloschen, mein wunder Körper ein blutendes Gerippe, und es kam dahin, daß wenn ich Stundenlang am Boden gelegen, ich ohne Hülfe Anderer nicht aufzustehen vermochte. Der Prior ließ mich in sein Sprachzimmer bringen. „Fühlst Du, mein Bruder, fing er an, durch die strenge Buße Dein Inneres erleichtert? ist Trost des Himmels Dir worden?“ — Nein, ehrwürdiger Herr, erwiederte ich in dumpfer Verzweiflung. „Indem ich Dir, fuhr der Prior mit erhöhter Stimme fort: Indem ich Dir, mein Bruder, da Du mir eine Reihe entsetzlicher Thaten gebeichtet hattest, die strengste Buße auflegte, genügte ich den Gesetzen der Kirche, welche wollen, daß der Uebelthäter, den der Arm der Gerechtigkeit nicht erreichte und der reuig dem Diener des Herrn seine Verbrechen bekannte, auch durch äußere Handlungen die Wahrheit seiner Reue kund thue. Er soll den Geist ganz dem Himmlischen zuwenden, und doch das Fleisch peinigen, damit die irdische Marter jede teuflische Lust der Unthaten aufwäge. Doch glaube ich, und mir stimmen berühmte Kirchenlehrer bei, daß die entsetzlichsten Qualen, die sich der Büßende zufügt, dem Gewicht seiner Sünden auch nicht ein Quentlein entnehmen, sobald er darauf seine Zuversicht stützt und der Gnade des Ewigen deßhalb sich würdig dünkt. Keiner menschlichen Vernunft erforschlich ist es, wie der Ewige unsere Thaten mißt, verloren ist der, der, ist er auch vom wirklichen Frevel rein, vermessen glaubt, den Himmel zu erstürmen durch äußeres Frommthun, und der Büßende, welcher nach der Bußübung seinen Frevel vertilgt glaubt, beweiset, daß seine innere Reue nicht wahrhaft ist. Du, lieber Bruder Medardus, empfindest noch keine Tröstung, das beweiset die Wahrhaftigkeit Deiner Reue, unterlasse jetzt, ich will es, alle Geißelungen, nimm bessere Speise zu Dir, und fliehe nicht mehr den Umgang der Brüder. — Wisse, daß Dein geheimnißvolles Leben mir in allen seinen wunderbarsten Verschlingungen besser bekannt worden, als Dir selbst. — Ein Verhängniß, dem Du nicht entrinnen konntest, gab dem Satan Macht über Dich, und indem Du freveltest, warst Du nur sein Werkzeug. Wähne aber nicht, daß Du deshalb weniger sündig vor den Augen des Herrn erschienest, denn Dir war die Kraft gegeben, im rüstigen Kampf den Satan zu bezwingen. In wessen Menschen Herz stürmt nicht der Böse, und widerstrebt dem Guten; aber ohne diesen Kampf gäb' es keine Tugend, denn diese ist nur der Sieg des guten Princips über das böse, so wie aus dem umgekehrten die Sünde entspringt. — Wisse fürs Erste, daß Du Dich eines Verbrechens anklagst, welches Du nur im Willen vollbrachtest. — Aurelie lebt, in wildem Wahnsinn verletztest Du

Dich selbst, das Blut Deiner eignen Wunde war es, was über Deine Hand floß . . . Aurelie lebt . . . ich weiß es."

Ich stürzte auf die Knie, ich hob meine Hände betend empor, tiefe Seufzer entflohen der Brust, Thränen quollen aus den Augen! — „Wisse ferner, fuhr der Prior fort, daß jener alte fremde Maler, von dem Du in der Beichte gesprochen, schon so lange, als ich denken kann, zuweilen unser Kloster besucht hat und vielleicht bald wieder eintreffen wird. Er hat ein Buch mir in Verwahrung gegeben, welches verschiedene Zeichnungen, vorzüglich aber eine Geschichte enthält, der er jedesmal, wenn er bei uns einsprach, einige Zeilen zusetzte. — Er hat mir nicht verboten, das Buch jemandem in die Hände zu geben, und um so mehr will ich es Dir anvertrauen, als dies meine heiligste Pflicht ist. Den Zusammenhang Deiner eignen, seltsamen Schicksale, die Dich bald in eine höhere Welt wunderbarer Visionen, bald in das gemeinste Leben versetzten, wirst Du erfahren. Man sagt, das Wunderbare sei von der Erde verschwunden, ich glaube nicht daran. Die Wunder sind geblieben, denn wenn wir selbst das Wunderbarste, von dem wir täglich umgeben, deshalb nicht mehr so nennen wollen, weil wir einer Reihe von Erscheinungen die Regel der cyklischen Wiederkehr abgelauert haben, so fährt doch oft durch jenen Kreis ein Phänomen, das all' unsre Klugheit zu Schanden macht, und an das wir, weil wir es nicht zu erfassen vermögen, in stumpfsinniger Verstocktheit nicht glauben. Hartnäckig leugnen wir dem innern Auge deshalb die Erscheinung ab, weil sie zu durchsichtig war, um sich auf der rauhen Fläche des äußern Auges abzuspiegeln. — Jenen seltsamen Maler rechne ich zu den außerordentlichen Erscheinungen, die jeder erlauerten Regel spotten; ich bin zweifelhaft, ob seine körperliche Erscheinung das ist, was wir wahr nennen. So viel ist gewiß, daß niemand die gewöhnlichen Funktionen des Lebens bei ihm bemerkt hat. Auch sah ich ihn niemals schreiben oder zeichnen, unerachtet im Buch, worin er nur zu lesen schien, jedesmal, wenn er bei uns gewesen, mehr Blätter als vorher beschrieben waren. Seltsam ist es auch, daß mir Alles im Buche nur verworrenes Gekritzel, undeutliche Skizze eines phantastischen Malers zu sein schien, und nur dann erst erkennbar und lesbar wurde, als Du, mein lieber Bruder Medardus! mir gebeichtet hattest. — Nicht näher darf ich mich darüber auslassen, was ich Rücksichts des Malers ahne und glaube. Du selbst wirst es errathen, oder vielmehr das Geheimniß wird sich Dir von selbst aufthun. Gehe, erkräftige Dich, und fühlst Du Dich, wie ich glaube, daß es in wenigen Tagen geschehen wird, im Geiste aufgerichtet, so erhältst Du von mir des fremden Malers wunderbares Buch.

Ich that nach dem Willen des Priors, ich aß mit den Brüdern, ich unterließ die Kasteiungen und beschränkte mich auf inbrünstiges Gebet an den Altären der Heiligen. Blutete auch meine Herzenswunde fort, wurde auch nicht milder der Schmerz, der aus dem Innern heraus mich durchbohrte, so verließen mich doch die entsetzlichen Traumbilder, und oft, wenn ich, zum Tode matt, auf dem harten Lager schaflos lag, umwehte es mich, wie mit Engelsfittigen, und ich sah die holde Gestalt der lebenden Aurelie, die, himmlisches Mitleiden im Auge voll Thränen, sich über mich hinbeugte. Sie streckte die Hand, wie mich beschirmend, aus über mein Haupt, da senkten sich meine Augenlider, und ein sanfter erquickender Schlummer goß neue Lebenskraft in meine Adern. Als der Prior bemerkte, daß mein Geist wieder einige Spannung gewonnen, gab er mir des Malers Buch, und ermahnte mich, es aufmerksam in seiner Zelle zu lesen. — Ich schlug es auf, und das erste, was mir ins Auge fiel, waren die in Umrissen angedeuteten und dann in Licht und Schatten ausgeführten Zeichnungen der Fresko-Gemälde in der heiligen Linde. Nicht das mindeste Erstaunen, nicht die mindeste Begierde, schnell das Räthsel zu lösen, regte sich in mir. Nein! — es gab kein Räthsel für mich, längst wußte ich ja Alles, was in diesem Malerbuch aufbewahrt worden. Das, was der Maler auf den letzten Seiten des Buchs in kleiner, kaum lesbarer bunt gefärbter Schrift zusammen getragen hatte, waren meine Träume, meine Ahnungen, nur deutlich, bestimmt in scharfen Zügen dargestellt, wie ich es niemals zu thun vermochte.

Eingeschaltete Anmerkung des Herausgebers.

Bruder Medardus fährt hier, ohne sich weiter auf das, was er im Malerbuche fand, einzulassen, in seiner Erzählung fort, wie er Abschied nahm von dem in seine Geheimnisse eingeweihten Prior und von den freundlichen Brüdern, und wie er nach Rom pilgerte, und überall, in St. Peter, in St. Sebastian und Laurenz, in St. Giovani a

Laterano, in Sankta Maria Maggiore u. s. w. an allen Altären kniete und betete, wie er selbst des Papstes Aufmerksamkeit erregte, und endlich in einen Geruch der Heiligkeit kam, der ihn — da er jetzt wirklich ein reuiger Sünder worden, und wohl fühlte, daß er nichts mehr als das sey — von Rom vertrieb. Wir, ich meine Dich und mich, mein günstiger Leser, wissen aber viel zu wenig deutliches von den Ahnungen und Träumen des Bruders Medardus, als daß wir, ohne zu lesen, was der Maler aufgeschrieben, auch nur im mindesten das Band zusammen zu knüpfen vermöchten, welches die verworren auseinander laufenden Fäden der Geschichte des Medardus, wie in einen Knoten einigt. Ein besseres Gleichniß übrigens ist es, daß uns der Fokus fehlt, aus dem die verschiedenen bunten Strahlen brachen. Das Manuscript des seligen Capuziners war in altes vergelbtes Pergament eingeschlagen, und dies Pergament mit kleiner, beinahe unleserlicher Schrift beschrieben, die, da sich darin eine ganz seltsame Hand kund that, meine Neugierde nicht wenig reizte. Nach vieler Mühe gelang es mir, Buchstaben und Worte zu entziffern, und wie erstaunte ich, als es mir klar wurde, daß es jene im Malerbuch aufgezeichnete Geschichte sei, von der Medardus spricht. Im alten Italienisch ist sie beinahe Chronikenartig und sehr aphoristisch geschrieben. Der seltsame Ton klingt im Deutschen nur rauh und dumpf, wie ein gesprungenes Glas, doch war es nöthig, zum Verständniß des Ganzen hier die Uebersetzung einzuschalten; dies thue ich, nachdem ich nur noch folgendes wehmüthigst bemerkt. Die fürstliche Familie, aus der jener oft genannte Francesko abstammte, lebt noch in Italien, und eben so leben noch die Nachkömmlinge des Fürsten, in dessen Residenz sich Medardus aufhielt. Unmöglich war es daher, die Namen zu nennen, und unbehülflicher, ungeschickter ist Niemand auf der ganzen Welt, als derjenige, der Dir, günstiger Leser, dies Buch in die Hände giebt, wenn er Namen erdenken soll da, wo schon wirkliche, und zwar schön und romantisch tönende, vorhanden sind, wie es hier der Fall war. Bezeichneter Herausgeber gedachte sich sehr gut mit dem: der Fürst, der Baron u. s. w. herauszuhelfen, nun aber der alte Maler die geheimnißvollsten, verwickeltsten Familienverhältnisse ins Klare stellt, sieht er wohl ein, daß er mit den allgemeinen Bezeichnungen nicht vermag ganz verständlich zu werden. Er müßte den einfachen Chroniken-Choral des Malers mit allerlei Erklärungen und Zurechtweisungen, wie mit krausen Figuren, verschnörkeln und verbrämen. — Ich trete in die Person des Herausgebers, und bitte Dich, günstiger Leser, Du wollest, ehe Du weiter liesest, folgendes Dir gütigst merken. Camillo, Fürst von P., tritt als Stammvater der Familie auf, aus der Francesco, des Medardus Vater stammt. Theodor, Fürst von W., ist der Vater des Fürsten Alexander von W., an dessen Hofe sich Medardus aufhielt. Sein Bruder Albert, Fürst von W., vermählte sich mit der italienischen Prinzessin Giazinta B. Die Familie des Barons F. im Gebirge ist bekannt, und nur zu bemerken, daß die Baronesse von F. aus Italien abstammte, denn sie war die Tochter des Grafen Pietro S., eines Sohnes des Grafen Filippo S. Alles wird sich, lieber Leser, nun klärlich darthun, wenn Du diese wenigen Vornamen und Buchstaben im Sinn behältst. Es folgt nunmehr, statt der Fortsetzung der Geschichte,

das Pergamentblatt des alten Malers.

— — — Und es begab sich, daß die Republik Genua, hart bedrängt von den algierischen Corsaren, sich an den großen Seehelden Camillo, Fürsten von P., wandte, daß er mit vier wohl ausgerüsteten und bemannten Galleonen einen Streifzug gegen die verwegenen Räuber unternehmen möge. Camillo, nach ruhmvollen Thaten dürstend, schrieb sofort an seinen ältesten Sohn Francesko, daß er kommen möge, in des Vaters Abwesenheit das Land zu regieren. Francesko übte in Leonardo da Vinci's Schule die Malerei, und der Geist der Kunst hatte sich seiner so ganz und gar bemächtigt, daß er nichts anderes denken konnte. Daher hielt er auch die Kunst höher, als alle Ehre und Pracht auf Erden, und alles übrige Thun und Treiben der Menschen erschien ihm als ein klägliches Bemühen um eitlen Tand. Er konnte von der Kunst und von dem Meister, der schon hoch in den Jahren war, nicht lassen, und schrieb daher dem Vater zurück, daß er wohl den Pinsel, aber nicht den Szepter zu führen verstehe, und bei Leonardo bleiben wolle. Da war der alte stolze Fürst Camillo hoch erzürnt, schalt den Sohn einen unwürdigen Thoren, und schickte vertraute Diener ab, die den Sohn zurückbringen sollten. Als nun aber Francesko standhaft verweigerte, zurückzukehren, als er erklärte, daß ein Fürst, von allem Glanz des Throns umstrahlt, ihm nur ein elendiglich Wesen dünke gegen einen tüchtigen Maler, und daß die größten Kriegesthaten nur ein grausames irdisches Spiel wären, dagegen die Schöpfung des Malers die reine Abspiegelung des ihm inwohnenden göttlichen Geistes sey, da ergrimmte der Seeheld Camillo und schwur, daß er den Francesko verstoßen und seinem jüngern Bruder Zenobio die Nachfolge zusichern wolle. Francesko war damit gar zufrieden, ja er trat in einer Urkunde seinem jüngern Bruder die Nachfolge auf den fürstlichen Thron mit aller Form und Feierlichkeit ab, und so begab es sich, daß, als der alte Fürst Camillo in einem harten blutigen Kampfe mit den Algierern sein Leben verloren hatte, Zenobio zur Regierung kam, Francesko dagegen, seinen fürstlichen Stand und Namen verläugnend, ein Maler wurde, und von einem kleinen Jahrgehalt, den ihm der regierende Bruder ausgesetzt, kümmerlich genug lebte. Francesko war sonst ein stolzer, übermüthiger Jüngling gewesen, nur der alte Leonardo zähmte seinen wilden Sinn, und als Francesko dem fürstlichen Stand entsagt hatte, wurde er Leonardo's frommer, treuer Sohn. Er half dem Alten manch' wichtiges großes Werk vollenden, und es geschah, daß der Schüler, sich hinaufschwingend zu der Höhe des Meisters, berühmt wurde, und manches Altarblatt für Kirchen und Klöster malen mußte. Der alte Leonardo stand ihm treulich bei mit Rath und That, bis er denn endlich im hohen Alter starb. Da brach, wie ein lange mühsam unterdrücktes Feuer, in dem Jüngling Francesko wieder der Stolz und Uebermuth hervor. Er hielt sich für den größten Maler seiner Zeit und die erreichte Kunstvollkommenheit mit seinem Stande paarend, nannte er sich selbst den fürstlichen Maler. Von dem alten Leonardo sprach er verächtlich, und schuf, abweichend von dem frommen, einfachen Styl, sich eine neue Manier, die mit der Ueppigkeit der Gestalten und dem prahlenden Farbenglanz die Augen der Menge verblendete, deren übertriebene Lobsprüche ihn immer eitler und übermüthiger machten. Es geschah, daß er zu Rom unter wilde ausschweifende Jünglinge gerieth, und wie er nun in Allem der erste und vorzüglichste zu seyn begehrte, so war er bald im wilden Sturm des Lasters der rüstigste Segler. Ganz von der falschen trügerischen Pracht des Heidenthums verführt, bildeten die Jünglinge, an deren Spitze Francesko stand, einen geheimen Bund, in dem sie, das Christenthum auf frevelige Weise verspottend, die Gebräuche der alten Griechen nachahmten und mit frechen Dirnen verruchte sündhafte

Feste feierten. Es waren Maler, aber noch mehr Bildhauer unter ihnen, die wollten nur von der antiken Kunst etwas wissen und verlachten Alles, was neue Künstler, von dem heiligen Christenthum entzündet, zur Glorie desselben erfunden und herrlich ausgeführt hatten. Francesko malte in unheiliger Begeisterung viele Bilder aus der lügenhaften Fabelwelt. Keiner als er vermochte, die buhlerische Ueppigkeit der weiblichen Gestalten so wahrhaft darzustellen, indem er von lebenden Modellen die Carnation, von den alten Marmorbildern aber Form und Bildung entnahm. Statt, wie sonst, in den Kirchen und Klöstern sich an den herrlichen Bildern der alten frommen Meister zu erbauen, und sie mit künstlerischer Andacht aufzunehmen in sein Inneres, zeichnete er ämsig die Gestalten der lügnerischen Heidengötter nach. Von keiner Gestalt war er aber so ganz und gar durchdrungen, als von einem berühmten Venusbilde, das er stets in Gedanken trug. Das Jahrgehalt, das Zenobio dem Bruder ausgesetzt hatte, blieb einmal länger als gewöhnlich aus, und so kam es, daß Francesko bei seinem wilden Leben, das ihm allen Verdienst schnell hinweg raffte, und das er doch nicht lassen wollte, in arge Geldnoth gerieth. Da gedachte er, daß vor langer Zeit ihm ein Capuzinerkloster aufgetragen hatte, für einen hohen Preis das Bild der heiligen Rosalia zu malen, und er beschloß, das Werk, das er aus Abscheu gegen alle christliche Heiligen nicht unternehmen wollte, nun schnell zu vollenden um das Geld zu erhalten. Er gedachte die Heilige nackt, und in Form und Bildung des Gesichts jenem Venusbilde gleich, darzustellen. Der Entwurf gerieth über die Maaßen wohl, und die freveligen Jünglinge priesen hoch Francesko's verruchten Einfall, den frommen Mönchen, statt der christlichen Heiligen, ein heidnisches Götzenbild in die Kirche zu stellen. Aber wie Francesko zu malen begann, siehe, da gestaltete sich alles anders, als er es in Sinn und Gedanken getragen, und ein mächtigerer Geist überwältigte den Geist der schnöden Lüge der ihn beherrscht hatte. Das Gesicht eines Engels aus dem hohen Himmelreiche fing an, aus düstern Nebeln hervor zu dämmern; aber als wie von scheuer Angst, das Heilige zu verletzen und dann dem Strafgericht des Herrn zu erliegen, ergriffen, wagte Francesko nicht, das Gesicht zu vollenden, und um den nackt gezeichneten Körper legten in anmuthigen Falten sich züchtige Gewänder, ein dunkelrothes Kleid und ein azurblauer Mantel. Die

Capuzinermönche hatten in dem Schreiben an den Maler Francesko nur des Bildes der heiligen Rosalia gedacht, ohne weiter zu bestimmen, ob dabei nicht eine denkwürdige Geschichte ihres Lebens der Vorwurf des Malers seyn solle, und eben daher hatte Francesko auch nur in der Mitte des Blatts die Gestalt der Heiligen entworfen; aber nun malte er, vom Geiste getrieben, allerlei Figuren rings umher, die sich wunderbarlich zusammenfügten, um das Martyrium der Heiligen darzustellen. Francesko war in sein Bild ganz und gar versunken, oder vielmehr das Bild war selbst der mächtige Geist worden, der ihn mit starken Armen umfaßte und emporhielt über das frevelige Weltleben, das er bisher getrieben. Nicht zu vollenden vermochte er aber das Gesicht der Heiligen, und das wurde ihm zu einer höllischen Qual, die, wie mit spitzen Stacheln, in sein inneres Gemüth bohrte. Er gedachte nicht mehr des Venusbildes, wohl aber war es ihm, als sähe er den alten Meister Leonardo, der ihn anblickte mit kläglicher Geberde, und ganz ängstlich und schmerzlich sprach: Ach, ich wollte Dir wohl helfen, aber ich darf es nicht, Du mußt erst entsagen allem sündhaften Streben, und in tiefer Reue und Demuth die Fürbitte der Heiligen erflehen, gegen die Du gefrevelt hast. — Die Jünglinge, welche Francesko so lange geflohen, suchten ihn auf in seiner Werkstatt und fanden ihn, wie einen ohnmächtigen Kranken, ausgestreckt auf seinem Lager liegen. Da aber Francesko ihnen seine Noth klagte, wie er, als habe ein böser Geist seine Kraft gebrochen, nicht das Bild der heiligen Rosalia fertig zu machen vermöge, da lachten sie alle auf und sprachen: „ei mein Bruder, wie bist Du denn mit einemmal so krank worden? — Laßt uns dem Aeskulap und der freundlichen Hygeia ein Weinopfer bringen, damit jener Schwache dort genese!" Es wurde Syrakuser Wein gebracht, womit die Jünglinge die Trinkschaalen füllten, und, vor dem unvollendeten Bilde den heidnischen Göttern Libationen darbringend, ausgossen. Aber als sie dann wacker zu zechen begannen, und dem Francesko Wein darboten, da wollte dieser nicht trinken, und nicht Theil nehmen an dem Gelage der wilden Brüder, unerachtet sie Frau Venus hoch leben ließen! Da sprach einer unter ihnen: „Der thörigte Maler da ist wohl wirklich in seinen Gedanken und Gliedmaßen krank, und ich muß nur einen Doktor herbeiholen." Er warf seinen Mantel um, steckte seinen Stoßdegen an und schritt zur

Thüre hinaus. Es hatte aber nur wenige Augenblicke gedauert, als er wieder hereintrat und sagte: „Ei seht doch nur, ich bin ja selbst schon der Arzt, der jenen Siechling dort heilen will.“ Der Jüngling, der gewiß einem alten Arzt in Gang und Stellung recht ähnlich zu seyn begehrte, trippelte mit gekrümmten Knien einher, und hatte sein jugendliches Gesicht seltsamlich in Runzeln und Falten verzogen, so daß er anzusehen war, wie ein alter recht häßlicher Mann, und die Jünglinge sehr lachten und riefen: „Ei seht doch, was der Doktor für gelehrte Gesichter zu schneiden vermag!“ Der Doktor näherte sich dem kranken Francesko, und sprach mit rauher Stimme und verhöhnendem Ton: „Ei, Du armer Geselle, ich muß Dich wohl aufrichten aus trübseliger Ohnmacht! — Ei, Du erbärmlicher Geselle, wie siehst Du doch so blaß und krank aus, der Frau Venus wirst Du so nicht gefallen! — Kann seyn, daß Donna Rosalia sich Deiner annehmen wird, wenn Du gesundet! — Du ohnmächtiger Geselle, nippe von meiner Wunder-Arzeney. Da Du Heilige malen willst, wird Dich mein Trank wohl zu erkräftigen vermögen, es ist Wein aus dem Keller des heiligen Antonius.“ Der angebliche Doktor hatte eine Flasche unter dem Mantel hervorgezogen, die er jetzt öffnete. Es stieg ein seltsamlicher Duft aus der Flasche, der die Jünglinge betäubte, so daß sie, wie von Schläfrigkeit übernommen, in die Sessel sanken und die Augen schlossen. Aber Francesko riß in wilder Wuth, verhöhnt zu seyn als ein ohnmächtiger Schwächling, die Flasche dem Doktor aus den Händen und trank in vollen Zügen. „Wohl bekomm Dir's,“ rief der Jüngling, der nun wieder sein jugendliches Gesicht und seinen kräftigen Gang angenommen hatte. Dann rief er die andern Jünglinge aus dem Schlafe auf, worin sie versunken, und sie taumelten mit ihm die Treppe hinab. — So wie der Berg Vesuv in wildem Brausen verzehrende Flammen aussprüht, so tobte es jetzt in Feuerströmen heraus aus Francesko's Innern. Alle heidnische Geschichten, die er jemals gemalt, sah er vor Augen, als ob sie lebendig worden, und er rief mit gewaltiger Stimme: „Auch Du mußt kommen, meine geliebte Göttin, Du mußt leben und mein seyn, oder ich weihe mich den unterirdischen Göttern!“ Da erblickte er Frau Venus, dicht vor dem Bilde stehend, und ihm freundlich zuwinkend. Er sprang auf von seinem Lager, und begann an dem Kopfe der heiligen Rosalia zu malen, weil er nun der Frau

Venus reizendes Angesicht ganz getreulich abzukonterfeyen gedachte. Es war ihm so, als könne der feste Wille nicht gebieten der Hand, denn immer glitt der Pinsel ab von den Nebeln, in denen der Kopf der heiligen Rosalia eingehüllt war, und strich unwillkürlich an den Häuptern der barbarischen Männer, von denen sie umgeben. Und doch kam das himmlische Antlitz der Heiligen immer sichtbarlicher zum Vorschein, und blickte den Francesko plötzlich mit solchen lebendigstrahlenden Augen an, daß er, wie von einem herabfahrenden Blitze tödtlich getroffen, zu Boden stürzte. Als er wieder nur etwas weniges seiner Sinnen mächtig worden, richtete er sich mühsam in die Höhe, er wagte jedoch nicht, nach dem Bilde, das ihm so schrecklich worden, hinzublicken, sondern schlich mit gesenktem Haupte nach dem Tische, auf dem des Doktors Weinflasche stand, aus der er einen tüchtigen Zug that. Da war Francesko wieder ganz erkräftigt, er schaute nach seinem Bilde, es stand, bis auf den letzten Pinselstrich vollendet, vor ihm, und nicht das Antlitz der heiligen Rosalia, sondern das geliebte Venusbild lachte ihn mit üppigem Liebesblicke an. In demselben Augenblick wurde Francesko von wilden freveligen Trieben entzündet. Er heulte vor wahnsinniger Begier, er gedachte des heidnischen Bildhauers Pygmalion, dessen Geschichte er gemalt, und flehte so wie er zur Frau Venus, daß sie seinem Bilde Leben einhauchen möge. Bald war es ihm auch, als finge das Bild an sich zu regen, doch als er es in seine Arme fassen wollte, sah er wohl, daß es todte Leinewand geblieben. Dann zerraufte er sein Haar und gebehrdete sich wie einer, der von dem Satan besessen. Schon zwei Tage und zwei Nächte hatte es Francesko so getrieben; am dritten Tag, als er, wie eine erstarrte Bildsäule, vor dem Bilde stand, ging die Thüre seines Gemachs auf, und es rauschte hinter ihm wie mit weiblichen Gewändern. Er drehte sich um und erblickte ein Weib, das er für das Original seines Bildes erkannte. Es wären ihm schier die Sinne vergangen, als er das Bild, welches er aus seinen innersten Gedanken nach einem Marmorbilde erschaffen, nun lebendig vor sich in aller nur erdenklichen Schönheit erblickte, und es wandelte ihn beinahe ein Grausen an, wenn er das Gemälde ansah, das nun wie eine getreuliche Abspiegelung des fremden Weibes erschien. Es geschah ihm dasjenige, was die wunderbarliche Erscheinung eines Geistes zu bewirken pflegt, die Zunge war ihm gebunden, und er fiel lautlos vor der Fremden auf die Kniee und hob die Hände wie anbetend zu ihr empor. Das fremde Weib richtete ihn aber lächelnd auf und sagte ihm, daß sie ihn schon damals, als er in der Malerschule des alten Leonardo da Vinci gewesen, als ein kleines Mädchen oftmals gesehen und eine unsägliche Liebe zu ihm gefaßt habe. Eltern und Verwandte habe sie nun verlassen, und sey allein nach Rom gewandert, um ihn wiederzufinden, da eine in ihrem Innern ertönende Stimme ihr gesagt habe, daß er sie sehr liebe und sie aus lauter Sehnsucht und Begierde abkonterfeyt habe, was denn, wie sie jetzt sehe, auch wirklich wahr sey. Franceško merkte nun, daß ein geheimnißvolles Seelenverständniß mit dem fremden Weibe obgewaltet, und daß dieses Verständniß das wunderbare Bild und seine wahnsinnige Liebe zu demselben geschaffen hatte. Er umarmte das Weib voll inbrünstiger Liebe, und wollte sie sogleich nach der Kirche führen, damit ein Priester sie durch das heilige Sakrament der Ehe auf ewig binde. Davor schien sich das Weib aber zu entsetzen, und sie sprach: „Ei, mein geliebter Franceško, bist Du denn nicht ein wackrer Künstler, der sich nicht fesseln läßt von den Banden der christlichen Kirche? Bist Du nicht mit Leib und Seele dem freudigen frischen Alterthum und seinen dem Leben freundlichen Göttern zugewandt? Was geht unser Bündniß die traurigen Priester an, die in düstern Hallen ihr Leben in hoffnungsloser Klage verjammern? Laß uns heiter und hell das Fest unserer Liebe feiern. Franceško wurde von diesen Reden des Weibes verführt, und so geschah es, daß er mit den von sündigem, freveligem Leichtsinn befangenen Jünglingen, die sich seine Freunde nannten, noch an demselben Abende sein Hochzeitsfest mit dem fremden Weibe nach heidnischen Gebräuchen beging. Es fand sich, daß das Weib eine Kiste mit Kleinodien und baarem Gelde mitgebracht hatte, und Franceško lebte mit ihr, in sündlichen Genüssen schwelgend, und seiner Kunst entsagend, lange Zeit hindurch. Das Weib fühlte sich schwanger und blühte nun erst immer herrlicher und herrlicher in leuchtender Schönheit auf, sie schien ganz und gar das erweckte Venusbild, und Franceško vermochte kaum, die üppige Lust seines Lebens zu ertragen. Ein dumpfes angstvolles Stöhnen weckte in einer Nacht den Franceško aus dem Schlafe; als er erschrocken aufsprang und mit der Leuchte in der Hand nach seinem Weibe sah, hatte sie ihm ein Knäblein geboren. Schnell mußten die

Diener eilen, um Wehmutter und Arzt herbeizurufen. Francesko nahm das Kind von dem Schooße der Mutter, aber in demselben Augenblick stieß das Weib einen entsetzlichen, durchdringenden Schrei aus und krümmte sich, wie von gewaltigen Fäusten gepackt, zusammen. Die Wehmutter kam mit ihrer Dienerin, ihr folgte der Arzt; als sie nun aber dem Weibe Hülfe leisten wollten, schauderten sie entsetzt zurück, denn das Weib war zum Tode erstarrt, Hals und Brust durch blaue, garstige Flecke verunstaltet, und statt des jungen schönen Gesichts erblickten sie ein gräßlich verzerrtes runzliges Gesicht mit offnen heraus starrenden Augen. Auf das Geschrei, das die beiden Weiber erhoben, liefen die Nachbarsleute herzu, man hatte von jeher von dem fremden Weibe allerlei seltsames gesprochen; die üppige Lebensart, die sie mit Francesko führte, war Allen ein Greuel gewesen, und es stand daran, daß man ihr sündhaftes Beisammensein ohne priesterliche Einsegnung, den geistlichen Gerichten anzeigen wollte. Nun, als sie die gräßlich entstellte Todte sahen, war es Allen gewiß, daß sie im Bündniß mit dem Teufel gelebt, der sich jetzt ihrer bemächtigt habe. Ihre Schönheit war nur ein lügnerisches Trugbild verdammter Zauberei gewesen. Alle Leute die gekommen, flohen erschreckt von dannen, keiner mochte die Todte anrühren. Francesko wußte nun wohl, mit wem er es zu thun gehabt hatte, und es bemächtigte sich seiner eine entsetzliche Angst. Alle seine Frevel standen ihm vor Augen, und das Strafgericht des Herrn begann hier schon auf Erden, da die Flammen der Hölle in seinem Innern aufloderten.

Des andern Tages kam ein Abgeordneter des geistlichen Gerichts, mit den Häschern, und wollte den Francesko verhaften, da erwachte aber sein Muth und stolzer Sinn, er ergriff seinen Stoßdegen, machte sich Platz und entrann. Eine gute Strecke von Rom fand er eine Höhle, in die er sich ermüdet und ermattet verbarg. Ohne sich dessen deutlich bewußt zu sein, hatte er das neugeborne Knäblein in den Mantel gewickelt und mit sich genommen. Voll wilden Ingrimms wollte er das, von dem teuflischen Weibe ihm geborene Kind an den Steinen zerschmettern, aber indem er es in die Höhe hob, stieß es klägliche bittende Töne aus, und es wandelte ihn tiefes Mitleid an, er legte das Knäblein auf weiches Moos und tröpfelte ihm den Saft einer Pommeranze ein, die er bei sich getragen. Francesko hatte, gleich einem büßenden Einsiedler, mehrere Wochen in der Höhle zugebracht, und sich abwendend von dem sündlichen Frevel, in dem er gelebt, inbrünstig zu den Heiligen gebetet. Aber vor allen Anderen rief er die von ihm schwer beleidigte Rosalia an, daß sie vor dem Throne des Herrn seine Fürsprecherin sein möge. Eines Abends lag Francesko, in der Wildniß betend, auf den Knien, und schaute in die Sonne, welche sich tauchte in das Meer, das in Westen seine rothen Flammenwellen emporschlug. Aber, so wie die Flammen verblaßten im grauen Abendnebel, gewahrte Francesko in den Lüften einen leuchtenden Rosenschimmer, der sich bald zu gestalten begann. Von Engeln umgeben sah Francesko die heilige Rosalia, wie sie auf einer Wolke kniete, und ein sanftes Säuseln und Rauschen sprach die Worte: „Herr, vergieb dem Menschen, der in seiner Schwachheit und Ohnmacht nicht zu widerstehen vermochte den Lockungen des Satans.“ Da zuckten Blitze durch den Rosenschimmer, und ein dumpfer Donner ging dröhnend durch das Gewölbe des Himmels: „Welcher sündige Mensch hat gleich diesem gefrevelt! Nicht Gnade, nicht Ruhe im Grabe soll er finden, so lange der Stamm, den sein Verbrechen erzeugte, fortwuchert in freveliger Sünde!“ — — Francesko sank nieder in den Staub, denn er wußte wohl, daß nun sein Urtheil gesprochen, und ein entsetzliches Verhängniß ihn trostlos umhertreiben werde. Er floh, ohne des Knäbleins in der Höhle zu gedenken, von dannen, und lebte, da er nicht mehr zu malen vermochte, im tiefen, jammervollen Elend. Manchmal kam es ihm in den Sinn, als müsse er, zur Glorie der christlichen Religion, herrliche Gemälde ausführen, und er dachte große Stücke in der Zeichnung und Färbung aus, die die heiligen Geschichten der Jungfrau und der heiligen Rosalia darstellen sollten; aber wie konnte er solche Malerei beginnen, da er keinen Skudo besaß, um Leinwand und Farben zu kaufen, und nur von dürftigen Almosen, an den Kirchenthüren gespendet, sein qualvolles Leben durchbrachte. Da begab es sich, daß als er einst in einer Kirche, die leere Wand anstarrend, in Gedanken malte, zwei in Schleier gehüllte Frauen auf ihn zutraten, von denen eine mit holder Engelsstimme sprach: „In dem fernen Preußen ist der Jungfrau Maria, da wo die Engel des Herrn ihr Bildniß auf einen Lindenbaum niedersetzten, eine Kirche erbaut worden, die noch des Schmuckes der Malerei entbehrt. Ziehe hin, die Ausübung Deiner Kunst sey Dir heilige Andacht, und Deine zerrissene Seele wird gelabt werden mit himmlischem Trost.“ — Als Francesko aufblickte zu den Frauen, gewahrte er, wie sie in sanftleuchtenden Strahlen zerflossen, und ein Lilien- und Rosenduft die Kirche durchströmte. Nun wußte Francesko wer die Frauen waren und wollte den andern Morgen seine Pilgerfahrt beginnen. Aber noch am Abende desselben Tages fand ihn, nach vielem Mühen, ein Diener Zenobio's auf, der ihm ein zweijähriges Gehalt auszahlte, und ihn einlud an den Hof seines Herrn. Doch nur eine geringe Summe behielt Francesko, das übrige theilte er aus an die Armen und machte sich auf nach dem fernen Preußen. Der Weg führte ihn über Rom, und er kam in das nicht ferne davon gelegene Capuzinerkloster, für welches er die heilige Rosalia gemalt hatte. Er sah auch das Bild in den Altar eingefugt, doch bemerkte er, bei näherer Betrachtung, daß es nur eine Copie seines Gemäldes war. Das Original hatten, wie er erfuhr, die Mönche nicht behalten mögen, wegen der sonderbaren Gerüchte, die man von dem entflohenen Maler verbreitete, aus dessen Nachlaß sie das Bild bekommen, sondern dasselbe nach genommener Copie, an das Capuzinerkloster in B. verkauft. Nach beschwerlicher Pilgerfahrt langte Francesko in dem Kloster der heiligen Linde in Ostpreußen an, und erfüllte den Befehl, den ihm die heilige Jungfrau selbst gegeben. Er malte die Kirche so wunderbarlich aus, daß er wohl einsah, wie der Geist der Gnade in ihm zu wirken beginne. Trost des Himmels floß in seine Seele.

Es begab sich, daß der Graf Filippo S. auf der Jagd in einer abgelegenen wilden Gegend von einem bösen Unwetter überfallen wurde. Der Sturm heulte durch die Klüfte, der Regen goß in Strömen herab, als solle in einer neuen Sündfluth Mensch und Thier untergehen; da fand Graf Filippo eine Höhle, in die er sich, sammt seinem Pferde, das er mühsam hineinzog, rettete. Schwarzes Gewölk hatte sich über den ganzen Horizont gelegt, daher war es, zumal in der Höhle, so finster, daß Graf Filippo nichts unterscheiden und nicht entdecken konnte, was dicht neben ihm so raschle und rausche. Er war voll Bangigkeit, daß wohl ein wildes Thier in der Höhle verborgen sein könne, und zog sein Schwert, um jeden Angriff abzuwehren. Als aber das Unwetter vorüber, und die Sonnenstrahlen in die Höhle fielen, gewahrte er zu seinem Erstaunen, daß neben ihm auf einem Blätterlager ein nacktes Knäblein lag und ihn mit hellen funkelnden Augen anschaute. Neben ihm stand ein Becher von Elfenbein, in dem der Graf Filippo noch einige Tropfen duftenden Weines fand, die das Knäblein begierig einsog. Der Graf ließ sein Horn ertönen, nach und nach sammelten sich seine Leute, die hierhin, dorthin geflüchtet waren, und man wartete auf des Grafen Befehl, ob sich nicht derjenige, der das Kind in die Höhle gelegt, einfinden würde, es abzuholen. Als nun aber die Nacht einzubrechen begann, da sprach der Graf Filippo: „Ich kann das Knäblein nicht hülflos liegen lassen, sondern will es mit mir nehmen, und daß ich dies gethan, überall bekannt machen lassen, damit es die Eltern, oder sonst einer, der es in die Höhle legte, von mir abfordern kann.“ Es geschah so; aber Wochen, Monate und Jahre vergingen, ohne daß sich jemand gemeldet hätte. Der Graf hatte dem Findling in heiliger Taufe den Namen Francesko geben lassen. Der Knabe wuchs heran und wurde an Gestalt und Geist ein wunderbarer Jüngling, den der Graf, seiner seltenen Gaben wegen, wie seinen Sohn liebte, und ihm, da er kinderlos war, sein ganzes Vermögen zuzuwenden gedachte. Schon fünf und zwanzig Jahre war Francesko alt worden, als der Graf Filippo in thörichter Liebe zu einem armen bildschönen Fräulein entbrannte, und sie heirathete, unerachtet sie blutjung, er aber schon sehr hoch in Jahren war. Francesko wurde alsbald von sündhafter Begier nach dem Besitze der Gräfin erfaßt, und unerachtet sie gar fromm und tugendhaft war, und nicht die geschworne Treue verletzen wollte, gelang es ihm doch endlich nach hartem Kampfe, sie durch teuflische Künste zu verstricken, so daß sie sich der frevelichen Lust überließ, und er seinem Wohlthäter mit schwarzem Undank und Verrath lohnte. Die beiden Kinder, Graf Pietro und Gräfin Angiola, die der greise Filippo in vollem Entzücken der Vaterfreude an sein Herz drückte, waren die Früchte des Frevels, der ihm, so wie der Welt, auf ewig verborgen blieb.

Von innerm Geiste getrieben, trat ich zu meinem Bruder Zenobio und sprach: „ich habe dem Throne entsagt, und selbst dann, wenn Du kinderlos vor mir sterben solltest, will ich ein armer Maler bleiben und mein Leben in stiller Andacht, die Kunst übend, hinbringen. Doch nicht fremdem Staat soll unser Ländlein anheim fallen. Jener Franceško, den der Graf Filippo S. erzogen, ist mein Sohn. Ich war es, der auf wilder Flucht ihn in der Höhle zurückließ, wo ihn der Graf fand. Auf dem elfenbeinernen Becher, der bei ihm stand, ist unser Wappen geschnitzt, doch noch mehr als das schützt des Jünglings Bildung, die ihn als aus unserer Familie abstammend, getreulich bezeichnet, vor jedem Irrthum. Nimm, mein Bruder Zenobio! den Jüngling als Deinen Sohn auf, und er sey Dein Nachfolger!" — Zenobio's Zweifel, ob der Jüngling Francesko in rechtmäßiger Ehe erzeugt sey, wurden durch die von dem Papst sanktionirte Adoptionsurkunde, die ich auswirkte, gehoben, und so geschah es, daß meines Sohnes sündhaftes, ehebrecherisches Leben endete und er bald in rechtmäßiger Ehe einen Sohn erzeugte, den er Paolo Francesko nannte. — Gewuchert hat der verbrecherische Stamm auf verbrecherische Weise. Doch, kann meines Sohnes Reue nicht seine Frevel sühnen? Ich stand vor ihm, wie das Strafgericht des Herrn, denn sein Innerstes lag vor mir offen und klar, und was der Welt verborgen, das sagte mir der Geist, der mächtig und mächtiger wird in mir, und mich emporhebt über den brausenden Wellen des Lebens, daß ich hinabzuschauen vermag in die Tiefe, ohne daß dieser Blick mich hinabzieht zum Tode.

Francesko's Entfernung brachte der Gräfin S. den Tod, denn nun erst erwachte sie zum Bewußtseyn der Sünde, und nicht überstehen konnte sie den Kampf der Liebe zum Verbrecher, und der Reue über das, was sie begangen. Graf Filippo wurde neunzig Jahr alt, dann starb er als ein kindischer Greis. Sein vermeintlicher Sohn Pietro zog mit seiner Schwester Angiola an den Hof Francesko's, der dem Zenobio gefolgt war. Durch glänzende Feste wurde Paolo Francesko's Verlobung mit Vittoria, Fürstin von M., gefeiert, als aber Pietro die Braut in voller Schönheit erblickte, wurde er in heftiger Liebe entzündet, und ohne der Gefahr zu achten, bewarb er sich um Vittoria's Gunst. Doch Paolo Francesko's Blicken entging Pietro's Bestreben, da er selbst in seine Schwester Angiola heftig entbrannt war, die all' sein Bemühen kalt zurückwies. Vittoria entfernte sich von dem Hofe um, wie sie vorgab, noch vor ihrer Heirath in stiller Einsamkeit ein heiliges Gelübde zu erfüllen. Erst nach Ablauf eines Jahres kehrte sie zurück, die Hochzeit sollte vor sich gehen, und gleich nach derselben wollte Graf Pietro mit seiner Schwester Angiola nach seiner Vaterstadt zurückkehren. Paolo Francesko's Liebe zur Angiola war durch ihr stetes, standhaftes Widerstreben immer mehr entflammt worden, und artete jetzt aus in die wüthende Begier des wilden Thieres, die er nur durch den Gedanken des Genusses zu bezähmen vermochte. — So geschah es, daß er durch den schändlichsten Verrath am Hochzeitstage, ehe er in die Brautkammer ging, Angiola in ihrem Schlafzimmer überfiel, und ohne daß sie zur Besinnung kam, denn Opiate hatte sie beim Hochzeitmahl bekommen, seine frevelige Lust befriedigte. Als Angiola durch die verruchte That dem Tod nahe gebracht wurde, da gestand der von Gewissensbissen gefolterte Paolo Francesko ein, was er begangen. Im ersten Aufbrausen des Zorns, wollte Pietro den Verräther niederstoßen, aber gelähmt sank sein Arm nieder, da er daran dachte, daß seine Rache der That vorangegangen. Die kleine Giazinta, Fürstin von B., allgemein für die Tochter der Schwester Vittoria's geltend, war die Frucht des geheimen Verständnisses, das Pietro mit Paolo Francesko's Braut unterhalten hatte. Pietro ging mit Angiola nach Deutschland, wo sie einen Sohn gebar, den man Franz nannte und sorgfältig erziehen ließ. Die schuldlose Angiola tröstete sich endlich über den entsetzlichen Frevel, und blühte wieder auf in gar herrlicher Anmuth und Schönheit. So kam es, daß der Fürst Theodor von W. eine gar heftige Liebe zu ihr faßte, die sie aus tiefer Seele erwiederte. Sie wurde in kurzer Zeit seine Gemahlin, und Graf Pietro vermählte sich zu gleicher Zeit mit einem deutschen Fräulein, mit der er eine Tochter erzeugte, so wie Angiola dem Fürsten zwei Söhne gebar. Wohl konnte sich die fromme Angiola ganz rein im Gewissen fühlen, und doch versank sie oft in düsteres Nachdenken, wenn ihr, wie ein böser Traum, Paolo Francesko's verruchte That in den Sinn kam, ja es war ihr oft so zu Muthe, als sey selbst die bewußtlos begangene Sünde strafbar, und würde gerächt werden an ihr und ihren Nachkommen. Selbst die Beichte und vollständige Absolution konnte sie nicht beruhigen. Wie eine himmlische Eingebung kam ihr nach langer Qual der Gedanke, daß sie alles ihrem Gemahl entdecken müsse. Unerachtet sie wohl sich des schweren Kampfes versah, den ihr das Geständniß des von dem Bösewicht Paolo Francesko verübten Frevels kosten würde, so gelobte sie sich doch feierlich, den schweren Schritt zu wagen, und sie hielt, was sie gelobt hatte. Mit Entsetzen vernahm Fürst Theodor die verruchte That, sein Inneres wurde heftig erschüttert, und der tiefe Ingrimm schien selbst der schuldlosen Gemahlin bedrohlich zu werden. So geschah es, daß sie einige Monate auf einem entfernten Schloß zubrachte; während der Zeit bekämpfte der Fürst die bittern Empfindungen, die ihn quälten, und es kam so weit, daß er nicht allein versöhnt der Gemahlin die Hand bot, sondern auch, ohne daß sie es wußte, für Franzens Erziehung sorgte. Nach dem Tode des Fürsten und seiner Gemahlin, wußte nur Graf Pietro und der junge Fürst Alexander von W. um das Geheimniß von Franzens Geburt. Keiner der Nachkömmlinge des Malers wurde jenem Francesko, den Graf Filippo erzog, so ganz und gar ähnlich an Geist und Bildung als dieser Franz. Ein wunderbarer Jüngling vom höheren Geiste belebt, feurig und rasch in Gedanken und That. Mag des Vaters, mag des Ahnherrn Sünde nicht auf ihm lasten, mag er widerstehen den bösen Verlockungen des Satans. Ehe Fürst Theodor starb, reiseten seine beiden Söhne Alexander und Johann nach dem schönen Welschland, doch nicht sowohl offenbare Uneinigkeit, als verschiedene Neigung, verschiedenes Streben war die Ursache, daß die beiden Brüder sich in Rom trennten. Alexander kam an Paolo Francesko's Hof, und faßte solche Liebe zu Paolo's jüngster mit Vittoria erzeugten Tochter, daß er sich ihr zu vermählen gedachte. Fürst Theodor wies indessen mit einem Abscheu, der dem Fürsten Alexander unerklärlich war, die Verbindung zurück, und so kam es, daß erst nach Theodors Tode Fürst Alexander sich mit Paolo Francesko's Tochter vermählte. Prinz Johann hatte auf dem Heimwege seinen Bruder Franz kennen gelernt, und fand an dem Jünglinge, dessen nahe Verwandtschaft mit ihm er nicht ahnte, solches Behagen, daß er sich nicht mehr von ihm trennen mochte. Franz war die Ursache, daß der Prinz, statt heimzukehren nach der Residenz des Bruders, nach Italien zurückging. Das ewige unerforschliche Verhängniß wollte es, daß Beide, Prinz Johann und Franz, Vittoria's und Pietro's Tochter Giazinta sahen, und Beide in heftiger Liebe zu ihr entbrannten. — Das Verbrechen keimt, wer vermag zu widerstehen den dunkeln Mächten.

Wohl waren die Sünden und Frevel meiner Jugend entsetzlich, aber durch die Fürsprache der Gebenedeiten und der heiligen Rosalia bin ich errettet vom ewigen Verderben, und es ist mir vergönnt, die Qualen der Verdammniß zu erdulden hier auf Erden, bis der verbrecherische Stamm verdorret ist und keine Früchte mehr trägt. Ueber geistige Kräfte gebietend drückt mich die Last des Irdischen nieder, und das Geheimniß der düstern Zukunft ahnend, blendet mich der trügerische Farbenglanz des Lebens, und das blöde Auge verwirrt sich in zerfließenden Bildern, ohne daß es die wahre innere Gestaltung zu erkennen vermag! — Ich erblicke oft den Faden, den die dunkle Macht, sich auflehnend gegen das Heil meiner Seele, fortspinnt, und glaube thörigt ihn erfassen, ihn zerreißen zu können. Aber dulden soll ich, und gläubig und fromm in fortwährender reuiger Buße die Marter ertragen, die mir auferlegt worden um meine Missethaten zu sühnen. Ich habe den Prinzen und Franz von Giazinta weggescheucht, aber der Satan ist geschäftig, dem Franz das Verderben zu bereiten, dem er nicht entgehen wird. — Franz kam mit dem Prinzen an den Ort, wo sich Graf Pietro mit seiner Gemahlin und seiner Tochter Aurelie, die eben funfzehn Jahr alt worden, aufhielt. So wie der verbrecherische Vater Paolo Francesko in wilder Begier entbrannte, als er Angiola sah, so loderte das Feuer verbotener Lust auf in dem Sohn, als er das holde Kind Aurelie erblickte. Durch allerlei teuflische Künste der Verführung wußte er die fromme kaum erblühte Aurelie zu umstricken, daß sie mit ganzer Seele ihm sich ergab, und sie hatte gesündigt, ehe der Gedanke der Sünde aufgegangen in ihrem Innern. Als die That nicht mehr verschwiegen bleiben konnte, da warf er sich, wie voll Verzweiflung über das, was er begangen, der Mutter zu Füßen und gestand alles. Graf Pietro, unerachtet selbst in Sünde und Frevel befangen, hätte Franz und Aurelie ermordet. Die Mutter ließ den Franz ihren gerechten Zorn fühlen, indem sie ihn mit der Drohung, die verruchte That dem Grafen Pietro zu entdecken, auf immer aus ihren und der verführten Tochter Augen verbannte. Es gelang der Gräfin die Tochter den Augen des Grafen Pietro zu entziehen, und sie gebar an entferntem Orte ein Töchterlein. Aber Franz konnte nicht lassen von Aurelien, er erfuhr ihren Aufenthalt, eilte hin und trat in das Zimmer, als eben die Gräfin, verlassen vom Hausgesinde, neben dem Bette der Tochter saß und das Töchterlein, das erst acht Tage alt worden, auf dem Schooße hielt. Die Gräfin stand voller Schreck und Entsetzen über den unvermutheten Anblick des Bösewichts auf, und gebot ihm, das Zimmer zu verlassen. „Fort ... fort, sonst bist Du verloren; Graf Pietro weiß, was Du Verruchter begangen!“ So rief sie, um dem Franz Furcht einzujagen, und drängte ihn nach der Thüre; da übermannte den Franz wilde, teuflische Wuth, er riß der Gräfin das Kind vom Arme, versetzte ihr einen Faustschlag vor die Brust, daß sie rücklings niederstürzte, und rannte fort. Als Aurelie aus tiefer Ohnmacht erwachte, war die Mutter nicht mehr am Leben, die tiefe Kopfwunde (sie war auf einen mit Eisen beschlagenen Kasten gestürzt) hatte sie getödtet. Franz hatte im Sinn, das Kind zu ermorden, er wickelte es in Tücher, lief am finstern Abend die Treppe hinab und wollte eben zum Hause hinaus, als er ein dumpfes Wimmern vernahm, das aus einem Zimmer des Erdgeschosses zu kommen schien. Unwillkürlich blieb er stehen, horchte und schlich endlich jenem Zimmer näher. In dem Augenblick trat eine Frau, welche er für die Kinderwärterin der Baronesse S., in deren Hause er wohnte, erkannte, unter kläglichem Jammern heraus. Franz frug, weshalb sie sich so gebehrde? „Ach Herr, sagte die Frau: mein Unglück ist gewiß, so eben saß die kleine Euphemie auf meinem Schoße und juchzte und lachte, aber mit einemmal läßt sie das Köpfchen sinken und ist todt. — Blaue Flecken hat sie auf der Stirn, und so wird man mir Schuld geben, daß ich sie habe fallen lassen!“ — Schnell trat Franz hinein, und als er das todte Kind erblickte, gewahrte er, wie das Verhängniß das Leben seines Kindes wollte, denn es war mit der todten Euphemie auf wunderbare Weise gleich gebildet und gestaltet. Die Wärterin, vielleicht nicht so unschuldig an dem Tode des Kindes als sie vorgab, und bestochen durch Franzens reichliches Geschenk, ließ sich den Tausch gefallen; Franz wickelte nun das todte Kind in die Tücher und warf es in den Strom. Aureliens Kind wurde als die Tochter der Baronesse von S., Euphemie mit Namen, erzogen und der Welt blieb das Geheimniß ihrer Geburt verborgen. Die Unselige wurde nicht durch das Sakrament der heiligen Taufe in den Schoß der Kirche aufgenommen, denn getauft war schon das Kind, dessen Tod ihr Leben erhielt. Aurelie hat sich nach mehreren Jahren mit dem Baron von F. vermählt; zwei Kinder, Hermogen und Aurelie sind die Frucht dieser Vermählung.

———

Die ewige Macht des Himmels hatte es mir vergönnt, daß, als der Prinz mit Francesko (so nannte er den Franz auf italienische Weise) nach der Residenzstadt des fürstlichen Bruders zu gehen gedachte, ich zu ihnen treten und mitziehen durfte. Mit kräftigem Arm wollte ich den schwankenden Francesko erfassen, wenn er sich dem Abgrunde nahte, der sich vor ihm aufgethan. Thörigtes Beginnen des ohnmächtigen Sünders, der noch nicht Gnade gefunden vor dem Throne des Herrn! — Francesko ermordete den Bruder, nachdem er an Giazinta verruchten Frevel geübt! Francesko's Sohn ist der unselige Knabe, den der Fürst unter dem Namen des Grafen Viktorin erziehen läßt. Der Mörder Francesko gedachte sich zu vermählen mit der frommen Schwester der Fürstin, aber ich vermochte dem Frevel vorzubeugen in dem Augenblick, als er begangen werden sollte an heiliger Stätte.

Wohl bedurfte es des tiefen Elends, in das Franz versank — nachdem er, gefoltert von dem Gedanken nie abzubüßender Sünde, entflohen — um ihn zur Reue zu wenden. Von Gram und Krankheit gebeugt kam er auf der Flucht zu einem Landmann, der ihn freundlich aufnahm. Des Landmanns Tochter, eine fromme, stille Jungfrau, faßte wunderbare Liebe zu dem Fremden, und pflegte ihn sorglich. So geschah es, daß, als Francesko genesen, er der Jungfrau Liebe erwiederte, und sie wurden durch das heilige Sakrament der Ehe vereinigt. Es gelang ihm durch seine Klugheit und Wissenschaft sich aufzuschwingen und des Vaters nicht geringen Nachlaß reichlich zu vermehren, so daß er viel irdischen Wohlstand genoß. Aber unsicher und eitel ist das Glück des mit Gott nicht versöhnten Sünders. Franz sank zurück in die bitterste Armuth und tödtend war sein Elend, denn er fühlte, wie Geist und Körper hinschwanden in kränkelnder Siechheit. Sein Leben wurde eine fortwährende Bußübung. Endlich sandte ihm der Himmel einen Strahl des Trostes. — Er soll pilgern nach der heiligen Linde und dort wird ihm die Geburt eines Sohnes die Gnade des Herrn verkünden.

In dem Walde, der das Kloster zur heiligen Linde umschließt, trat ich zu der bedrängten Mutter, als sie über dem neugebornen vaterlosen Knäblein weinte, und erquickte sie mit Worten des Trostes. —

Wunderbar geht die Gnade des Herrn auf, dem Kinde, das geboren wird in dem segensreichen Heiligthum der Gebenedeiten! Oftmals begiebt es sich, daß das Jesuskindlein sichtbarlich zu ihm tritt und früh in dem kindischen Gemüth den Funken der Liebe entzündet. —

Die Mutter hat in heiliger Taufe dem Knaben des Vaters Namen, Franz, geben lassen! — Wirst Du es denn seyn, Franziskus, der, an heiliger Stätte geboren, durch frommen Wandel den verbrecherischen Ahnherrn entsündigt und ihm Ruhe schafft im Grabe? Fern von der Welt und ihren verführerischen Lockungen, soll der Knabe sich ganz dem Himmlischen zuwenden. Er soll geistlich werden. So hat es der heilige Mann, der wunderbaren Trost in meine Seele goß, der Mutter verkündet, und es mag wohl die Prophezeihung der Gnade seyn, die mich mit wundervoller Klarheit erleuchtet, so daß ich in meinem Innern das lebendige Bild der Zukunft zu erschauen vermeine.

Ich sehe den Jüngling den Todeskampf streiten mit der finstern Macht, die auf ihn eindringt mit furchtbarer Waffe! — Er fällt, doch ein göttlich Weib erhebt über sein Haupt die Siegeskrone! — Es ist die heilige Rosalia selbst, die ihn errettet! — So oft es mir die ewige Macht des Himmels vergönnt, will ich dem Knaben, dem Jünglinge, dem Mann nahe seyn und ihn schützen, wie es die mir verliehene Kraft vermag. — Er wird seyn wie —

Anmerkung des Herausgebers.

Hier wird, günstiger Leser! die halb erloschene Schrift des alten Malers so undeutlich, daß weiter etwas zu entziffern, ganz unmöglich ist. Wir kehren zu dem Manuscript des merkwürdigen Capuziners Medardus zurück.

Dritter Abschnitt.

Die Rückkehr in das Kloster.

Es war so weit gekommen, daß überall, wo ich mich in den Straßen von Rom blicken ließ, Einzelne aus dem Volk still standen, und in gebeugter, demüthiger Stellung um meinen Segen baten. Mocht' es seyn, daß meine strengen Bußübungen, die ich fortsetzte, schon Aufsehen erregten, aber gewiß war es, daß meine fremdartige, wunderliche Erscheinung den lebhaften phantastischen Römern bald zu einer Legende werden mußte, und daß sie mich vielleicht, ohne daß ich es ahnte, zu dem Helden irgend eines frommen Mährchens erhoben hatten. Oft weckten mich bange Seufzer und das Gemurmel leiser Gebete aus tiefer Betrachtung, in die ich, auf den Stufen des Altars liegend, versunken, und ich bemerkte dann, wie rings um mich her Andächtige knieten, und meine Fürbitte zu erflehen schienen. So wie in jenem Capuzinerkloster, hörte ich hinter mir rufen: il Santo! — und schmerzhafte Dolchstiche fuhren durch meine Brust. Ich wollte Rom verlassen, doch wie erschrak ich, als der Prior des Klosters, in dem ich mich aufhielt, mir ankündigte, daß der Papst mich hätte zu sich entbieten lassen. Düstre Ahnungen stiegen in mir auf, daß vielleicht aufs Neue die böse Macht in feindlichen Verkettungen mich festzubannen trachte, indessen faßte ich Muth und ging zur bestimmten Stunde nach dem Vatikan. Der Papst, ein wohlgebildeter Mann, noch in den Jahren der vollen Kraft, empfing mich auf einem reich verzierten Lehnstuhl sitzend. Zwei wunderschöne geistlich gekleidete Knaben bedienten ihn mit Eiswasser und durchfächelten das Zimmer mit Reiherbüschen, um, da der Tag überheiß war, die Kühle zu erhalten. Demüthig trat ich auf ihn zu und machte die gewöhnliche

Kniebeugung. Er sah mich scharf an, der Blick hatte aber etwas Gutmüthiges und statt des strengen Ernstes, der sonst, wie ich aus der Ferne wahrzunehmen geglaubt, auf seinem Gesicht ruhte, ging ein sanftes Lächeln durch alle Züge. Er frug, woher ich käme, was mich nach Rom gebracht — kurz das Gewöhnlichste über meine persönlichen Verhältnisse, und stand dann auf, indem er sprach: „Ich ließ Euch rufen, weil man mir von Eurer seltenen Frömmigkeit erzählt. — Warum, Mönch Medardus, treibst Du Deine Andachtsübungen öffentlich vor dem Volk in den besuchtesten Kirchen? — Gedenkst Du zu erscheinen als ein Heiliger des Herrn und angebetet zu werden von dem fanatischen Pöbel, so greife in Deine Brust und forsche wohl, wie der innerste Gedanke beschaffen, der Dich so zu handeln treibt. — Bist Du nicht rein vor dem Herrn und vor mir, seinem Statthalter, so nimmst Du bald ein schmähliches Ende, Mönch Medardus!" — Diese Worte sprach der Papst mit starker, durchdringender Stimme, und wie treffende Blitze funkelte es aus seinen Augen. Nach langer Zeit zum erstenmal fühlte ich mich nicht der Sünde schuldig, der ich angeklagt wurde, und so mußte es wohl kommen, daß ich nicht allein meine Fassung behielt, sondern auch von dem Gedanken, daß meine Buße aus wahrer innerer Zerknirschung hervorgegangen, erhoben wurde, und wie ein Begeisterter zu sprechen vermochte: „Ihr hochheiliger Statthalter des Herrn, wohl ist Euch die Kraft verliehen, in mein Inneres zu schauen; wohl mögt Ihr es wissen, daß Centnerschwer mich die unsägliche Last meiner Sünden zu Boden drückt, aber eben so werdet Ihr die Wahrheit meiner Reue erkennen. Fern von mir ist der Gedanke schnöder Heuchelei, fern von mir jede ehrgeizige Absicht, das Volk zu täuschen auf verruchte Weise. — Vergönnt es dem büßenden Mönche, o hochheiliger Herr! daß er in kurzen Worten sein verbrecherisches Leben, aber auch das, was er in der tiefsten Reue und Zerknirschung begonnen, Euch enthülle!" — So fing ich an, und erzählte nun, ohne Namen zu nennen und so gedrängt als möglich, meinen ganzen Lebenslauf. Aufmerksamer und aufmerksamer wurde der Papst. Er setzte sich in den Lehnstuhl, und stützte den Kopf in die Hand; er sah zur Erde nieder, dann fuhr er plötzlich in die Höhe; die Hände über einander geschlagen und mit dem rechten Fuß ausschreitend, als wolle er auf mich zu treten, starrte er mich an mit glühenden Augen. Als ich geendet, setzte er sich aufs

Reue. „Eure Geschichte, Mönch Medardus! fing er an, ist die verwunderlichste, die ich jemals vernommen. — Glaubt Ihr an die offenbare sichtliche Einwirkung einer bösen Macht, die die Kirche Teufel nennt?" — Ich wollte antworten, der Papst fuhr fort: „Glaubt Ihr, daß der Wein, den Ihr aus der Reliquienkammer stahlt und austranket, Euch zu den Freveln trieb, die Ihr beginget?" — „Wie ein von giftigen Dünsten geschwängertes Wasser gab er Kraft dem bösen Keim, der in mir ruhete, daß er fortzuwuchern vermochte!" — Als ich dies erwiedert, schwieg der Papst einige Augenblicke, dann fuhr er mit ernstem in sich gekehrtem Blick fort: „Wie, wenn die Natur die Regel des körperlichen Organism auch im geistigen befolgte, daß gleicher Keim nur gleiches zu gebähren vermag? . . . Wenn Neigung und Wollen, — wie die Kraft, die im Kern verschlossen, des hervorschießenden Baumes Blätter wieder grün färbt — sich fortpflanzte von Vätern zu Vätern, alle Willkür aufhebend? . . . Es giebt Familien von Mördern, von Räubern! . . . Das wäre die Erbsünde, des frevelhaften Geschlechts ewiger, durch kein Sühnopfer vertilgbarer Fluch!" — „Muß der vom Sünder Geborne wieder sündigen, vermöge des vererbten Organism, dann giebt es keine Sünde," so unterbrach ich den Papst. „Doch! sprach er, der ewige Geist schuf einen Riesen, der jenes blinde Thier, das in uns wüthet, zu bändigen und in Fesseln zu schlagen vermag. Bewußtseyn heißt dieser Riese, aus dessen Kampf mit dem Thier sich die Spontaneität erzeugt. Des Riesen Sieg ist die Tugend, der Sieg des Thieres die Sünde." Der Papst schwieg einige Augenblicke, dann heiterte sein Blick sich auf, und er sprach mit sanfter Stimme: „Glaubt Ihr, Mönch Medardus, daß es für den Statthalter des Herrn schicklich sey, mit Euch über Tugend und Sünde zu vernünfteln?" — „Ihr habt, hochheiliger Herr, erwiederte ich, Euern Diener gewürdigt Eure tiefe Ansicht des menschlichen Seyns zu vernehmen, und wohl mag es Euch ziemen über den Kampf zu sprechen, den Ihr längst, herrlich und glorreich siegend, geendet." — „Du hast eine gute Meinung von mir, Bruder Medardus, sprach der Papst, oder glaubst Du, daß die Tiara der Lorbeer sey, der mich als Helden und Sieger der Welt verkündet?" — „Es ist, sprach ich, wohl etwas großes, König seyn und herrschen über ein Volk. So im Leben hochgestellt, mag Alles rings umher näher zusammengerückt in jedem Verhältniß commensurabler erscheinen, und eben durch die hohe Stellung sich die wunderbare Kraft des Ueberschauens entwickeln, die, wie eine höhere Weihe, sich kund thut im gebornen Fürsten." — „Du meinst, fiel der Papst ein, daß selbst den Fürsten, die schwach an Verstande und Willen, doch eine gewisse wunderliche Sagazität beiwohne, die füglich für Weisheit geltend, der Menge zu imponiren vermag. Aber wie gehört das hieher?" — „Ich wollte, fuhr ich fort, von der Weihe der Fürsten reden, deren Reich von dieser Welt ist, und dann von der heiligen, göttlichen Weihe des Statthalters des Herrn. Auf geheimnißvolle Weise erleuchtet der Geist des Herrn die im Conklave eingeschlossenen hohen Priester. Getrennt, in einzelnen Gemächern frommer Betrachtung hingegeben, befruchtet der Strahl des Himmels das nach der Offenbarung sich sehnende Gemüth, und ein Name erschallt, wie ein, die ewige Macht lobpreisender Hymnus, von den begeisterten Lippen. — Nur kund gethan in irdischer Sprache wird der Beschluß der ewigen Macht, die sich ihren würdigen Statthalter auf Erden erkor, und so, hochheiliger Herr! ist Eure Krone, im dreifachen Ringe das Mysterium Eures Herrn, des Herrn der Welten, verkündend, in der That der Lorbeer, der Euch als Helden und Sieger darstellt. — Nicht von dieser Welt ist Euer Reich, und doch seyd Ihr berufen zu herrschen über alle Reiche dieser Erde, die Glieder der unsichtbaren Kirche sammelnd unter der Fahne des Herrn! — Das weltliche Reich, das Euch beschieden, ist nur Euer in himmlischer Pracht blühender Thron." — „Das giebst Du zu, unterbrach mich der Papst, — das giebst Du zu, Bruder Medardus, daß ich Ursache habe, mit diesem mir beschiedenen Thron zufrieden zu sein. Wohl ist meine blühende Roma geschmückt mit himmlischer Pracht, das wirst Du auch wohl fühlen, Bruder Medardus! hast Du Deinen Blick nicht ganz dem Irdischen verschlossen. . . . Doch das glaub' ich nicht . . . Du bist ein wackrer Redner und hast mir zum Sinn gesprochen. . . . Wir werden uns, merk ich, näher verständigen! . . . Bleibe hier! . . . In einigen Tagen bist Du vielleicht Prior, und später könnt' ich Dich wohl gar zu meinem Beichtvater erwählen. . . . Gehe . . . gebehrde Dich weniger närrisch in den Kirchen, zum Heiligen schwingst Du Dich nun einmal nicht hinauf — der Kalender ist vollzählig. Gehe." — Des Papstes letzte Worte verwunderten mich eben so, wie sein ganzes Betragen überhaupt, das ganz dem Bilde widersprach, wie es sonst von dem Höchsten der christlichen

Gemeinde, dem die Macht gegeben zu binden und zu lösen, in meinem Innern aufgegangen war. Es war mir nicht zweifelhaft, daß er Alles, was ich von der hohen Göttlichkeit seines Berufs gesprochen, für eine leere listige Schmeichelei gehalten hatte. Er ging von der Idee aus, daß ich mich hatte zum Heiligen aufschwingen wollen, und daß ich, da er mir aus besondern Gründen den Weg dazu versperren mußte, nun gesonnen war, mir auf andere Weise Ansehn und Einfluß zu verschaffen. Auf dieses wollte er wieder aus besonderen mir unbekannten Gründen eingehen.

Ich beschloß, — ohne daran zu denken, daß ich ja, ehe der Papst mich rufen ließ, Rom hatte verlassen wollen — meine Andachtsübungen fortzusetzen. Doch nur zu sehr im Innern fühlte ich mich bewegt, um wie sonst mein Gemüth ganz dem Himmlischen zuwenden zu können. Unwillkürlich dachte ich selbst im Gebet an mein früheres Leben; erblaßt war das Bild meiner Sünden und nur das Glänzende der Laufbahn, die ich als Liebling eines Fürsten begonnen, als Beichtiger des Papstes fortsetzen, und wer weiß auf welcher Höhe enden werde, stand grell leuchtend vor meines Geistes Augen. So kam es, daß ich, nicht weil es der Papst verboten, sondern unwillkürlich meine Andachtsübungen einstellte, und statt dessen in den Straßen von Rom umherschlenderte. Als ich eines Tages über den spanischen Platz ging, war ein Haufen Volks um den Kasten eines Puppenspielers versammelt. Ich vernahm Pulcinells komisches Gequäke und das wiehernde Gelächter der Menge. Der erste Akt war geendet, man bereitete sich auf den zweiten vor. Die kleine Decke flog auf, der junge David erschien mit seiner Schleuder und dem Sack voll Kieselsteinen. Unter possierlichen Bewegungen versprach er, daß nunmehr der ungeschlachte Riese Goliath ganz gewiß erschlagen und Israel errettet werden solle. Es ließ sich ein dumpfes Rauschen und Brummen hören. Der Riese Goliath stieg empor mit einem ungeheuern Kopfe. — Wie erstaunte ich, als ich auf den ersten Blick in dem Goliathskopf den närrischen Belcampo erkannte. Dicht unter dem Kopf hatte er mittelst einer besondern Vorrichtung einen kleinen Körper mit Aermchen und Beinchen angebracht, seine eigenen Schultern und Arme aber durch eine Draperie versteckt, die wie Goliaths breit gefalteter Mantel anzusehen war. Goliath hielt, mit den seltsamsten Grimassen und groteskem Schütteln des Zwergleibes, eine stolze Rede, die David nur zuweilen durch ein feines Kichern unterbrach. Das Volk lachte unmäßig, und ich selbst, wunderlich angesprochen von der neuen fabelhaften Erscheinung Belcampo's, ließ mich fortreißen und brach aus in das längst ungewohnte Lachen der innern kindischen Lust. — Ach wie oft war sonst mein Lachen nur der convulsivische Krampf der innern herzzerreißenden Qual. Dem Kampf mit dem Riesen ging eine lange Disputation voraus, und David bewies überaus künstlich und gelehrt, warum er den furchtbaren Gegner todtschmeißen müsse und werde. Belcampo ließ alle Muskeln seines Gesichts wie knisternde Lauffeuer spielen und dabei schlugen die Riesenärmchen nach dem kleiner als kleinen David, der geschickt unterzuducken wußte und dann hier und da, ja selbst aus Goliaths eigner Mantelfalte zum Vorschein kam. Endlich flog der Kiesel an Goliaths Haupt, er sank hin und die Decke fiel. Ich lachte immer mehr, durch Belcampo's tollen Genius gereizt, überlaut, da klopfte Jemand leise auf meine Schulter. Ein Abbate stand neben mir. „Es freut mich, fing er an: daß Ihr, mein ehrwürdiger Herr, nicht die Lust am Irdischen verloren habt. Beinahe traute ich Euch, nachdem ich Eure merkwürdigen Andachtsübungen gesehen, nicht mehr zu, daß Ihr über solche Thorheiten zu lachen vermöchtet.“ Es war mir so, als der Abbate dieses sprach, als müßte ich mich meiner Lustigkeit schämen, und unwillkürlich sprach ich, was ich gleich darauf schwer bereute gesprochen zu haben. „Glaubt mir, mein Herr Abbate, sagte ich, daß dem, der in dem buntesten Wogenspiel des Lebens ein rüstiger Schwimmer war, nie die Kraft gebricht, aus dunkler Fluth aufzutauchen und muthig sein Haupt zu erheben.“ Der Abbate sah mich mit blitzenden Augen an. „Ei, sprach er, wie habt Ihr das Bild so gut erfunden und ausgeführt. Ich glaube Euch jetzt zu kennen ganz und gar, und bewundere Euch aus tiefstem Grunde meiner Seele.“

Ich weiß nicht, mein Herr! wie ein armer büßender Mönch Eure Bewunderung zu erregen vermochte!

„Vortrefflich, Ehrwürdigster! — Ihr fallt zurück in Eure Rolle! — Ihr seyd des Papstes Liebling?“

Dem hochheiligen Statthalter des Herrn hat es gefallen, mich seines Blicks zu würdigen. — Ich habe ihn verehrt im Staube, wie es der Würde, die ihm die ewige Macht verlieh, als sie himmlisch reine Tugend bewährt fand in seinem Innern, geziemt.

„Nun, Du ganz würdiger Vasall an dem Thron des dreifach Gekrönten, Du wirst tapfer thun, was deines Amtes ist! — Aber glaube mir, der jetzige Statthalter des Herrn ist ein Kleinod der Tugend gegen Alexander den sechsten, und da magst Du Dich vielleicht doch verrechnet haben! — Doch — spiele deine Rolle — ausgespielt ist bald, was munter und lustig begann. — Lebt wohl, mein sehr ehrwürdiger Herr!"

Mit gellendem Hohngelächter sprang der Abbate von dannen, erstarrt blieb ich stehen. Hielt ich seine letzte Aeußerung mit meinen eignen Bemerkungen über den Papst zusammen, so mußte es mir wohl klar aufgehen, daß er keinesweges der nach dem Kampf mit dem Thier gekrönte Sieger war, für den ich ihn gehalten, und eben so mußte ich auf entsetzliche Weise mich überzeugen, daß, wenigstens dem eingeweihten Theil des Publikums, meine Buße als ein heuchlerisches Bestreben erschienen war, mich auf diese oder jene Weise aufzuschwingen. Verwundet bis tief in das Innerste, kehrte ich in mein Kloster zurück und betete inbrünstig in der einsamen Kirche. Da fiel es mir wie Schuppen von den Augen, und ich erkannte bald die Versuchung der finstern Macht, die mich aufs Neue zu verstricken getrachtet hatte, aber auch zugleich meine sündige Schwachheit und die Strafe des Himmels. — Nur schnelle Flucht konnte mich retten, und ich beschloß mit dem frühesten Morgen mich auf den Weg zu machen. Schon war beinahe die Nacht eingebrochen, als die Hausglocke des Klosters stark angezogen wurde. Bald darauf trat der Bruder Pförtner in meine Zelle und berichtete, daß ein seltsam gekleideter Mann durchaus begehre mich zu sprechen. Ich ging nach dem Sprachzimmer, es war Belcampo, der nach seiner tollen Weise auf mich zusprang, bei beiden Armen mich packte, und mich schnell in einen Winkel zog. „Medardus, fing er leise und eilig an: Medardus, Du magst es nun anstellen wie Du willst, um Dich zu verderben, die Narrheit ist hinter Dir her auf den Flügeln des Westwindes — Südwindes oder auch Süd-Südwest — oder sonst, und packt Dich, ragt auch nur noch ein Zipfel deiner Kutte hervor aus dem Abgrunde, und zieht Dich herauf — O Medardus, erkenne das — erkenne was Freundschaft ist, erkenne was Liebe vermag, glaube an David und Jonathan, liebster Capuziner!" — „Ich habe Sie als Goliath bewundert, fiel ich dem Schwätzer in die Rede, aber sagen Sie mir schnell, worauf es ankommt — was Sie zu mir hertreibt?" — „Was mich hertreibt? sprach Belcampo: was mich hertreibt? — Wahnsinnige Liebe zu einem Capuziner, dem ich einst den Kopf zurechtsetzte, der umherwarf mit blutiggoldenen Dukaten — der Umgang hatte mit scheußlichen Revenants — der, nachdem er was Weniges gemordet hatte — die Schönste der Welt heirathen wollte, bürgerlicher oder vielmehr adliger Weise." — „Halt ein, rief ich: halt ein, Du grauenhafter Narr! Gebüßt habe ich schwer, was Du mir vorwirfst im freveligen Muthwillen." — „O Herr, fuhr Belcampo fort, noch ist die Stelle so empfindlich, wo Euch die feindliche Macht tiefe Wunden schlug? — Ei, so ist Eure Heilung noch nicht vollbracht. — Nun ich will sanft und ruhig seyn, wie ein frommes Kind, ich will mich bezähmen, ich will nicht mehr springen, weder körperlich noch geistig, und Euch, geliebter Capuziner, blos sagen, daß ich Euch hauptsächlich Eurer sublimen Tollheit halber so zärtlich liebe, und da es überhaupt nützlich ist, daß jedes tolle Prinzip so lange lebe und gedeihe auf Erden als nur immer möglich, so rette ich Dich aus jeder Todesgefahr, in die Du muthwilliger Weise Dich begiebst. In meinem Puppenkasten habe ich ein Gespräch belauscht, das Dich betrifft. Der Papst will Dich zum Prior des hiesigen Capuzinerklosters und zu seinem Beichtiger erheben. Fliehe schnell, schnell fort von Rom, denn Dolche lauern auf Dich. Ich kenne den Bravo, der Dich ins Himmelreich spediren soll. Du bist dem Dominikaner, der jetzt des Papstes Beichtiger ist, und seinem Anhange im Wege. — Morgen darfst Du nicht mehr hier sein." — Diese neue Begebenheit konnte ich gar gut mit den Aeußerungen des unbekannten Abbate zusammenreimen; so betroffen war ich, daß ich kaum bemerkte, wie der possierliche Belcampo mich einmal über das andere an das Herz drückte und endlich mit seinen gewöhnlichen seltsamen Grimassen und Sprüngen Abschied nahm. —

Mitternacht mochte vorüber seyn, als ich die äußere Pforte des Klosters öffnen und einen Wagen dumpf über das Pflaster des Hofes hereinrollen hörte. Bald darauf kam es den Gang herauf; man klopfte an meine Zelle, ich öffnete und erblickte den Pater Guardian, dem ein tief vermummter Mann mit einer Fackel folgte. „Bruder Medardus, sprach der Guardian: ein Sterbender verlangt in der Todesnoth Euern geistlichen Zuspruch und die letzte Oelung. Thut, was Eures Amtes ist, und folgt diesem Mann, der Euch dorthin führen wird, wo man Eurer bedarf." — Mich überlief ein kalter Schauer, die Ahnung daß man mich zum Tode führen wolle, regte sich in mir auf; doch durfte ich mich nicht weigern, und folgte daher dem Vermummten, der den Schlag des Wagens öffnete, und mich nöthigte einzusteigen. Im Wagen fand ich zwei Männer, die mich in ihre Mitte nahmen. Ich frug, wo man mich hinführen wolle? — wer gerade von mir Zuspruch und letzte Oelung verlange? — Keine Antwort! In tiefem Schweigen ging es fort durch mehrere Straßen. Ich glaubte an dem Klange wahrzunehmen, daß wir schon außerhalb Roms waren, doch bald vernahm ich deutlich, daß wir durch ein Thor und dann wieder durch gepflasterte Straßen fuhren. Endlich hielt der Wagen, und schnell wurden mir die Hände gebunden und eine dicke Kappe fiel über mein Gesicht. „Euch soll nichts Böses widerfahren, sprach eine rauhe Stimme, nur schweigen müßt Ihr über Alles, was Ihr sehen und hören werdet, sonst ist Euer augenblicklicher Tod gewiß." — Man hob mich aus dem Wagen, Schlösser klirrten, und ein Thor dröhnte auf in schweren ungefügigen Angeln. Man führte mich durch lange Gänge und endlich Treppen hinab — tiefer und tiefer. Der Schall der Tritte überzeugte mich, daß wir uns in Gewölben befanden, deren Bestimmung der durchdringende Todtengeruch verrieth. Endlich stand man still — die Hände wurden mir losgebunden, die Kappe mir vom Kopfe gezogen. Ich befand mich in einem geräumigen, von einer Ampel schwach beleuchteten Gewölbe, ein schwarz vermummter Mann, wahrscheinlich derselbe, der mich hergeführt hatte, stand neben mir, rings umher saßen auf niedrigen Bänken Dominikanermönche. Der grauenhafte Traum, den ich einst in dem Kerker träumte, kam mir in den Sinn, ich hielt meinen qualvollen Tod für gewiß, doch blieb ich gefaßt und betete inbrünstig im Stillen, nicht um Rettung, sondern um ein seliges Ende. Nach einigen Minuten düstern ahnungsvollen Schweigens trat einer der Mönche auf mich zu, und sprach mit dumpfer Stimme: „Wir haben einen Eurer Ordensbrüder gerichtet, Medardus! das Urtheil soll vollstreckt werden. Von Euch, einem heiligen Manne, erwartet er Absolution und Zuspruch im Tode! — Geht und thut was Eures Amts ist." Der Vermummte, welcher neben mir stand, faßte mich unter den Arm und führte mich weiter fort, durch einen engen Gang in ein kleines Gewölbe. Hier lag, in einem Winkel, auf dem Strohlager ein bleiches, abgezehrtes, mit Lumpen behängtes Gerippe. Der Vermummte setzte die Lampe, die er mitgebracht, auf den steinernen Tisch in der Mitte des Gewölbes, und entfernte sich. Ich nahte mich dem Gefangenen, er drehte sich mühsam nach mir um; ich erstarrte, als ich die ehrwürdigen Züge des frommen Cyrillus erkannte. Ein himmlisches verklärtes Lächeln überflog sein Gesicht. „So haben mich, fing er mit matter Stimme an, die entsetzlichen Diener der Hölle, welche hier hausen, doch nicht getäuscht. Durch sie erfuhr ich, daß Du, mein lieber Bruder Medardus, Dich in Rom befändest, und als ich mich so sehnte nach Dir, weil ich großes Unrecht an Dir verübt habe, da versprachen sie mir, sie wollten Dich zu mir führen in der Todesstunde. Die ist nun wohl gekommen und sie haben Wort gehalten.“ Ich kniete nieder bei dem frommen ehrwürdigen Greis, ich beschwor ihn, mir nur vor allen Dingen zu sagen, wie es möglich gewesen sey, ihn einzukerkern, ihn zum Tode zu verdammen. „Mein lieber Bruder Medardus, sprach Cyrill: erst nachdem ich reuig bekannt, wie sündlich ich aus Irrthum an Dir gehandelt, erst wenn Du mich mit Gott versöhnt, darf ich von meinem Elende, von meinem irdischen Untergange zu Dir reden! — Du weißt, daß ich, und mit mir unser Kloster, Dich für den verruchtesten Sünder gehalten; die ungeheuersten Frevel hattest Du (so glaubten wir) auf Dein Haupt geladen, und ausgestoßen hatten wir Dich aus aller Gemeinschaft. Und doch war es nur ein verhängnißvoller Augenblick, in dem der Teufel Dir die Schlinge über den Hals warf und Dich fortriß von der heiligen Stätte in das sündliche Weltleben. Dich um Deinen Namen, um Dein Kleid, um Deine Gestalt betrügend, beging ein teuflischer Heuchler jene Unthaten, die Dir beinahe den schmachvollen Tod des Mörders zugezogen hätten. Die ewige Macht hat es auf wunderbare Weise offenbart, daß Du zwar leichtsinnig sündigtest, indem Dein Trachten darauf ausging, Dein Gelübde zu brechen, daß Du aber rein bist von jenen entsetzlichen Freveln. Kehre zurück in unser Kloster, Leonardus, die Brüder werden Dich, den verloren Geglaubten, mit Liebe und Freudigkeit aufnehmen. — O Medardus . . .“ — Der Greis, von Schwäche übermannt, sank in eine tiefe Ohnmacht. Ich widerstand der Spannung, die seine Worte, welche eine neue wunderbare Begebenheit zu verkünden schienen, in mir erregt hatten, und nur an ihn, an das Heil seiner Seele denkend, suchte ich, von allen andern Hülfsmitteln entblößt, ihn dadurch ins Leben zurückzurufen, daß ich langsam und leise Kopf und Brust mit meiner rechten Hand anstrich, eine in unsern Klöstern übliche Art, Todtkranke aus der Ohnmacht zu wecken. Cyrillus erholte sich bald, und beichtete mir, er der Fromme, dem freveligen Sünder! — Aber es war, als würde, indem ich den Greis, dessen höchste Vergehen nur in Zweifeln bestanden, die ihm hie und da aufgestoßen, absolvirte, von der hohen ewigen Macht ein Geist des Himmels in mir entzündet, und als sei ich nur das Werkzeug, das körpergewordene Organ, dessen sich jene Macht bediene, um schon hienieden zu dem noch nicht entbundenen Menschen menschlich zu reden. Cyrillus hob den andachtsvollen Blick zum Himmel, und sprach: „O, mein Bruder Medardus, wie haben mich Deine Worte erquickt! — Froh gehe ich dem Tode entgegen, den mir verruchte Bösewichter bereitet! Ich falle, ein Opfer der gräßlichsten Falschheit und Sünde, die den Thron des dreifach Gekrönten umgiebt.“ — Ich vernahm dumpfe Tritte, die näher und näher kamen, die Schlüssel rasselten im Schloß der Thüre. Cyrillus raffte sich mit Gewalt empor, erfaßte meine Hand und rief mir ins Ohr: „Kehre in unser Kloster zurück — Leonardus ist von allem unterrichtet, er weiß, wie ich sterbe — beschwöre ihn, über meinen Tod zu schweigen. — Wie bald hätte mich ermatteten Greis auch sonst der Tod ereilt — Lebe wohl, mein Bruder! — Bete für das Heil meiner Seele! — Ich werde bei Euch sein, wenn ihr im Kloster mein Todtenamt haltet. Gelobe mir, daß Du hier über alles was Du erfahren, schweigen willst, denn Du führst nur Dein Verderben herbei, und verwickelst unser Kloster in tausend schlimme Händel!“ — Ich that es, Vermummte waren hereingetreten, sie hoben den Greis aus dem Bette und schleppten ihn, der vor Mattigkeit nicht fortzuschreiten vermochte, durch den Gang nach dem Gewölbe, in dem ich früher gewesen. Auf den Wink der Vermummten war ich gefolgt, die Dominikaner hatten einen Kreis geschlossen, in den man den Greis brachte und auf ein Häufchen Erde, das man in der Mitte aufgeschüttet, niederknien hieß. Man hatte ihm ein Kruzifix in die Hand gegeben. Ich war, weil ich es meines Amts hielt, mit in den Kreis getreten und betete laut. Ein Dominikaner ergriff mich beim Arm und zog mich bei Seite. In dem Augenblick sah ich in der Hand eines Vermummten, der hinterwärts in den Kreis getreten, ein Schwert blitzen und Cyrillus blutiges Haupt rollte zu meinen Füßen hin. — Ich sank bewußtlos nieder. Als ich wieder zu mir selbst kam, befand ich mich in einem kleinen zellenartigen Zimmer. Ein Dominikaner trat auf mich zu und sprach mit hämischem Lächeln: „Ihr seyd wohl recht erschrocken, mein Bruder, und solltet doch billig Euch erfreuen, da Ihr mit eignen Augen ein schönes Martyrium angeschaut habt. So muß man ja wohl es nennen, wenn ein Bruder aus Euerm Kloster den verdienten Tod empfängt, denn Ihr seid wohl Alle sammt und sonders Heilige?" — „Nicht Heilige sind wir, sprach ich, aber in unserm Kloster wurde noch nie ein Unschuldiger ermordet! — Entlaßt mich — ich habe mein Amt vollbracht mit Freudigkeit! — Der Geist des Verklärten wird mir nahe sein, wenn ich fallen sollte in die Hände verruchter Mörder!" — „Ich zweifle gar nicht, sprach der Dominikaner: daß der selige Bruder Cyrillus Euch in dergleichen Fällen beizustehen im Stande seyn wird, wollet aber doch, lieber Bruder! seine Hinrichtung nicht etwa einen Mord nennen? — Schwer hatte sich Cyrillus versündigt an dem Statthalter des Herrn, und dieser selbst war es, der seinen Tod befahl. — Doch er muß Euch ja wohl Alles gebeichtet haben, unnütz ist es daher, mit Euch darüber zu sprechen, nehmt lieber dieses zur Stärkung und Erfrischung, Ihr seht ganz blaß und verstört aus." Mit diesen Worten reichte mir der Dominikaner einen kristallenen Pokal, in dem ein dunkelrother stark duftender Wein schäumte. Ich weiß nicht, welche Ahnung mich durchblitzte, als ich den Pokal an den Mund brachte. — Doch war es gewiß, daß ich denselben Wein roch, den mir einst Euphemie in jener verhängnißvollen Nacht kredenzte, und unwillkürlich, ohne deutlichen Gedanken, goß ich ihn aus in den linken Aermel meines Habits, indem ich, wie von der Ampel geblendet, die linke Hand vor die Augen hielt. „Wohl bekomm' es Euch," rief der Dominikaner, indem er mich schnell zur Thüre hinausschob. — Man warf mich in den Wagen, der zu meiner Verwunderung leer war, und zog mit mir von dannen. Die Schrecken der Nacht, die geistige Anspannung, der tiefe Schmerz über den unglücklichen Cyrill warfen mich in einen betäubten Zustand, so daß ich mich ohne zu widerstehen hingab, als man mich aus dem Wagen heraus riß und ziemlich unsanft auf den Boden fallen ließ. Der Morgen brach an, und ich sah mich an der

Pforte des Capuzinerklosters liegen, dessen Glocke ich, als ich mich aufgerichtet hatte, anzog. Der Pförtner erschrak über mein bleiches verstörtes Ansehen und mochte dem Prior die Art, wie ich zurückgekommen, gemeldet haben, denn gleich nach der Frühmesse trat dieser mit besorglichem Blick in meine Zelle. Auf sein Fragen erwiederte ich nur im Allgemeinen, daß der Tod dessen, den ich absolviren müssen, zu gräßlich gewesen sey, um mich nicht im Innersten aufzuregen, aber bald konnte ich vor dem wüthenden Schmerz, den ich am linken Arme empfand, nicht weiter reden, ich schrie laut auf. Der Wundarzt des Klosters kam, man riß mir den fest am Fleisch klebenden Aermel herab, und fand den ganzen Arm wie von einer ätzender Materie zerfleischt und zerfressen. — „Ich habe Wein trinken sollen — ich habe ihn in den Aermel gegossen," stöhnte ich, ohnmächtig von der entsetzlichen Qual! — „Aetzendes Gift war in dem Weine," rief der Wundarzt, und eilte, Mittel anzuwenden, die wenigstens bald den wüthenden Schmerz linderten. Es gelang der Geschicklichkeit des Wundarztes und der sorglichen Pflege, die mir der Prior angedeihen ließ, den Arm, der erst abgenommen werden sollte, zu retten, aber bis auf den Knochen dorrte das Fleisch ein und alle Kraft der Bewegung hatte der feindliche Schierlingstrank gebrochen. „Ich sehe nur zu deutlich, sprach der Prior, was es mit jener Begebenheit, die Euch um Euern Arm brachte, für eine Bewandniß hat. Der fromme Bruder Cyrillus verschwand aus unserm Kloster und aus Rom auf unbegreifliche Weise, und auch Ihr, lieber Bruder Medardus! werdet auf dieselbe Weise verloren gehen, wenn Ihr Rom nicht alsbald verlasset. Auf verschiedene verdächtige Weise erkundigte man sich nach Euch, während der Zeit als Ihr krank lagt, und nur meiner Wachsamkeit und der Einigkeit der frommgesinnten Brüder möget Ihr es verdanken, daß Euch der Mord nicht bis in Eure Zelle verfolgte. So wie Ihr überhaupt mir ein verwunderlicher Mann zu seyn scheint, den überall verhängnißvolle Bande umschlingen, so seid Ihr auch seit der kurzen Zeit Eures Aufenthalts in Rom gewiß wider Euren Willen viel zu merkwürdig geworden, als daß es gewissen Personen nicht wünschenswerth seyn sollte, Euch aus dem Wege zu räumen. Kehrt zurück in Euer Vaterland, in Euer Kloster! — Friede sey mit Euch!" —

Ich fühlte wohl, daß, so lange ich mich in Rom befände, mein Leben in steter Gefahr bleiben müsse, aber zu dem peinigenden Andenken an alle begangene Frevel, das die strengste Buße nicht zu vertilgen vermocht hatte, gesellte sich der körperliche empfindliche Schmerz des abwelkenden Armes, und so achtete ich ein qualvolles sieches Daseyn nicht, das ich durch einen schnell mir gegebenen Tod wie eine drückende Bürde fahren lassen konnte. Immer mehr gewöhnte ich mich an den Gedanken, eines gewaltsamen Todes zu sterben, und er erschien mir bald sogar als ein glorreiches durch meine strenge Buße erworbenes Märtyrerthum. Ich sah mich selbst, wie ich zu den Pforten des Klosters hinausschritt, und wie eine finstre Gestalt mich schnell mit einem Dolch durchbohrte. Das Volk versammelte sich um den blutigen Leichnam — „Medardus — der fromme büßende Medardus ist ermordet!" — So rief man durch die Straßen und dichter und dichter drängten sich die Menschen, laut wehklagend um den Entseelten. — Weiber knieten nieder und trockneten mit weißen Tüchern die Wunde, aus der das Blut hervorquoll. Da sieht Eine das Kreuz an meinem Halse, laut schreit sie auf: Er ist ein Märtyrer, ein Heiliger — seht hier das Zeichen des Herrn, das er am Halse trägt, — da wirft sich Alles auf die Knie. — Glücklich, der den Körper des Heiligen berühren, der nur sein Gewand erfassen kann! — schnell ist eine Bahre gebracht, der Körper hinaufgelegt, mit Blumen bekränzt, und im Triumphzuge unter lautem Gesang und Gebet tragen ihn Jünglinge nach St. Peter! — So arbeitete meine Phantasie ein Gemälde aus, das meine Verherrlichung hienieden mit lebendigen Farben darstellte, und nicht gedenkend, nicht ahnend, wie der böse Geist des sündlichen Stolzes mich auf neue Weise zu verlocken trachte, beschloß ich, nach meiner völligen Genesung in Rom zu bleiben, meine bisherige Lebensweise fortzusetzen, und so entweder glorreich zu sterben oder, durch den Papst meinen Feinden entrissen, emporzusteigen zu hohen Würden der Kirche. — Meine starke lebenskräftige Natur ließ mich endlich den namenlosen Schmerz ertragen, und widerstand der Einwirkung des höllischen Safts, der von außen her mein Inneres zerrütten wollte. Der Arzt versprach meine baldige Herstellung, und in der That empfand ich nur in den Augenblicken jenes Delirirens, das dem Einschlafen vorher zu gehen pflegt, fieberhafte Anfälle, die mit kalten Schauern und fliegender Hitze wechselten. Gerade in diesen Augenblicken war es, als ich, ganz erfüllt von dem Bilde meines Martyriums, mich selbst, wie es schon oft geschehen, durch einen Dolchstich in der Brust ermordet schaute. Doch, statt daß ich mich sonst gewöhnlich auf dem spanischen Platz niedergestreckt und bald von einer Menge Volks, die meine Heiligsprechung verbreitete, umgeben sah, lag ich einsam in einem Laubgange des Klostergartens in B. — Statt des Blutes quoll ein ekelhafter farbloser Saft aus der weit aufklaffenden Wunde und eine Stimme sprach: Ist das Blut vom Märtyrer vergossen? — Doch ich will das unreine Wasser klären und färben, und dann wird das Feuer, welches über das Licht gesiegt, ihn krönen! Ich war es, der dies gesprochen, als ich mich aber von meinem todten Selbst getrennt fühlte, merkte ich wohl, daß ich der wesenlose Gedanke meines Ichs sey, und bald erkannte ich mich als das im Aether schwimmende Roth. Ich schwang mich auf zu den leuchtenden Bergspitzen — ich wollte einziehn durch das Thor goldner Morgenwolken in die heimathliche Burg, aber Blitze durchkreuzten, gleich im Feuer auflodernden Schlangen, das Gewölbe des Himmels, und ich sank herab, ein feuchter, farbloser Nebel. Ich — ich, sprach der Gedanke, ich bin es, der Eure Blumen — Euer Blut färbt — Blumen und Blut sind Euer Hochzeitschmuck, den ich bereite! — So wie ich tiefer und tiefer niederfiel, erblickte ich die Leiche mit weitaufklaffender Wunde in der Brust, aus der jenes unreine Wasser in Strömen floß. Mein Hauch sollte das Wasser umwandeln in Blut, doch geschah es nicht, die Leiche richtete sich auf und starrte mich an mit hohlen gräßlichen Augen und heulte wie der Nordwind in tiefer Kluft: Verblendeter, thörichter Gedanke, kein Kampf zwischen Licht und Feuer, aber das Licht ist die Feuertaufe durch das Roth, das Du zu vergiften trachtest — Die Leiche sank nieder; alle Blumen auf der Flur neigten verwelkt ihre Häupter, Menschen, bleichen Gespenstern ähnlich, warfen sich zur Erde und ein tausendstimmiger trostloser Jammer stieg in die Lüfte: O Herr, Herr! ist so unermeßlich die Last unsrer Sünde, daß Du Macht giebst dem Feinde unseres Blutes Sühnopfer zu ertödten? Stärker und stärker, wie des Meeres brausende Welle, schwoll die Klage! — der Gedanke wollte zerstäuben in dem gewaltigen Ton des trostlosen Jammers, da wurde ich wie durch einen elektrischen Schlag emporgerissen aus dem Traum. Die Thurmglocke des Klosters schlug zwölf, ein blendendes Licht fiel aus den Fenstern der Kirche in meine Zelle. „Die Todten richten sich auf aus den Gräbern und halten Gottesdienst.“ So sprach es in meinem Innern und ich begann zu beten. Da vernahm ich ein leises Klopfen. Ich glaubte, irgend ein Mönch wolle zu mir herein, aber mit tiefem Entsetzen hörte ich bald jenes grauenvolle Kichern und Lachen meines gespenstischen Doppeltgängers, und es rief neckend und höhnend: — „Brüderchen ... Brüderchen ... Nun bin ich wieder bei Dir ... die Wunde blutet ... die Wunde blutet ... roth ... roth ... Komm mit mir, Brüderchen Medardus! Komm mit mir!“ — Ich wollte aufspringen vom Lager, aber das Grausen hatte seine Eisdecke über mich geworfen und jede Bewegung die ich versuchte, wurde zum innern Krampf, der die Muskeln zerschnitt. Nur der Gedanke blieb und war inbrünstiges Gebet: daß ich errettet werden möge von den dunklen Mächten, die aus der offenen Höllenpforte auf mich eindrangen. Es geschah, daß ich mein Gebet, nur im Innern gedacht, laut und vernehmlich hörte, wie es Herr wurde über das Klopfen und Kichern und unheimliche Geschwätz des furchtbaren Doppeltgängers, aber zuletzt sich verlor in ein seltsames Summen, wie wenn der Südwind Schwärme feindlicher Insekten geweckt hat, die giftige Saugrüssel ansetzen an die blühende Saat. Zu jener trostlosen Klage der Menschen wurde das Summen, und meine Seele frug, ist das nicht der weissagende Traum, der sich auf deine blutende Wunde heilend und tröstend legen will? — In dem Augenblicke brach der Purpurschimmer des Abendroths durch den düstern farblosen Nebel, aber in ihm erhob sich eine hohe Gestalt. — Es war Christus, aus jeder seiner Wunden perlte ein Tropfen Bluts und wiedergegeben war der Erde das Roth, und der Menschen Jammer wurde ein jauchzender Hymnus, denn das Roth war die Gnade des Herrn, die über ihnen aufgegangen! Nur Medardus Blut floß noch farblos aus der Wunde, und er flehte inbrünstig: Soll auf der ganzen weiten Erde ich, ich allein nur trostlos der ewigen Qual der Verdammniß preisgegeben bleiben? Da regte es sich in den Büschen — eine Rose, von himmlischer Gluth hoch gefärbt, streckte ihr Haupt empor und schaute den Medardus an mit englisch mildem Lächeln, und süßer Duft umfing ihn, und der Duft war das wunderbare Leuchten des reinsten Frühlingsäthers. „Nicht das Feuer hat gesiegt, kein Kampf zwischen Licht und Feuer. — Feuer ist das Wort, das den Sündigen erleuchtet.“ — Es war, als hätte die Rose diese Worte gesprochen, aber die Rose war ein holdes Frauenbild. — In weißem Gewande, Rosen in das dunkle Haar geflochten, trat sie mir entgegen. — Aurelie, schrie ich auf, aus dem Traume erwachend; ein wunderbarer Rosengeruch erfüllte die Zelle und für Täuschung meiner aufgeregten Sinne mußt' ich es wohl halten, als ich deutlich Aureliens Gestalt wahrzunehmen glaubte, wie sie mich mit ernsten Blicken anschaute und dann in den Strahlen des Morgens, die in die Zelle fielen, zu verduften schien. — Nun erkannte ich die Versuchung des Teufels und meine sündige Schwachheit. Ich eilte herab und betete inbrünstig am Altar der heiligen Rosalia. — Keine Kasteiung, — keine Buße im Sinn des Klosters; aber als die Mittagssonne senkrecht ihre Strahlen herabschoß, war ich schon mehrere Stunden von Rom entfernt. — Nicht nur Cyrillus Mahnung, sondern eine innere unwiderstehliche Sehnsucht nach der Heimath, trieb mich fort auf demselben Pfade, den ich bis nach Rom durchwandert. Ohne es zu wollen hatte ich, indem ich meinem Beruf entfliehen wollte, den geradesten Weg nach dem mir von dem Prior Leonardus bestimmten Ziel genommen. —

Ich vermied die Residenz des Fürsten, nicht weil ich fürchtete, erkannt zu werden und aufs Neue dem Criminalgericht in die Hände zu fallen, aber wie konnte ich ohne herzzerreißende Erinnerung den Ort betreten, wo ich in frevelnder Verkehrtheit nach einem irdischen Glück zu trachten mich vermaß, dem ich Gottgeweihter ja entsagt hatte — ach, wo ich, dem ewigen reinen Geist der Liebe abgewandt, für des Lebens höchsten Lichtpunkt, in dem das Sinnliche und Uebersinnliche in einer Flamme auflodert, den Moment der Befriedigung des irdischen Triebes nahm; wo mir die rege Fülle des Lebens, genährt von seinem eigenen üppigen Reichthum, als das Prinzip erschien, das sich kräftig auflehnen müsse gegen jenes Aufstreben nach dem Himmlischen, das ich nur unnatürliche Selbstverläugnung nennen konnte! — Aber noch mehr! — tief im Innern fühlte ich, trotz der Erkräftigung, die mir durch unsträflichen Wandel, durch anhaltende schwere Buße werden sollte, die Ohnmacht, einen Kampf glorreich zu bestehen, zu dem mich jene dunkle, grauenvolle Macht, deren Einwirkung ich nur zu oft, zu schreckbar gefühlt, unversehends aufreizen könne. — Aurelien wiedersehen! — vielleicht in voller Anmuth und Schönheit prangend! — Konnt' ich das ertragen, ohne übermannt zu werden von dem Geist des Bösen, der wohl noch mit den Flammen der Hölle mein Blut aufkochte, daß es zischend und gährend durch die Adern strömte? — Wie oft erschien mir Aureliens Gestalt, aber wie oft regten sich dabei Gefühle in meinem Innersten, deren Sündhaftigkeit ich erkannte und mit aller Kraft des Willens vernichtete. Nur in dem Bewußtseyn alles dessen, woraus die hellste Aufmerksamkeit auf mich selbst hervorging, und dem Gefühl meiner Ohnmacht, die mich den Kampf vermeiden hieß, glaubte ich die Wahrhaftigkeit meiner Buße zu erkennen, und tröstend war die Ueberzeugung, daß wenigstens der höllische Geist des Stolzes, die Vermessenheit, es aufzunehmen mit den dunklen Mächten, mich verlassen habe. Bald war ich im Gebirge, und eines Morgens tauchte aus dem Nebel des vor mir liegenden Thals ein Schloß auf, das ich näher schreitend wohl erkannte. Ich war auf dem Gute des Barons von F. Die Anlagen des Parks waren verwildert, die Gänge verwachsen und mit Unkraut bedeckt; auf dem sonst so schönen Rasenplatz vor dem Schlosse weidete in dem hohen Grase Vieh — die Fenster des Schlosses hin und wieder zerbrochen — der Aufgang verfallen. — Keine menschliche Seele ließ sich blicken. — Stumm und starr stand ich da in grauenvoller Einsamkeit. Ein leises Stöhnen drang aus einem noch ziemlich erhaltenen Boskett, und ich wurde einen alten eisgrauen Mann gewahr, der in dem Boskett saß, und mich, unerachtet ich ihm nahe genug war, nicht wahrzunehmen schien. Als ich mich noch mehr näherte, vernahm ich die Worte: „Todt — todt sind sie Alle, die ich liebte! — Ach Aurelie! Aurelie — auch Du! — die letzte! — todt — todt für diese Welt!“ Ich erkannte den alten Reinhold — eingewurzelt blieb ich stehen. — „Aurelie todt? Nein, nein, du irrst Alter, Die hat die ewige Macht beschützt vor dem Messer des freveligen Mörders.“ — So sprach ich, da fuhr der Alte wie vom Blitz getroffen zusammen, und rief laut: „Wer ist hier? — wer ist hier? Leopold! — Leopold!“ — Ein Knabe sprang herbei; als er mich erblickte, neigte er sich tief und grüßte: Laudetur Jesus Christus! — „In omnia saecula saeculorum“ erwiederte ich, da raffte der Alte sich auf und rief noch stärker: Wer ist hier? — wer ist hier? — Nun sah ich, daß der Alte blind war. — „Ein ehrwürdiger Herr, sprach der Knabe: ein Geistlicher vom Orden der Capuziner ist hier.“ Da war es, als erfasse den Alten tiefes Grauen und Entsetzen, und er schrie: „Fort — fort — Knabe führe mich fort — hinein — hinein — verschließ' die Thüren — Peter soll Wache halten — fort, fort, hinein.“ Der

Alte nahm alle Kraft zusammen, die ihm geblieben, um vor mir zu fliehen, wie vor dem reißenden Thier. Verwundert, erschrocken sah mich der Knabe an, doch der Alte, statt sich von ihm führen zu lassen, riß ihn fort, und bald waren sie durch die Thüre verschwunden, die, wie ich hörte, fest verschlossen wurde. — Schnell floh ich fort von dem Schauplatz meiner höchsten Frevel, die bei diesem Auftritt lebendiger als jemals vor mir sich wiedergestalteten, und bald befand ich mich in dem tiefsten Dickigt. Ermüdet setzte ich mich an den Fuß eines Baumes in das Moos nieder; unweit davon war ein kleiner Hügel aufgeschüttet, auf welchem ein Kreuz stand. Als ich aus dem Schlaf, in den ich vor Ermattung gesunken, erwachte, saß ein alter Bauer neben mir, der alsbald, da er mich ermuntert sah, ehrerbietig seine Mütze abzog und im Ton der vollsten ehrlichsten Gutmüthigkeit sprach: „Ei Ihr seyd wohl weit her gewandert, ehrwürdiger Herr! und recht müde geworden, denn sonst wäret Ihr hier an dem schauerlichen Plätzchen nicht in solch tiefen Schlaf gesunken. Oder Ihr wisset vielleicht gar nicht, was es mit diesem Orte hier für eine Bewandniß hat?“ — Ich versicherte, daß ich als fremder, von Italien hereinwandernder Pilger durchaus nicht von dem, was hier vorgefallen, unterrichtet sey. „Es geht, sprach der Bauer: Euch und Euere Ordensbrüder ganz besonders an, und ich muß gestehen, als ich Euch so sanft schlafend fand, setzte ich mich her, um jede etwaige Gefahr von Euch abzuwenden. Vor mehreren Jahren soll hier ein Capuziner ermordet worden seyn. So viel ist gewiß, daß ein Capuziner zu der Zeit durch unser Dorf kam, und nachdem er übernachtet, dem Gebirge zuwanderte. An demselben Tage ging mein Nachbar den tiefen Thalweg, unterhalb des Teufelsgrundes, hinab, und hörte mit einemmal ein fernes durchdringendes Geschrei, welches ganz absonderlich in den Lüften verklang. Er will sogar, was mir aber unmöglich scheint, eine Gestalt von der Bergspitze herab in den Abgrund stürzen gesehen haben. So viel ist gewiß, daß wir Alle im Dorfe, ohne zu wissen warum, glaubten, der Capuziner könne wohl herabgestürzt sein, und daß Mehrere von uns hingingen und, soweit es nur möglich war, ohne das Leben aufs Spiel zu setzen, hinab stiegen, um wenigstens die Leiche des unglücklichen Menschen zu finden. Wir konnten aber nichts entdecken und lachten den Nachbar tüchtig aus, als er einmal in der mondhellen Nacht auf dem Thalwege heimkehrend, ganz voll Todesschrecken einen nackten Menschen aus dem Teufelsgrunde wollte emporsteigen gesehen haben. Das war nun pure Einbildung; aber später erfuhr man denn wohl, daß der Capuziner, Gott weiß warum, hier von einem vornehmen Mann ermordet, und der Leichnam in den Teufelsgrund geschleudert worden sey. Hier auf diesem Fleck muß der Mord geschehen seyn, davon bin ich überzeugt, denn seht einmal, ehrwürdiger Herr! hier sitze ich einst, und schaue so in Gedanken da den hohlen Baum neben uns an. Mit einemmal ist es mir, als hinge ein Stück dunkelbraunes Tuch zur Spalte heraus. Ich springe auf, ich gehe hin, und ziehe einen ganz neuen Capuzinerhabit heraus. An dem einen Aermel klebte etwas Blut und in einem Zipfel war der Name Medardus hineingezeichnet. Ich dachte, arm wie ich bin, ein gutes Werk zu thun, wenn ich den Habit verkaufte und für das daraus gelöste Geld dem armen ehrwürdigen Herrn, der hier ermordet, ohne sich zum Tode vorzubereiten und seine Rechnung zu machen, Messen lesen ließe. So geschah es denn, daß ich das Kleid nach der Stadt trug, aber kein Trödler wollte es kaufen, und ein Capuzinerkloster gab es nicht am Orte; endlich kam ein Mann, seiner Kleidung nach wars wohl ein Jäger oder ein Förster, der sagte, er brauche gerade solch einen Capuzinerrock und bezahlte mir meinen Fund reichlich. Nun ließ ich von unserm Herrn Pfarrer eine tüchtige Messe lesen und setzte, da im Teufelsgrunde kein Kreuz anzubringen, hier eins hin zum Zeichen des schmählichen Todes des Herrn Capuziners. Aber der selige Herr muß etwas viel über die Schnur gehauen haben, denn er soll hier noch zuweilen herumspuken und so hat des Herrn Pfarrers Messe nicht viel geholfen. Darum bitte ich Euch, ehrwürdiger Herr, seyd Ihr gesund heimgekehrt von Eurer Reise, so haltet ein Amt für das Heil der Seele Eures Ordensbruders Medardus. Versprecht mir das!" — „Ihr seyd im Irrthum, mein guter Freund! sprach ich, der Capuziner Medardus, der vor mehreren Jahren auf der Reise nach Italien durch Euer Dorf zog, ist nicht ermordet. Noch bedarf es keiner Seelenmesse für ihn, er lebt und kann noch arbeiten für sein ewiges Heil! — Ich bin selbst dieser Medardus!" — Mit diesen Worten schlug ich meine Kutte aus einander und zeigte ihm den in den Zipfel gestickten Namen Medardus. Kaum hatte der Bauer den Namen erblickt, als er erbleichte und mich voll Entsetzen anstarrte. Dann sprang er jählings auf und lief laut schreiend in den Wald hinein. Es war klar, daß er mich für das umgehende Gespenst des ermordeten Medardus hielt, und vergeblich würde mein Bestreben gewesen seyn, ihm den Irrthum zu benehmen. — Die Abgeschiedenheit, die Stille des Orts nur von dem dumpfen Brausen des nicht fernen Waldstroms unterbrochen, war auch ganz dazu geeignet, grauenvolle Bilder aufzuregen; ich dachte an meinen gräßlichen Doppelgänger, und, angesteckt von dem Entsetzen des Bauers, fühlte ich mich im Innersten erbeben, da es mir war, als würde er aus diesem, aus jenem finstern Busch hervortreten. — Mich ermannend schritt ich weiter fort, und erst dann, als mich die grausige Idee des Gespenstes, meines Ichs, für das mich der Bauer gehalten, verlassen, dachte ich daran, daß mir nun ja erklärt worden sey, wie der wahnsinnige Mönch zu dem Capuzinerrock gekommen, den er mir auf der Flucht zurückließ und den ich unbezweifelt für den meinigen erkannte. Der Förster, bei dem er sich aufhielt, und den er um ein neues Kleid angesprochen, hatte ihn in der Stadt von dem Bauer gekauft. Wie die verhängnißvolle Begebenheit am Teufelsgrunde auf merkwürdige Weise verstümmelt worden, das fiel tief in meine Seele, denn ich sah wohl, wie alle Umstände sich vereinigen mußten, um jene unheilbringende Verwechslung mit Viktorin herbeizuführen. Sehr wichtig schien mir des furchtsamen Nachbars wunderbare Vision, und ich sah mit Zuversicht noch deutlicherer Aufklärung entgegen, ohne zu ahnen, wo und wie ich sie erhalten würde.

Endlich, nach rastloser Wanderung, mehrere Wochen hindurch, nahte ich mich der Heimath; mit klopfendem Herzen sah ich die Thürme des Cisterziensernonnenklosters vor mir aufsteigen. Ich kam in das Dorf, auf den freien Platz vor der Klosterkirche. Ein Hymnus, von Männerstimmen gesungen, klang aus der Ferne herüber. — Ein Kreuz wurde sichtbar — Mönche, paarweise wie in Prozession fortschreitend, hinter ihm. — Ach — ich erkannte meine Ordensbrüder, den greisen Leonardus von einem jungen, mir unbekannten Bruder geführt, an ihrer Spitze. -- Ohne mich zu bemerken schritten sie singend bei mir vorüber und hinein durch die geöffnete Klosterpforte. Bald darauf zogen auf gleiche Weise die Dominikaner und Franziskaner aus B. herbei, fest verschlossene Kutschen fuhren hinein in den Klosterhof, es waren die Klaren Nonnen aus B. Alles ließ mich wahrnehmen, daß irgend ein außerordentliches Fest gefeiert werden solle. Die

Kirchenthüren standen weit offen, ich trat hinein, und bemerkte, wie alles sorgfältig gekehrt und gesäubert wurde. — Man schmückte den Hochaltar und die Nebenaltäre mit Blumengewinden, und ein Kirchendiener sprach viel von frisch aufgeblühten Rosen, die durchaus morgen in aller Frühe herbeigeschafft werden müßten, weil die Frau Aebtissin ausdrücklich befohlen habe, daß mit Rosen der Hochaltar verziert werden solle. — Entschlossen, nun gleich zu den Brüdern zu treten, ging ich, nachdem ich mich durch kräftiges Gebet gestärkt, in das Kloster und frug nach dem Prior Leonardus; die Pförtnerin führte mich in einen Saal, Leonardus saß im Lehnstuhl, von den Brüdern umgeben; laut weinend, im Innersten zerknirscht, keines Wortes mächtig, stürzte ich zu seinen Füßen. „Medardus!" — schrie er auf, und ein dumpfes Gemurmel lief durch die Reihe der Brüder: „Medardus — Bruder Medardus ist endlich wieder da!" — Man hob mich auf, — die Brüder drückten mich an ihre Brust: „Dank den himmlischen Mächten, daß Du errettet bist aus den Schlingen der arglistigen Welt — aber erzähle — erzähle, mein Bruder" — so riefen die Mönche durch einander. Der Prior erhob sich, und auf seinen Wink folgte ich ihm in das Zimmer, welches ihm gewöhnlich bei dem Besuch des Klosters zum Aufenthalt diente. „Medardus, fing er an: Du hast auf freveliche Weise Dein Gelübde gebrochen; Du hast, indem Du, anstatt die Dir gegebenen Aufträge auszurichten, schändlich entflohst, das Kloster auf die unwürdigste Weise betrogen. — Einmauern könnte ich Dich lassen, wollte ich verfahren nach der Strenge des Klostergesetzes!" — Richtet mich, mein ehrwürdiger Vater, erwiederte ich: richtet mich, wie das Gesetz es will; ach! mit Freuden werfe ich die Bürde eines elenden qualvollen Lebens ab! — Ich fühl' es wohl, daß die strengste Buße, der ich mich unterwarf, mir keinen Trost hienieden geben konnte!" — „Ermanne Dich, fuhr Leonardus fort: der Prior hat mit Dir gesprochen, jetzt kann der Freund, der Vater mit Dir reden! — Auf wunderbare Weise bist Du errettet worden vom Tode, der Dir in Rom drohte. — Nur Cyrillus fiel als Opfer . . ." — „Ihr wißt also?" frug ich voll Staunen. „Alles, erwiederte der Prior: Ich weiß, daß Du dem Armen beistandest in der letzten Todesnoth, und daß man Dich mit dem vergifteten Wein, den man Dir zum Labetrunk darbot, zu ermorden gedachte. Wahrscheinlich hast Du, bewacht von den Argusaugen der Mönche, doch Gelegenheit gefunden, den Wein ganz zu verschütten, denn trankst Du nur einen Tropfen, so warst Du hin, in Zeit von zehn Minuten." — „O, schaut her," rief ich und zeigte, den Aermel der Kutte aufstreifend, dem Prior meinen bis auf den Knochen eingeschrumpften Arm, indem ich erzählte wie ich, Böses ahnend, den Wein in den Aermel gegossen. Leonardus schauerte zurück vor dem häßlichen Anblick des mumienartigen Gliedes, und sprach dumpf in sich hinein: „Gebüßt hast Du, der Du freveltest auf jedigliche Weise; aber Cyrillus — Du frommer Greis!" — Ich sagte dem Prior, daß mir die eigentliche Ursache der heimlichen Hinrichtung des armen Cyrillus unbekannt geblieben. „Vielleicht, sprach der Prior, hattest Du dasselbe Schicksal, wenn Du, wie Cyrillus, als Bevollmächtigter unseres Klosters auftratst. Du weißt, daß die Ansprüche unsers Klosters Einkünfte des Cardinals ***, die er auf unrechtmäßige Weise zieht, vernichten; dies war die Ursache, warum der Cardinal mit des Papstes Beichtvater, den er bis jetzt angefeindet, plötzlich Freundschaft schloß, und so sich in dem Dominikaner einen kräftigen Gegner gewann, den er dem Cyrillus entgegen stellen konnte. Der schlaue Mönch fand bald die Art aus, wie Cyrill gestürzt werden konnte. Er führte ihn selbst ein bei dem Papst, und wußte diesem den fremden Capuziner so darzustellen, daß der Papst ihn wie eine merkwürdige Erscheinung bei sich aufnahm, und Cyrillus in die Reihe der Geistlichen trat, von denen er umgeben. Cyrillus mußte nun bald gewahr werden, wie der Statthalter des Herrn nur zu sehr sein Reich in dieser Welt und ihren Lüsten suche und finde; wie er einer heuchlerischen Brut zum Spielwerk diene, die ihn trotz des kräftigen Geistes, der sonst ihm innewohnte, den sie aber durch die verworfensten Mittel zu beugen wußte, zwischen Himmel und Hölle herumwerfe. Der fromme Mann, das war vorauszusehen, nahm großes Aergerniß daran, und fühlte sich berufen, durch feurige Reden, wie der Geist sie ihm eingab, den Papst im Innersten zu erschüttern und seinen Geist von dem Irdischen abzulenken. Der Papst, wie verweichlichte Gemüther pflegen, wurde in der That von des frommen Greises Worten ergriffen, und eben in diesem erregten Zustande wurde es dem Dominikaner leicht, auf geschickte Weise nach und nach den Schlag vorzubereiten, der den armen Cyrillus treffen sollte. Er berichtete dem Papst, daß es auf nichts Geringeres abgesehen sey, als auf eine heimliche Verschwörung, die ihn der Kirche als unwürdig der dreifachen Krone darstellen sollte; Cyrillus habe den Auftrag, ihn dahin zu bringen, daß er irgend eine öffentliche Bußübung vornehme, welche dann als Signal des förmlichen, unter den Cardinälen gährenden Aufstandes dienen würde. Jetzt fand der Papst in den salbungsvollen Reden unseres Bruders die versteckte Absicht leicht heraus, der Alte wurde ihm tief verhaßt, und um nur irgend einen auffallenden Schritt zu vermeiden, litt er ihn noch in seiner Nähe. Als Cyrillus wieder einmal Gelegenheit fand, zu dem Papst ohne Zeugen zu sprechen, sagte er geradezu, daß der, der den Lüsten der Welt nicht ganz entsage, der nicht einen wahrhaft heiligen Wandel führe, ein unwürdiger Statthalter des Herrn, und der Kirche eine Schmach und Verdammniß bringende Last sey, von der sie sich befreien müsse. Bald darauf, und zwar nachdem man Cyrillus aus den innern Kammern des Papstes treten gesehen, fand man das Eiswasser, welches der Papst zu trinken pflegte, vergiftet. Daß Cyrillus unschuldig war, darf ich Dir, der Du den frommen Greis gekannt hast, nicht versichern. Doch überzeugt war der Papst von seiner Schuld, und der Befehl, den fremden Mönch bei den Dominikanern heimlich hinzurichten, die Folge davon. Du warst in Rom eine auffallende Erscheinung; die Art, wie Du Dich gegen den Papst äußertest, vorzüglich die Erzählung Deines Lebenslaufs, ließ ihn eine gewisse geistige Verwandtschaft zwischen ihm und Dir finden; er glaubte, sich mit Dir zu einem höhern Standpunkt erheben und in sündhaftem Vernünfteln über alle Tugend und Religion recht erlaben und erkräftigen zu können, um, wie ich wohl sagen mag, mit rechter Begeisterung für die Sünde zu sündigen. Deine Bußübungen waren ihm nur ein recht klug angelegtes heuchlerisches Bestreben, zum höheren Zweck zu gelangen. Er bewunderte Dich und sonnte sich in den glänzenden, lobpreisenden Reden, die Du ihm hieltest. So kam es, daß Du, ehe der Dominikaner es ahnte, Dich erhobst und der Rotte gefährlicher wurdest, als es Cyrillus jemals werden konnte. — Du merkst, Medardus! daß ich von Deinem Beginnen in Rom genau unterrichtet bin; daß ich jedes Wort weiß, welches Du mit dem Papst sprachst, und darin liegt weiter nichts geheimnißvolles, wenn ich Dir sage, daß das Kloster in der Nähe Sr. Heiligkeit einen Freund hat, der mir genau alles berichtete. Selbst als Du mit dem Papst allein zu seyn glaubtest, war er nahe genug um jedes Wort zu verstehen. — Als

Du in dem Capuzinerkloster, dessen Prior mir nahe verwandt ist, Deine strengen Bußübungen begannst, hielt ich Deine Reue für ächt. Es war auch wohl dem so, aber in Rom erfaßte Dich der böse Geist des sündhaften Hochmuths, dem Du bei uns erlagst, aufs Neue. Warum klagtest Du Dich gegen den Papst Verbrechen an, die Du niemals begingst? — Warst Du denn jemals auf dem Schlosse des Barons von F.?" — „Ach! mein ehrwürdiger Vater, rief ich von innerm Schmerz zermalmt: das war ja der Ort meiner entsetzlichsten Frevel! — Das ist aber die härteste Strafe der ewigen unerforschlichen Macht, daß ich auf Erden nicht gereinigt erscheinen soll von der Sünde, die ich in wahnsinniger Verblendung beging! — Auch Euch, mein Ehrwürdiger Vater, bin ich ein sündiger Heuchler?" — „In der That, fuhr der Prior fort: bin ich jetzt, da ich Dich sehe und spreche, beinahe überzeugt, daß Du, nach Deiner Buße, der Lüge nicht mehr fähig warst, dann aber waltet noch ein mir bis jetzt unerklärliches Geheimniß ob. Bald nach Deiner Flucht aus der Residenz (der Himmel wollte den Frevel nicht, den Du zu begehen im Begriff standest, er errettete die fromme Aurelie), bald nach Deiner Flucht, sage ich, und nachdem der Mönch, den selbst Cyrillus für Dich hielt, wie durch ein Wunder sich gerettet hatte, wurde es bekannt, daß nicht Du, sondern der als Capuziner verkappte Graf Viktorin auf dem Schlosse des Barons gewesen war. Briefe, die sich in Euphemiens Nachlaß fanden, hatten dies zwar schon früher kund gethan, man hielt aber Euphemien selbst für getäuscht, da Reinhold versicherte, er habe Dich zu genau gekannt, um selbst bei Deiner treuesten Aehnlichkeit mit Viktorin getäuscht zu werden. Euphemiens Verblendung blieb unbegreiflich. Da erschien plötzlich der Reitknecht des Grafen, und erzählte, wie der Graf, der seit Monaten im Gebirge einsam gelebt, und sich den Bart wachsen lassen, ihm in dem Walde und zwar bei dem sogenannten Teufelsgrunde plötzlich als Capuziner gekleidet erschienen sey. Obgleich er nicht gewußt, wo der Graf die Kleider hergenommen, so sey ihm doch die Verkleidung weiter nicht aufgefallen, da er von dem Anschlage des Grafen, im Schlosse des Barons in Mönchshabit zu erscheinen, denselben ein ganzes Jahr zu tragen und so auch wohl noch höhere Dinge auszuführen, unterrichtet gewesen. Geahnt habe er wohl, wo der Graf zum Capuzinerrock gekommen sey, da er den Tag vorher gesagt, wie er einen Capuziner im Dorfe gesehen, und von ihm, wandere er durch den Wald, seinen Rock auf diese oder jene Weise zu bekommen hoffe. Gesehen habe er den Capuziner nicht, wohl aber einen Schrei gehört; bald darauf sey auch im Dorf von einem im Walde ermordeten Capuziner die Rede gewesen. Zu genau habe er seinen Herrn gekannt, zu viel mit ihm noch auf der Flucht aus dem Schlosse gesprochen, als daß hier eine Verwechselung statt finden könne. — Diese Aussage des Reitknechts entkräftete Reinholds Meinung, und nur Viktorins gänzliches Verschwinden blieb unbegreiflich. Die Fürstin stellte die Hypothese auf, daß der vorgebliche Herr von Krczinski aus Kwieczicczewo eben der Graf Viktorin gewesen sey, und stützte sich auf seine merkwürdige, ganz auffallende Aehnlichkeit mit Franceskо, an dessen Schuld längst Niemand zweifelte, so wie auf die Motion, die ihr jedesmal sein Anblick verursacht habe. Viele traten ihr bei und wollten, im Grunde genommen, viel gräflichen Anstand an jenem Abentheurer bemerkt haben, den man lächerlicher Weise für einen verkappten Mönch gehalten. Die Erzählung des Försters von dem wahnsinnigen Mönch, der im Walde hausete und zuletzt von ihm aufgenommen wurde, fand nun auch ihren Zusammenhang mit der Unthat Viktorins, sobald man nur einige Umstände als wahr voraussetzte. — Ein Bruder des Klosters, in dem Medardus gewesen, hatte den wahnsinnigen Mönch ausdrücklich für den Medardus erkannt, er mußte es also wohl seyn. Viktorin hatte ihn in den Abgrund gestürzt; durch irgend einen Zufall, der gar nicht unerhört seyn dürfte, wurde er errettet. Aus der Betäubung erwacht, aber schwer am Kopfe verwundet, gelang es ihm, aus dem Grabe heraufzukriechen. Der Schmerz der Wunde, Hunger und Durst machten ihn wahnsinnig — rasend! — So lief er durch das Gebirge, vielleicht von einem mitleidigen Bauer hin und wieder gespeiset und mit Lumpen behangen, bis er in die Gegend der Försterwohnung kam. Zwei Dinge bleiben hier aber unerklärbar, nämlich wie Medardus eine solche Strecke aus dem Gebirge laufen konnte, ohne angehalten zu werden, und wie er, selbst in den von Aerzten bezeugten Augenblicken des vollkommensten ruhigsten Bewußtseins, sich zu Unthaten bekennen konnte, die er nie begangen. Die, welche die Wahrscheinlichkeit jenes Zusammenhangs der Sache vertheidigten, bemerkten, daß man ja von den Schicksalen des aus dem Teufelsgrunde erretteten Medardus gar nichts wisse; es sey ja möglich, daß sein Wahnsinn erst ausgebrochen, als er auf der Pilgerreise in der Gegend der Försterwohnung sich befand. Was aber das Zugeständniß der Verbrechen, deren er beschuldigt, belange, so sey eben daraus abzunehmen, daß er niemals geheilt gewesen, sondern anscheinend bei Verstande, doch immer wahnsinnig geblieben wäre. Daß er die ihm angeschuldigten Mordthaten wirklich begangen, dieser Gedanke habe sich zur fixen Idee umgestaltet. — Der Criminalrichter, auf dessen Sagazität man sehr baute, sprach, als man ihn um seine Meinung frug: Der vorgebliche Herr von Krczinski war kein Pole und auch kein Graf, der Graf Viktorin gewiß nicht, aber unschuldig auch keinesweges — der Mönch blieb wahnsinnig und unzurechnungsfähig in jedem Fall, deshalb das Criminalgericht auch nur auf seine Einsperrung als Sicherheitsmaßregel erkennen konnte. — Dieses Urtheil durfte der Fürst nicht hören, denn er war es allein, der, tief ergriffen von den Freveln auf dem Schlosse des Barons, jene von dem Criminalgericht in Vorschlag gebrachte Einsperrung in die Strafe des Schwerts umwandelte. — Wie aber Alles in diesem elenden vergänglichen Leben, sey es Begebenheit oder That, noch so ungeheuer im ersten Augenblick erscheinend, sehr bald Glanz und Farbe verliert, so geschah es auch, daß das, was in der Residenz und vorzüglich am Hofe Schauer und Entsetzen erregt hatte, herabsank bis zur ärgerlichen Klatscherei. Jene Hypothese, daß Aureliens entflohener Bräutigam Graf Viktorin gewesen, brachte die Geschichte der Italienerin in frisches Andenken, selbst die früher nicht Unterrichteten wurden von denen, die nun nicht mehr schweigen zu dürfen glaubten, aufgeklärt, und jeder, der den Medardus gesehen, fand es natürlich, daß seine Gesichtszüge vollkommen denen des Grafen Viktorin glichen, da sie Söhne eines Vaters waren. Der Leibarzt war überzeugt, daß die Sache sich so verhalten müßte und sprach zum Fürsten: Wir wollen froh seyn, gnädigster Herr! daß beide unheimliche Gesellen fort sind, und es bei der ersten vergeblich gebliebenen Verfolgung bewenden lassen. — Dieser Meinung trat der Fürst aus dem Grunde seines Herzens bei, denn er fühlte wohl, wie der doppelte Medardus ihn von einem Mißgriff zum andern verleitet hatte. Die Sache wird geheimnißvoll bleiben, sagte der Fürst: wir wollen nicht mehr an dem Schleier zupfen, den ein wunderbares Geschick wohlthätig darüber geworfen hat. — Nur Aurelie . . .“ — „Aurelie, unterbrach ich den Prior mit Heftigkeit:

um Gott, mein ehrwürdiger Vater, sagt mir, wie ward es mit Aurelien?" — „Ei, Bruder Medardus, sprach der Prior sanft lächelnd: noch ist das gefährliche Feuer in Deinem Innern nicht verdampft? — noch lodert die Flamme empor bei leiser Berührung? — So bist Du noch nicht frei von den sündlichen Trieben, denen Du Dich hingabst. — Und ich soll der Wahrheit Deiner Buße trauen; ich soll überzeugt seyn, daß der Geist der Lüge Dich ganz verlassen? — Wisse, Medardus, daß ich Deine Reue für wahrhaft nur dann anerkennen würde, wenn Du jene Frevel, deren Du Dich anklagst, wirklich begingst. Denn nur in diesem Fall könnt' ich glauben, daß jene Unthaten so Dein Inneres zerrütteten, daß Du, meiner Lehren, alles dessen, was ich Dir über äußere und innere Buße sagte, uneingedenk, wie der Schiffbrüchige nach dem leichten unsichern Brett, nach jenen trügerischen Mitteln Dein Verbrechen zu sühnen haschtest, Die Dich nicht allein einem verworfenen Papst, sondern jedem wahrhaft frommen Mann als einen eitlen Gaukler erscheinen ließen. — Sage, Medardus! war Deine Andacht, Deine Erhebung zu der ewigen Macht ganz makellos, wenn Du Aureliens gedenken mußtest?" — Ich schlug, im Innern vernichtet, die Augen nieder. — „Du bist aufrichtig, Medardus, fuhr der Prior fort, Dein Schweigen sagt mir Alles. — Ich wußte mit der vollsten Ueberzeugung, daß Du es warst, der in der Residenz die Rolle eines polnischen Edelmanns spielte und die Baronesse Aurelie heirathen wollte. Ich hatte den Weg, den Du genommen, ziemlich genau verfolgt, ein seltsamer Mensch (er nannte sich den Haarkünstler Belcampo), den Du zuletzt in Rom sahst, gab mir Nachrichten; ich war überzeugt, daß Du auf verruchte Weise Hermogen und Euphemien mordetest, und um so gräßlicher war es mir, daß Du Aurelien so in Teufelsbande verstricken wolltest. Ich hätte Dich verderben können; doch weit entfernt, mich zum Rächeramt erkoren zu glauben, überließ ich Dich und Dein Schicksal der ewigen Macht des Himmels. Du bist erhalten worden auf wunderbare Weise und schon dieses überzeugt mich, daß Dein irdischer Untergang noch nicht beschlossen war. — Höre, welches besonderen Umstandes halber ich später glauben mußte, daß es in der That Graf Viktorin war, der als Capuziner auf dem Schlosse des Barons von F. erschien! — Nicht gar zu lange ist es her, als Bruder Sebastianus, der Pförtner, durch ein Aechzen und Stöhnen, das den Seufzern eines Sterbenden glich, geweckt wurde. Der Morgen war schon angebrochen, er stand auf, öffnete die Klosterpforte und fand einen Menschen, der dicht vor derselben, halb erstarrt vor Kälte, lag und mühsam die Worte herausbrachte: er sey Medardus, der aus unserm Kloster entflohene Mönch. — Sebastianus meldete mir ganz erschrocken, was sich unten zugetragen; ich stieg mit den Brüdern hinab, wir brachten den ohnmächtigen Mann in das Refektorium. Trotz des bis zum Grausen entstellten Gesichts des Mannes, glaubten wir doch Deine Züge zu erkennen, und Mehrere meinten, daß wohl nur die veränderte Tracht den wohlbekannten Medardus so fremdartig darstelle. Er hatte Bart und Tonsur, dazu aber eine weltliche Kleidung, die zwar ganz verdorben und zerrissen war, der man aber noch die ursprüngliche Zierlichkeit ansah. Er trug seidene Strümpfe, auf einem Schuhe noch eine goldene Schnalle, eine weiße Atlasweste . . ." — „Einen kastanienbraunen Rock von dem feinsten Tuch, fiel ich ein, zierlich genähte Wäsche — einen einfachen goldenen Ring am Finger." — „Allerdings, sprach Leonardus erstaunt: aber wie kannst Du . . ." — „Ach, es war ja der Anzug, wie ich ihn an jenem verhängnißvollen Hochzeittage trug! — Der Doppeltgänger stand mir vor Augen. — Nein es war nicht der wesenlose entsetzliche Teufel des Wahnsinns, der hinter mir herrannte, der, wie ein mich bis ins Innerste zerfleischendes Unthier, aufhockte auf meinen Schultern; es war der entflohene wahnsinnige Mönch, der mich verfolgte, der endlich, als ich in tiefer Ohnmacht da lag, meine Kleider nahm und mir die Kutte überwarf. Er war es, der an der Klosterpforte lag, mich — mich selbst auf schauderhafte Weise darstellend!" — Ich bat den Prior nur fortzufahren in seiner Erzählung, da die Ahnung der Wahrheit, wie es sich mit mir auf die wunderbarste, geheimnißvollste Weise zugetragen, in mir aufdämmere. — „Nicht lange dauerte es, erzählte der Prior weiter, als sich bei dem Manne die deutlichsten unzweifelhaftesten Spuren des unheilbaren Wahnsinns zeigten, und unerachtet, wie gesagt, die Züge seines Gesichts den Deinigen auf das Genaueste glichen, unerachtet er fortwährend rief: Ich bin Medardus der entlaufene Mönch, ich will Buße thun bei Euch — so war doch bald jeder von uns überzeugt, daß es fixe Idee des Fremden sey, sich für Dich zu halten. Wir zogen ihm das Kleid der Capuziner an, wir führten ihn in die Kirche, er mußte die gewöhnlichen Andachtsübungen vornehmen, und wie er dies zu thun sich bemühte, merkten wir bald, daß er niemals in einem Kloster gewesen seyn könne. Es mußte mir wohl die Idee kommen: wie, wenn dies der aus der Residenz entsprungene Mönch, wie wenn dieser Mönch Viktorin wäre? — Die Geschichte, die der Wahnsinnige ehemals dem Förster aufgetischt hatte, war mir bekannt worden, indessen fand ich, daß alle Umstände, das Auffinden und Austrinken des Teufelselixirs, die Vision in dem Kerker, kurz der ganze Aufenthalt im Kloster, wohl die, durch Deine auf seltsame psychische Weise einwirkende Individualität, erzeugte Ausgeburt des erkrankten Geistes seyn könne. Merkwürdig war es in dieser Hinsicht, daß der Mönch in bösen Augenblicken immer geschrieen hatte, er sey Graf und gebietender Herr! — Ich beschloß, den fremden Mann der Irrenanstalt zu St. Getreu zu übergeben, weil ich hoffen durfte, daß, wäre Wiederherstellung möglich, sie gewiß dem Direktor jener Anstalt, einem in jede Abnormität des menschlichen Organismus tief eindringenden, genialen Arzte, gelingen werde. Des Fremden Genesen mußte das geheimnißvolle Spiel der unbekannten Mächte wenigstens zum Theil enthüllen. — Es kam nicht dazu. In der dritten Nacht weckte mich die Glocke, die, wie Du weißt, angezogen wird, sobald jemand im Krankenzimmer meines Beistandes bedarf. Ich trat hinein, man sagte mir, der Fremde habe eifrig nach mir verlangt und es scheine, als habe ihn der Wahnsinn gänzlich verlassen, wahrscheinlich wolle er beichten; denn er sey so schwach, daß er die Nacht wohl nicht überleben werde. Verzeiht, fing der Fremde an: als ich ihm mit frommen Worten zugesprochen, verzeiht, ehrwürdiger Herr, daß ich Euch täuschen zu wollen mich vermaß. Ich bin nicht der Mönch Medardus, der Euerm Kloster entfloh. Den Grafen Viktorin seht Ihr vor Euch . . . Fürst sollte er heißen, denn aus fürstlichem Hause ist er entsprossen, und ich rathe Euch, dies zu beachten, da sonst mein Zorn Euch treffen könnte. — Sey er auch Fürst, erwiederte ich, so wäre dies in unsern Mauern, und in seiner jetzigen Lage, ohne alle Bedeutung und es schiene mir besser zu seyn, wenn er sich abwende von dem Irdischen, und in Demuth erwarte, was die ewige Macht über ihn verhängt habe. — Er sah mich starr an, ihm schienen die Sinne zu vergehen, man gab ihm stärkende Tropfen, er erholte sich bald und sprach: Es ist mir so, als müsse ich bald sterben und vorher mein Herz erleichtern. Ihr habt

Macht über mich, denn so sehr Ihr Euch auch verstellen möget, merke ich doch wohl, daß Ihr der heilige Antonius seyd und am besten wisset, was für Unheil Eure Elixire angerichtet. Ich hatte wohl Großes im Sinne, als ich beschloß, mich als ein geistlicher Herr darzustellen mit großem Barte und brauner Kutte. Aber als ich so recht mit mir zu Rathe ging, war es, als träten die heimlichsten Gedanken aus meinem Innern heraus und verpuppten sich zu einem körperlichen Wesen, das recht graulich, doch mein Ich war. Dies zweite Ich hatte grimmige Kraft und schleuderte mich, als aus dem schwarzen Gestein des tiefen Abgrundes, zwischen sprudelndem schäumigen Gewässer, die Prinzessin schneeweiß hervortrat, hinab. Die Prinzessin fing mich auf in ihren Armen und wusch meine Wunden aus, daß ich bald keinen Schmerz mehr fühlte. Mönch war ich nun freilich geworden, aber das Ich meiner Gedanken war stärker, und trieb mich, daß ich die Prinzessin, die mich errettet und die ich sehr liebte, sammt ihrem Bruder ermorden mußte. Man warf mich in den Kerker, aber Ihr wißt selbst, heiliger Antonius, auf welche Weise Ihr, nachdem ich Euern verfluchten Trank gesoffen, mich entführtet, durch die Lüfte. Der grüne Waldkönig nahm mich schlecht auf, unerachtet er doch meine Fürstlichkeit kannte; das Ich meiner Gedanken erschien bei ihm und rückte mir allerlei häßliches vor, und wollte, weil wir doch alles zusammen gethan, in Gemeinschaft mit mir bleiben. Das geschah auch, aber bald, als wir davon liefen, weil man uns den Kopf abschlagen wollte, haben wir uns doch entzweit. Als das lächerliche Ich indessen immer und ewig genährt seyn wollte von meinem Gedanken, schmiß ich es nieder, prügelte es derb ab und nahm ihm seinen Rock. — So weit waren die Reden des Unglücklichen einigermaßen verständlich, dann verlor er sich in das unsinnige alberne Gewäsch des höchsten Wahnsinns. Eine Stunde später, als das Frühamt eingeläutet wurde, fuhr er mit einem durchdringenden entsetzlichen Schrei auf, und sank, wie es uns schien, todt nieder. Ich ließ ihn nach der Todtenkammer bringen, er sollte in unserm Garten an geweihter Stätte begraben werden, Du kannst Dir aber wohl unser Erstaunen, unsern Schreck denken, als die Leiche, da wir sie hinaustragen und einsargen wollten, spurlos verschwunden war. Alles Nachforschen blieb vergebens, und ich mußte darauf verzichten, jemals Näheres, Verständlicheres über den räthselhaften Zusammenhang der Begebenheiten, in die Du mit dem Grafen verwickelt wurdest, zu erfahren. Indessen, hielt ich alle mir über die Vorfälle im Schloß bekannt gewordenen Umstände mit jenen verworrenen, durch Wahnsinn entstellten Reden zusammen, so konnte ich kaum daran zweifeln, daß der Verstorbene wirklich Graf Viktorin war. Er hatte, wie der Reitknecht andeutete, irgend einen pilgernden Capuziner im Gebirge ermordet und ihm das Kleid genommen, um seinen Anschlag im Schlosse des Barons auszuführen. Wie er vielleicht es gar nicht im Sinn hatte, endete der begonnene Frevel mit dem Morde Euphemiens und Hermogens. Vielleicht war er schon wahnsinnig, wie Reinhold es behauptet, oder er wurde es dann auf der Flucht, gequält von Gewissensbissen. Das Kleid, welches er trug und die Ermordung des Mönchs, gestaltete sich in ihm zur fixen Idee, daß er wirklich ein Mönch, und sein Ich zerspaltet sey in zwei sich feindliche Wesen. Nur die Periode von der Flucht aus dem Schlosse bis zur Ankunft bei dem Förster, bleibt dunkel, so wie es unerklärlich ist, wie sich die Erzählung von seinem Aufenthalt im Kloster und der Art seiner Rettung aus dem Kerker in ihm bildete. Daß äußere Motive statt finden mußten, leidet gar keinen Zweifel, aber höchst merkwürdig ist es, daß diese Erzählung Dein Schicksal, wiewohl verstümmelt, darstellt. Nur die Zeit der Ankunft des Mönchs bei dem Förster, wie dieser sie angiebt, will gar nicht mit Reinholds Angabe des Tages, wann Viktorin aus dem Schlosse entfloh, zusammenstimmen. Nach der Behauptung des Försters mußte sich der wahnsinnige Viktorin gleich haben im Walde blicken lassen, nachdem er auf dem Schlosse des Barons angekommen." — „Haltet ein, unterbrach ich den Prior: Haltet ein, mein ehrwürdiger Vater, jede Hoffnung, der Last meiner Sünden unerachtet, nach der Langmuth des Herrn noch Gnade und ewige Seligkeit zu erringen, soll aus meiner Seele schwinden; in trostloser Verzweiflung, mich selbst und mein Leben verfluchend, will ich sterben, wenn ich nicht in tiefster Reue und Zerknirschung Euch alles, was sich mit mir begab, seitdem ich das Kloster verließ, getreulich offenbaren will, wie ich es in heiliger Beichte that." Der Prior gerieth in das höchste Erstaunen, als ich ihm nun mein ganzes Leben mit aller nur möglichen Umständlichkeit enthüllte. — „Ich muß Dir glauben, sprach der Prior, als ich geendet, ich muß Dir glauben, Bruder Medardus, denn alle Zeichen wahrer Reue entdeckte ich, als Du redetest. — Wer vermag das Geheimniß zu enthüllen, das die geistige Verwandtschaft zweier Brüder, Söhne eines verbrecherischen Vaters, und selbst in Verbrechen befangen, bildete. — Es ist gewiß, daß Viktorin auf wunderbare Weise errettet wurde aus dem Abgrunde, in den Du ihn stürztest, daß er der wahnsinnige Mönch war, den der Förster aufnahm, der Dich als Dein Doppeltgänger verfolgte und hier im Kloster starb. Er diente der dunkeln Macht, die in Dein Leben eingriff, nur zum Spiel, — nicht Dein Genosse war er, nur das untergeordnete Wesen, welches Dir in den Weg gestellt wurde, damit das lichte Ziel, das sich Dir vielleicht aufthun konnte, Deinem Blick verhüllt bleibe. Ach, Bruder Medardus, noch geht der Teufel rastlos auf Erden umher, und bietet den Menschen seine Elixire dar! — Wer hat dieses oder jenes seiner höllischen Getränke nicht einmal schmackhaft gefunden; aber das ist der Wille des Himmels, daß der Mensch der bösen Wirkung des augenblicklichen Leichtsinns sich bewußt werde, und aus diesem klaren Bewußtseyn die Kraft schöpfe, ihr zu widerstehen. Darin offenbart sich die Macht des Herrn, daß, so wie das Leben der Natur durch das Gift, das sittlich gute Prinzip in ihr erst durch das Böse bedingt wird. — Ich darf zu Dir so sprechen, Medardus! da ich weiß, daß Du mich nicht mißverstehest. Gehe jetzt zu den Brüdern.“ —

In dem Augenblick erfaßte mich, wie ein jäher alle Nerven und Pulse durchzuckender Schmerz, die Sehnsucht der höchsten Liebe; Aurelie — ach Aurelie! rief ich laut. Der Prior stand auf und sprach in sehr ernstem Ton: „Du hast wahrscheinlich die Zubereitungen zu einem großen Feste in dem Kloster bemerkt? — Aurelie wird morgen eingekleidet und erhält den Klosternamen Rosalia.“ — Erstarrt — lautlos blieb ich vor dem Prior stehen. „Gehe zu den Brüdern!“ rief er beinahe zornig, und ohne deutliches Bewußtseyn stieg ich hinab in das Refektorium, wo die Brüder versammelt waren. Man bestürmte mich aufs Neue mit Fragen, aber nicht fähig war ich, auch nur ein einziges Wort über mein Leben zu sagen; alle Bilder der Vergangenheit verdunkelten sich in mir, und nur Aureliens Lichtgestalt trat mir glänzend entgegen. Unter dem Vorwande einer Andachtsübung verließ ich die Brüder und begab mich nach der Kapelle, die an dem äußersten Ende des weitläuftigen Klostergartens lag. Hier wollte ich beten, aber das kleinste Geräusch, das linde Säuseln des Laubganges riß mich empor aus frommer Betrachtung. Sie ist es . . . Sie kommt . . . ich werde sie wiedersehen — so rief es in mir, und mein Herz bebte vor Angst und Entzücken. Es war mir, als höre ich ein leises Gespräch. Ich raffte mich auf, ich trat aus der Capelle, und siehe, langsamen Schrittes, nicht fern von mir, wandelten zwei Nonnen, in ihrer Mitte eine Novize. — Ach es war gewiß Aurelie — mich überfiel ein krampfhaftes Zittern — mein Athem stockte — ich wollte vorschreiten, aber keines Schrittes mächtig sank ich zu Boden. Die Nonnen, mit ihnen die Novize, verschwanden im Gebüsch. Welch ein Tag! — welch eine Nacht! Immer nur Aurelie und Aurelie — Kein anderes Bild — Kein anderer Gedanke fand Raum in meinem Innern. —

So wie die ersten Strahlen des Morgens aufgingen, verkündigten die Glocken des Klosters das Fest der Einkleidung Aureliens, und bald darauf versammelten sich die Brüder in einem großen Saal; die Aebtissin trat, von zwei Schwestern begleitet, herein. — Unbeschreiblich ist das Gefühl, das mich durchdrang, als ich die wiedersah, die meinen Vater so innig liebte, und unerachtet er durch Frevelthaten ein Bündniß, das ihm das höchste Erdenglück erwerben mußte, gewaltsam zerriß, doch die Neigung, die ihr Glück zerstört hatte, auf den Sohn übertrug. Zur Tugend, zur Frömmigkeit wollte sie diesen Sohn aufziehen, aber dem Vater gleich, häufte er Frevel auf Frevel und vernichtete so jede Hoffnung der frommen Pflegemutter, die in der Tugend des Sohnes Trost für des sündigen Vaters Verderbniß finden wollte. — Niedergesenkten Hauptes, den Blick zur Erde gerichtet, hörte ich die kurze Rede an, worin die Aebtissin nochmals der versammelten Geistlichkeit Aureliens Eintritt in das Kloster anzeigte, und sie aufforderte, eifrig zu beten, in dem entscheidenden Augenblick des Gelübdes, damit der Erbfeind nicht Macht haben möge, sinneverwirrendes Spiel zu treiben, zur Qual der frommen Jungfrau. „Schwer, sprach die Aebtissin: schwer waren die Prüfungen, die die Jungfrau zu überstehen hatte. Der Feind wollte sie verlocken zum Bösen, und alles, was die List der Hölle vermag, wandte er an, sie zu bethören, daß sie, ohne Böses zu ahnen, sündige und dann aus dem Traum erwachend untergehe in Schmach und Verzweiflung. Doch die ewige Macht beschützte das Himmelskind, und mag denn der Feind auch noch heute es versuchen, ihr verderblich zu nahen, ihr Sieg über ihn wird desto glorreicher seyn. Betet — betet, meine Brüder, nicht darum, daß die Christusbraut nicht wanke, denn fest und standhaft ist ihr dem Himmlischen ganz zugewandter Sinn, sondern daß kein irdisches Unheil die fromme Handlung unterbreche. — Eine Bangigkeit hat sich meines Gemüths bemächtigt, der ich nicht zu widerstehen vermag!" —

Es war klar, daß die Aebtissin mich — mich allein den Teufel der Versuchung nannte, daß sie meine Ankunft mit der Einkleidung Aureliens in Bezug, daß sie vielleicht in mir die Absicht irgend einer Greuelthat voraussetzte. Das Gefühl der Wahrheit meiner Reue, meiner Buße, der Ueberzeugung, daß mein Sinn geändert worden, richtete mich empor. Die Aebtissin würdigte mich nicht eines Blickes; tief im Innersten gekränkt, regte sich in mir jener bittere, verhöhnende Haß, wie ich ihn sonst in der Residenz bei dem Anblick der Fürstin gefühlt, und statt daß ich, ehe die Aebtissin jene Worte sprach, mich hätte vor ihr niederwerfen mögen in den Staub, wollte ich keck und kühn vor sie hintreten und sprechen: warst Du denn immer solch ein überirdisches Weib, daß die Lust der Erde Dir nicht aufging? . . . Als Du meinen Vater sahst, verwahrtest Du denn immer Dich so, daß der Gedanke der Sünde nicht Raum fand? . . . Ei sage doch, ob selbst dann, als schon die Inful und der Stab Dich schmückten, in unbewachten Augenblicken meines Vaters Bild nicht Sehnsucht nach irdischer Lust in Dir aufregte? . . . Was empfandest Du denn, Stolze! als Du den Sohn des Geliebten an Dein Herz drücktest, und den Namen des Verlornen, war er gleich ein frevelicher Sünder, so schmerzvoll riefst? — Hast Du jemals gekämpft mit der dunklen Macht wie ich? — Kannst Du Dich eines wahren Sieges erfreuen, wenn kein harter Kampf vorherging? — Fühlst Du Dich selbst so stark, daß Du den verachtest, der dem mächtigsten Feinde erlag und sich dennoch erhob in tiefer Reue und Buße? — Die plötzliche Aenderung meiner Gedanken, die Umwandlung des Büßenden in den, der stolz auf den bestandenen Kampf fest einschreitet in das wiedergewonnene Leben, muß selbst im Aeußern sichtlich gewesen seyn. Denn der neben mir stehende Bruder frug: „Was ist Dir, Medardus, warum wirfst Du solche sonderbare zürnende Blicke auf die hochheilige Frau?" — „Ja, erwiederte ich halblaut: wohl mag es eine hochheilige Frau seyn, denn sie stand immer so hoch, daß das Profane sie nicht erreichen konnte, doch kommt sie mir jetzt nicht sowohl wie eine christliche, sondern wie eine heidnische Priesterin vor, die sich bereitet, mit gezücktem Messer das Menschenopfer zu vollbringen." Ich weiß seelbst nicht, wie ich dazu kam, die letzten Worte, die außer meiner Ideenreihe lagen, zu sprechen, aber mit ihnen drängten sich im bunten Gewirr Bilder durcheinander, die nur im Entsetzlichsten sich zu einen schienen. — Aurelie sollte auf immer die Welt verlassen, sie sollte, wie ich, durch ein Gelübde, das mir jetzt nur die Ausgeburt des religiösen Wahnsinns schien, dem Irdischen entsagen? — So wie ehemals, als ich, dem Satan verkauft, in Sünde und Frevel den höchsten strahlendsten Lichtpunkt des Lebens zu schauen wähnte, dachte ich jetzt daran, daß beide, ich und Aurelie, im Leben, sey es auch nur durch den einzigen Moment des höchsten irdischen Genusses, vereint und dann als der unterirdischen Macht Geweihte sterben müßten. — Ja, wie ein gräßlicher Unhold, wie der Satan selbst, ging der Gedanke des Mordes mir durch die Seele! — Ach, ich Verblendeter gewahrte nicht, daß in dem Moment, als ich der Aebtissin Worte auf mich deutete, ich preisgegeben war der vielleicht härtesten Prüfung, daß der Satan Macht bekommen über mich, und mich verlocken wollte zu dem Entsetzlichsten, das ich noch begangen! Der Bruder, zu dem ich gesprochen, sah mich erschrocken an: „Um Jesus und der heiligen Jungfrau willen, was sagt Ihr da!" so sprach er; ich schaute nach der Aebtissin, die im Begriff stand, den Saal zu verlassen, ihr Blick fiel auf mich, todtenbleich starrte sie mich an, sie wankte, die Nonnen mußten sie unterstützen. Es war mir, als lisple sie die Worte: „O all' ihr Heiligen, meine Ahnung." Bald darauf wurde der Prior Leonardus zu ihr gerufen. Schon läuteten aufs Neue alle Glocken des Klosters, und dazwischen tönten die donnernden Töne der Orgel, die Weihgesänge der im Chor versammelten Schwestern, durch die Lüfte, als der Prior wieder in den Saal trat. Nun begaben sich die Brüder der verschiedenen Orden in feierlichem Zuge nach der Kirche, die von Menschen beinahe so überfüllt war, als sonst am Tage des heiligen Bernardus. An einer Seite des mit duftenden Rosen geschmückten Hochaltars waren erhöhte Sitze für die Geistlichkeit angebracht, der Tribune gegenüber, auf welcher die Capelle des Bischofs die Musik des Amts, welches er selbst hielt, ausführte. Leonardus rief mich an seine Seite, und ich bemerkte, daß er ängstlich auf mich wachte; die kleinste Bewegung erregte seine Aufmerksamkeit; er hielt mich an, fortwährend aus meinem Brevier zu beten. Die Klaren Nonnen versammelten sich in dem mit einem niedrigen Gitter eingeschlossenen Platz dicht vor dem Hochaltar, der entscheidende Augenblick kam; aus dem Innern des Klosters, durch die Gitterthüre hinter dem Altar, führten die Cisterzienser Nonnen Aurelien herbei. — Ein Geflüster rauschte durch die Menge, als sie sichtbar worden, die Orgel schwieg und der einfache Hymnus der Nonnen erklang in wunderbaren tief ins Innerste dringenden Akkorden. Noch hatte ich keinen Blick aufgeschlagen; von einer furchtbaren Angst ergriffen, zuckte ich krampfhaft zusammen, só daß mein Brevier zur Erde fiel. Ich bückte mich darnach, es aufzuheben, aber ein plötzlicher Schwindel hätte mich von dem hohen Sitz herabgestürzt, wenn Leonardus mich nicht faßte und festhielt. „Was ist Dir, Medardus, sprach der Prior leise: Du befindest Dich in seltsamer Bewegung, widerstehe dem bösen Feinde, der Dich treibt.“ Ich faßte mich mit aller Gewalt zusammen, ich schaute auf, und erblickte Aurelien, vor dem Hochaltar knieend. O Herr des Himmels, in hoher Schönheit und Anmuth strahlte sie mehr als je! Sie war bräutlich — ach! eben so wie an jenem verhängnißvollen Tage, da sie mein werden sollte, gekleidet. Blühende Myrthen und Rosen im künstlich geflochtenen Haar. Die Andacht, das Feierliche des Moments, hatte ihre Wangen höher gefärbt, und in dem zum Himmel gerichteten Blick lag der volle Ausdruck himmlischer Lust. Was waren jene Augenblicke, als ich Aurelien zum erstenmal, als ich sie am Hofe des Fürsten sah, gegen dieses Wiedersehen. Rasender als jemals flammte in mir die Gluth der Liebe — der wilden Begier auf — O Gott — o, all' ihr Heiligen! laßt mich nicht wahnsinnig werden, nur nicht wahnsinnig — rettet mich, rettet mich von dieser Pein der Hölle — Nur nicht wahnsinnig laßt mich werden — denn das Entsetzliche muß ich sonst thun, und meine Seele Preis geben der ewigen Verdammniß! — So betete ich im Innern, denn ich fühlte, wie immer mehr und mehr der böse Geist über mich Herr werden wollte. — Es war mir als habe Aurelie Theil an dem Frevel, den ich nur beging, als sey das Gelübde, das sie zu leisten gedachte, in ihren Gedanken nur der feierliche Schwur, vor dem Altar des Herrn mein zu seyn. — Nicht die Christusbraut, des Mönchs der sein Gelübde brach, verbrecherisches Weib sah ich in ihr. — Sie mit aller Inbrunst der wüthenden Begier umarmen und dann ihr den Tod geben — der Gedanke erfaßte mich unwiderstehlich. Der böse Geist trieb mich wilder und wilder — schon wollte ich schreien: „Haltet ein, verblendete Thoren! nicht die von irdischem Triebe reine Jungfrau, die Braut des Mönchs wollt ihr erheben zur Himmelsbraut!“ — mich hinabstürzen unter die Nonnen, sie herausreißen — ich faßte in die Kutte, ich suchte nach dem Messer, da war die Ceremonie so weit gediehen, daß Aurelie anfing das Gelübde zu sprechen. — Als ich ihre Stimme hörte, war es als bräche milder Mondesglanz durch die schwarzen, von wildem Sturm gejagten Wetterwolken. Licht wurde es in mir, und ich erkannte den bösen Geist, dem ich mit aller Gewalt widerstand. — Jedes Wort Aureliens gab mir neue Kraft, und im heißen Kampf wurde ich bald Sieger. Entflohen war jeder schwarze Gedanke des Frevels, jede Regung der irdischen Begier. — Aurelie war die fromme Himmelsbraut, deren Gebet mich retten konnte von ewiger Schmach und Verderbniß. — Ihr Gelübde war mein Trost, meine Hoffnung, und hell ging in mir die Heiterkeit des Himmels auf. Leonardus, den ich nun erst wieder bemerkte, schien die Aenderung in meinem Innern wahrzunehmen, denn mit sanfter Stimme sprach er: „Du hast dem Feinde widerstanden, mein Sohn! das war wohl die letzte schwere Prüfung, die Dir die ewige Macht auferlegt!“ —

Das Gelübde war gesprochen; während eines Wechselgesanges, den die Klaren Schwestern anstimmten, wollte man Aurelien das Nonnengewand anlegen. Schon hatte man die Myrthen und Rosen aus dem Haar geflochten, schon stand man im Begriff die herabwallenden Locken abzuschneiden, als ein Getümmel in der Kirche entstand — ich sah, wie die Menschen aus einander gedrängt und zu Boden geworfen wurden; — näher und näher wirbelte der Tumult. — Mit rasender Gebehrde, — mit wildem, entsetzlichen Blick drängte sich ein halbnackter Mensch (die Lumpen eines Capuzinerrocks hingen ihm um den Leib), alles um sich her mit geballten Fäusten niederstoßend, durch die Menge. — Ich erkannte meinen gräßlichen Doppeltgänger, aber in demselben Moment, als ich, Entsetzliches ahnend, hinabspringen und mich ihm entgegen werfen wollte, hatte der wahnsinnige Unhold die Gallerie, die den Platz des Hochaltars einschloß, übersprungen. Die Nonnen stäubten schreiend aus einander; die Aebtissin hatte Aurelien fest in ihre Arme eingeschlossen. — „Ha ha ha! kreischte der Rasende mit gellender Stimme: wollt ihr mir die Prinzessin rauben? — Ha ha ha! — die Prinzessin ist mein Bräutchen, mein Bräutchen“ — und damit riß er Aurelien empor, und stieß ihr das Messer, das er hochgeschwungen in der Hand hielt, bis an das Heft in die Brust, daß des Blutes Springquell hoch emporspritzte. „Juchhe — Juch Juch — nun hab' ich mein Bräutchen, nun hab' ich die Prinzessin gewonnen!“ — So schrie der Rasende auf, und sprang hinter den Hochaltar, durch die Gitterthüre fort in die Klostergänge. Voll Entsetzen kreischten die Nonnen auf. — „Mord — Mord am Altar des Herrn,“ schrie das Volk, nach dem Hochaltar stürmend. „Besetzt die Ausgänge des Klosters, daß der Mörder nicht entkomme,“ rief Leonardus mit lauter Stimme, und das Volk stürzte hinaus und wer von den Mönchen rüstig war, ergriff die im Winkel stehenden Prozessionsstäbe und setzte dem Unhold nach durch die Gänge des Klosters. Alles war die That eines Augenblicks; bald kniete ich neben Aurelien, die Nonnen hatten mit weißen Tüchern die Wunde, so gut es gehen wollte, verbunden, und standen der ohnmächtigen Aebtissin bei. Eine starke Stimme sprach neben mir: Sancta Rosalia, ora pro nobis, und alle die noch in der Kirche geblieben, riefen laut: „Ein Mirakel — ein Mirakel, ja sie ist eine Märtyrin — Sancta Rosalia, ora pro nobis.“ — Ich schaute auf. — Der alte Maler stand neben mir, aber ernst und mild, so wie er mir im Kerker erschien. — Kein irdischer Schmerz über Aureliens Tod, kein Entsetzen über die Erscheinung des Malers konnte mich fassen, denn in meiner Seele dämmerte es auf, wie nun die räthselhaften Schlingen, die die dunkle Macht geknüpft, sich lösten.

Mirakel, Mirakel! schrie das Volk immer fort: Seht ihr wohl den alten Mann im violetten Mantel? — der ist aus dem Bilde des Hochaltars herabgestiegen — ich habe es gesehen — ich auch, ich auch — riefen mehrere Stimmen durch einander und nun stürzte Alles auf die Knie nieder und das verworrene Getümmel verbrauste und ging über in ein von heftigem Schluchzen und Weinen unterbrochenes Gemurmel des Gebets. Die Aebtissin erwachte aus der Ohnmacht, und sprach mit dem herzzerschneidenden Ton des tiefen, gewaltigen Schmerzes: „Aurelie! mein Kind! meine fromme Tochter! — ewiger Gott — es ist Dein Rathschluß!“ — Man hatte eine mit Polstern und Decken belegte Bahre herbeigebracht. Als man Aurelien hinaufhob, seufzte sie tief und schlug die Augen auf. Der Maler stand hinter ihrem Haupte, auf das er seine Hand gelegt. Er war anzusehen wie ein mächtiger Heiliger, und Alle, selbst die Aebtissin, schienen von wunderbarer scheuer Ehrfurcht durchdrungen. — Ich kniete beinahe dicht an der Seite der Bahre. Aureliens Blick fiel auf mich, da erfaßte mich tiefer Jammer über der Heiligen schmerzliches Märtyrerthum. Keines Wortes mächtig, war es nur ein dumpfer Schrei, den ich ausstieß. Da sprach Aurelie sanft und leise: „Was klagest Du über die, welche von der ewigen Macht des Himmels gewürdigt wurde von der Erde zu scheiden, in dem Augenblick als sie die Nichtigkeit alles Irdischen erkannt, als die unendliche Sehnsucht nach dem Reich der ewigen Freude und Seligkeit ihre Brust erfüllte?" — Ich war aufgestanden, ich war dicht an die Bahre getreten. „Aurelie, sprach ich: — heilige Jungfrau! Nur einen einzigen Augenblick senke Deinen Blick herab aus den hohen Regionen, sonst muß ich vergehen in — meine Seele, mein innerstes Gemüth zerrüttenden, verderbenden Zweifeln. — Aurelie! verachtest Du den Frevler der, wie der böse Feind selbst, in Dein Leben trat? — Ach! schwer hat er gebüßt — aber er weiß es wohl, daß alle Buße seiner Sünden Maaß nicht mindert — Aurelie! bist Du versöhnt im Tode?" — Wie von Engelsfittigen berührt, lächelte Aurelie und schloß die Augen. „O, — Heiland der Welt — heilige Jungfrau — so bleibe ich zurück, ohne Trost der Verzweiflung hingegeben! — O Rettung! — Rettung von höllischem Verderben!" So betete ich inbrünstig, da schlug Aurelie noch einmal die Augen auf und sprach: „Medardus — nachgegeben hast Du der bösen Macht! aber blieb ich denn rein von der Sünde, als ich irdisches Glück zu erlangen hoffte in meiner verbrecherischen Liebe? — Ein besonderer Rathschluß des Ewigen hatte uns bestimmt, schwere Verbrechen unseres freveligen Stammes zu sühnen, und so vereinigte uns das Band der Liebe, die nur über den Sternen thront und die nichts gemein hat mit irdischer Lust. Aber dem listigen Feinde gelang es, die tiefe Bedeutung unserer Liebe uns zu verhüllen, ja uns auf entsetzliche Weise zu verlocken, daß wir das Himmlische nur deuten konnten auf irdische Weise. — Ach! war ich es denn nicht, die Dir ihre Liebe bekannte im Beichtstuhl, aber statt den Gedanken der ewigen Liebe in Dir' zu entzünden, die höllische Gluth der Lust in

Dir entflammte, welche Du, da sie Dich verzehren wollte, durch Verbrechen zu löschen gedachtest? Fasse Muth, Medardus! der wahnsinnige Thor, den der böse Feind verlockt hat zu glauben, er sey Du, und müsse, vollbringen was Du begonnen, war das Werkzeug des Himmels, durch das sein Rathschluß vollendet wurde. — Fasse Muth, Medardus — bald bald . . ." Aurelie, die das letzte schon mit geschlossenen Augen und hörbarer Anstrengung gesprochen, wurde ohnmächtig, doch der Tod konnte sie noch nicht erfassen. „Hat sie Euch gebeichtet, ehrwürdiger Herr? hat sie Euch gebeichtet?" so frugen mich neugierig die Nonnen. „Mit nichten, erwiederte ich: nicht ich, sie hat meine Seele mit himmlischem Trost erfüllt." — „Wohl Dir, Medardus, bald ist Deine Prüfungszeit beendet — und wohl mir dann!" Es war der Maler, der diese Worte sprach. Ich trat auf ihn zu: „So verlaßt mich nicht, wunderbarer Mann." — Ich weiß selbst nicht, wie meine Sinne, indem ich weiter sprechen wollte, auf seltsame Weise betäubt worden; ich gerieth in einen Zustand zwischen Wachen und Träumen, aus dem mich ein lautes Rufen und Schreien erweckte. Ich sah den Maler nicht mehr. Bauern — Bürgersleute — Soldaten waren in die Kirche gedrungen und verlangten durchaus, daß ihnen erlaubt werden solle, das ganze Kloster zu durchsuchen, um den Mörder Aureliens, der noch im Kloster seyn müsse, aufzufinden. Die Aebtissin, mit Recht Unordnungen befürchtend, verweigerte dies, aber ihres Ansehens unerachtet vermochte sie nicht die erhitzten Gemüther zu beschwichtigen. Man warf ihr vor, daß sie aus kleinlicher Furcht den Mörder verhehle, weil er ein Mönch sey, und immer heftiger tobend schien das Volk sich zum Stürmen des Klosters aufzuregen. Da bestieg Leonardus die Kanzel und sagte dem Volk nach einigen kräftigen Worten über die Entweihung heiliger Stätten, daß der Mörder keinesweges ein Mönch, sondern ein Wahnsinniger sey, den er im Kloster zur Pflege aufgenommen, den er, als er todt geschienen, im Ordenshabit nach der Todtenkammer bringen lassen, der aber aus dem todtähnlichen Zustande erwacht und entsprungen sey. Wäre er noch im Kloster, so würden es ihm die getroffenen Maaßregeln unmöglich machen, zu entspringen. Das Volk beruhigte sich, und verlangte nur, daß Aurelie nicht durch die Gänge, sondern über den Hof in feierlicher Prozession nach dem Kloster gebracht werden solle. Dies geschah. Die verschüchterten Nonnen hoben die Bahre auf, die man mit Rosen bekränzt hatte. Auch Aurelie war, wie vorher, mit Myrthen und Rosen geschmückt. Dicht hinter der Bahre, über welche vier Nonnen den Baldachin trugen, schritt die Aebtissin von zwei Nonnen unterstützt, die übrigen folgten mit den Klaren Schwestern, dann die Brüder der verschiedenen Orden, ihnen schloß sich das Volk an, und so bewegte sich der Zug durch die Kirche. Die Schwester, welche die Orgel spielte, mußte sich auf den Chor begeben haben, denn so wie der Zug in der Mitte der Kirche war, ertönten dumpf und schauerlich tiefe Orgeltöne vom Chor herab. Aber siehe, da richtete sich Aurelie langsam auf, und erhob die Hände betend zum Himmel, und aufs Neue stürzte alles Volk auf die Kniee nieder und rief Sancta Rosalia, ora pro nobis. — So wurde das wahr, was ich, als ich Aurelien zum erstenmal sah, in satanischer Verblendung nur frevelig heuchelnd, verkündet.

Als die Nonnen in dem untern Saal des Klosters die Bahre niedersetzten, als Schwestern und Brüder betend im Kreis umherstanden, sank Aurelie mit einem tiefen Seufzer der Aebtissin, die neben ihr kniete, in die Arme. — Sie war todt! — Das Volk wich nicht von der Klosterpforte, und als nun die Glocken den irdischen Untergang der frommen Jungfrau verkündeten, brach Alles aus in Schluchzen und Jammergeschrei. — Viele thaten das Gelübde, bis zu Aureliens Exequien in dem Dorf zu bleiben, und erst nach denselben in die Heimath zurückzufahren, während der Zeit aber strenge zu fasten. Das Gerücht von der entsetzlichen Unthat, und von dem Martyrium der Braut des Himmels, verbreitete sich schnell, und so geschah es, daß Aureliens Exequien, die nach vier Tagen begangen wurden, einem hohen die Verklärung einer Heiligen feiernden Jubelfest glichen. Denn schon Tages vorher war die Wiese vor dem Kloster, wie sonst am Bernardustage, mit Menschen bedeckt, die, sich auf dem Boden lagernd, den Morgen erwarteten. Nur statt des frohen Getümmels hörte man fromme Seufzer und ein dumpfes Murmeln. — Von Mund zu Mund ging die Erzählung von der entsetzlichen That am Hochaltar der Kirche, und brach einmal eine laute Stimme hervor, so geschab es in Verwünschungen des Mörders, der spurlos verschwunden blieb. —

Von tieferer Einwirkung auf das Heil meiner Seele waren wohl diese vier Tage, die ich meistens einsam in der Capelle des Gartens zubrachte, als die lange strenge Buße im Capuzinerkloster bei Rom.

Aureliens letzte Worte hatten mir das Geheimniß meiner Sünden erschlossen und ich erkannte, daß ich, ausgerüstet mit aller Kraft der Tugend und Frömmigkeit, doch wie ein muthloser Feigling dem Satan, der den verbrecherischen Stamm zu hegen trachtete, daß er fort und fort gedeihe, nicht zu widerstehen vermochte. Gering war der Keim des Bösen in mir, als ich des Conzertmeisters Schwester sah, als der frevelige Stolz in mir erwachte, aber da spielte mir der Satan jenes Elixir in die Hände, das mein Blut wie ein verdammtes Gift, in Gährung setzte. Nicht achtete ich des unbekannten Malers, des Priors, der Aebtissin ernste Mahnung. — Aureliens Erscheinung am Beichtstuhl vollendete den Verbrecher. Wie eine physische Krankheit von jenem Gift erzeugt, brach die Sünde hervor. Wie konnte der dem Satan Ergebene das Band erkennen, das die Macht des Himmels als Symbol der ewigen Liebe um mich und Aurelien geschlungen? — Schadenfroh fesselte mich der Satan an einen Verruchten, in dessen Seyn mein Ich eindringen, so wie er geistig auf mich einwirken mußte. Seinen scheinbaren Tod, vielleicht das leere Blendwerk des Teufels, mußte ich mir zuschreiben. Die That machte mich vertraut mit dem Gedanken des Mordes, der dem teuflischen Trug folgte. So war der in verruchter Sünde erzeugte Bruder das vom Teufel beseelte Prinzip, das mich in die abscheulichsten Frevel stürzte und mich mit den gräßlichsten Qualen umhertrieb. Bis dahin, als Aurelie nach dem Rathschluß der ewigen Macht ihr Gelübde sprach, war mein Inneres nicht rein von der Sünde; bis dahin hatte der Feind Macht über mich, aber die wunderbare innere Ruhe, die wie von oben herabstrahlende Heiterkeit, die über mich kam, als Aurelie die letzten Worte gesprochen, überzeugte mich, daß Aureliens Tod die Verheißung der Sühne sey. — Als in dem feierlichen Requiem der Chor die Worte sang: Confutatis maledictis flammis acribus addictis, fühlte ich mich erbeben, aber bei dem Voca me cum benedictis war es mir, als sähe ich in himmlischer Sonnenklarheit Aurelien, wie sie erst auf mich niederblickte und dann ihr von einem strahlenden Sternenringe umgebenes Haupt zum höchsten Wesen erhob, um für das ewige Heil meiner Seele zu bitten! — Oro supplex et acclinis cor contritum quasi cinis! — Niedersank ich in den Staub, aber wie wenig glich mein inneres Gefühl, mein demüthiges Flehen, jener leidenschaftlichen Zerknirschung, jenen grausamen wilden Bußübungen im Capuziner=

kloster. Erst jetzt war mein Geist fähig, das Wahre von dem Falschen zu unterscheiden, und bei diesem klaren Bewußtseyn mußte jede neue Prüfung des Feindes wirkungslos bleiben. — Nicht Aureliens Tod, sondern nur die als gräßlich und entsetzlich erscheinende Art desselben hatte mich in den ersten Augenblicken so tief erschüttert; aber wie bald erkannte ich, daß die Gunst der ewigen Macht sie das höchste bestehen ließ! — Das Martyrium der geprüften, entsündigten Christusbraut! — War sie denn für mich untergegangen? Nein! jetzt erst, nachdem sie der Erde voller Qual entrückt, wurde sie mir der reine Strahl der ewigen Liebe, der in meiner Brust aufglühte. Ja! Aureliens Tod war das Weihfest jener Liebe, die, wie Aurelie sprach, nur über den Sternen thront, und nichts gemein hat mit dem Irdischen. — Diese Gedanken erhoben mich über mein irdisches Selbst, und so waren wohl jene Tage im Cisterzienserkloster die wahrhaft seligsten meines Lebens.

Nach der Exportation welche am folgenden Morgen statt fand, wollte Leonardus mit den Brüdern nach der Stadt zurückkehren; die Aebtissin ließ mich, als schon der Zug beginnen sollte, zu sich rufen. Ich fand sie allein in ihrem Zimmer, sie war in der höchsten Bewegung, die Thränen stürzten ihr aus den Augen. „Alles — alles weiß ich jetzt, mein Sohn Medardus! Ja ich nenne Dich so wieder, denn überstanden hast Du die Prüfungen, die über Dich Unglücklichen, Bedauernswürdigen ergingen! Ach, Medardus, nur sie, nur sie, die am Throne Gottes unsere Fürsprecherin seyn mag, ist rein von der Sünde. Stand ich nicht am Rande des Abgrundes, als ich, von dem Gedanken an irdische Lust erfüllt, dem Mörder mich verkaufen wollte? — Und doch — Sohn Medardus! — verbrecherische Thränen hab' ich geweint, in einsamer Zelle, Deines Vaters gedenkend! — Gehe, Sohn Medardus! Jeder Zweifel, daß ich vielleicht, zur mir selbst anzurechnenden Schuld in Dir den freveligsten Sünder erzog, ist aus meiner Seele verschwunden." —

Leonardus, der gewiß der Aebtissin alles enthüllt hatte, was ihr aus meinem Leben noch unbekannt geblieben, bewies mir durch sein Betragen, daß auch er mir verziehen und dem Höchsten anheim gestellt hatte, wie ich vor seinem Richterstuhl bestehen werde. Die alte Ordnung des Klosters war geblieben, und ich trat in die Reihe der Brüder ein, wie sonst. Leonardus sprach eines Tages zu mir: „ich möchte

Dir, Bruder Medardus, wohl noch eine Bußübung aufgeben." Demüthig frug ich, worin sie bestehen solle. „Du magst, erwiderte der Prior, die Geschichte Deines Lebens genau aufschreiben. Keiner der merkwürdigen Vorfälle, auch selbst der unbedeutenderen, vorzüglich nichts, was Dir im bunten Weltleben widerfuhr, darfst Du auslassen. Die Phantasie wird Dich wirklich in die Welt zurückführen, Du wirst alles Grauenvolle, Possenhafte, Schauerliche und Lustige noch einmal fühlen, ja es ist möglich, daß Du im Moment Aurelien anders, nicht als die Nonne Rosalia, die das Martyrium bestand, erblickst; aber hat der Geist des Bösen Dich ganz verlassen, hast Du Dich ganz vom Irdischen abgewendet, so wirst Du, wie ein höheres Prinzip über allem schweben, und so wird jener Eindruck keine Spur hinterlassen." Ich that wie der Prior geboten. Ach! — wohl geschah es so, wie er es ausgesprochen! — Schmerz und Wonne, Grauen und Lust — Entsetzen und Entzücken stürmten in meinem Innern, als ich mein Leben schrieb. — Du, der Du einst diese Blätter liesest, ich sprach zu Dir von der Liebe höchster Sonnenzeit, als Aureliens Bild mir im regen Leben aufging! — Es giebt höheres als irdische Lust, die meistens nur Verderben bereitet dem leichtsinnigen, blödsinnigen Menschen, und das ist jene höchste Sonnenzeit, wenn fern von dem Gedanken freveliger Begier die Geliebte, wie ein Himmelsstrahl, alles Höhere, alles, was aus dem Reich der Liebe segensvoll herabkommt auf den armen Menschen, in Deiner Brust entzündet. — Dieser Gedanke hat mich erquickt, wenn bei der Erinnerung an die herrlichsten Momente, die mir die Welt gab, heiße Thränen den Augen entstürzten und alle längst verharrschte Wunden aufs Neue bluteten.

Ich weiß, daß vielleicht noch im Tode der Widersacher Macht haben wird, den sündigen Mönch zu quälen, aber standhaft, ja mit inbrünstiger Sehnsucht erwarte ich den Augenblick, der mich der Erde entrückt, denn es ist der Augenblick der Erfüllung alles dessen, was mir Aurelie, ach! die heilige Rosalia selbst, im Tode verheißen. Bitte — bitte für mich, o heilige Jungfrau, in der dunklen Stunde, daß die Macht der Hölle, der ich so oft erlegen, nicht mich bezwinge und hinabreiße in den Pfuhl ewiger Verderbniß!

Nachtrag des Paters Spiridion, Bibliothekar des Capuzinerklosters zu B.

In der Nacht vom dritten auf den vierten September des Jahres 17** hat sich viel Wunderbares in unserm Kloster ereignet. Es mochte wohl um Mitternacht sein, als ich in der, neben der meinigen liegenden, Zelle des Bruders Medardus ein seltsames Kichern und Lachen, und während dessen ein dumpfes klägliches Aechzen vernahm. Mir war es, als höre ich deutlich von einer sehr häßlichen, widerwärtigen Stimme die Worte sprechen: „Komm mit mir, Brüderchen Medardus, wir wollen die Braut suchen.“ Ich stand auf, und wollte mich zum Bruder Medardus begeben, da überfiel mich aber ein besonderes Grauen, so daß ich, wie von dem Frost eines Fiebers ganz gewaltig durch alle Glieder geschüttelt wurde; ich ging demnach, statt in des Medardus Zelle, zum Prior Leonardus, weckte ihn nicht ohne Mühe, und erzählte ihm, was ich vernommen. Der Prior erschrak sehr, sprang auf und sagte, ich solle geweihte Kerzen holen und wir wollten uns beide dann zum Bruder Medardus begeben. Ich that, wie mir geheißen, zündete die Kerzen an der Lampe des Mutter-Gottesbildes auf dem Gange an, und wir stiegen die Treppe hinauf. So sehr wir aber auch horchen mochten, die abscheuliche Stimme, die ich vernommen, ließ sich nicht wieder hören. Statt dessen hörten wir leise liebliche Glockenklänge, und es war so, als verbreite sich ein feiner Rosenduft. Wir traten näher, da öffnete sich die Thüre der Zelle, und ein wunderlicher großer Mann, mit weißem krausen Bart, in einem violetten Mantel, schritt heraus; ich war sehr erschrocken, denn ich wußte wohl, daß der Mann ein drohendes Gespenst sein mußte, da die Klosterpforten fest verschlossen waren, mithin kein Fremder eindringen konnte; aber Leonardus schaute ihn keck an, jedoch ohne ein Wort zu sagen. „Die Stunde der Erfüllung ist nicht mehr fern,“ sprach die Gestalt sehr dumpf und feierlich, und verschwand in dem dunklen Gange, so daß meine Bangigkeit noch stärker wurde und ich schier hätte die Kerze aus der zitternden Hand fallen lassen mögen. Aber der Prior, der, ob seiner Frömmigkeit und Stärke im Glauben, nach Gespenstern nicht viel frägt, faßte mich beim Arm und sagte: nun wollen wir in die Zelle des Bruders Medardus treten. Das geschah denn auch. Wir fanden den Bruder, der schon seit einiger Zeit sehr schwach worden, im Sterben, der Tod hatte ihm die Zunge gebunden, er röchelte nur noch was Weniges. Leonardus blieb bei ihm, und ich weckte die Brüder, indem ich die Glocke stark anzog und mit lauter Stimme rief: „Steht auf! — steht auf! — Der Bruder Medardus liegt im Tode!“ Sie standen auch wirklich auf, so daß nicht ein einziger fehlte, als wir mit angebrannten Kerzen uns zu dem sterbenden Bruder begaben. Alle, auch ich, der ich dem Grauen endlich widerstanden, überließen uns vieler Betrübniß. Wir trugen den Bruder Medardus auf einer Bahre nach der Klosterkirche, und setzten ihn vor dem Hochaltar nieder. Da erholte er sich zu unserm Erstaunen und fing an zu sprechen, so daß Leonardus selbst, sogleich nach vollendeter Beichte und Absolution, die letzte Oelung vornahm. Nachher begaben wir uns, während Leonardus unten blieb und immerfort mit dem Bruder Medardus redete, in den Chor und sangen die gewöhnlichen Todtengesänge für das Heil der Seele des sterbenden Bruders. Gerade als die Glocke des Klosters den andern Tag, nämlich am fünften September des Jahres 17** Mittags zwölfe schlug, verschied Bruder Medardus in des Priors Armen. Wir bemerkten, daß es Tag und Stunde war, in der voriges Jahr die Nonne Rosalia auf entsetzliche Weise, gleich nachdem sie das Gelübde abgelegt, ermordet wurde. Bei dem Requiem und der Exportation hat sich noch Folgendes ereignet. Bei dem Requiem nämlich verbreitete sich ein sehr starker Rosenduft, und wir bemerkten, daß an dem schönen Bilde der heiligen Rosalia, das von einem sehr alten unbekannten italienischen Maler verfertigt sein soll, und das unser Kloster von den Capuzinern in der Gegend von Rom für erkleckliches Geld erkaufte, so daß sie nur eine Copie des Bildes behielten, ein Strauß der schönsten, in dieser Jahreszeit seltenen Rosen befestigt war. Der Bruder Pförtner sagte, daß am frühen Morgen ein zerlumpter, sehr elend aussehender Bettler, von uns unbemerkt, hinaufgestiegen und den Strauß an das Bild geheftet habe. Derselbe Bettler fand sich bei der Exportation ein und drängte sich unter die Brüder. Wir wollten ihn zurückweisen, als aber der Prior Leonardus ihn scharf angeblickt hatte, befahl er, ihn unter uns zu leiden. Er nahm ihn als Laienbruder im Kloster auf; wir nannten ihn Bruder Peter, da er im Leben Peter Schönfeld geheißen, und gönnten ihm den stolzen Namen, weil er überaus still und gutmüthig war, wenig sprach und nur zuweilen sehr possierlich lachte, welches, da es gar nichts Sündliches hatte, uns sehr ergötzte. Der Prior Leonardus sprach einmal: des Peters Licht sei im Dampf der Narrheit verlöscht, in die sich in seinem Innern die Ironie des Lebens umgestaltet. Wir verstanden Alle nicht, was der gelehrte Leonardus damit sagen wollte, merkten aber wohl, daß er mit dem Laienbruder Peter längst bekannt sein müsse. So habe ich den Blättern, die des Bruders Medardi Leben enthalten sollen, die ich aber nicht gelesen, die Umstände seines Todes sehr genau und nicht ohne Mühe ad majorem dei gloriam hinzugefügt. Friede und Ruhe dem entschlafenen Bruder Medardus, der Herr des Himmels lasse ihn dereinst fröhlich auferstehen und nehme ihn auf in den Chor heiliger Männer, da er sehr fromm gestorben.

Ende.

Inhalt des sechsten Bandes.

Die Elixiere des Teufels.

Zwei Theile.

Erster Theil.

Zweiter Theil.

FSC
www.fsc.org
MIX
Papier | Fördert
gute Waldnutzung
FSC® C083411

Kolibri 360 GmbH
Ferdinand-Jühlke-Straße 7
99095 Erfurt, Deutschland
produktsicherheit@kolibri360.de